清华电脑学堂

Office 办公软件应用标准教程

Word/Excel/PPT三合一

实战微课版

钱慎一◎编著

清華大学出版社
北 京

内 容 简 介

本书以微软Office软件为写作平台，以知识应用为指导思想，用通俗易懂的语言对Office这一款主流办公软件进行详细阐述。

全书共12章，其内容涵盖Word文档的编排与处理、Excel数据分析与计算、PPT文稿的设计与制作。涉及的知识点包括文档的页面设置、文档的编辑、表格的处理、图文混排、数据的录入、报表的格式化、数据的排序和筛选、公式与函数的应用、图表的制作、静态PPT与动态PPT的制作，以及PPT的放映与输出等。

本书在正文中安排了“动手练”“案例实战”以及“新手答疑”三大板块，让读者在学习理论知识的同时能够掌握各种案例的制作方法。案例选取具有代表性，且贴合职场实际需求，可操作性强。操作步骤全程图解，即学即用。

本书不仅适合办公文秘、会计、销售、教师、在校学生以及各企事业单位人员参考使用，还可用作相关培训机构的学习用书。

图书在版编目（CIP）数据

Office办公软件应用标准教程 : Word/Excel/PPT三合一 : 实战微课版 / 钱慎一编著. —北京 : 清华大学出版社, 2021.1（2022.8重印）
（清华电脑学堂）
ISBN 978-7-302-57120-9

Ⅰ. ①O…　Ⅱ. ①钱…　Ⅲ. ①办公自动化—应用软件—教材　Ⅳ. ①TP317.1

中国版本图书馆CIP数据核字(2020)第259361号

责任编辑： 袁金敏
封面设计： 杨玉兰
责任校对： 胡伟民
责任印制： 丛怀宇

出版发行： 清华大学出版社
网　　址： http://www.tup.com.cn, http://www.wqbook.com
地　　址： 北京清华大学学研大厦A座　　**邮　　编：** 100084
社 总 机： 010-83470000　　**邮　　购：** 010-62786544
投稿与读者服务： 010-62776969, c-service@tup.tsinghua.edu.cn
质 量 反 馈： 010-62772015, zhiliang@tup.tsinghua.edu.cn
印 装 者： 三河市铭诚印务有限公司
经　　销： 全国新华书店
开　　本： 185mm × 260mm　　**印　　张：** 16　　**字　　数：** 470千字
版　　次： 2021年3月第1版　　**印　　次：** 2022 年 8 月第 3 次印刷
定　　价： 59.80元

产品编号：088998-01

前 言

首先，感谢您选择并阅读本书。

本书致力于为微软Office学习者打造更易学的知识体系，让读者在轻松愉快的氛围内掌握Office软件的常用技能，以便应用于实际工作中。

全书以理论与实际应用相结合的形式，从易教、易学的角度出发，全面、细致地介绍Office三大组件的操作技巧，在讲解理论知识的同时，还设置了大量的**"动手练"**实例，以帮助读者进行巩固，每章结尾均安排**"案例实战"**及**"新手答疑"**板块，既培养了读者自主学习的能力，又提高了学习的兴趣和动力。

本书特色

- **理论+实操，实用性强**。本书为每个疑难知识点配备相关的实操案例，可操作性强，使读者能够学以致用。
- **结构合理，全程图解**。本书采用全程图解的方式，让读者能够直观了解到每一步的具体操作，学习轻松，易上手。
- **疑难解答，学习无忧**。本书每章安排"新手答疑"板块，其内容主要针对实际工作中一些常见的疑难问题进行解答，让读者能够及时解决在学习或工作中遇到的问题。

内容概述

全书共分12章，各章内容安排如下。

篇	章	内容导读
应用篇	第1章	主要介绍Office三大组件之间的协作应用，包括Word与Excel之间的协作、Excel与PPT之间的协作、PPT与Word之间的协作等
Word篇	第2~5章	主要介绍Word文档的编辑操作，包括文档的创建与保存、文档内容的输入与编辑、字体格式的设置、段落格式的设置、文档页面布局、图片的应用、形状的应用、文本框的应用、艺术字的应用、表格的创建与编辑、表格数据的管理、邮件合并功能、文档的审阅、长文档目录的创建、文档的打印与保护等
Excel篇	第6~9章	主要介绍Excel电子表格的处理，包括工作簿的上手操作，工作表的基本操作，行、列、单元格的编辑，数据的录入，数据的格式化设置，报表的美化，排序，筛选，数据分类汇总，条件格式的应用，公式与函数的应用，图表的创建与编辑，图表的美化，数据透视表的创建和应用等
PPT篇	第10~12章	主要介绍演示文稿的创建与应用，包括演示文稿的操作，幻灯片的操作，文字、图像、图形的应用，表格的设计与制作，PPT动画的制作，超链接的应用，动作按钮的设置，页面切换效果的添加，音视频效果的处理，演示文稿的放映与输出等

清华电脑学堂系列图书

我们精心策划了清华电脑学堂系列图书，希望能够为读者提供更多优质的服务。具体如下：

- 计算机网络组建与管理标准教程（实战微课版）
- Office办公软件应用标准教程——Word/Excel/PPT三合一（实战微课版）
- WPS Office办公软件应用标准教程（实战微课版）
- Project项目管理软件标准教程（全彩微课版）
- 计算机组装与维护标准教程（全彩微课版）
- 电脑常用工具软件标准教程（全彩微课版）
- 新手学电脑办公应用标准教程（全彩微课版）
- Visio绘图软件标准教程（全彩微课版）
- PPT办公应用标准教程——设计、制作、演示（全彩微课版）
- PPT多媒体课件制作标准教程（全彩微课版）
- Excel函数与公式标准教程（实战微课版）
- Excel财务与会计标准教程（实战微课版）
- Excel办公应用标准教程——公式、函数、图表与数据分析（实战微课版）

附赠资源

- **案例素材及源文件**。附赠书中用到的案例素材及源文件，扫描图书封底二维码即可下载。
- **扫码观看教学视频**。本书涉及的疑难操作均配有高清视频讲解，共50个，总时长近100分钟，读者可扫描二维码边看边学。
- **其他附赠学习资源**。附赠常用办公模板2000个，Office专题视频100集，Office小技巧动图演示380个，可进QQ群（群号见本书资源下载资料包中）下载。
- **作者在线答疑**。作者团队具有丰富的实战经验，在学习过程中如有任何疑问，可加QQ群（群号见本书资源下载资料包中）与作者交流讨论。

本书由钱慎一老师编著，在此对郑州轻工业大学教务处的大力支持表示感谢。全书在编写过程中力求严谨细致，但由于时间与精力有限，疏漏之处在所难免，望广大读者批评指正。

编　者

目 录

基础篇

第1章

Office办公软件的协作应用

Word篇

第2章

文档编辑与页面设置

第3章

制作图文混排的文档

第4章

制作带表格的文档

第5章

文档的高级排版

Excel篇

第6章 Excel表格基础操作

第7章 数据的管理与分析

第8章 公式与函数的应用

第9章 高级数据分析工具

PPT篇

第10章 制作静态演示文稿

第11章 制作动态演示文稿

第12章 演示文稿的放映与输出

基础篇

第1章 Office办公软件的协作应用

Office是一款最常用的办公软件，主要包括Word、Excel和PowerPoint等，其功能涵盖了现代办公领域的方方面面。这些组件除了在各自的领域发挥强大的作用外，还可以进行协作办公，提高工作效率。本章将对Word、Excel和PowerPoint的协作应用进行详细介绍。

1.1 Word协作应用

Word除了用来处理文字外，还可以和Excel和PPT协作应用。例如，在Word中插入Excel工作表、在Word中导入Excel工作簿、将Word文档转换成PPT文件等。

1.1.1 在Word中插入Excel工作表

一般在Word文档中插入表格来组织文档中的信息内容，但用户也可以插入一张Excel工作表来编辑数据。在Word文档中打开“插入”选项卡，单击“表格”下拉按钮，在弹出的列表中选择“Excel电子表格”选项，如图1-1所示，即可在Word文档中插入一张空白Excel工作表，并且Word文档中的功能区转换成Excel功能区，用户在工作表中可输入相关数据，还对数据进行编辑操作，如图1-2所示。在Word文档的空白处单击就可以退出Excel表格的编辑状态，此时Excel功能区重新转换为Word功能区。

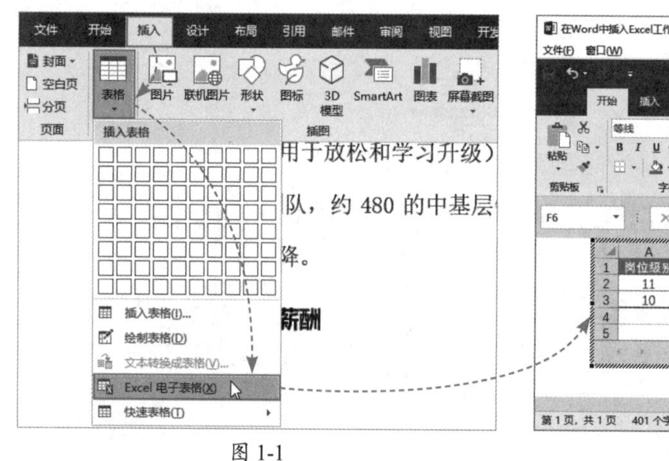

图 1-1

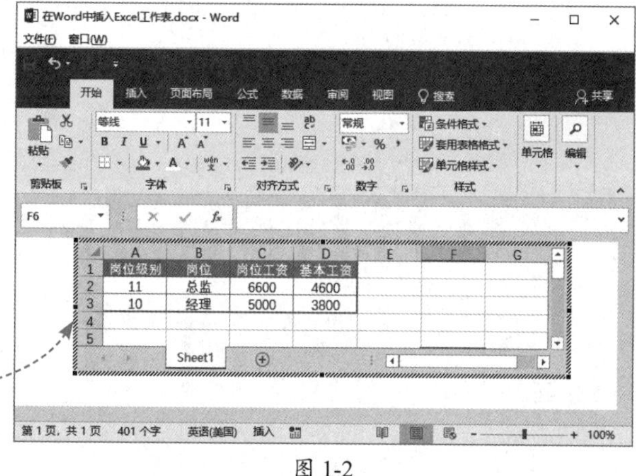

图 1-2

若用户需要对表格中的数据进行再次编辑，在表格中双击即可重新进入编辑状态，如图1-3所示。

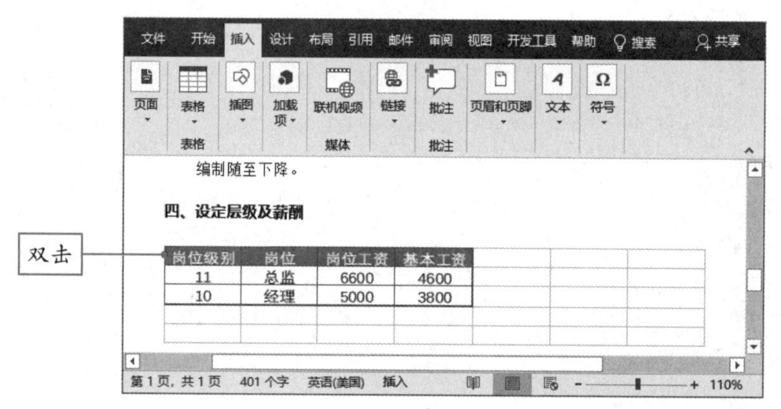

图 1-3

知识点拨

当进入Excel表格编辑状态时，用户可以将光标放在工作表周围任意黑色小方块上，按住左键不放并拖动鼠标，可改变工作表的大小。

1.1.2 在Word中导入Excel工作簿

用户还可以在Word文档中导入一个Excel工作簿，来展示工作簿中的表格内容。在“插入”选项卡中单击“对象”下拉按钮，在弹出的列表中选择“对象”选项，如图1-4所示。打开“对象”对话框，在“由文件创建”选项卡中单击“浏览”按钮，打开“浏览”对话框，选择需要的Excel文件，单击“插入”按钮，返回“对象”对话框，勾选“链接到文件”复选框，单击“确定”按钮，如图1-5所示，即可将所选的Excel工作簿导入到Word文档中。

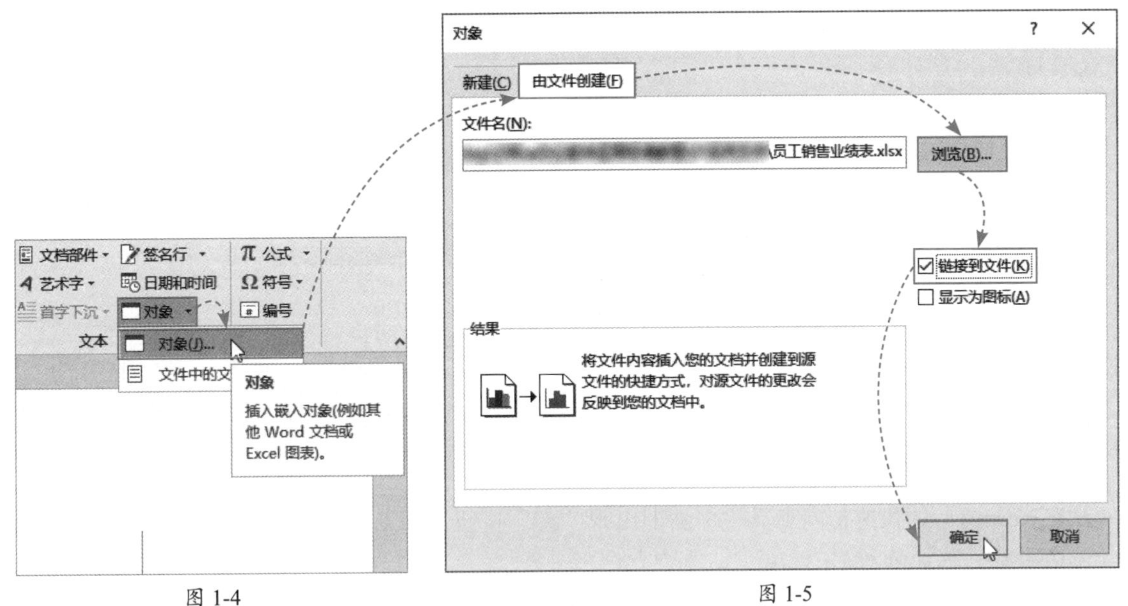

图 1-4　　图 1-5

用户双击Word中的Excel表格可以打开其链接到的工作簿，如图1-6所示。当修改工作簿中的数据后，Word中的表格数据也相应地会进行更新。

员工编号	员工姓名	货品名称	单价（元）	销售数量（台）	总销售额（元）	提成率	业绩提成（元）
2019001	何丽丽	货品1	¥800.00	2	¥960.00	1%	¥9.60
2019002	王天	货品2	¥850.00	3	¥780.00	3%	¥23.40
2019003	李小明	货品3	¥870.00	4	¥860.00	1%	¥8.60
2019004	吴丽	货品4	¥800.00	2	¥1,200.00	1%	¥12.00
2019005	张欣梅	货品5	¥850.00	3	¥960.00	1%	¥9.60
2019006	郝菲	货品6	¥870.00	2	¥780.00	1%	¥7.80
2019007	贺庆嘉	货品7	¥800.00	2	¥860.00	1%	¥8.60
2019008	张瑞蒋	货品8	¥850.00	3	¥960.00	1%	¥9.60
2019009	谢婷婷	货品9	¥870.00	2	¥780.00	1%	¥7.80
2019010	苏梅	货品10	¥800.00	3	¥860.00	1%	¥8.60
2019011	周浩	货品11	¥850.00	4	¥960.00	1%	¥9.60
2019012	李丽婷	货品12	¥870.00	2	¥780.00	1%	¥7.80

员工编号	员工姓名	货品名称	单价（元）	销售数量（台）	总销售额（元）
2019001	何丽丽	货品1	¥800.00	2	¥960.00
2019002	王天	货品2	¥850.00	3	¥780.00
2019003	李小明	货品3	¥870.00	4	¥860.00
2019004	吴丽	货品4	¥800.00	2	¥1,200.00
2019005	张欣梅	货品5	¥850.00	3	¥960.00
2019006	郝菲	货品6	¥870.00	2	¥780.00

图 1-6

知识点拨

当导入的工作簿中有多个工作表时，Word文档中只会显示工作簿中打开的工作表的内容。

1.1.3 将Word文档转换成PPT文件

制作好Word文档后，如果用户需要将文档内容以PPT的形式呈现，只需要单击“发送到Microsoft PowerPoint”按钮即可。默认情况下，该按钮不在功能区中显示，需要手动添加。单击“文件”按钮，选择“选项”选项，打开“Word选项”对话框，选择“快速访问工具栏”选项，在“从下列位置选择命令”列表中选择“不在功能区中的命令”选项，并在下方的列表框中选择“发送到Microsoft PowerPoint”选项，单击“添加”按钮，将其添加到“自定义快速访问工具栏”列表框中，单击“确定”按钮，如图1-7所示。

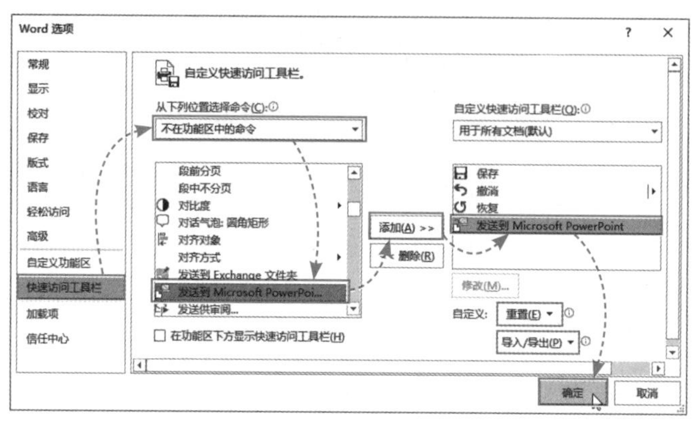

图 1-7

在Word窗口的快速访问工具栏中随即出现“”按钮，如图1-8所示，单击该按钮即可将当前Word文档转换成PPT演示文稿。

图 1-8

将Word文档转换成PPT演示文稿后，演示文稿显示为受保护的视图模式，如果用户想要编辑，则需要单击“启用编辑”按钮，如图1-9所示。

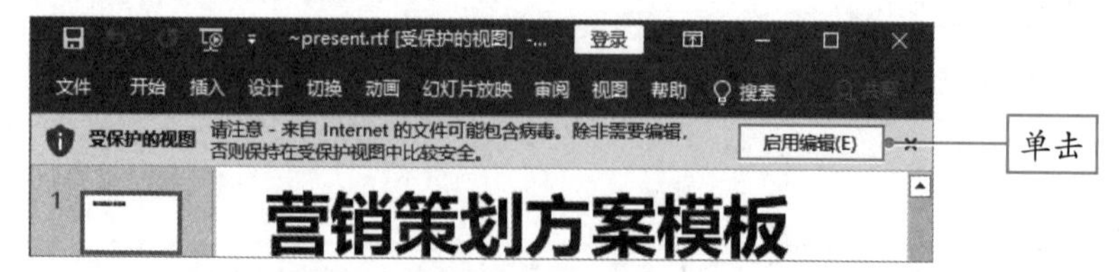

图 1-9

注意事项 将Word文档转换为PPT后，文档中的图片、图形、文本框、表格等对象均会丢失，所以除非特殊情况，一般并不推荐将整篇文档直接转换成PPT。

扫码看视频

动手练 在Word中新建其他文件

在编辑Word的过程中如果临时需要创建Office组件中的其他文件，例如Excel、PPT或Access，则可以在功能区中创建一个选项卡，放置新建其他文件的按钮，如图1-10所示，用户只需要单击相关按钮，就可以新建文件。

图 1-10

Step 01 打开“Word选项”对话框，选择“自定义功能区”选项，在右侧单击“新建选项卡”按钮，新建一个选项卡，选择“新建选项卡（自定义）”选项，单击“重命名”按钮，打开“重命名”对话框，在“显示名称”文本框中输入选项卡的名称，如图1-11所示，单击“确定”按钮。

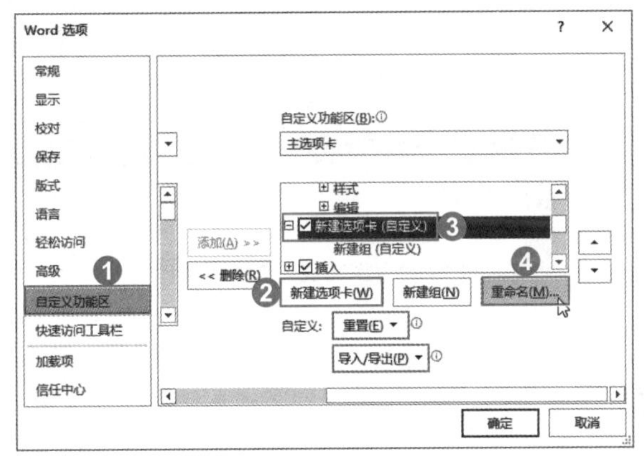

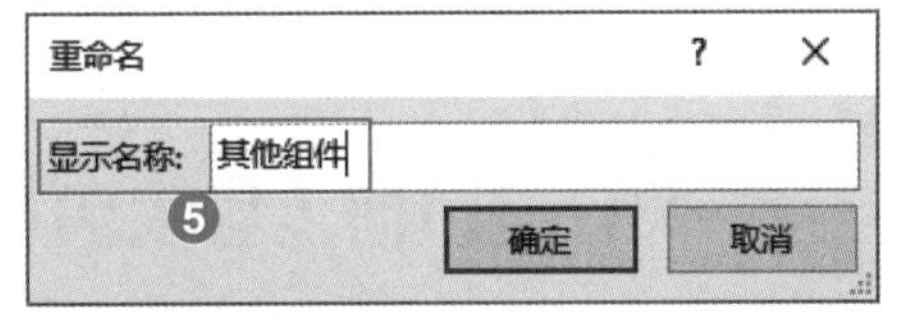

图 1-11

Step 02 选择“新建组（自定义）”选项，然后在“从下列位置选择命令”列表中选择“不在功能区中的命令”选项，并在下面的列表框中选择“Microsoft Excel”“Microsoft PowerPoint”“Microsoft Publisher”等，将其添加到“新建组（自定义）”选项中，单击“确定”按钮即可，如图1-12所示。Word功能区中显示新建的选项卡“其他组件”，单击该选项卡中的任意功能按钮，即可新建相应空白文件。

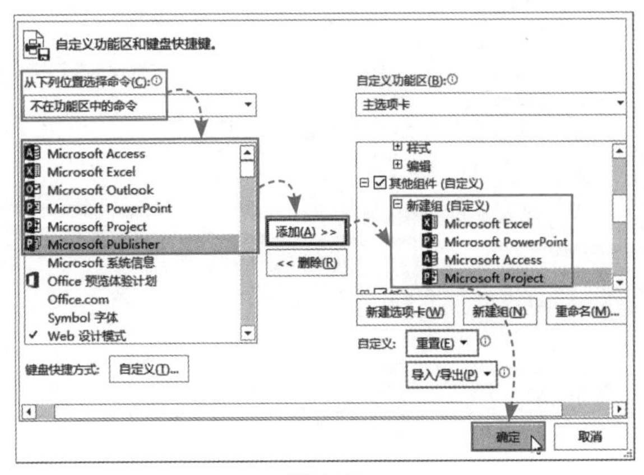

图 1-12

1.2 Excel协作应用

Excel主要用来处理分析数据，用户也可以将其与Word和PPT协作应用，例如在Excel中插入Word文档、将Excel图表导入PPT、在Excel中放映PPT等。

1.2.1 在Excel中插入Word文档

打开工作表，在“插入”选项卡中单击“对象”按钮，打开“对象”对话框，选择“新建”选项卡，在“对象类型”列表框中选择“Microsoft Word Document”选项，单击“确定”按钮，如图1-13所示，即可在Excel中插入一个空白文档。此时Excel功能区变为Word功能区，如图1-14所示。用户在空白文档中输入相关内容后，单击Excel工作表的任意位置，即可退出Word编辑状态。

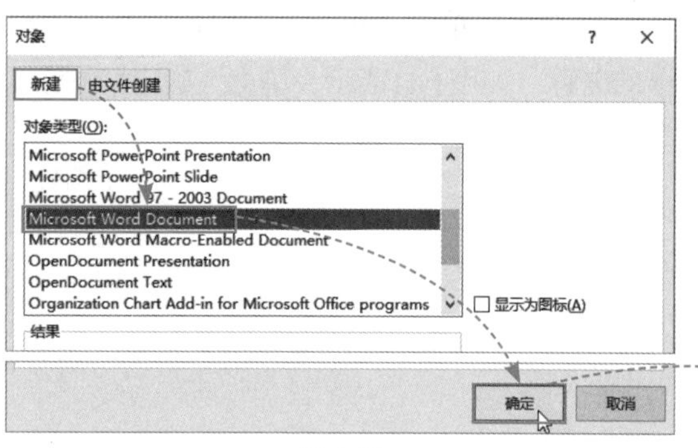

图 1-13

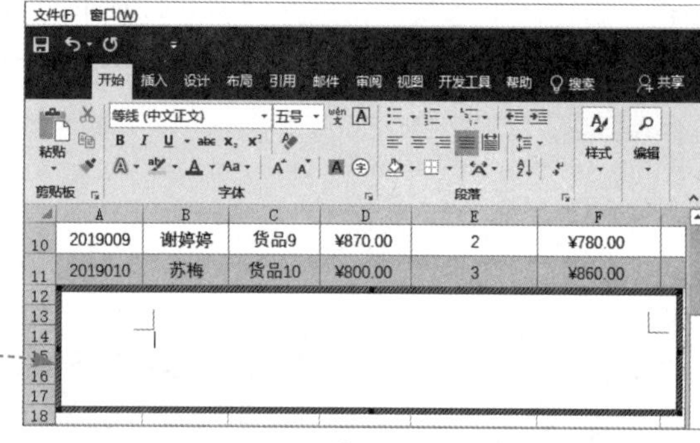

图 1-14

1.2.2 将Excel图表导入PPT

如果用户需要将Excel中的图表放在PPT中进行展示，则可以选择图表，按Ctrl+C组合键进行复制，打开PPT，在“开始”选项卡中单击“粘贴”下拉按钮，在弹出的列表中选择“选择性粘贴”选项，如图1-15所示。打开“选择性粘贴”对话框，选择“粘贴链接”单选按钮，并在“作为”列表框中选择“Microsoft Excel 图表 对象”选项，单击“确定”按钮，如图1-16所示，即可将Excel中的图表导入到PPT中。

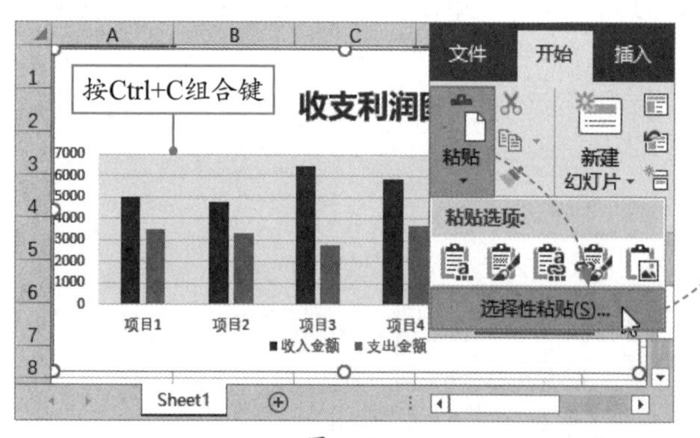

图 1-15

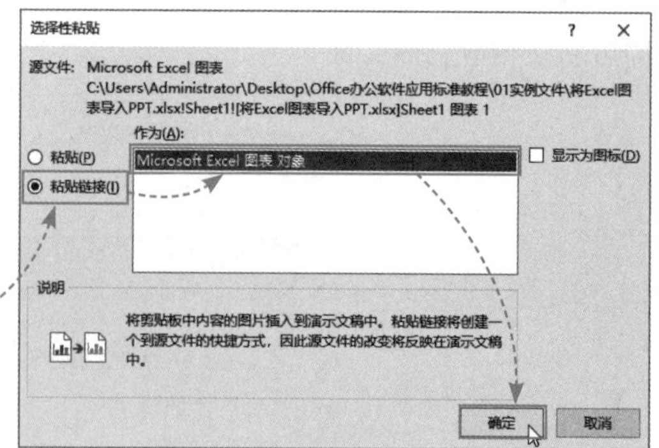

图 1-16

注意事项 如果用户直接复制工作表中的图表，然后打开PPT，按Ctrl+V组合键进行粘贴，则图表的颜色会发生改变。

用户双击PPT中的图表，如图1-17所示，即可打开Excel工作簿，在工作表中可以对图表数据进行修改。

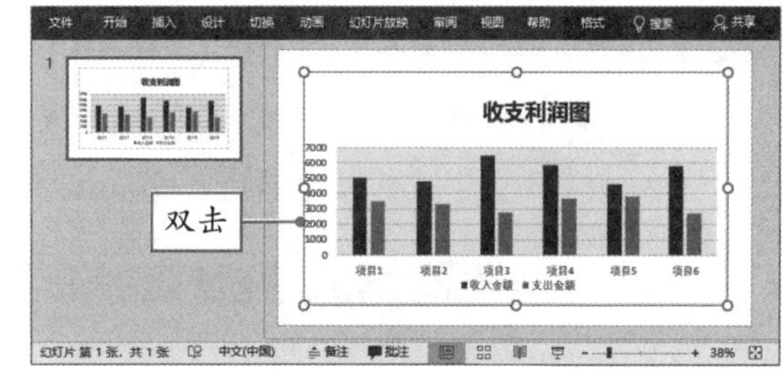

图 1-17

1.2.3 在Excel中放映PPT

当用户需要在Excel中放入一份PPT文件作为数据分析的辅助材料时，可以将PPT文件嵌入到Excel工作表中，方便查看和放映。打开PPT，在预览窗格中选择全部幻灯片，然后进行复制，如图1-18所示。接着打开Excel工作表，选择工作表中任意单元格，在“开始”选项卡中单击“粘贴”下拉按钮，在弹出的列表中选择“选择性粘贴”选项，如图1-19所示。

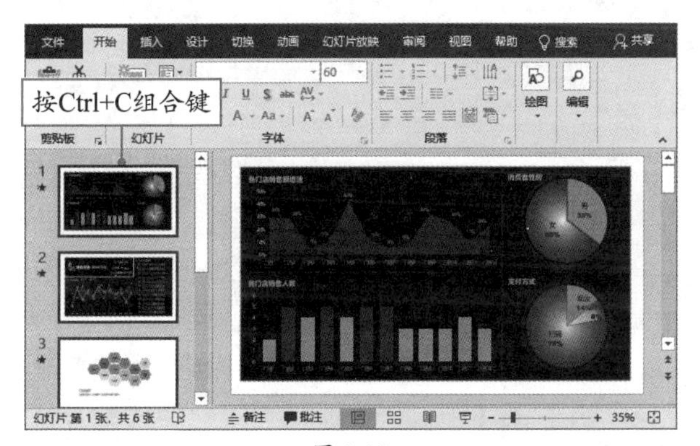

图 1-18

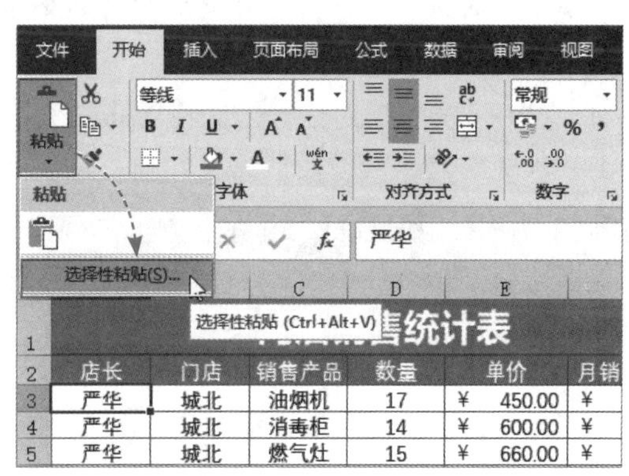

图 1-19

知识点拨

若用户需对Excel工作表中的幻灯片进行编辑，则可以右击幻灯片，在弹出的快捷菜单中选择“Presentation对象”选项，并从其级联菜单中选择“编辑”选项，即可进入幻灯片编辑状态。

打开“选择性粘贴”对话框，在“方式”列表框中选择“Microsoft PowerPoint 演示文稿 对象”选项，单击“确定”按钮，即可将PPT中的所有幻灯片嵌入到Excel中，如图1-20所示。嵌入到Excel中的幻灯片只显示第一页。双击幻灯片即可放映幻灯片，按Esc键退出放映。

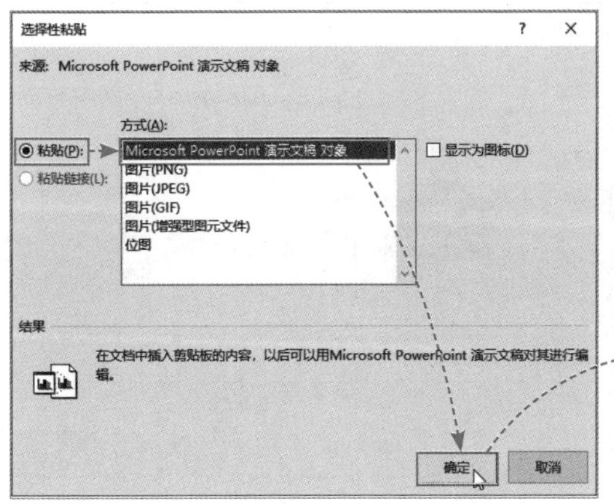

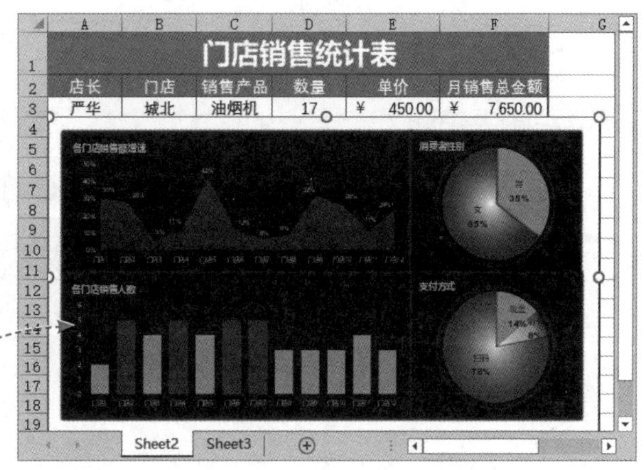

图 1-20

动手练 将Word文档导入Excel

如果用户需要对Excel工作表中的数据进行扩展补充，则可以将一个Word文档导入Excel工作表中，并以图标的形式显示，如图1-21所示。

	B	C	D	E	F	G	H	I	J	K
1	工号	姓名	所属部门	职务	入职时间	工作年限	联系方式	基本工资	张萍简历	
2	DM01	张萍	财务部	经理	2000/8/1	19	187****4521	3800		
3	DM02	李朝	销售部	经理	2001/12/1	18	187****4522	2500		
4	DM03	周勇	生产部	员工	2009/3/9	11	187****4523	2500		
5	DM04	辛悦	办公室	经理	2003/9/1	16	187****4524	3000		
6	DM05	王薛	人事部	经理	2002/11/10	17	187****4525	3500		
7	DM06	王芳	设计部	员工	2008/10/1	11	187****4526	4500		
8	DM07	何珏	销售部	主管	2005/4/6	15	187****4527	2500		
9	DM08	李佳	采购部	经理	2001/6/2	19	187****4528	2500		
10	DM09	张爱	销售部	员工	2013/9/8	6	187****4529	2500		
11	DM10	戴宗	办公室	主管	2009/6/1	11	187****4530	3000		

以图标的形式显示

图 1-21

Step 01 打开工作表，在“插入”选项卡中单击“对象”按钮，打开“对象”对话框，选择“由文件创建”选项卡，单击“浏览”按钮，打开“浏览”对话框，选择Word文件，单击“插入”按钮，返回“对象”对话框，勾选“显示为图标”复选框，并在下方单击“更改图标”按钮，如图1-22所示。

图 1-22

Step 02 弹出“更改图标”对话框，在“图标”列表中选择合适的图标样式，在“图标标题”文本框中输入Word文件的名称，单击“确定”按钮，如图1-23所示。返回“对象”对话框，直接单击“确定”按钮，即可将Word文档插入到Excel中，并以图标的形式显示，双击该图标可打开Word文档。

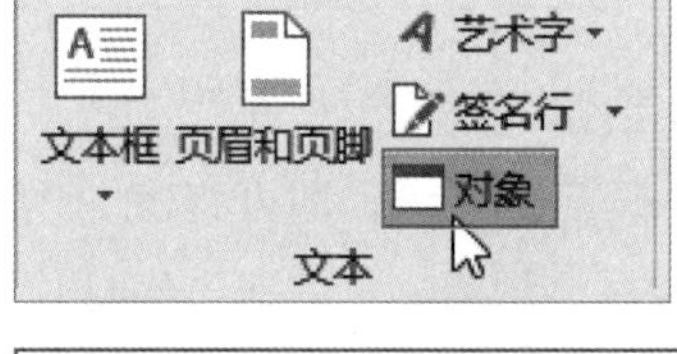

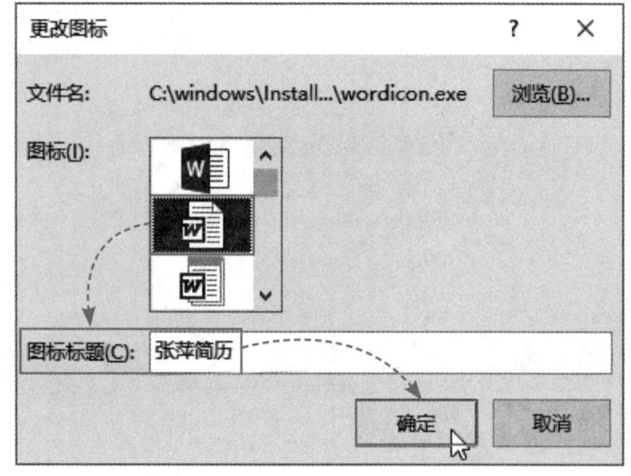

图 1-23

1.3 PowerPoint协作应用

PowerPoint演示文稿主要用来辅助演讲，并可以和Word、Excel等协同办公，例如在PPT中插入空白Excel工作表、在PPT中链接Word文档等。

1.3.1 在PPT中插入空白Excel工作表

在PPT中也可以插入一张空白Excel工作表，然后用户根据需要输入相关数据即可。在PPT中打开“插入”选项卡，单击“对象”按钮。打开“插入对象”对话框，在“对象类型”列表框中选择“Microsoft Excel Worksheet”选项，单击“确定”按钮，即可在所选幻灯片中插入一张空白Excel工作表，如图1-24所示。此时，PPT的功能区变为Excel功能区，在工作表中输入数据后，单击幻灯片任意位置，即可退出编辑状态。

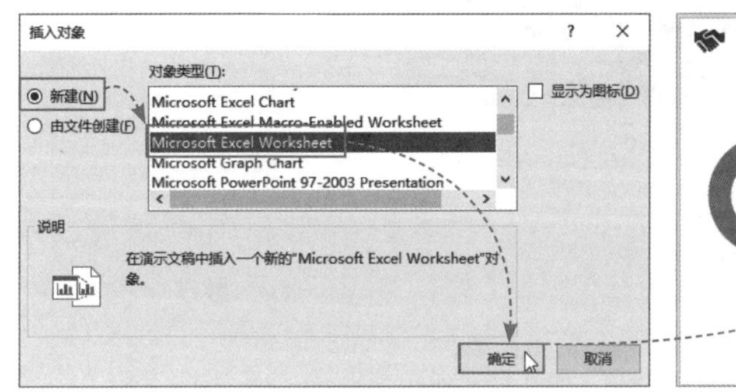

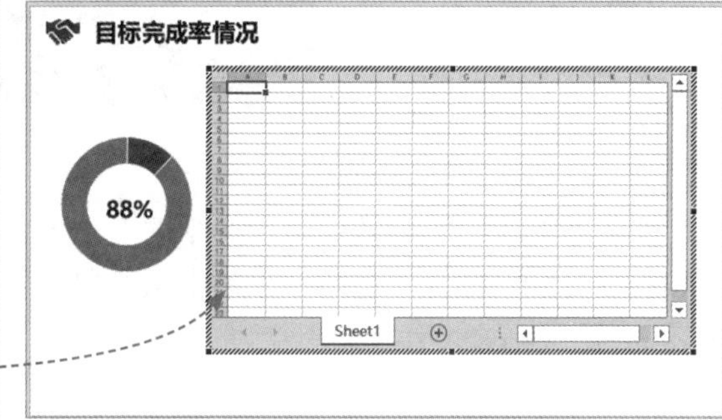

图 1-24

1.3.2 在PPT中链接Word文档

用户可以将制作好的Word文档链接到PPT中进行展示。在PPT中打开“插入”选项卡，单击“对象”按钮，打开“插入对象”对话框。选择“由文件创建”单选按钮，单击“浏览”按钮，弹出“浏览”对话框，选择需要的Word文档，单击“确定”按钮，返回“插入对象”对话框，勾选“链接”复选框，单击“确定”按钮，即可将Word文档导入到当前幻灯片中，如图1-25所示。

将Word文档导入幻灯片中后，用户可以将其拖动到合适的位置，并且拖动文档边框上的控制点，调整显示界面的大小。如果需要对文档内容进行编辑，则可以在文档中双击，打开Word文档。

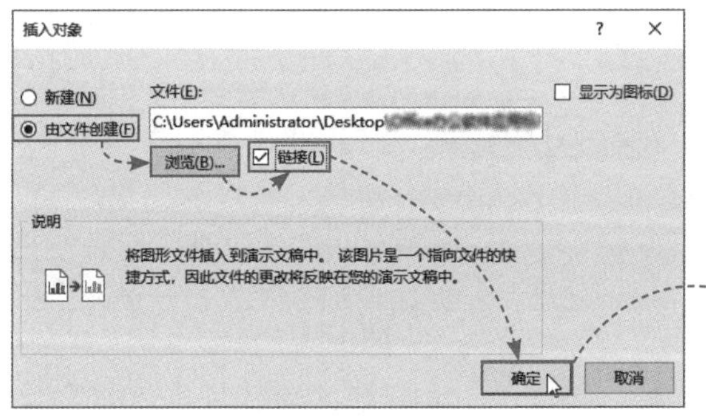

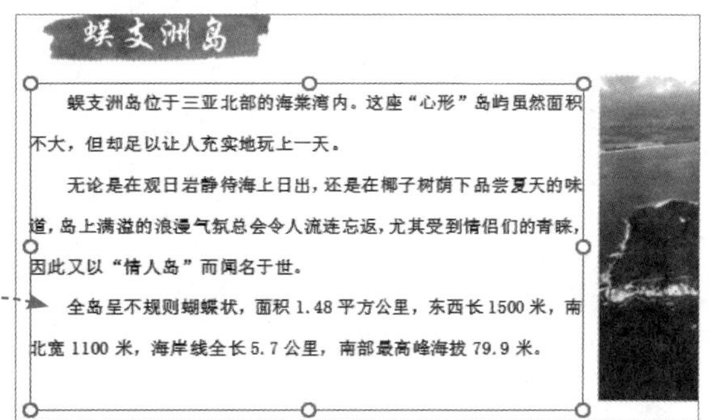

图 1-25

动手练 在Word文档中链接PPT文件

扫码看视频

上述介绍了在PPT中链接Word文档，如果用户需要在Word文档中放映相关PPT，则可以将PPT文件链接到Word文档中，如图1-26所示。

图 1-26

Step 01 打开Word文档，将光标插入到合适位置，打开“插入”选项卡，单击“对象”下拉按钮，在弹出的列表中选择“对象”选项，如图1-27所示。

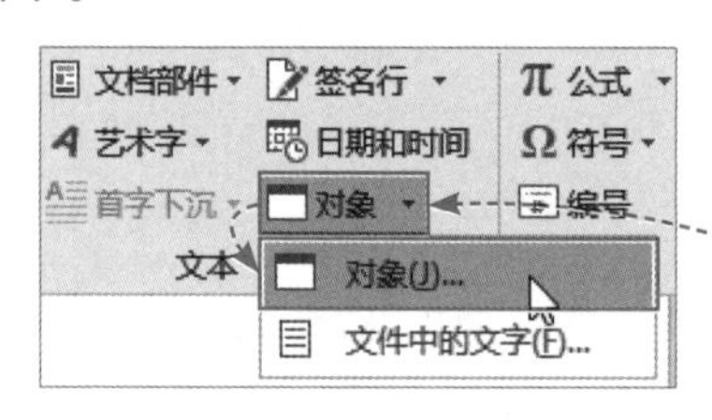

图 1-27

Step 02 打开“对象”对话框，在“由文件创建”选项卡中单击“浏览”按钮，打开“浏览”对话框，选择PPT文件，单击“插入”按钮，返回“对象”对话框，勾选“链接到文件”复选框，单击“确定”按钮，如图1-28所示，即可将PPT导入到Word文档中。用户双击显示的幻灯片页面，就可以放映幻灯片。

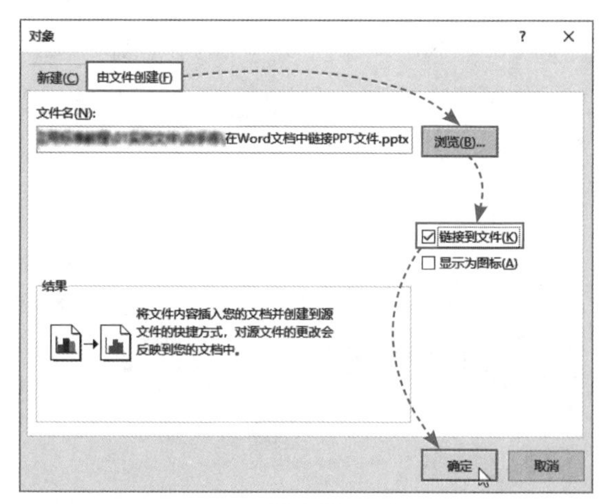

图 1-28

案例实战：在论文中插入图表

在毕业论文中通常需要使用图表来辅助论证观点，大多数人会选择在Excel工作表中制作图表，然后将其复制到文档中，其实用户可以直接在论文中插入图表，并对图表进行编辑操作，如图1-29所示。

扫码看视频

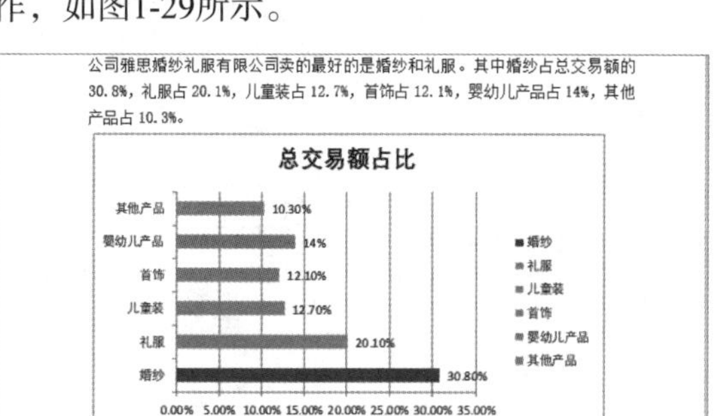

图 1-29

Step 01 打开论文，将光标插入到合适位置，在“插入”选项卡中单击“对象”下拉按钮，在弹出的列表中选择“对象”选项，打开“对象”对话框，在“新建”选项卡中的“对象类型”列表框中选择“Microsoft Excel Chart”选项，单击“确定”按钮，如图1-30所示。

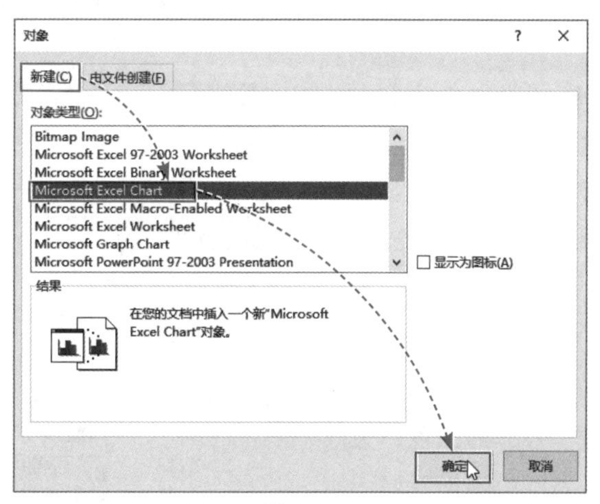

图 1-30

Step 02 在文档中插入一个包含两张工作表的电子表格，用户在“Sheet1”工作表中输入创建图表的相关数据，如图1-31所示。

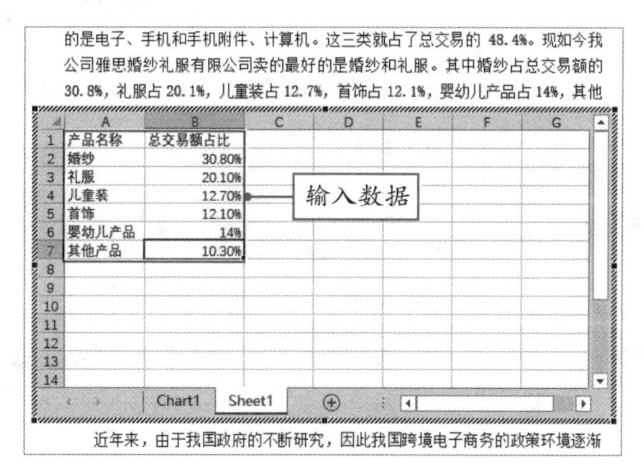

图 1-31

Step 03 打开“Chart1”工作表，在“图表工具-设计”选项卡中单击“更改图表类型”按钮，如图1-32所示。

Step 04 打开“更改图表类型”对话框，在“所有图表”选项卡中选择“条形图”选项，并选择合适的类型，单击“确定”按钮，如图1-33所示，即可将柱形图更改为条形图。

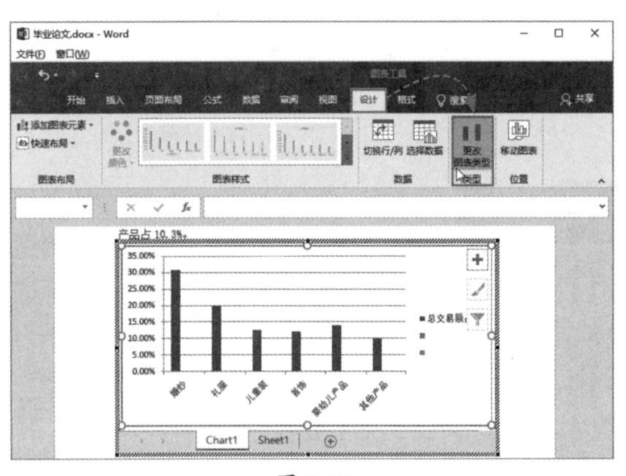

图 1-32

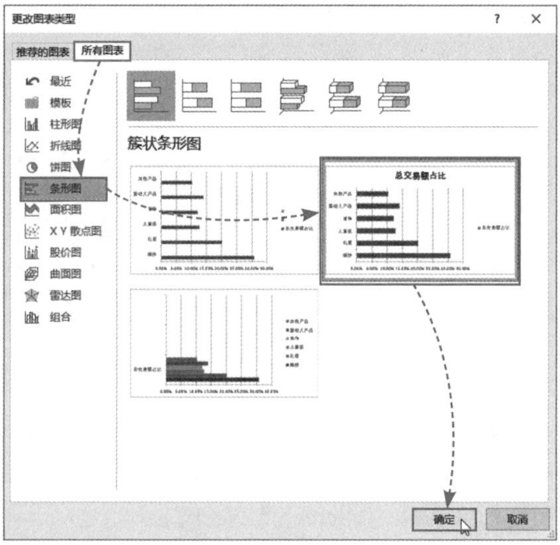

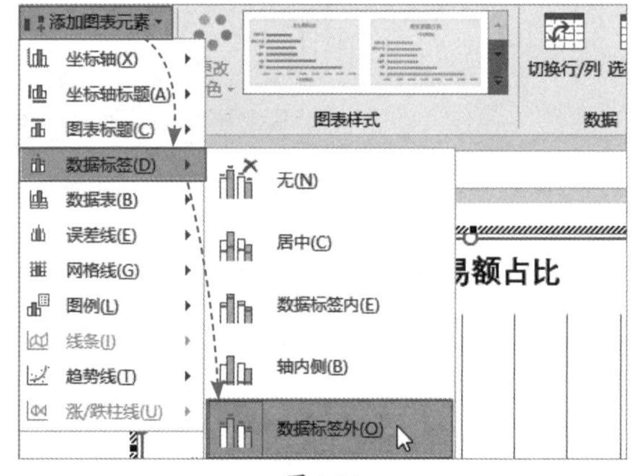

图 1-33

Step 05 在“图表工具-设计”选项卡中单击“添加图表元素”下拉按钮，在弹出的列表中选择“数据标签”选项，并从其级联菜单中选择“数据标签外”选项，即可为图表添加数据标签，如图1-34所示。

Step 06 选择图表中的数据系列，在“图表工具-格式”选项卡中单击“形状填充”下拉按钮，在弹出的列表中选择合适的颜色，更改数据系列的颜色，如图1-35所示。设置好图表后单击文档任意位置，即可退出编辑状态。

图 1-34

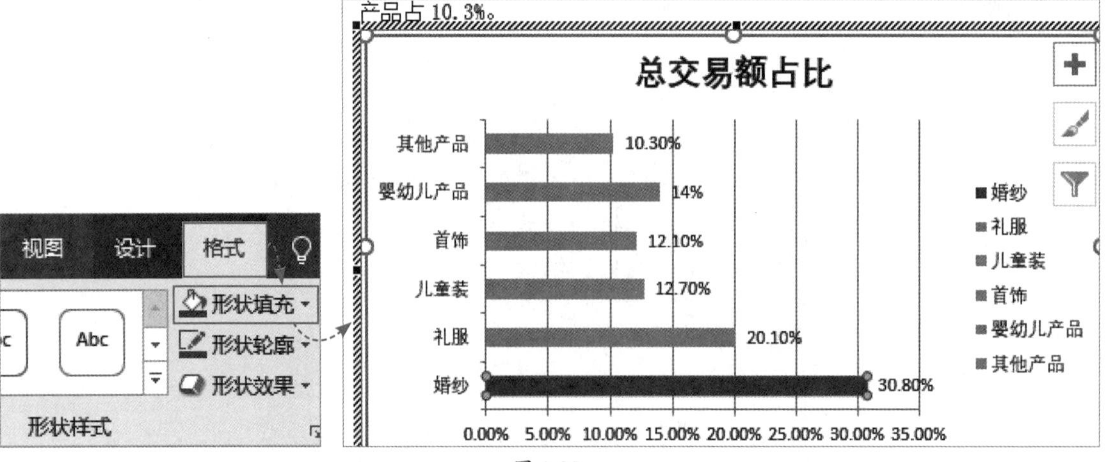

图 1-35

新手答疑

1. Q：如何更改Office主题颜色？

A：单击“文件”按钮，选择“选项”选项，打开“Word选项”对话框，选择“常规”选项，在右侧“对Microsoft Office进行个性化设置”选项中单击“Office主题”下拉按钮，在弹出的列表中选择合适的颜色即可，如图1-36所示。

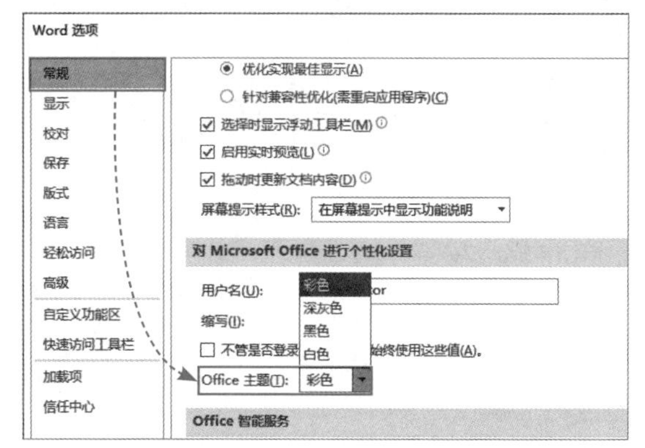

图 1-36

2. Q：如何删除快速访问工具栏中的命令？

A：在需要删除的命令上右击，从弹出的快捷菜单中选择“从快速访问工具栏删除”选项即可，如图1-37所示。

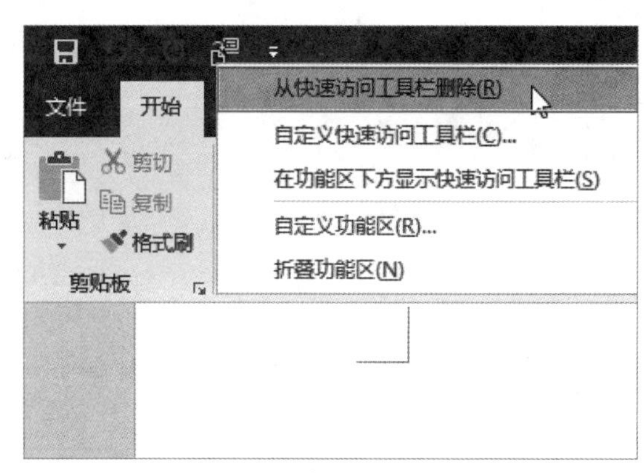

图 1-37

3. Q：如何将多个文档中的文字导入到一个文档中？

A：打开一个文档，将光标插入到文档的结尾处，在“插入”选项卡中单击“对象”下拉按钮，在弹出的列表中选择“文件中的文字”选项，如图1-38所示。打开“插入文件”对话框，选择需要导入的文档，单击“插入”按钮，如图1-39所示，即可将所选文档中的文字导入到打开的文档中。

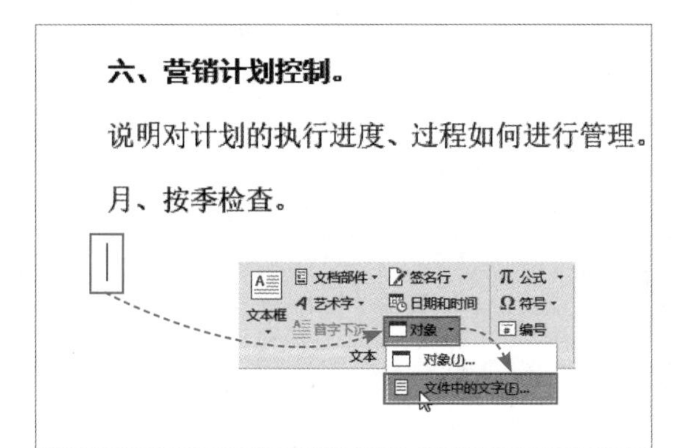

图 1-38

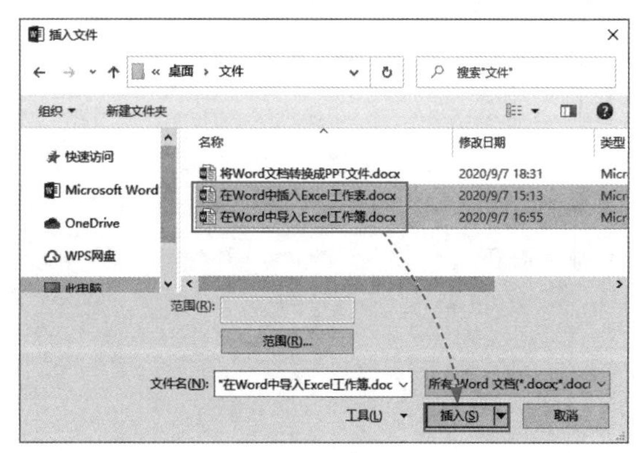

图 1-39

读书笔记

Word篇

第2章 文档编辑与页面设置

在日常办公中，Word文档通常用来制作合同、通知书、策划书等文件，用户只需要掌握文字的输入与编辑技巧，就可以轻松制作出需要的文档。本章将对文档的创建与保存、文档内容的输入与编辑、文本和段落格式的设置、文档页面的设置等进行详细介绍。

2.1 文档的创建与保存

在制作文档之前，用户需要先创建空白文档或创建模板文档，并将其保存到合适位置，然后才可以进行下面的操作。

2.1.1 创建空白文档

创建空白文档的操作很简单，用户只需要双击桌面上的Word软件图标，在打开的界面中单击"空白文档"，即可创建一个名为"文档1"的空白文档，如图2-1所示。

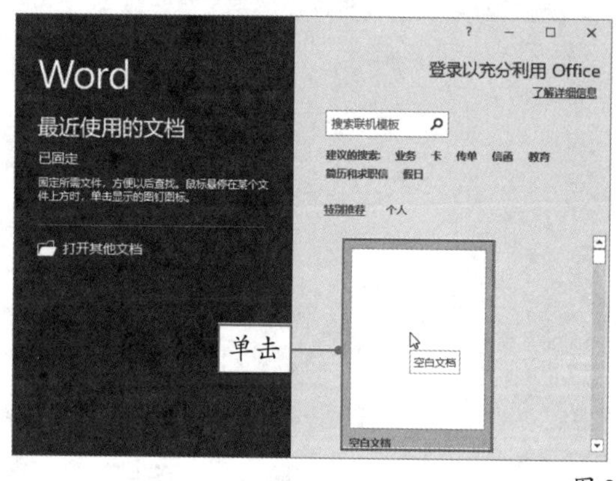

图 2-1

此外，用户可以在打开的"文档1"中单击"文件"按钮，在弹出的界面中选择"新建"选项，并在右侧"新建"界面中单击"空白文档"，如图2-2所示，可以继续创建空白文档。

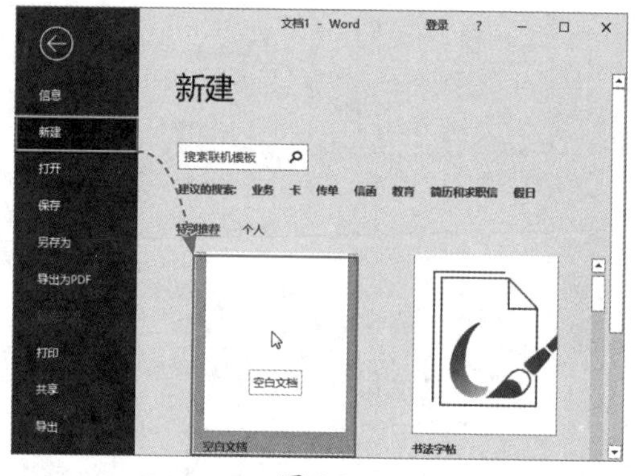

图 2-2

知识点拨

在桌面或文件夹中右击，在弹出的快捷菜单中选择"新建"选项，并从其级联菜单中选择"Microsoft Word文档"命令，如图2-3所示，也可以创建一个空白文档。

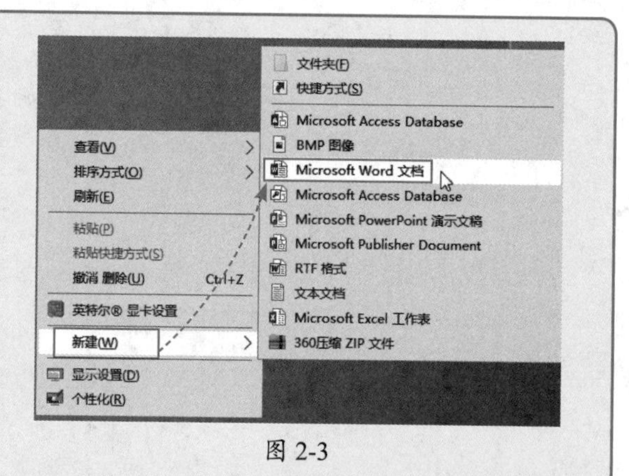

图 2-3

2.1.2 创建模板文档

除了创建空白文档外，用户也可以创建需要的模板文档。打开Word软件界面，在“搜索联机模板”搜索框中输入需要创建的模板名称，这里输入“简历”，如图2-4所示，按Enter键搜索，在弹出的“新建”界面中显示搜索结果，用户选择满意的模板类型并单击，如图2-5所示。

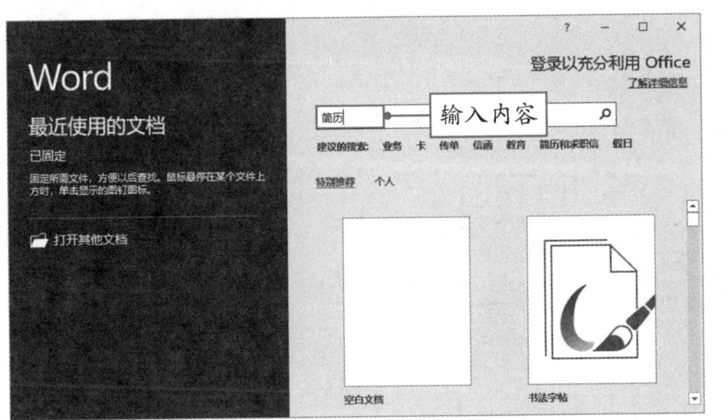

图 2-4

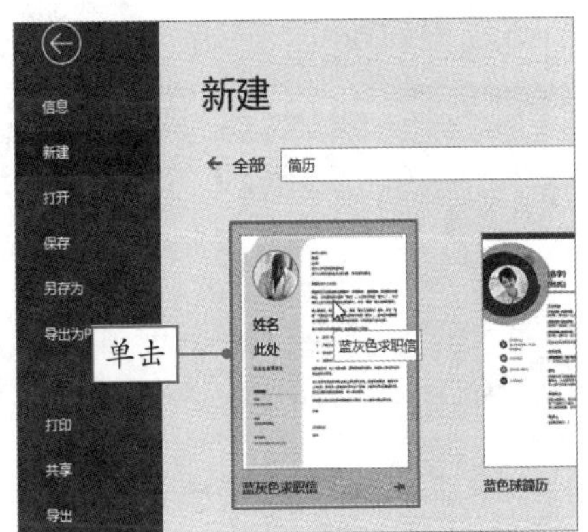

图 2-5

弹出一个界面，在该界面中显示模板的详细信息，单击“创建”按钮，如图2-6所示，即可创建一个模板文档，如图2-7所示。

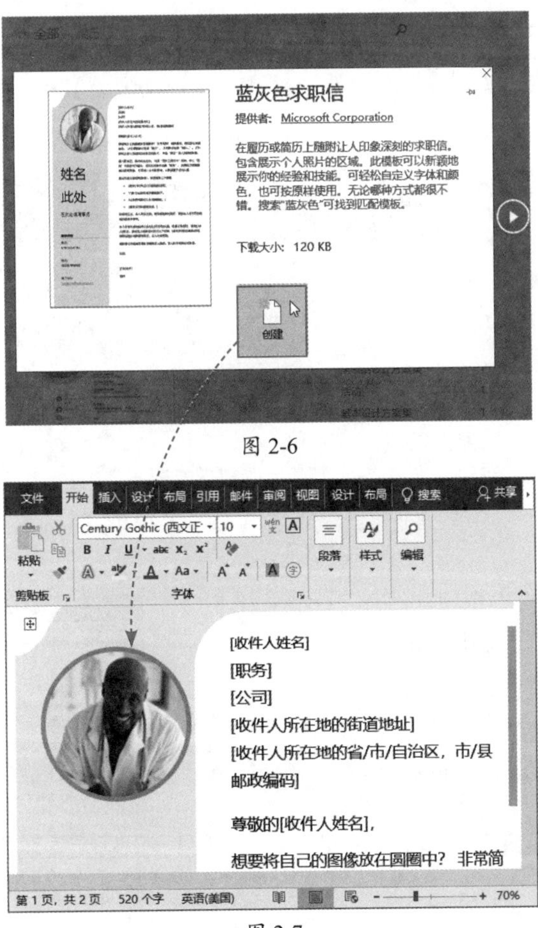

图 2-7

2.1.3 保存文档

用户创建空白或模板文档后，需要为其重命名，并保存到指定位置，方便后续使用。单击“保存”按钮或“文件”按钮，在弹出的界面中选择“另存为”选项，并在“另存为”界面中单击“浏览”按钮，如图2-8所示。打开“另存为”对话框，选择保存位置，然后输入“文件名”，单击“保存”按钮即可，如图2-9所示。

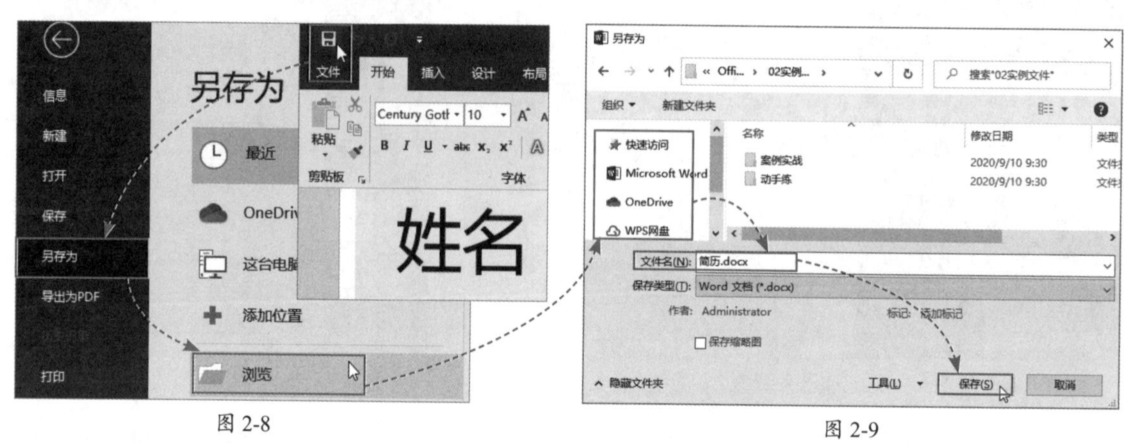

图 2-8　　　　图 2-9

动手练 将文档保存为兼容模式

扫码看视频

为了使低版本的文件可以在高版本软件中打开，用户需要将其保存为兼容模式，此时在文件名后面会显示“兼容模式”文字，如图2-10所示。

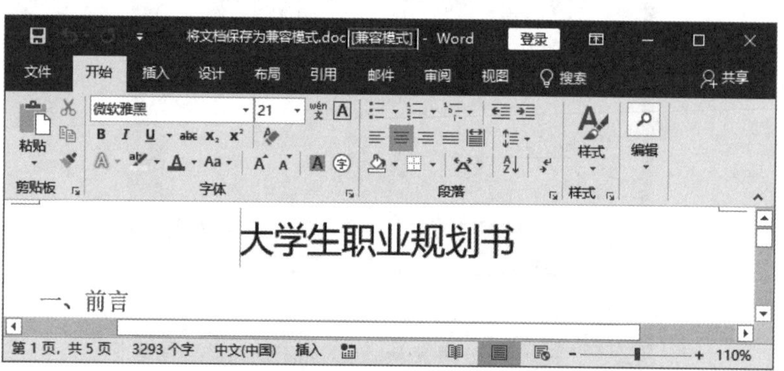

图 2-10

打开文档，单击“文件”按钮，选择“另存为”选项，在“另存为”界面中单击“浏览”按钮，打开“另存为”对话框，单击“保存类型”下拉按钮，在弹出的列表中选择“Word 97-2003文档”选项，单击“保存”按钮即可，如图2-11所示。

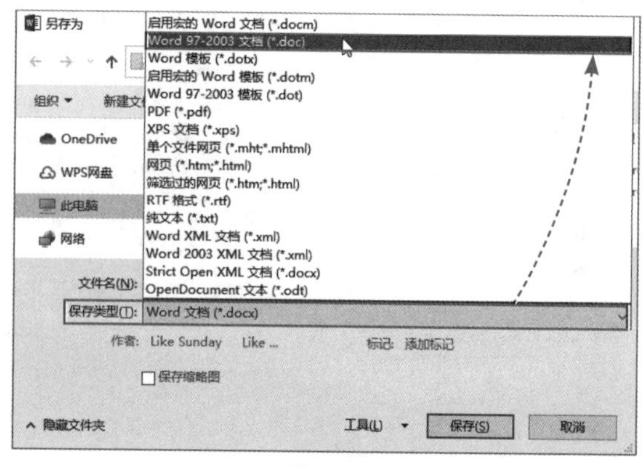
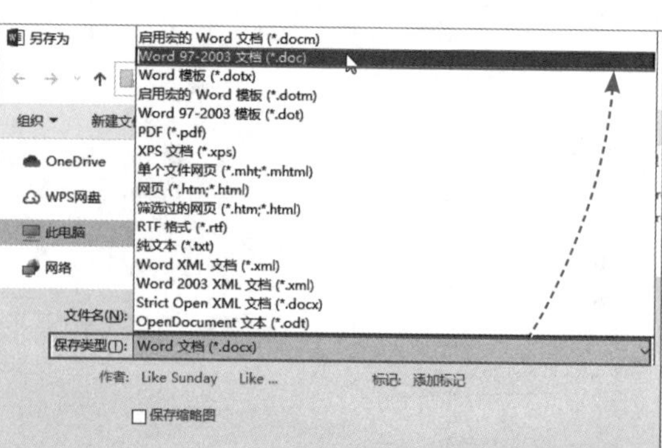

图 2-11

2.2 输入与编辑文档内容

在文档中除了可以输入文字外，还可以输入特殊字符、日期、时间、公式等，并且需要对输入的文本内容进行相关编辑操作。

2.2.1 输入文本内容

制作文档时，首先需要将相关文本内容输入到文档中，用户打开文档后，光标自动插入到文档中，使用Ctrl+Shift组合键切换至搜狗输入法，然后输入文本内容即可，如图2-12所示。

图 2-12

知识点拨

如果需要在文档的指定位置输入文本，则在该位置双击即可插入光标，然后输入文本内容。

2.2.2 输入特殊字符

一些字符通过键盘无法输入，例如“√”“×”“®”等，要想输入这些特殊字符，用户可以在“插入”选项卡中单击“符号”下拉按钮，在弹出的列表中选择“其他符号”选项，打开“符号”对话框，在“符号”选项卡中单击“子集”下拉按钮，从弹出的列表中选择“标点和符号”选项，在弹出的列表中选择需要的符号，单击“插入”按钮，如图2-13所示，即可将所选符号插入到文档中。

在“符号”对话框中选择“特殊字符”选项卡，在该选项卡中可以选择插入版权所有符号、注册符号、商标符号等，或通过其快捷键输入，如图2-14所示。

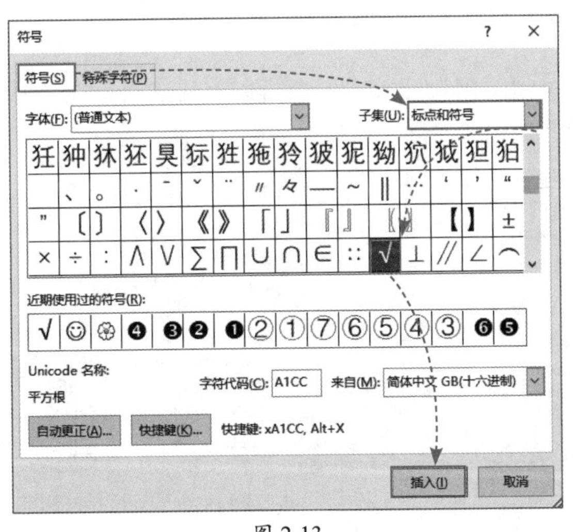

图 2-13

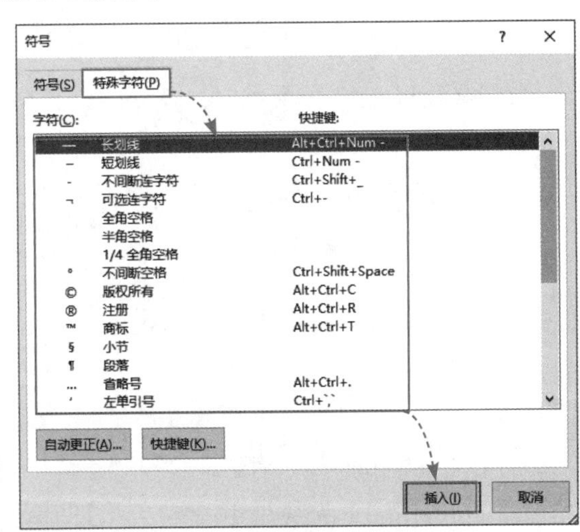

图 2-14

此外，在“符号”选项卡中单击“字体”下拉按钮，在弹出的列表中选择“Wingdings”选项，在弹出的列表中可以选择插入一些特殊符号，如图2-15所示。

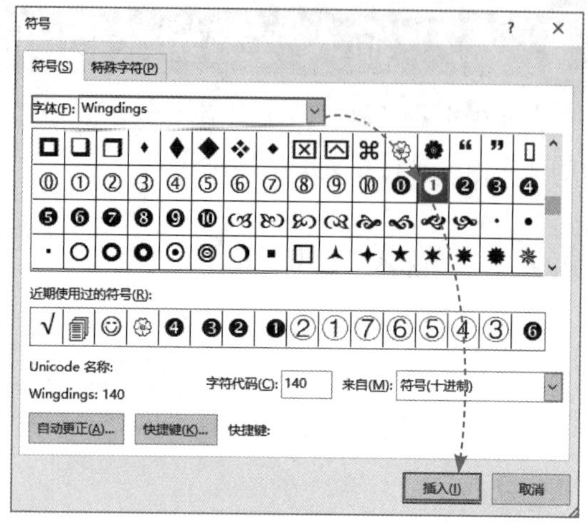

图 2-15

知识点拨

用户在搜狗工具栏上右击，在弹出的快捷菜单中选择“表情&符号”选项，并从其级联菜单中选择“符号大全”选项，打开“符号大全”对话框，在“特殊符号”列表框中可以单击插入需要的特殊符号，如图2-16所示。

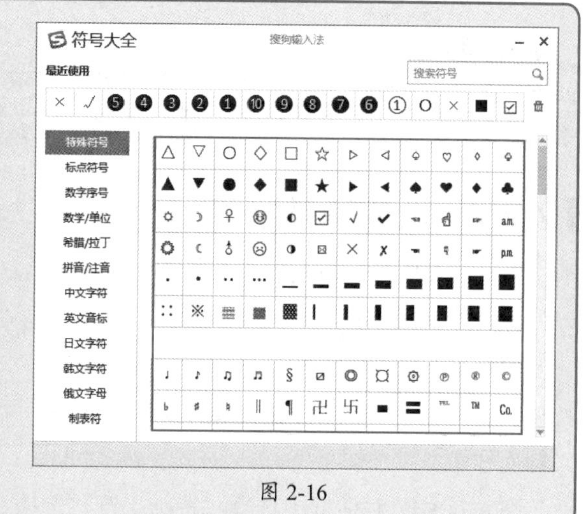

图 2-16

2.2.3 输入日期和时间

在制作通告之类的文档时，需要输入日期和时间。用户插入光标后可以直接输入日期和时间，如图2-17所示，或者在“插入”选项卡中单击“日期和时间”按钮，如图2-18所示。

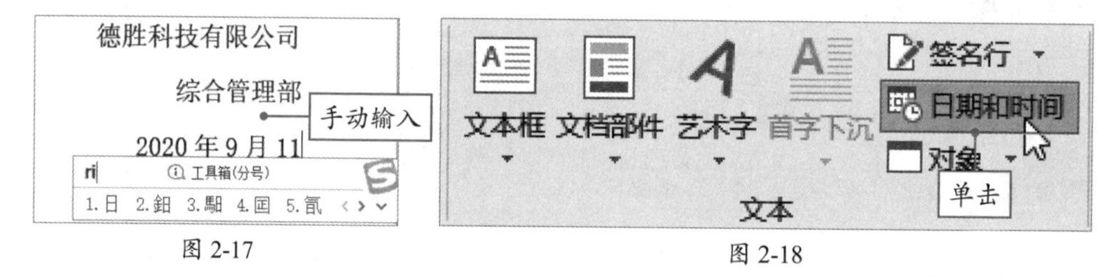

图 2-17　　图 2-18

打开“日期和时间”对话框，在“语言（国家/地区）”列表中选择“中文（中国）”选项，然后在“可用格式”列表框中选择一种日期格式，单击“确定”按钮，即可插入当前的日期和时间，如图2-19所示。

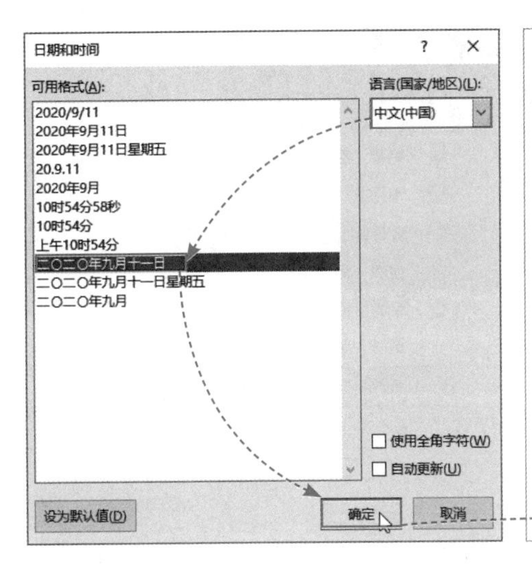

三、吸烟区需遵守的相关规定

1. 吸烟过程中的烟灰不得随处乱丢；
2. 吸烟后的烟头灭火后放到烟灰缸或者垃圾桶中。

四、相关处罚

1. 对于在禁止吸烟区域内吸烟的员工，由综合管理部进行50～200元/次的罚款；
2. 对于在吸烟区乱丢烟灰、烟头以及烟头不灭火的员工，由综合管理部进行50～200元/次的罚款；
3. 对于因吸烟引起的火灾事故由吸烟人员全责。

五、本通告自发布之日起施行。

德胜科技有限公司

综合管理部

二〇二〇年九月十一日

图 2-19

知识点拨

如果用户希望插入的日期随着系统时间的改变而更改，在“日期和时间”对话框中勾选“自动更新”复选框即可。

2.2.4 输入公式

在制作数学试卷、论文等类型的文档时，有时需要输入一些公式。在Word文档中，用户可以插入内置公式或插入自定义公式。

1. 插入内置公式

在“插入”选项卡中单击“公式”下拉按钮，在弹出的列表中选择一种内置的公式，即可将所选公式插入到文档中。插入公式后，会打开一个“公式工具-设计”选项卡，通过功能区中的命令可更改公式的符号和结构，如图2-20所示。

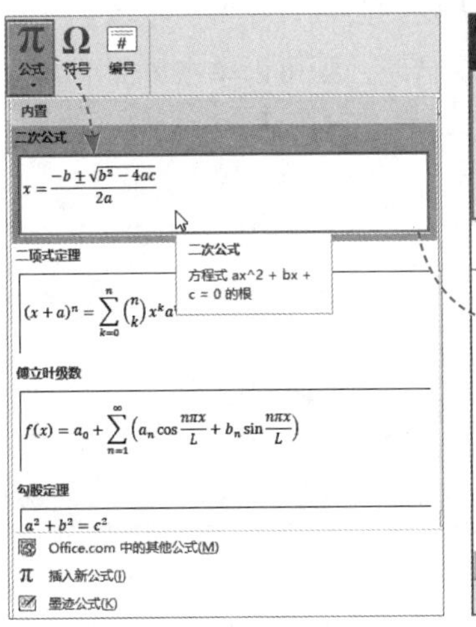

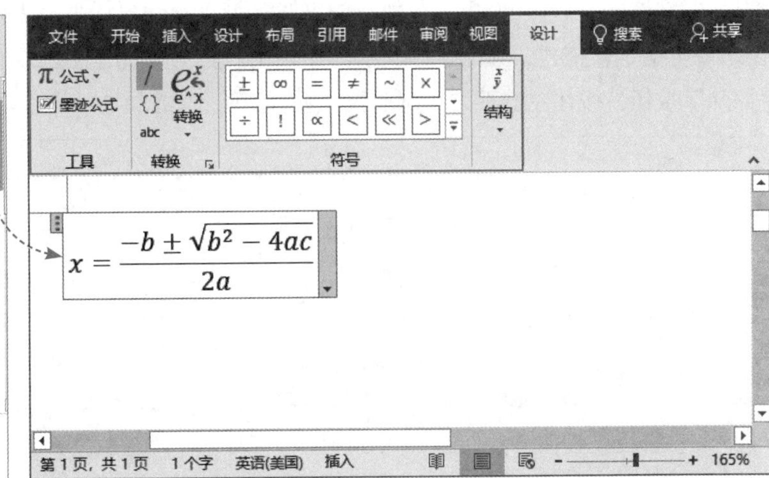

图 2-20

此外，如果用户需要更改公式在文档中的对齐方式，则可以单击公式右侧的下拉按钮，在弹出的列表中选择“对齐方式”选项，从其级联菜单中可以将公式设置为“左对齐”“右对齐”“居中”和“整体居中”，如图2-21所示。

知识点拨

在“公式”列表中选择“Office.com中的其他公式”选项，在其级联菜单中可以选择插入“传递性”“多项式展开”“分配律”“牛顿第二定理”等公式。

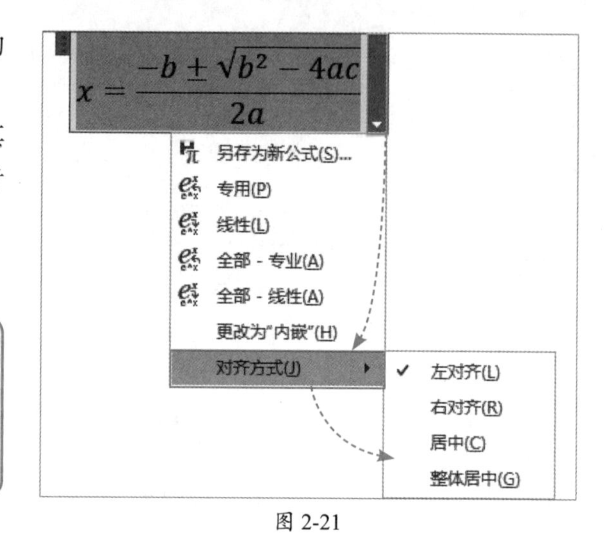

图 2-21

2. 插入自定义公式

在“公式”列表中选择“插入新公式”选项，即可在文档中插入一个“在此处键入公式”窗格，用户通过“公式工具-设计”选项卡中“符号”和“结构”选项组中的命令辅助输入需要的公式即可，如图2-22所示。

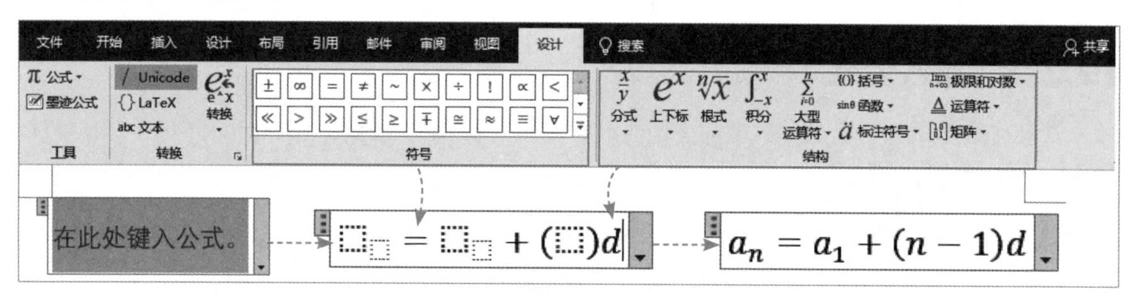

图 2-22

此外，用户也可以通过手写插入数学公式。在“公式”列表中选择“墨迹公式”选项，弹出一个“数学输入控件”面板，在面板的书写区域，拖动鼠标书写需要的公式，在书写区域上方会显示规范的字体格式，如图2-23所示。如果用户在书写过程中出现错误，则可以单击界面下方的“擦除”按钮，按住左键不放并拖动鼠标进行擦除，如图2-24所示。

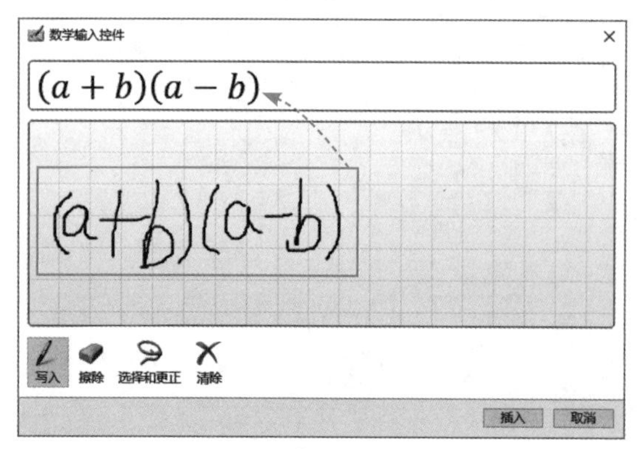

图 2-23

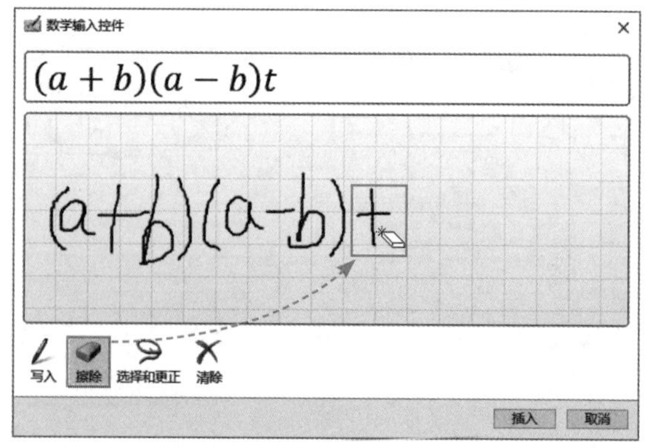

图 2-24

书写完成后，单击“插入”按钮，如图2-25所示，即可将书写的公式插入到文档中。

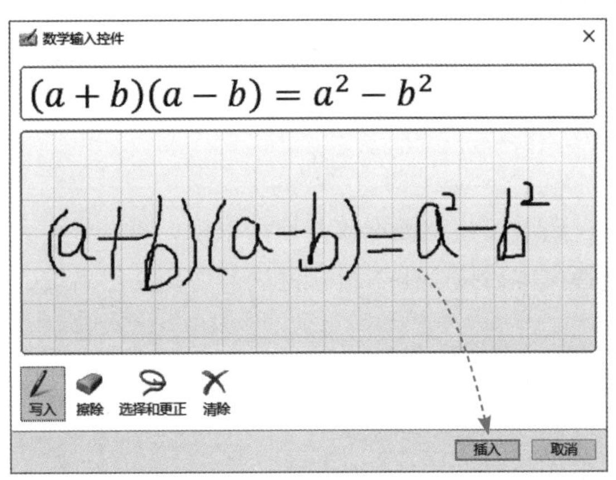

图 2-25

动手练 为文字添加拼音

当文档中出现一些不认识的生僻字时，为了防止出现读错的情况，用户可以为生僻字添加拼音，如图2-26所示。

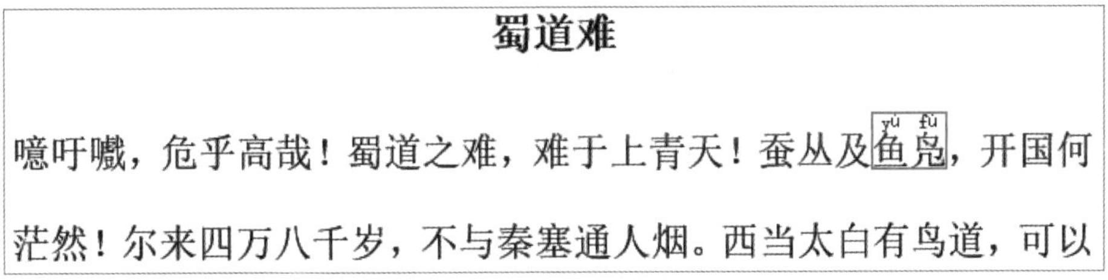

蜀道难

噫吁嚱，危乎高哉！蜀道之难，难于上青天！蚕丛及鱼凫（yú fú），开国何

茫然！尔来四万八千岁，不与秦塞通人烟。西当太白有鸟道，可以

图 2-26

选择需要添加拼音的文字，在“开始”选项卡中单击“拼音指南”按钮，如图2-27所示。打开“拼音指南”对话框，在“拼音文字”文本框中默认显示文字的读音，并可以设置拼音的“对齐方式”“偏移量”“字体”和“字号”，如图2-28所示。设置好后单击“确定”按钮，即可为所选文字添加拼音。

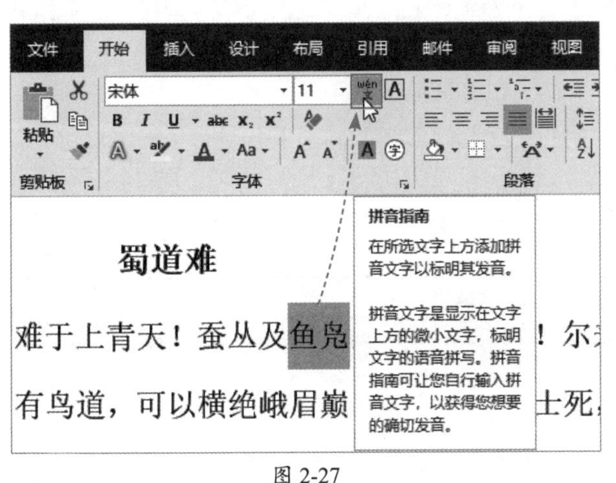

图 2-27

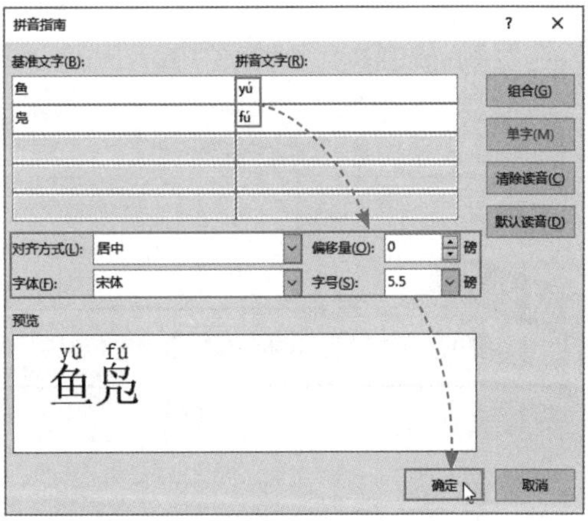

拼音指南

基准文字(B)：鱼、凫

拼音文字(R)：yú、fú

对齐方式(L)：居中　偏移量(O)：0 磅

字体(F)：宋体　字号(S)：5.5 磅

预览：鱼凫（yú fú）

组合(G)　单字(M)　清除读音(C)　默认读音(D)　确定　取消

图 2-28

注意事项 只有安装了微软拼音输入法，才能直接为文字添加拼音。

2.2.5 移动和复制文本

在制作文档的过程中，如果需要输入相同的文本，则可以复制文本，如果发现文本的位置不对，则可以将其移至合适位置。

1. 移动文本

选择需要移动的文本，然后按住左键不放并拖动鼠标，将其移至合适位置即可，如图2-29所示。此外，用户也可以选择文本后按Ctrl+X组合键进行剪切，然后按Ctrl+V组合键将其粘贴至合适位置。

1. 准时上下班，不得迟到，不得早退，不得旷工，工作时间不得
外出，须经本部门负责人同意并办理手续，否则按旷工处理；
2. 工作期间保持微笑，不可因私人情绪影响工作；
3. 拖至该位置
4. 上下班第一时间打扫岗位卫生，必须做到整洁干净；
5. 上班时不得嬉笑打闹、赌博喝酒、睡觉而影响本公司形象；
6. 员工本着互尊互爱、齐心协力、吃苦耐劳、诚实本分的精神尊
或想法用书面文字报告交于上级部门，公司将做出合理的回复

1. 准时上下班，不得迟到，不得早退，不得旷工，工作时间不得
外出，须经本部门负责人同意并办理手续，否则按旷工处理；
2. 工作期间保持微笑，不可因私人情绪影响工作；
3. 上班时不得嬉笑打闹、赌博喝酒、睡觉而影响本公司形象；
4. 上下班第一时间打扫岗位卫生，必须做到整洁干净；
5. 员工本着互尊互爱、齐心协力、吃苦耐劳、诚实本分的精神尊
或想法用书面文字报告交于上级部门，公司将做出合理的回复
6. 服从分配服从管理、不得损毁公司形象、透露公司机密；

图 2-29

2. 复制文本

选择需要复制的文本内容，右击，从弹出的快捷菜单中选择“复制”命令，将光标定位至需要粘贴的位置，在“开始”选项卡中单击“粘贴”下拉按钮，在弹出的列表中根据需要选择相应的选项即可，如图2-30所示。

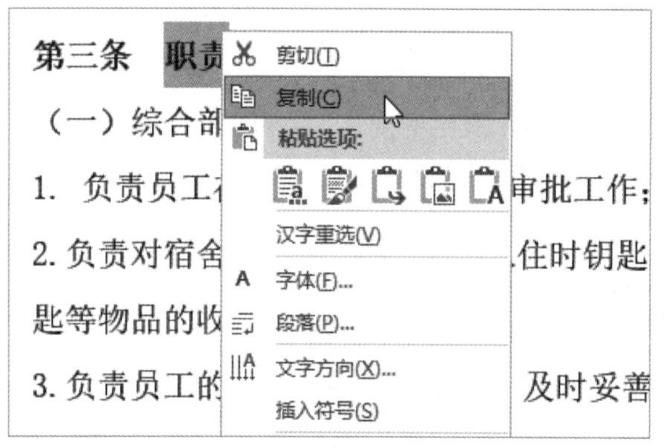

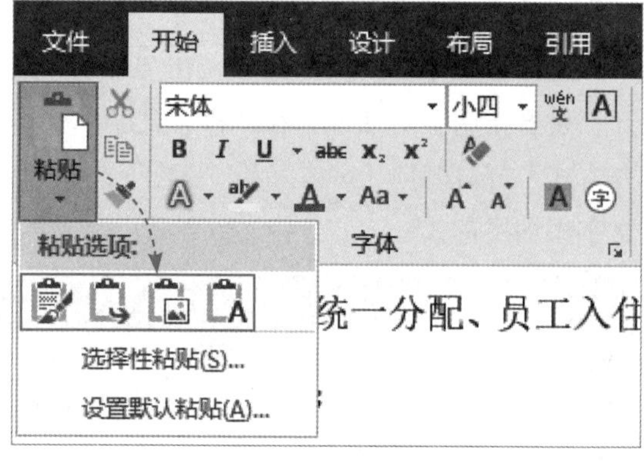

图 2-30

知识点拨

用户选择文本后按Ctrl+C组合键进行复制，再按Ctrl+V组合键，粘贴文本即可。

2.2.6 查找与替换文本

使用“查找”“替换”功能，可以从一篇长文档中快速查找到目标内容，或一次性替换文档中某个特定文本。

1. 查找文本

例如将文档中的“营销”文本内容全部查找并突出显示出来。在“开始”选项卡中单击“查找”按钮，在文档左侧弹出一个“导航”窗格，在搜索框中输入“营销”文本，系统自动将文档中“营销”文本全部高亮显示，如图2-31所示。

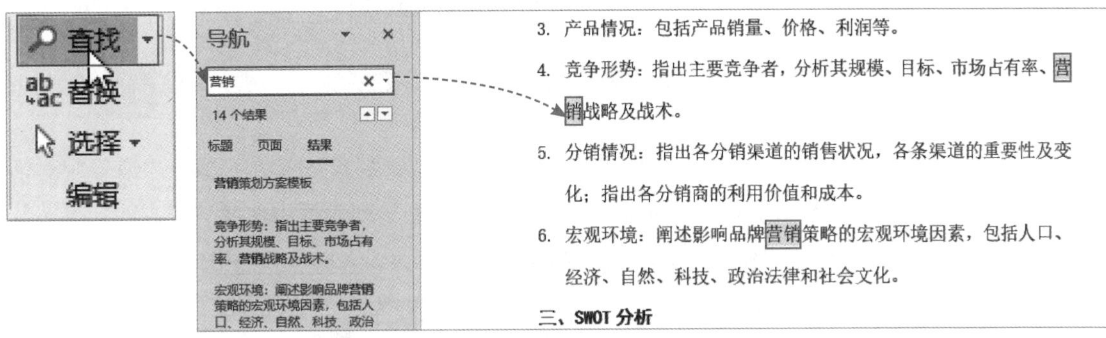

图 2-31

此外，用户也可以单击“查找”下拉按钮，在弹出的列表中选择“高级查找”选项，打开“查找和替换”对话框，在“查找内容”文本框中输入“营销”文本，单击“阅读突出显示”下拉按钮，在弹出的列表中选择“全部突出显示”选项，如图2-32所示，即可将文档中的“营销”文本全部查找并突出显示出来。

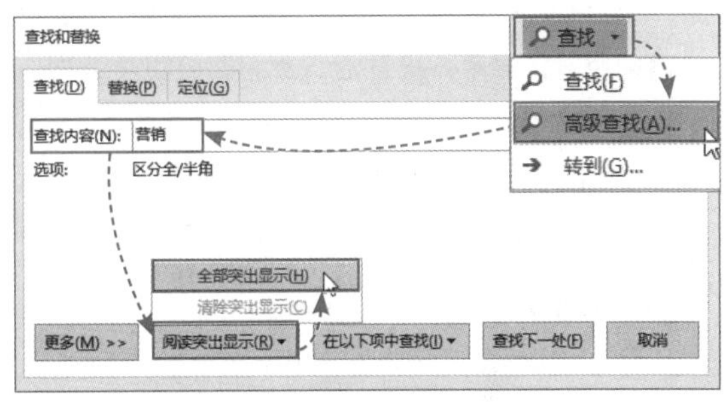

图 2-32

2. 替换文本

例如将文档中输入错误的“策化”文本，全部替换成正确的“策划”文本。在“开始”选项卡中单击“替换”按钮，打开“查找和替换”对话框，在“替换”选项卡的“查找内容”文本框中输入“策化”，在“替换为”文本框中输入“策划”，单击“全部替换”按钮，弹出一个提示对话框，提示完成5处替换，单击“确定”按钮即可，如图2-33所示。

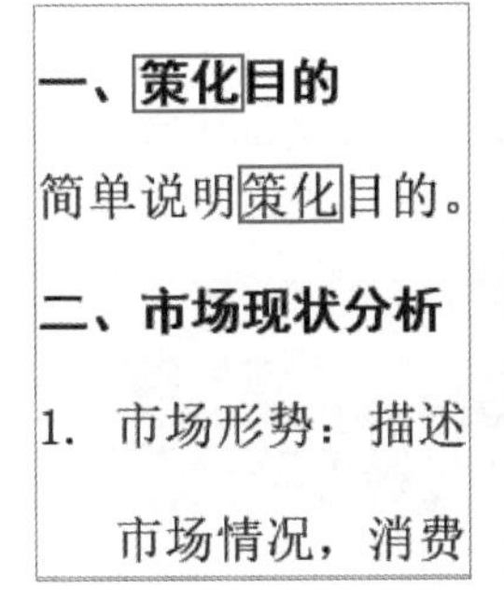

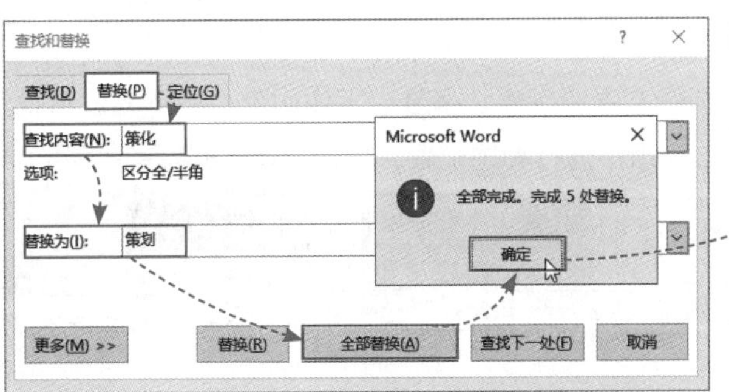

一、策划目的
简单说明策划目的。
二、市场现状分析
1. 市场形势：描述
市场情况，消费

图 2-33

动手练 将数字转换成人民币大写格式

在填写房屋租赁合同时，一般需要填写小写金额和大写金额，用户可以在Word文档中将数字转换成人民币大写格式，如图2-34所示。

第三条 租赁期满，甲方有权收回出租房屋，乙方应如期交还。乙方如要求续租，则必须在租赁期满前一个月通知甲方，经甲方同意后，重新签订租赁合同。合同期满后在同等租金的情况下乙方享有优先续租的权利。

第四条 租金、押金及支付方式 ：

1. 该房屋每月租金共 1200 元。（人民币大写：壹仟贰佰 元）

2. 该房屋租金支付方式为：

图 2-34

选择数字，打开“插入”选项卡，单击“编号”按钮，如图2-35所示。打开“编号”对话框，在“编号”文本框中默认显示选择的数字，在“编号类型”列表框中选择“壹，贰，叁…”选项，单击“确定”按钮，如图2-36所示，即可将小写数字转换成人民币大写格式。

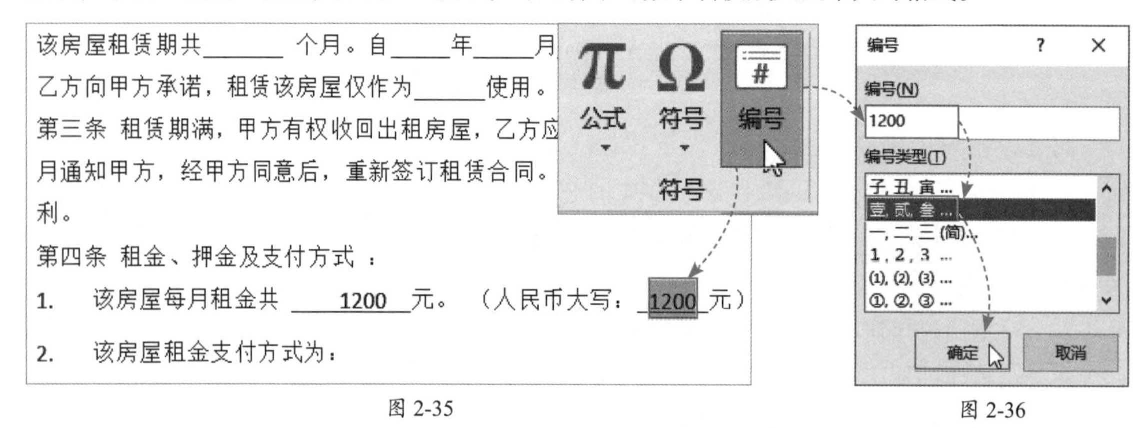

图 2-35 图 2-36

2.3 设置文本和段落格式

在文档中输入内容后，为了使文档整体看起来更舒适、美观，需要设置文档中文本和段落的格式。

2.3.1 设置文本格式

用户通常需要对文档中文本的字体、字号、字体颜色、字形等进行设置。选择文本，在“开始”选项卡的“字体”选项组中进行相关设置，如图2-37所示。

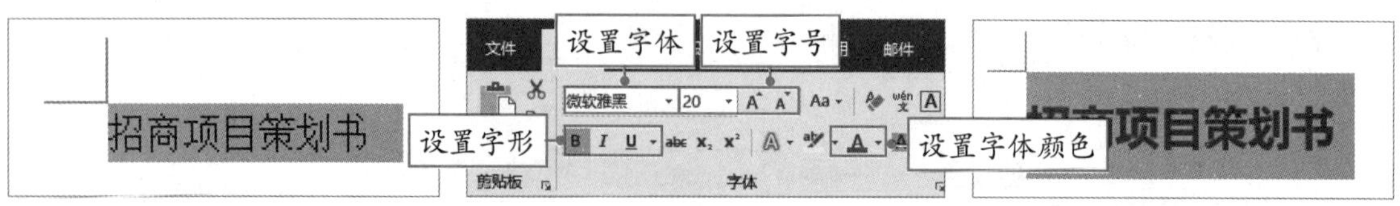

图 2-37

此外，用户也可以单击“字体”选项组的“对话框启动器”按钮，如图2-38所示。打开“字体”对话框，在“字体”选项卡中可以设置文本的字体、字号、字形、字体颜色等，如图2-39所示。打开“高级”选项卡，可以设置文本的字符间距，如图2-40所示。

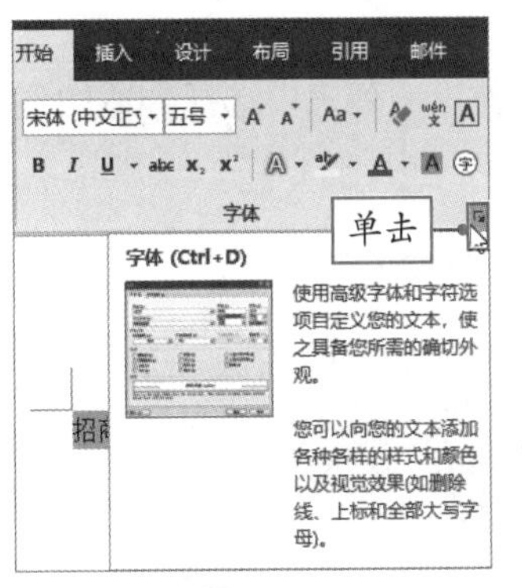

图 2-38

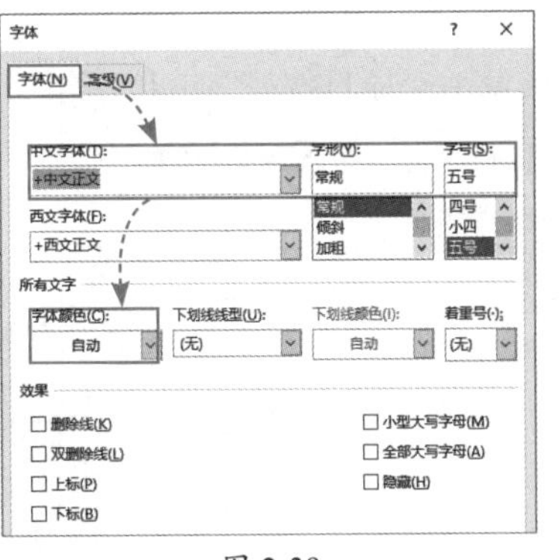

图 2-39

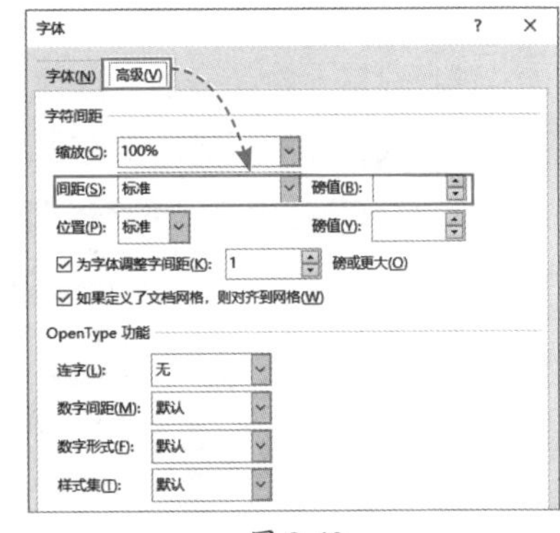

图 2-40

知识点拨

如果用户需要为文本设置上、下标，例如将氧气O2，设置为标准的化学式O_2，则选择“2”后按Ctrl+=组合键，即可将“2”设置为下标，同理，按Ctrl+Shift++组合键，可以将“2”设置为上标。

2.3.2 设置段落格式

用户通常需要对文档中段落的对齐方式、缩进值、行间距等进行设置。选择段落，在“开始”选项卡中的“段落”选项组中进行相关设置，如图2-41所示。

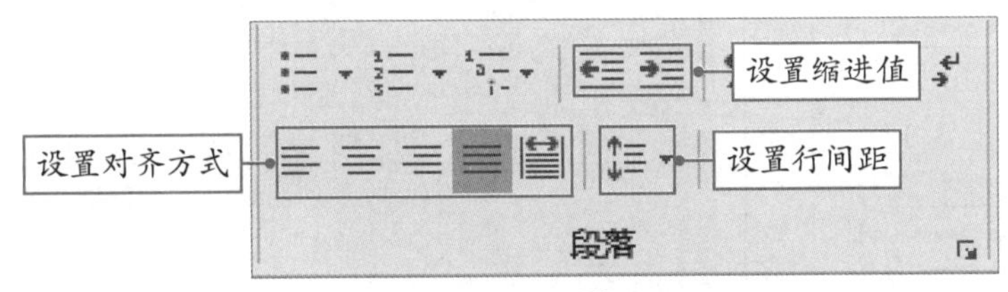

图 2-41

此外，用户也可以单击“段落”选项组的“对话框启动器”按钮，打开“段落”对话框，在“缩进和间距”选项卡中可以设置段落的“常规”“缩进”和“间距”，如图2-42所示。

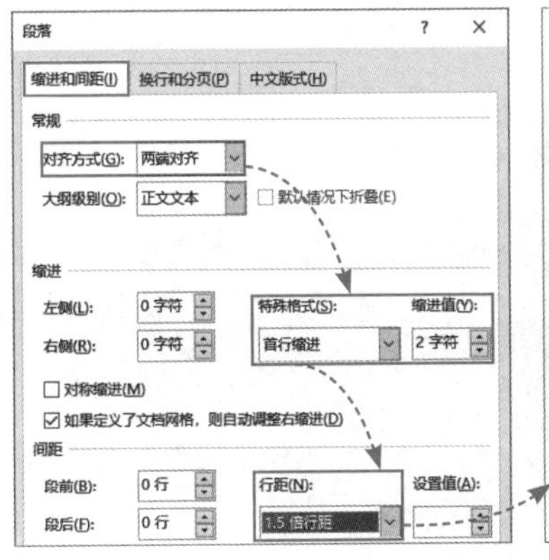

稿子寄出去，有时候是肉包子打狗，一去不回头;连个回信也没有。这，咱只好幽默;多见着那个骗子再说，见着他，大概我们俩总有一个笑着去见阎王的，不过，这是不很多见的，要不怎么我还没想自杀呢。常见的事是这个，稿子登出去，酬金就睡着了，睡得还是挺香甜。直到我也睡着了，它忽然来了，仿佛故意吓人玩。数目也惊人，它能使我觉得自己不过值一毛五一斤，比猪肉还便宜呢。这个咱也不说什么，国难期间，大家都得受点苦，人家开铺子的也不容易，掌柜的吃肉，给咱点汤喝，就得念佛。是的，我是不能当皇上，焚书坑掌柜的，咱没那个狠心，你看这个劲儿！不过，有人想坑他们呢，我也不便拦着。

图 2-42

2.3.3 添加项目符号和编号

为了使文档内容的层次结构更清晰、更有条理，用户需要为段落添加项目符号和编号。

1. 添加项目符号

选择段落，在“开始”选项卡中单击“项目符号”下拉按钮，在弹出的列表中选择合适的项目符号样式，即可为所选段落添加项目符号，如图2-43所示。

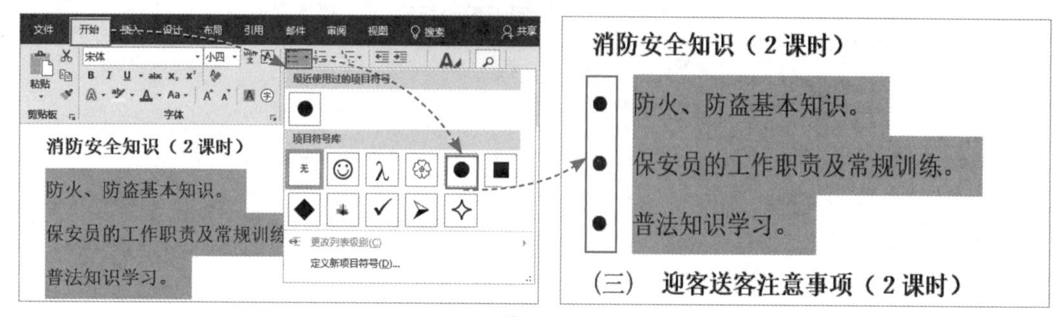

图 2-43

此外，如果用户想要自定义项目符号的样式，则可以在“项目符号”列表中选择“定义新项目符号”选项，打开“定义新项目符号”对话框，单击“符号”按钮，在打开的“符号”对话框中选择合适的符号。单击“字体”按钮，在打开的“字体”对话框中可以设置符号的大小和颜色，如图2-44所示。

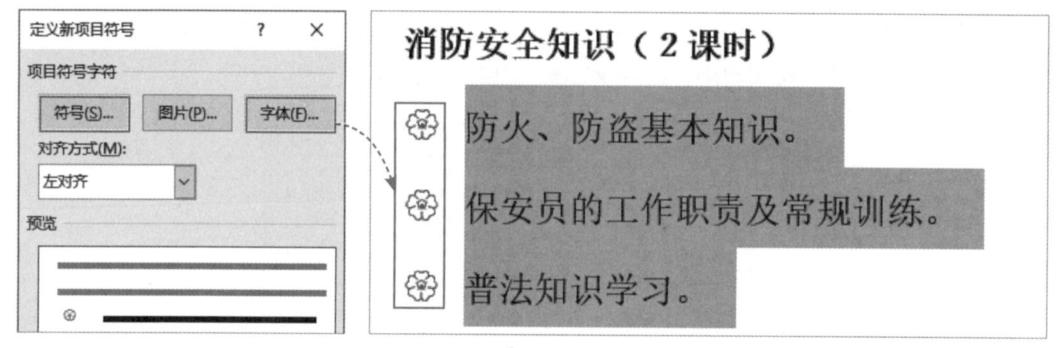

图 2-44

2. 添加编号

选择段落，在“开始”选项卡中单击“编号”下拉按钮，在弹出的列表中选择合适的编号样式，即可为所选段落添加编号，如图2-45所示。

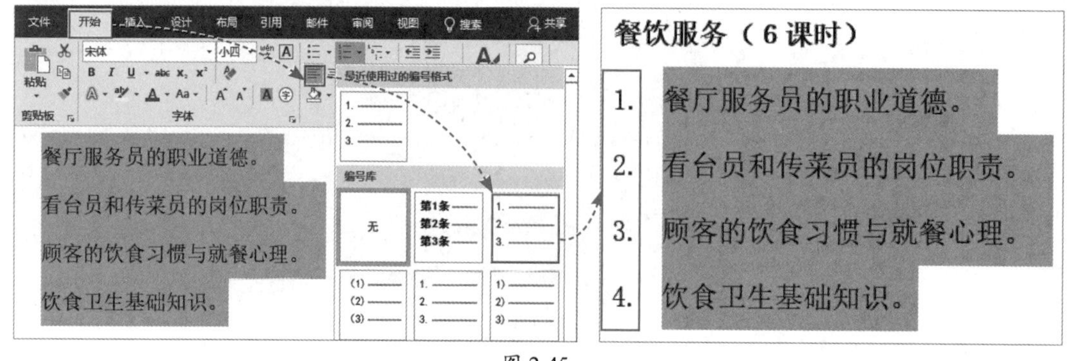

图 2-45

此外，如果用户想要自定义编号样式，则可以在“编号”列表中选择“定义新编号格式”选项，如图2-46所示。

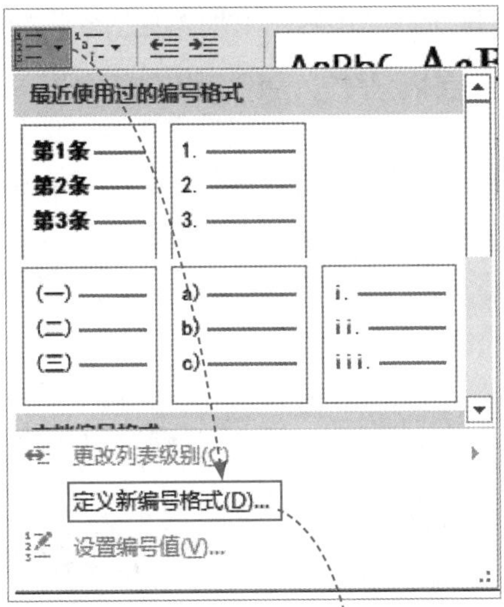

图 2-46

打开“定义新编号格式”对话框，从中设置“编号样式”“编号格式”和“对齐方式”，单击“字体”按钮，在打开的“字体”对话框中可以设置编号的字体格式，如图2-47所示。

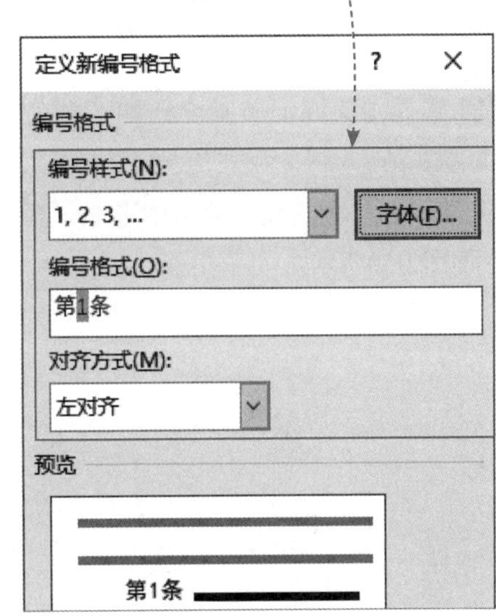

图 2-47

动手练 制作双行合一效果

扫码看视频

制作红头文件时，有时需要让两行文字在一行中显示，如图2-48所示，此时可以使用“双行合一”功能制作出该效果。

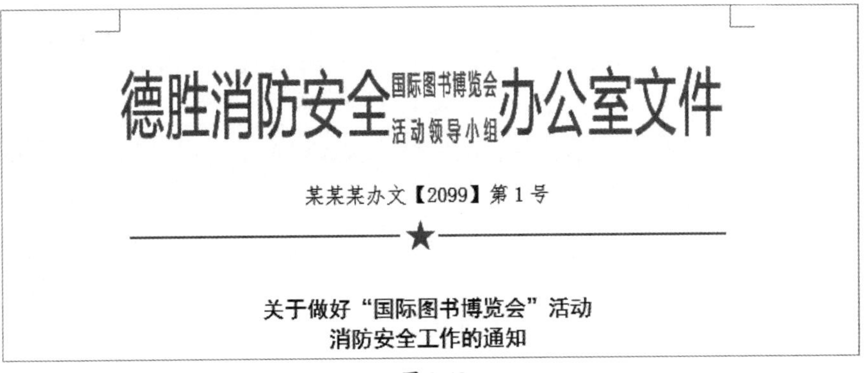
德胜消防安全国际图书博览会活动领导小组办公室文件

某某某办文【2099】第 1 号

★

关于做好“国际图书博览会”活动
消防安全工作的通知

图 2-48

Step 01 选择“国际图书博览会活动领导小组”文字，在“开始”选项卡中单击“中文版式”下拉按钮，在弹出的列表中选择“双行合一”选项，打开“双行合一”对话框，单击“确定”按钮，如图2-49所示。

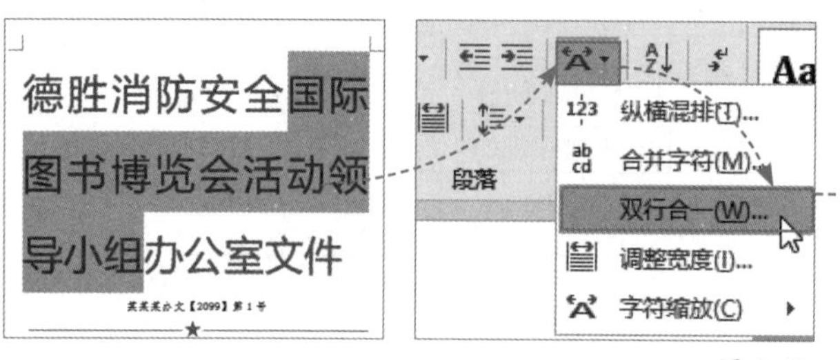

图 2-49

Step 02 选择“德胜消防安全”和“办公室文件”文本，在“中文版式”列表中选择“字符缩放”选项，并从其级联菜单中选择“其他”选项，如图2-50所示。

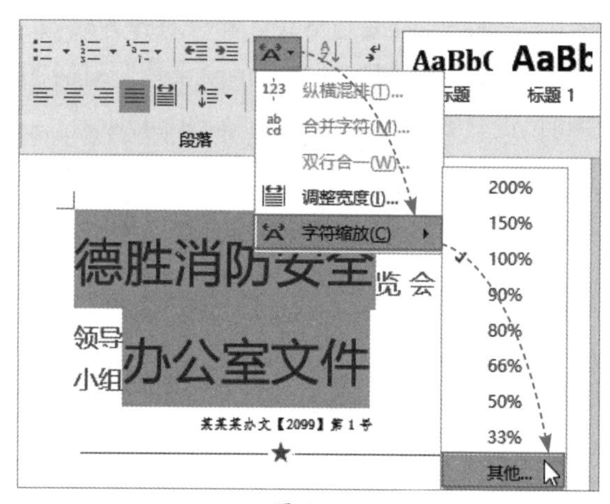

图 2-50

Step 03 打开“字体”对话框，在“高级”选项卡中将“缩放”设置为“64%”，如图2-51所示，单击“确定”按钮。

Step 04 最后将“国际图书博览会活动领导小组”文本的字号设置为“36”，“缩放”设置为“58%”即可。

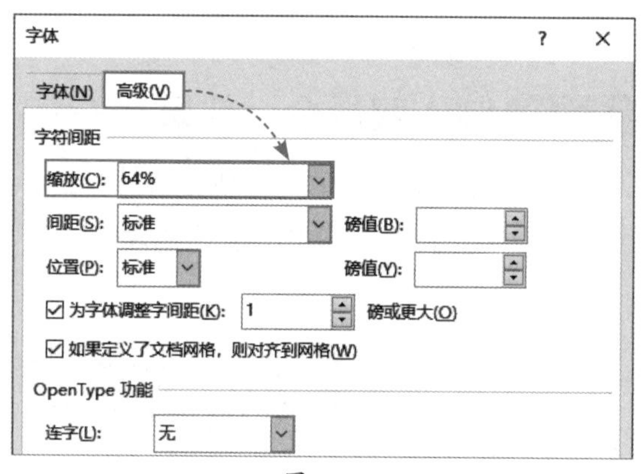

图 2-51

2.4 设置文档页面和背景

新建一个文档后，通常需要对文档页面的布局进行设置，并且为了使文档的页面更丰富多彩，可以设置其页面背景。

2.4.1 设置页面布局

用户可以按照需要对文档页面的布局进行设置，例如设置“页边距”“纸张方向”“纸张大小”等。

1. 设置页边距

打开文档，在“布局”选项卡中单击“页边距”下拉按钮，在弹出的列表中选择系统内置的页边距，即可将文档的页边距设置为“窄”“中等”“宽”“对称”等，如图2-52所示。

此外，在“页边距”列表中选择“自定义页边距”选项，打开“页面设置”对话框，在“页边距”选项卡中可以自定义“上”“下”“左”“右”的页边距，如图2-53所示。

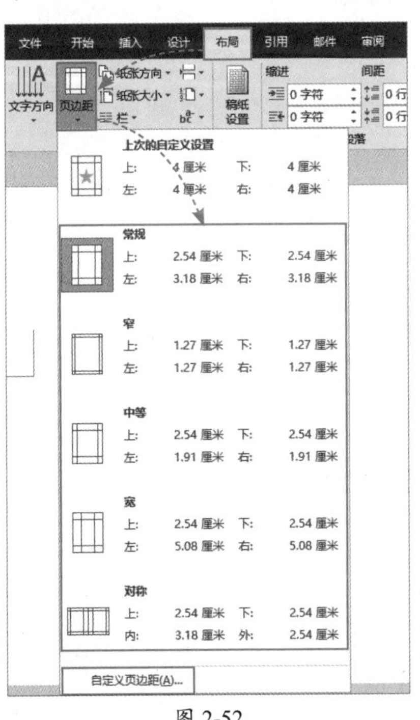

图 2-52

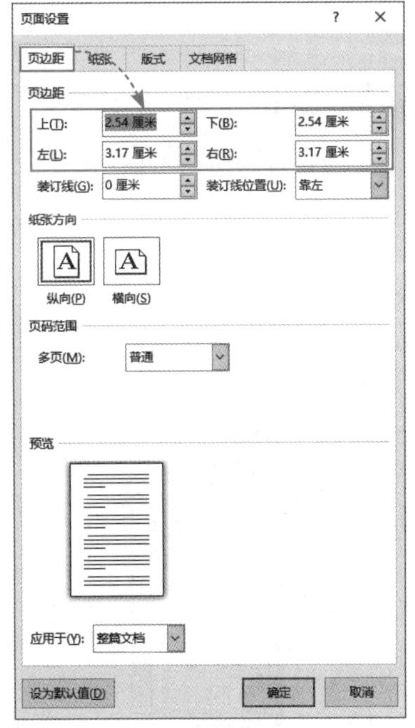

图 2-53

2. 设置纸张方向

在“布局”选项卡中单击“纸张方向”下拉按钮，在弹出的列表中可以将文档页面设置为“横向”或“纵向”，如图2-54所示。

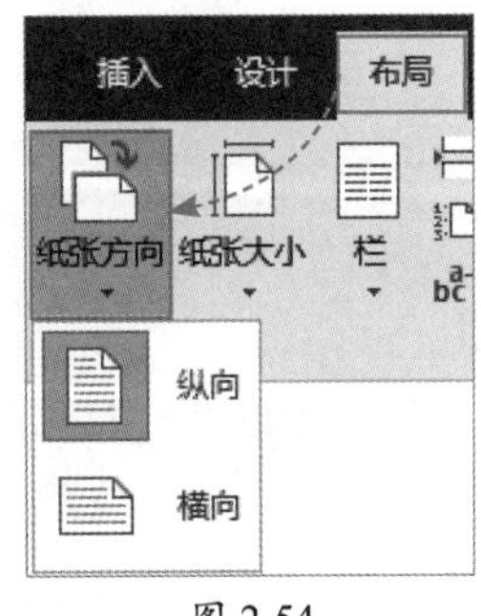

图 2-54

知识点拨

用户在“页面设置”对话框中的“页边距”选项卡中也可以设置纸张方向。

3. 设置纸张大小

在“布局”选项卡中单击“纸张大小”下拉按钮，在弹出的列表中选择内置的纸张大小即可，如图2-55所示。此外，用户单击“页面设置”对话框启动器按钮，打开“页面设置”对话框，在“纸张”选项卡中可以自定义纸张的大小，如图2-56所示。

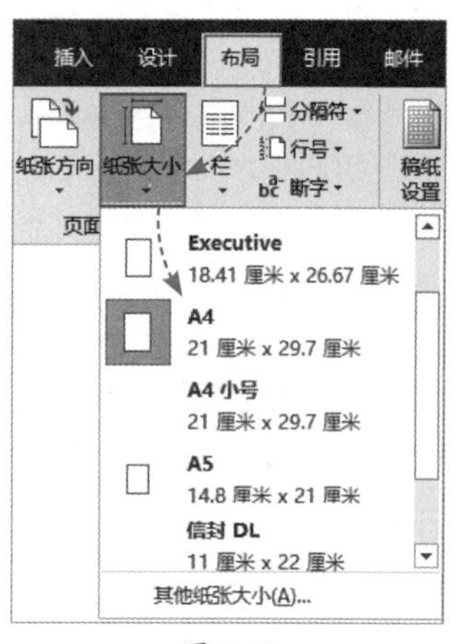

图 2-55

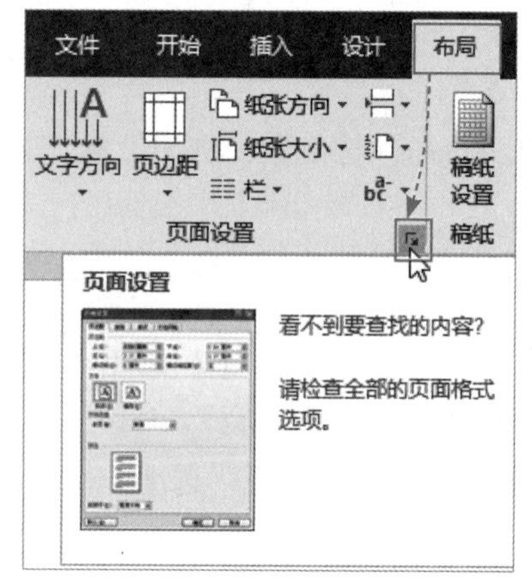

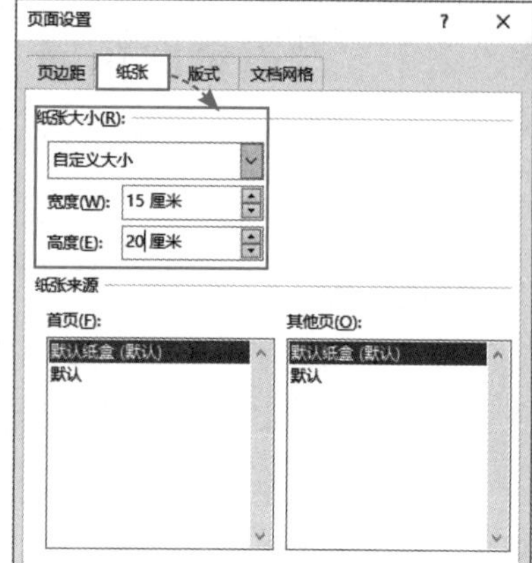

图 2-56

2.4.2 添加水印

为了防止他人随意复制或擅自使用文档内容，需要为文档添加水印，用户可以添加内置的水印样式或自定义水印样式。

1. 添加内置水印

打开文档，在“设计”选项卡中单击“水印”下拉按钮，在弹出的列表中选择合适的内置水印样式即可，如图2-57所示。

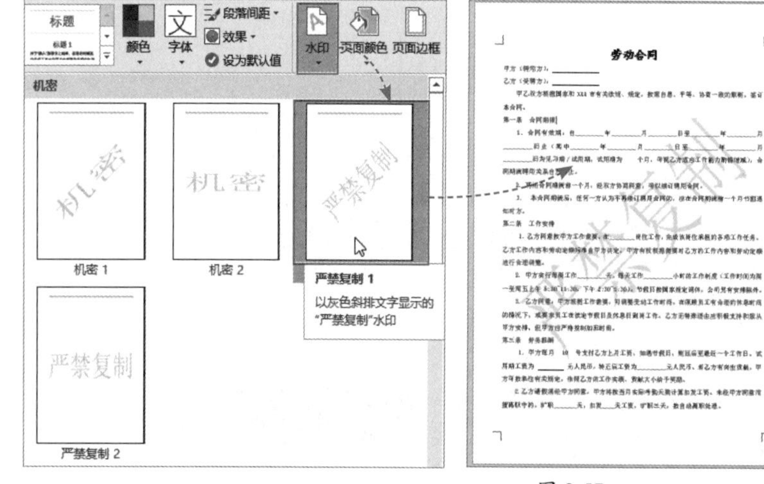

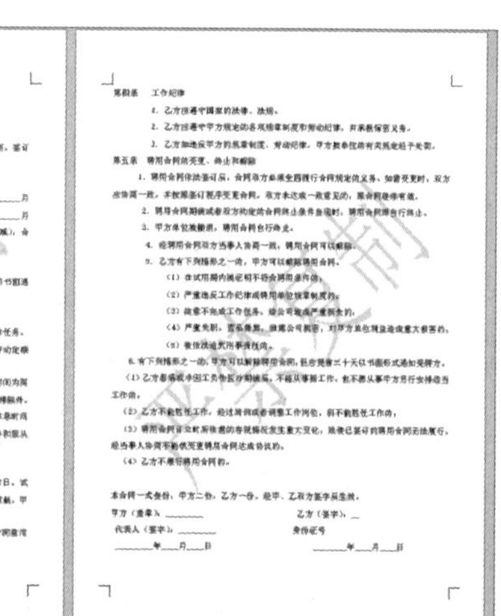

图 2-57

2. 自定义水印

在“水印”列表中选择“自定义水印”选项，打开“水印”对话框，选择“图片水印”单选按钮并进行相关设置，可以为文档添加一个图片水印。选择“文字水印”单选按钮并进行相关设置，可以为文档添加一个文字水印，如图2-58所示。

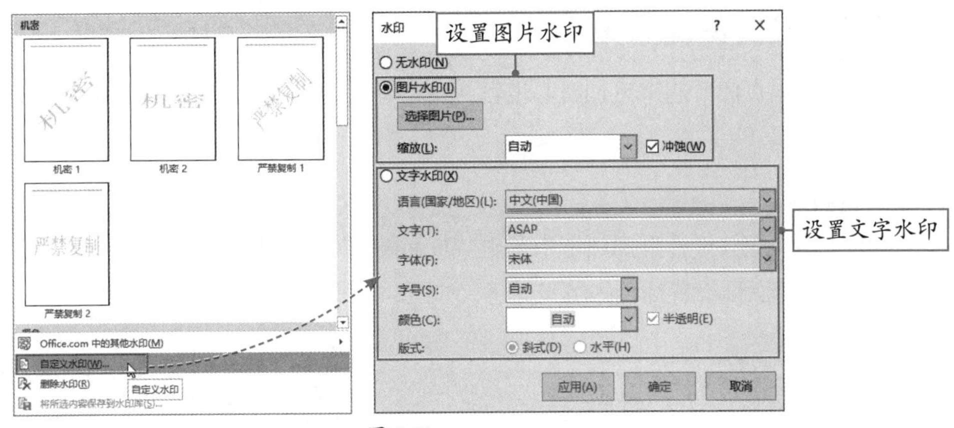

图 2-58

知识点拨

如果用户需要删除添加的水印，在“水印”列表中选择“删除水印”选项即可。

动手练 将文档内容分为4栏

扫码看视频

通常情况下文档中的内容是通栏显示，但有时为了方便阅读，需要为文档分栏，用户可以将文档内容分为两栏、三栏以及更多栏，如图2-59所示。

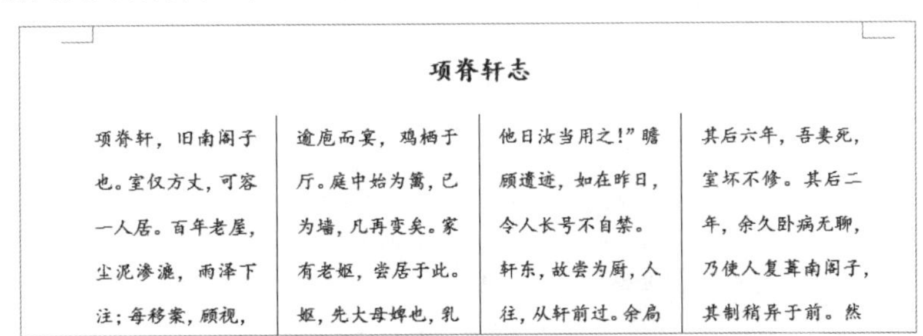

项脊轩志

项脊轩，旧南阁子也。室仅方丈，可容一人居。百年老屋，尘泥渗漉，雨泽下注；每移案，顾视，

逾庖而宴，鸡栖于厅。庭中始为篱，已为墙，凡再变矣。家有老妪，尝居于此。妪，先大母婢也，乳

他日汝当用之！”瞻顾遗迹，如在昨日，令人长号不自禁。轩东，故尝为厨，人往，从轩前过。余扃

其后六年，吾妻死，室坏不修。其后二年，余久卧病无聊，乃使人复葺南阁子，其制稍异于前。然

图 2-59

选择需要分栏的内容，在“布局”选项卡中单击“栏”下拉按钮，在弹出的列表中选择“更多栏”选项，打开“栏”对话框，在“栏数”数值框中输入“4”，在“应用于”列表中选择“所选文字”选项，勾选“分隔线”复选框，单击“确定”按钮，如图2-60所示，即可将所选内容分为4栏显示。

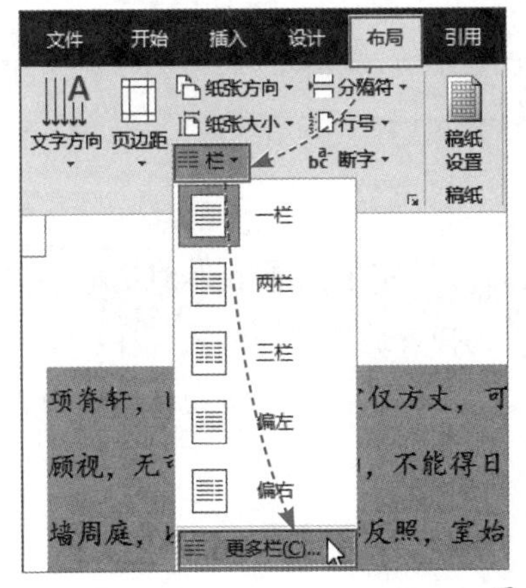

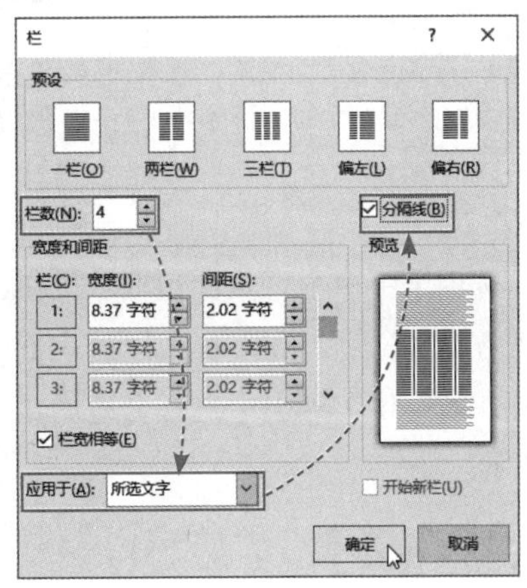

图 2-60

2.4.3 设置页面效果

为了使文档页面看起来更加赏心悦目，用户可以为其设置页面效果，例如设置页面颜色和页面边框等。

1. 设置页面颜色

打开文档，在“设计”选项卡中单击“页面颜色”下拉按钮，在弹出的列表中选择合适的颜色，即可为文档页面设置纯色的填充颜色，如图2-61所示。

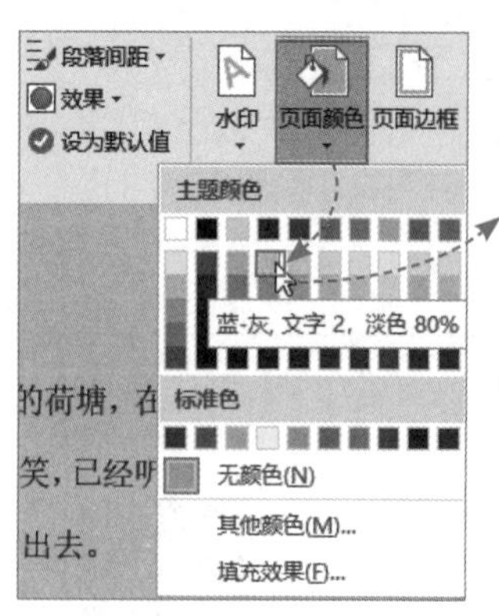

图 2-61

此外，在“页面颜色”列表中选择“填充效果”选项，在打开的“填充效果”对话框中可以为文档页面设置“渐变”“纹理”“图案”和“图片”填充效果，如图2-62所示。

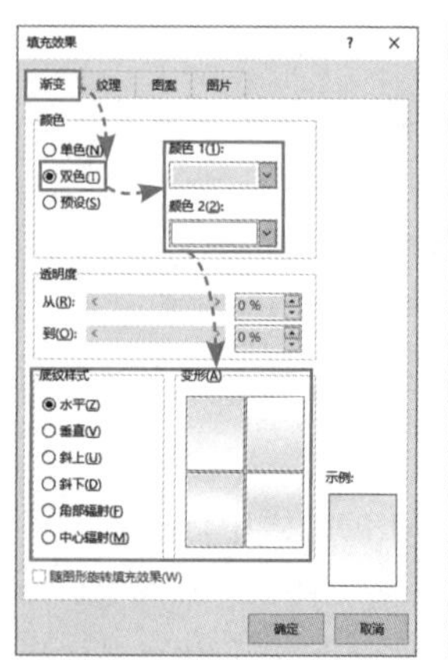
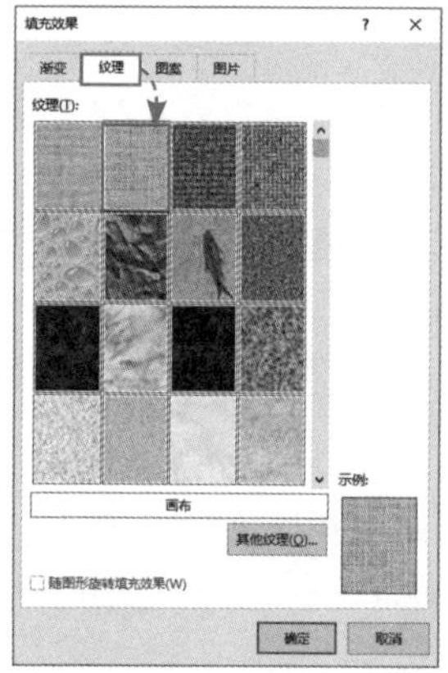
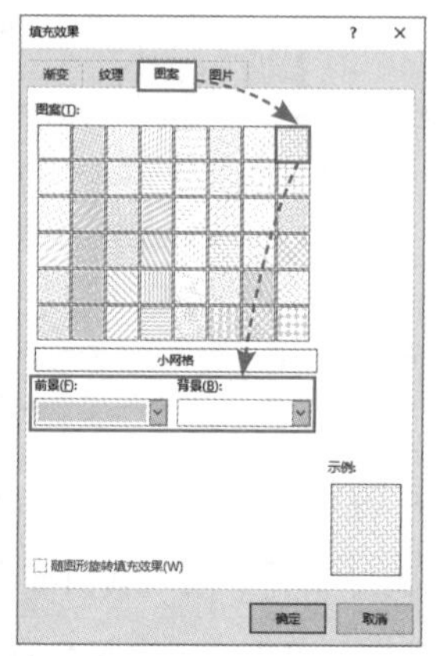
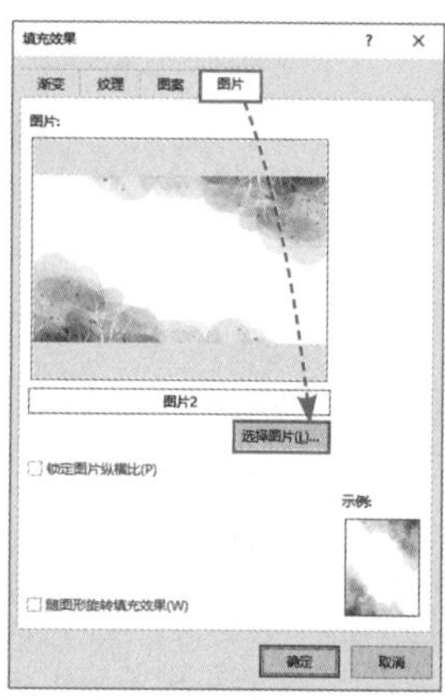

图 2-62

注意事项 有的用户为了追求页面美观，喜欢选择比较花哨的图片或较深的颜色作为背景色，但这会影响阅读，最好选择颜色较浅、简单、干净的图片作为页面背景。

2. 设置页面边框

在“设计”选项卡中单击“页面边框”按钮，打开“边框和底纹”对话框，在“页面边框”选项卡中选择“方框”选项，在“样式”列表框中选择合适的边框样式，在“颜色”列表中选择需要的颜色，并在“宽度”列表中选择合适的宽度，单击“确定”按钮，即可为文档页面添加边框，如图2-63所示。

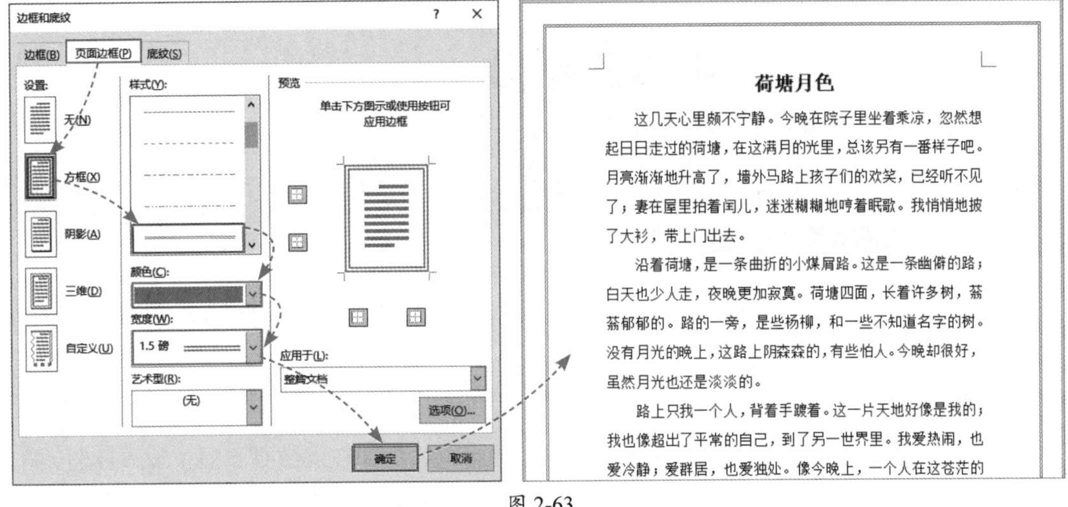

图 2-63

2.4.4 设置页眉页脚

为了方便浏览，通常需要为长篇文档设置页眉页脚，用户在文档中插入页眉页脚后，按照需要对其进行编辑。

1. 插入页眉页脚

在“插入”选项卡中单击“页眉”或“页脚”下拉按钮，在弹出的列表中可以选择内置的页眉或页脚样式，这里选择“编辑页眉”或“编辑页脚”选项，进入页眉页脚编辑状态，将光标插入到页眉或页脚中，输入相关内容即可，如图2-64所示。在“页眉和页脚工具-设计”选项卡中单击“关闭页眉和页脚”按钮，即可退出编辑状态。

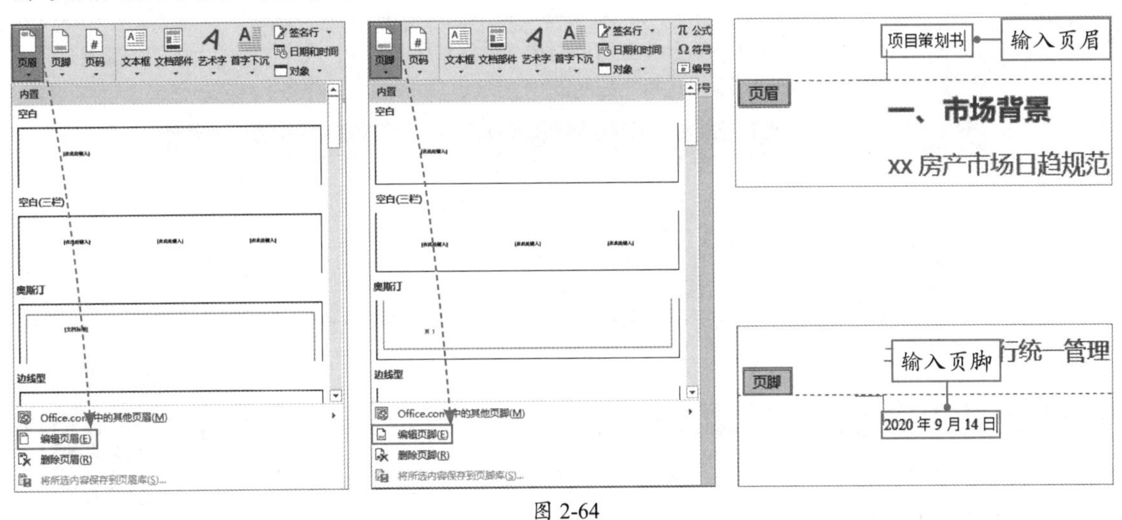

图 2-64

2. 设置首页不同

为文档添加页眉页脚后，如果用户想要删除第一页的页眉页脚，而保留其他页的页眉页脚，则可以设置“首页不同”。在页眉处双击，进入编辑状态，在“页眉和页脚工具-设计”选项卡中勾选“首页不同”复选框，这样文档的首页将不再显示页眉页脚，而其他页的页眉页脚依然存在，如图2-65所示。

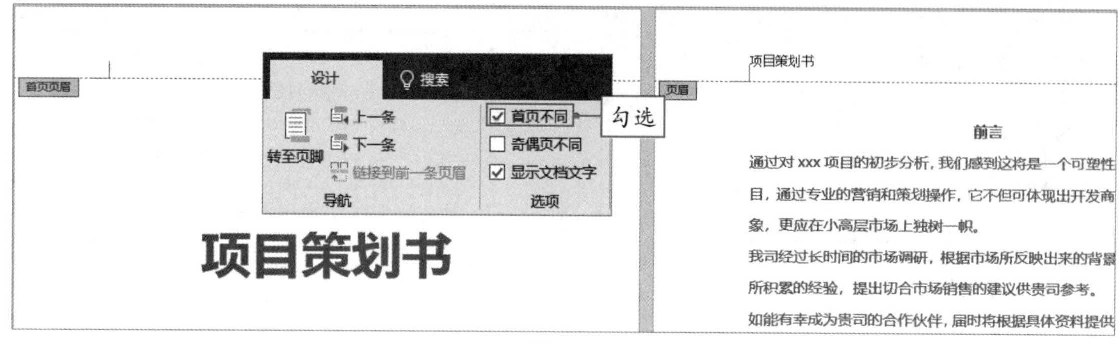

图 2-65

3. 设置奇偶页不同

如果用户想要在奇数页和偶数页输入不同的页眉页脚，例如在偶数页页眉中输入标题，在奇数页页眉中插入图片，则需要在“页眉和页脚工具-设计”选项卡中勾选“奇偶页不同”复选框，接着将光标插入到“偶数页页眉”中，输入标题，将光标插入到“奇数页页眉”中，插入图片即可，如图2-66所示。

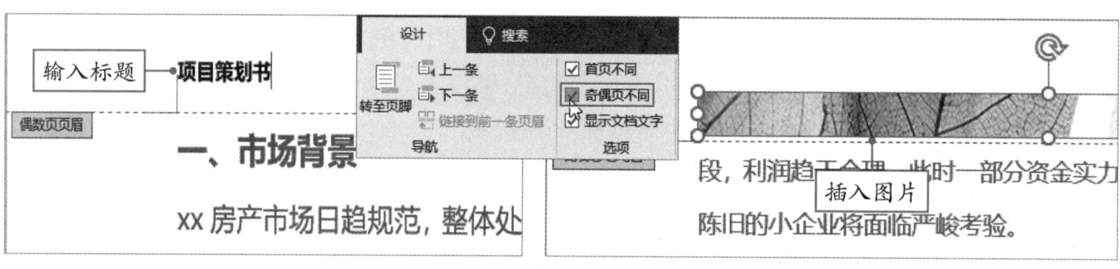

图 2-66

知识点拨

用户除了在页眉页脚中输入文本内容外，还可以通过“页眉和页脚工具-设计”选项卡中的功能区插入“页码”“日期和时间”“文档信息”“图片”等，如图2-67所示。

图 2-67

动手练 从指定位置开始添加页码

扫码看视频

为论文、标书等大型文档添加页码时，一般封面和目录页不需要添加页码，而是从指定的正文位置开始添加页码，如图2-68所示。

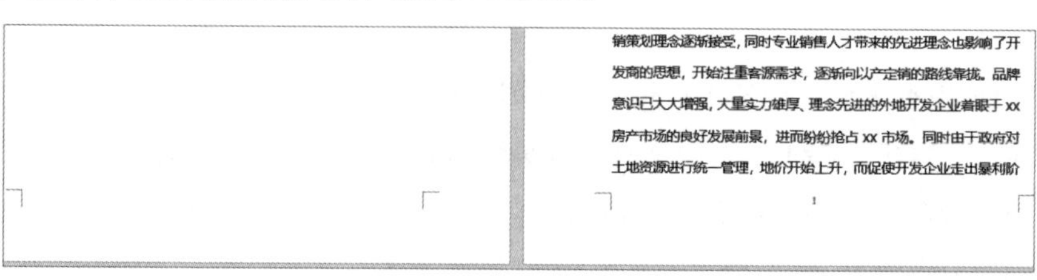

图 2-68

Step 01 将光标插入到需要添加页码的页面开始位置，打开“布局”选项卡，单击“分隔符”下拉按钮，在弹出的列表中选择“分节符”选项下的“下一页”选项，即可在光标处为文档分节，如图2-69所示。

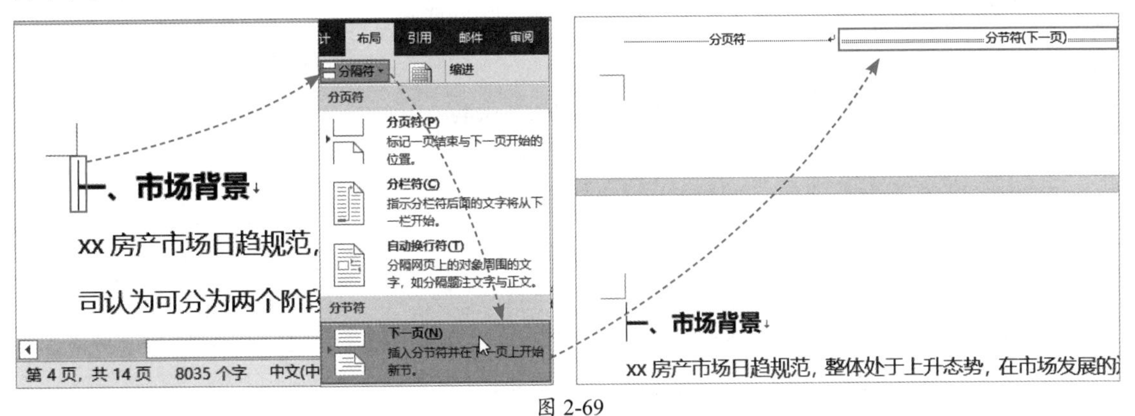

图 2-69

Step 02 在该页面的页脚位置双击，进入编辑状态，在“页眉和页脚工具-设计”选项卡中选择“链接到前一条页眉”选项，取消其选中状态，接着单击“页码”下拉按钮，在弹出的列表中选择“设置页码格式”选项，打开“页码格式”对话框，从中选择“起始页码”单选按钮，并在后面的数值框中输入“1”，单击“确定”按钮，如图2-70所示。

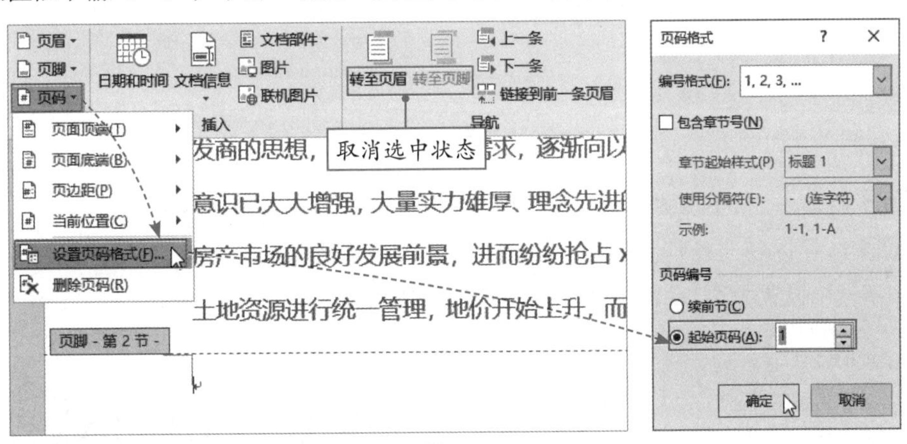

图 2-70

Step 03 再次单击“页码”下拉按钮，在弹出的列表中选择“页面底端”选项，并从其级联菜单中选择页码的显示位置即可，如图2-71所示。

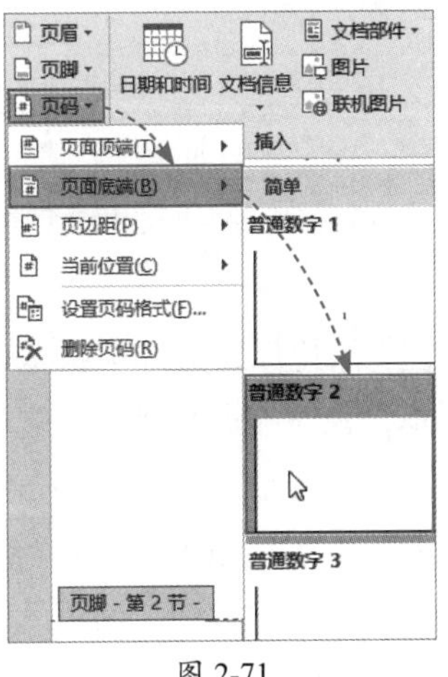

图 2-71

案例实战：制作疫情防控工作承诺书

在疫情期间，店铺为了正常营业，需要向消费者提供疫情防控工作承诺书，以此来保障顾客的健康，下面介绍如何制作疫情防控工作承诺书，如图2-72所示。

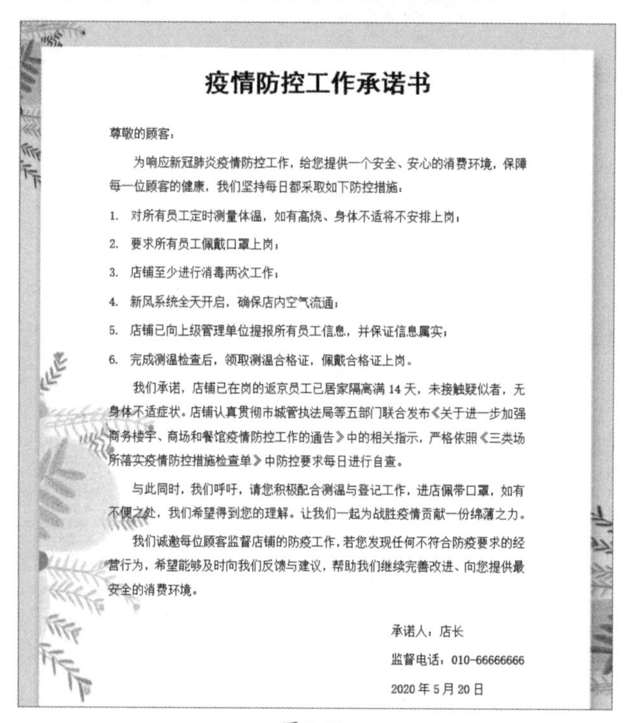

疫情防控工作承诺书

尊敬的顾客：

为响应新冠肺炎疫情防控工作，给您提供一个安全、安心的消费环境，保障每一位顾客的健康，我们坚持每日都采取如下防控措施：

1. 对所有员工定时测量体温，如有高烧、身体不适将不安排上岗；
2. 要求所有员工佩戴口罩上岗；
3. 店铺至少进行消毒两次工作；
4. 新风系统全天开启，确保店内空气流通；
5. 店铺已向上级管理单位提报所有员工信息，并保证信息属实；
6. 完成测温检查后，领取测温合格证，佩戴合格证上岗。

我们承诺，店铺已在岗的返京员工已居家隔离满14天，未接触疑似者，无身体不适症状。店铺认真贯彻市城管执法局等五部门联合发布《关于进一步加强商务楼宇、商场和餐馆疫情防控工作的通告》中的相关指示，严格依照《三类场所落实疫情防控措施检查单》中防控要求每日进行自查。

与此同时，我们呼吁，请您积极配合测温与登记工作，进店佩带口罩，如有不便之处，我们希望得到您的理解。让我们一起为战胜疫情贡献一份绵薄之力。

我们诚邀每位顾客监督店铺的防疫工作，若您发现任何不符合防疫要求的经营行为，希望能够及时向我们反馈与建议，帮助我们继续完善改进、向您提供最安全的消费环境。

承诺人：店长

监督电话：010-66666666

2020年5月20日

图 2-72

Step 01 新建一个空白文档，并在其中输入相关文本内容，如图2-73所示。

Step 02 选择标题“疫情防控工作承诺书”，在“开始”选项卡中将“字体”设置为“黑体”，将“字号”设置为“25”，加粗显示，如图2-74所示。

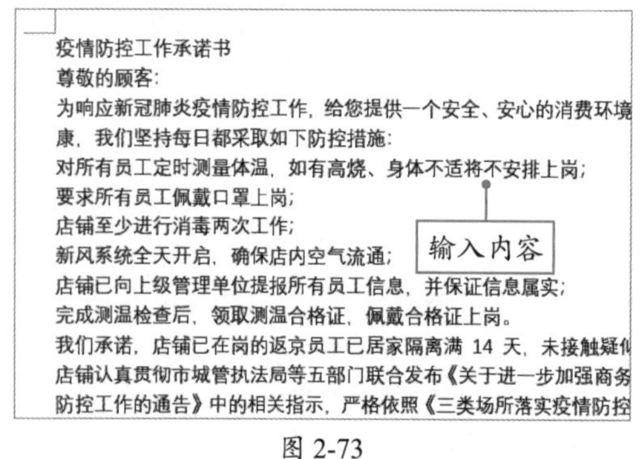

图 2-73

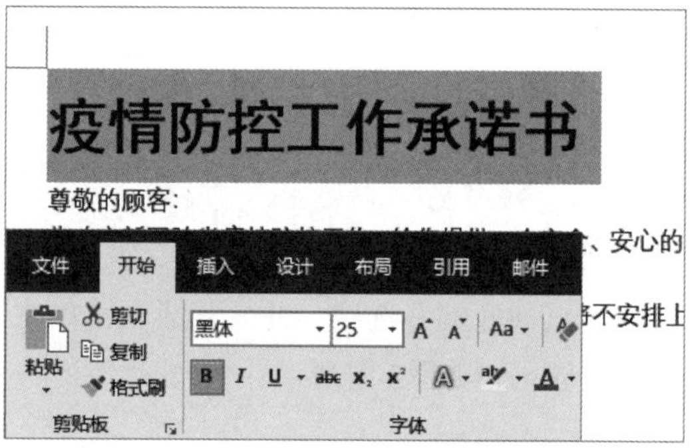

图 2-74

Step 03 保持标题为选中状态，单击“段落”选项组的“对话框启动器”按钮，打开“段落”对话框，在“缩进和间距”选项卡中将“对齐方式”设置为“居中”，将“段后”间距设置为“1行”，将“行距”设置为“1.5倍行距”，如图2-75所示，单击“确定”按钮。

Step 04 选择正文内容，将“字体”设置为“宋体”，将“字号”设置为“小四”，然后打开“段落”对话框，将“段后”间距设置为“0.3行”，将“行距”设置为“1.5倍行距”，单击“确定”按钮，如图2-76所示。

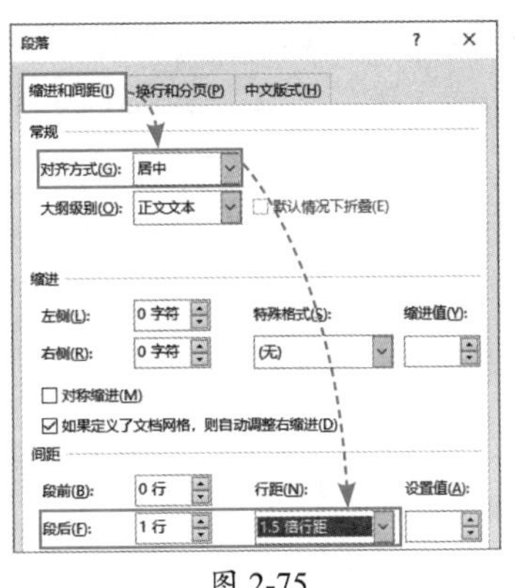

图 2-75

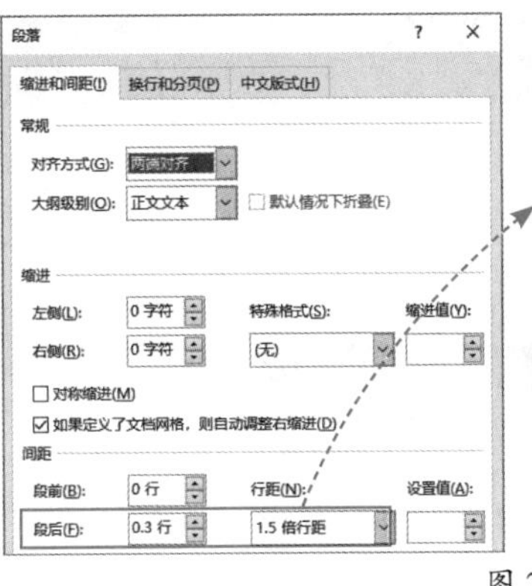

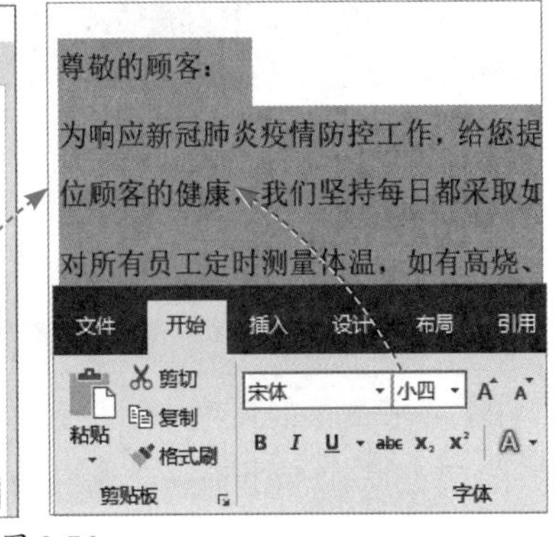

图 2-76

Step 05 选择段落文本，打开“段落”对话框，将“特殊格式”设置为“首行缩进”，并在“缩进值”数值框默认显示“2字符”，如图2-77所示。按照同样的方法，为其他段落设置首行缩进。

Step 06 选择结尾处的文本，打开“段落”对话框，将“左侧”缩进值设置为“27字符”，然后选择“承诺人：店长”文本，打开“段落”对话框，将“段前”间距设置为“1行”，如图2-78所示。

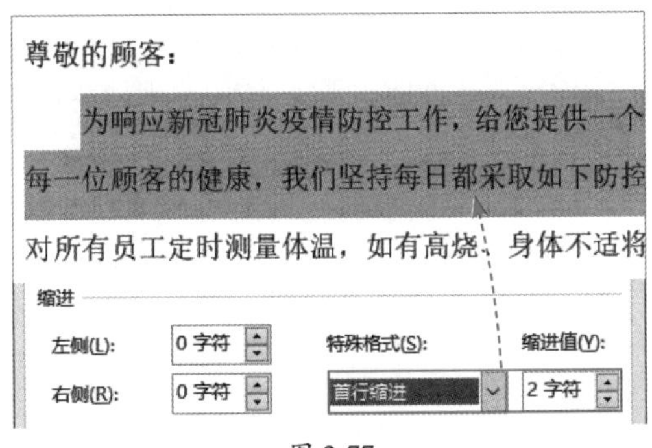

图 2-77

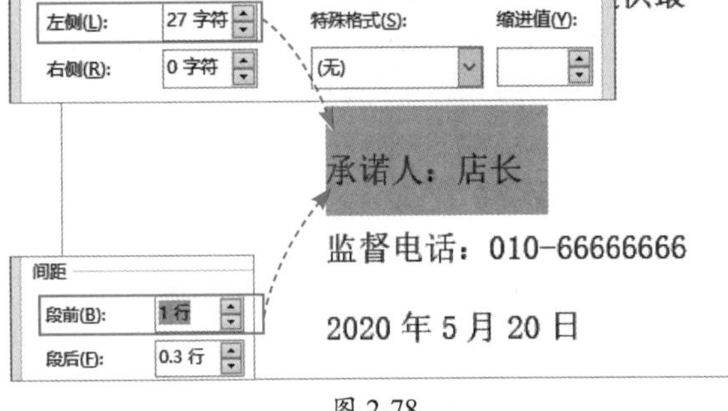

图 2-78

Step 07 选择段落文本，在“开始”选项卡中单击“编号”下拉按钮，在弹出的列表中选择“编号对齐方式：左对齐”选项，即可为所选段落添加编号，如图2-79所示。

Step 08 打开“设计”选项卡，单击“页面颜色”下拉按钮，在弹出的列表中选择“填充效果”选项，打开“填充效果”对话框，在“图片”选项卡中单击“选择图片”按钮，在打开的对话框中选择合适的图片，如图2-80所示，单击“确定”按钮即可。

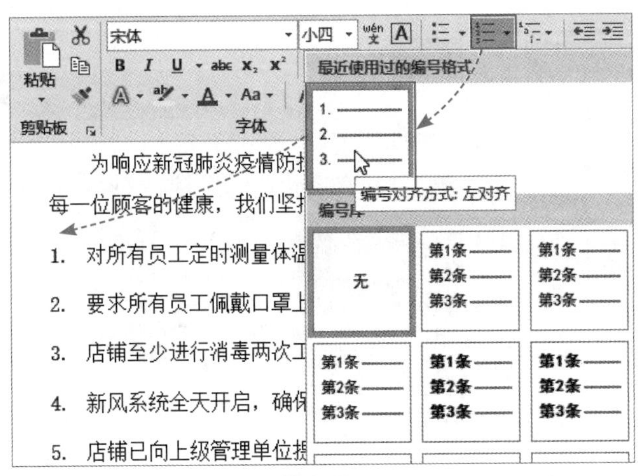

图 2-79

填充效果
渐变
纹理
图案
图片
图片：
2
选择图片(L)...
锁定图片纵横比(P)

图 2-80

新手答疑

1. Q：如何输入竖排文字？

A：打开“布局”选项卡，单击“文字方向”下拉按钮，在弹出的列表中选择“垂直”选项，即可在文档中输入竖排文字，如图2-81所示。

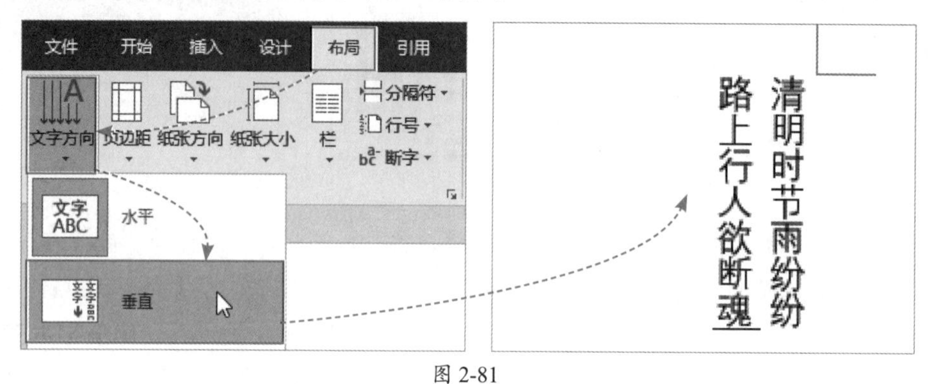

图 2-81

2. Q：如何设置稿纸效果？

A：打开“布局”选项卡，单击“稿纸设置”按钮，打开“稿纸设置”对话框，设置“格式”“行数×列数”“网格颜色”“纸张大小”“纸张方向”“页眉/页脚”等，单击“确认”按钮即可，如图2-82所示。

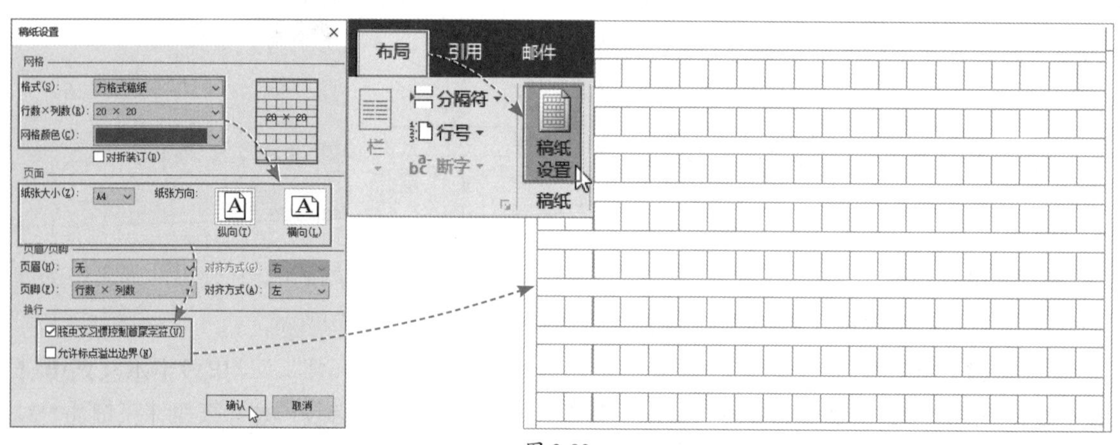

图 2-82

3. Q：如何输入带圈字符？

A：在“开始”选项卡中单击“带圈字符”按钮，打开“带圈字符”对话框，在“样式”选项中选择合适的样式，在“文字”文本框中输入文字，在“圈号”列表框中选择需要的圈号，单击“确定”按钮即可，如图2-83所示。

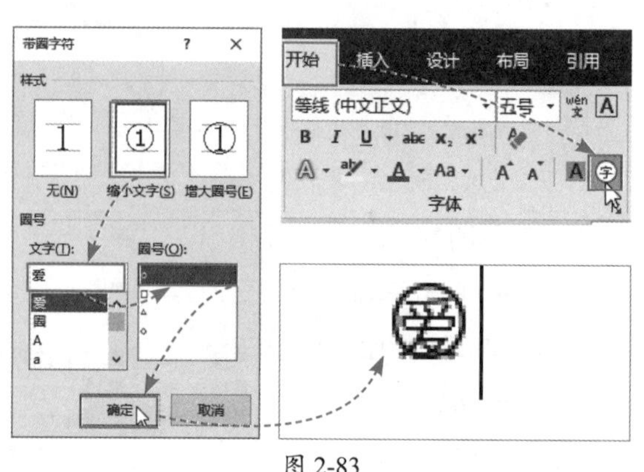

图 2-83

第3章 制作图文混排的文档

Word文档除了用来处理文字外，还可以在其中插入图片、图形、文本框、艺术字等，制作图文混排的文档，起到丰富文档页面、锦上添花的作用。本章将对图片、形状、文本框、艺术字的应用进行详细介绍。

3.1 图片的应用

为了增加文章的感染力和说服力，可以为文字配上图片，还可以根据需要对图片进行编辑和美化。

3.1.1 插入图片

在Word文档中，用户可以通过两种途径插入图片，一是插入本地图片，二是插入联机图片。

1. 插入本地图片

打开文档，将光标插入到合适位置，在“插入”选项卡中单击“图片”按钮，打开“插入图片”对话框，选择需要的图片，单击“插入”按钮，即可将所选图片插入到文档中，如图3-1所示。

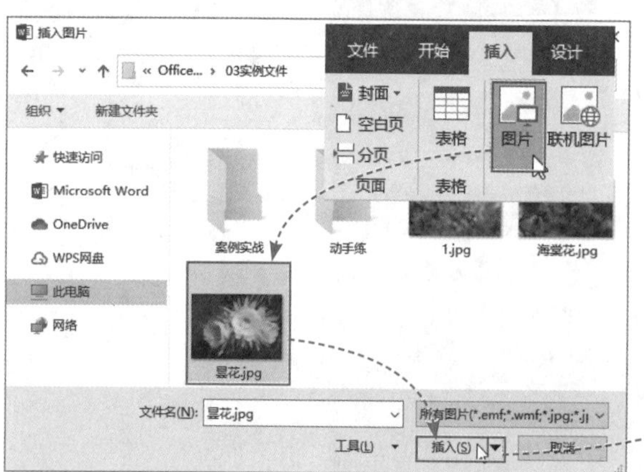

图 3-1

2. 插入联机图片

在“插入”选项卡中单击“联机图片”按钮，打开“联机图片”对话框，在搜索框中输入需要搜索的内容，按Enter键确认搜索，在下方显示搜索结果，在需要的图片上单击，然后单击“插入”按钮即可，如图3-2所示。

图 3-2

知识点拨

插入图片后，将光标移至右下角控制点上，当指针变成双向箭头形状时，按住左键不放并拖动光标可以调整图片的大小。

3.1.2 编辑图片

在文档中插入图片后，用户可以对图片进行相关编辑，例如裁剪图片、调整图片位置、删除图片背景等。

1. 裁剪图片

选择图片，在“图片工具-格式”选项卡中单击“裁剪”按钮，图片周围会出现8个裁剪点，如图3-3所示。将光标移至任意裁剪点上，按住左键不放并拖动光标，对图片进行裁剪，设置好裁剪区域后，如图3-4所示，按Enter键确认，即可将图片的灰色区域裁剪掉。

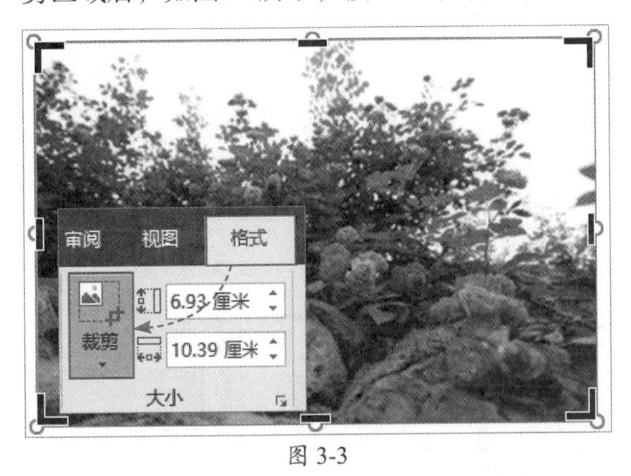

图 3-3

图 3-4

2. 调整图片位置

选择图片，按住左键不放并拖动鼠标，可将图片拖至需要移动到的位置，如图3-5所示。

图 3-5

此外，用户也可以在“图片工具-格式”选项卡中单击“位置”下拉按钮，在弹出的列表中选择合适的图片在文本中的位置即可，如图3-6所示。

默认情况下，文档中的图片是以“嵌入型”形式存放的，用户可以将图片设置为其他环绕方式。选择图片，在“图片工具-格式”选项卡中单击“环绕文字”下拉按钮，在弹出的列表中选择一种环绕方式即可，如图3-7所示。

图 3-6

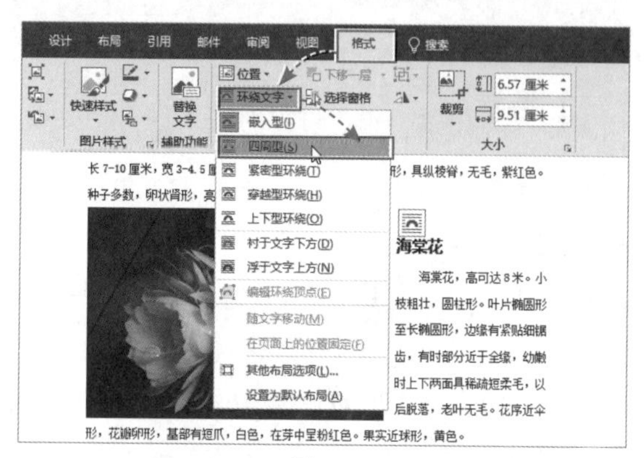

图 3-7

3. 删除图片背景

选择图片，在“图片工具-格式”选项卡中单击“删除背景”按钮，弹出“背景消除”选项卡，单击“标记要保留的区域”按钮后光标变为铅笔形状，在图片上单击或拖动鼠标，标记要保留的区域，标记完成后单击“保留更改”按钮，或按Esc键退出即可，如图3-8所示。

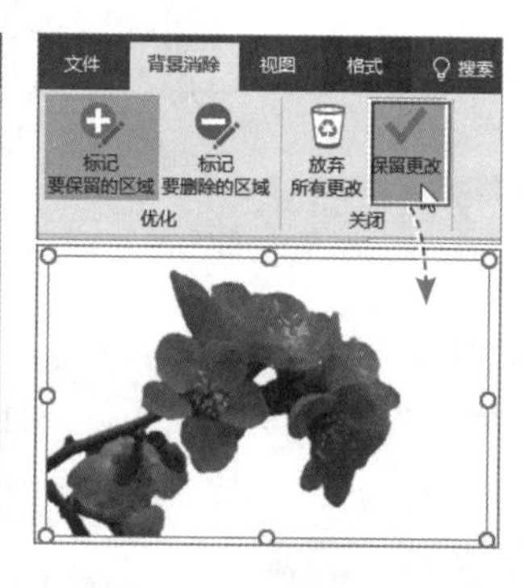

图 3-8

注意事项 对图片进行背景删除时，最好选择背景颜色单一的图片，并且和保留对象的颜色对比明显，因为过于复杂的图片背景，会影响到抠图效果。

3.1.3 调整图片效果

插入图片后，用户可以对图片进行调整，使其呈现出想要的效果，例如调整图片的亮度/对比度、颜色、艺术效果等。

1. 调整亮度 / 对比度

选择图片，在“图片工具-格式”选项卡中单击“校正”下拉按钮，在弹出的列表中选择合适的亮度/对比度效果即可，如图3-9所示。

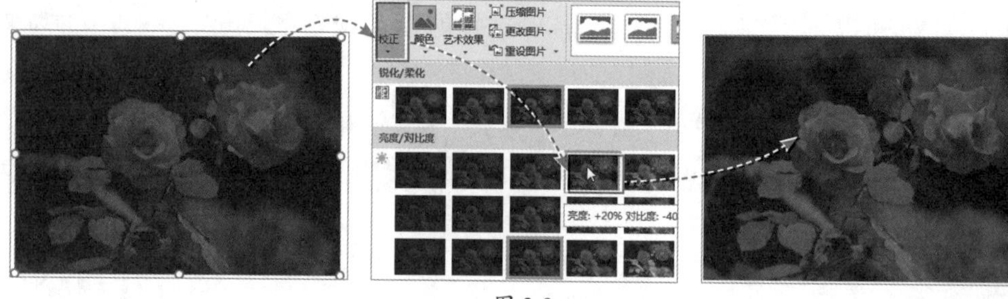

图 3-9

2. 调整颜色

选择图片，在“图片工具-格式”选项卡中单击“颜色”下拉按钮，在弹出的列表中选择合适的颜色效果即可，如图3-10所示。

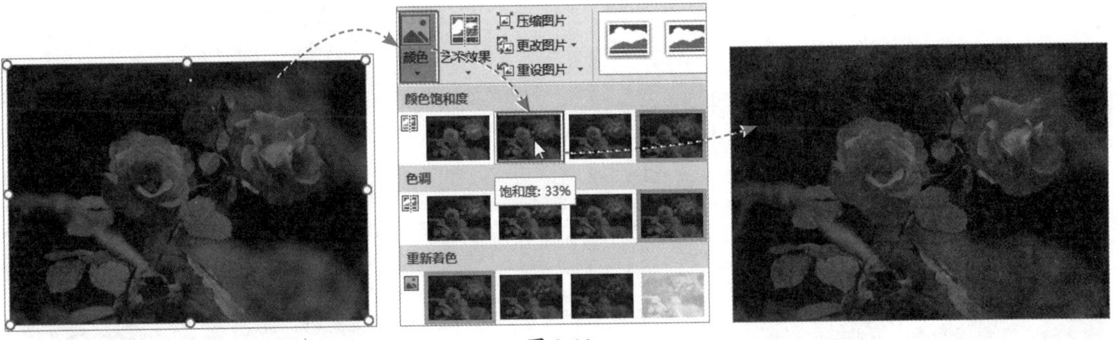

图 3-10

3. 调整艺术效果

选择图片，在“图片工具-格式”选项卡中单击“艺术效果”下拉按钮，在弹出的列表中选择合适的艺术效果即可，如图3-11所示。

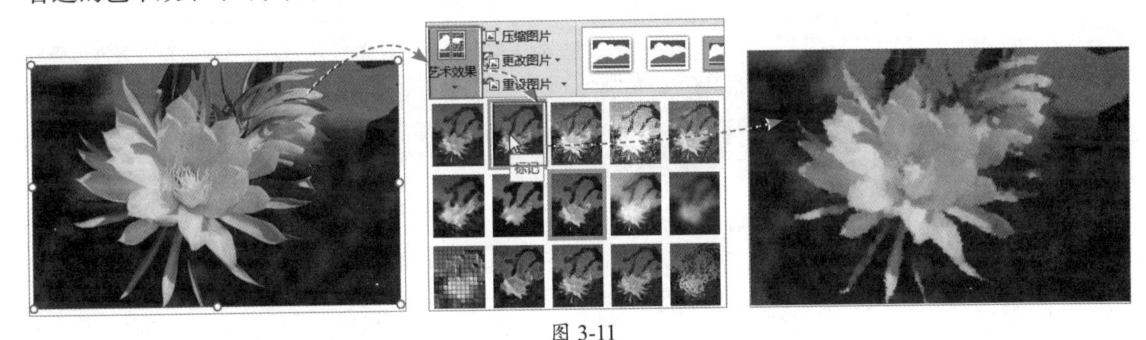

图 3-11

3.1.4 设置图片样式

有时插入的图片不是很美观，用户可以通过设置图片的样式来美化图片，例如设置图片边框、设置图片效果等。

1. 设置图片边框

选择图片，在“图片工具-格式”选项卡中单击“图片边框”下拉按钮，在弹出的列表中选择合适的边框颜色、粗细和虚线线型，即可设置图片边框的样式，如图3-12所示。

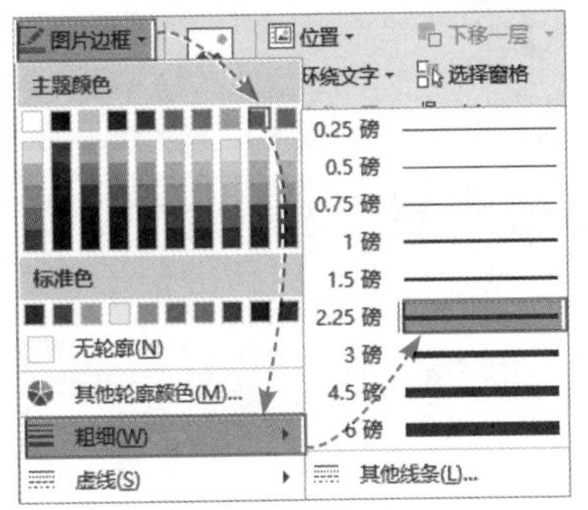

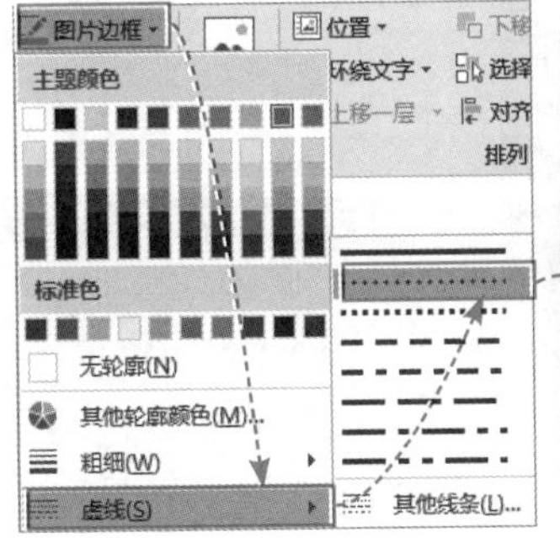

图 3-12

2. 设置图片效果

选择图片，在“图片工具-格式”选项卡中单击“图片效果”下拉按钮，在弹出的列表中选择“预设”选项，并从其级联菜单中选择合适的预设效果即可，如图3-13所示。同理，用户还可以为图片设置“阴影”“映像”“发光”“柔化边缘”“棱台”“三维旋转”等效果。

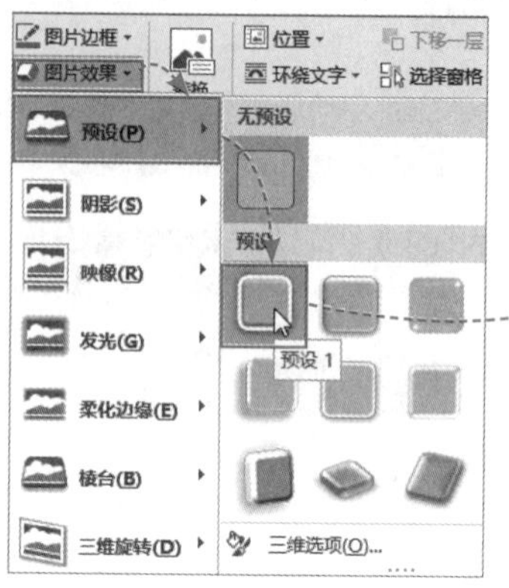

图 3-13

知识点拨

在“图片工具-格式”选项卡中单击“图片样式”选项组的“其他”下拉按钮，在弹出的列表中选择内置的样式，如图3-14所示，可以快速为图片设置样式。

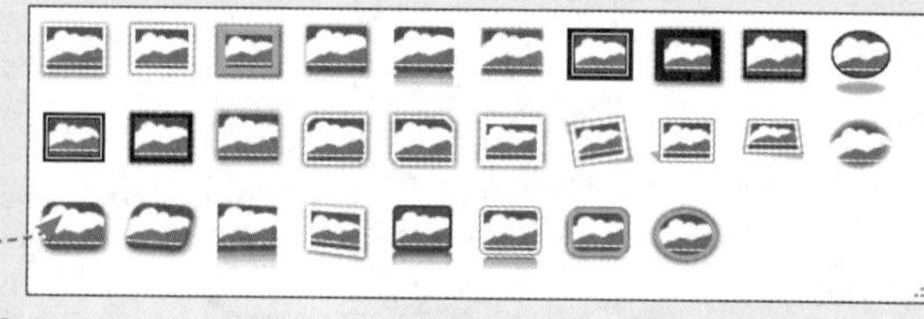

图 3-14

动手练 在简历中插入个人照片

扫码看视频

制作简历时，一般需要在简历中插入个人照片，如图3-15所示，用户在插入照片后可以对其进行编辑，使简历呈现更好的效果。

李松子

求职意向：办公专员

个人信息

实践经历

图 3-15

Step 01 将光标插入到单元格中，打开“插入”选项卡，单击“图片”按钮，打开“插入图片”对话框，从中选择个人照片，单击“插入”按钮，将其插入到简历中，调整图片的大小，然后在“图片工具-格式”选项卡中单击“环绕文字”下拉按钮，在弹出的列表中选择“浮于文字上方”选项，如图3-16所示。

Step 02 选择图片，在“图片工具-格式”选项卡中单击“裁剪”下拉按钮，在弹出的列表中选择“裁剪为形状”选项，并从其级联菜单中选择“椭圆”选项，如图3-17所示，即可将照片裁剪成椭圆形，最后将照片移至合适位置即可。

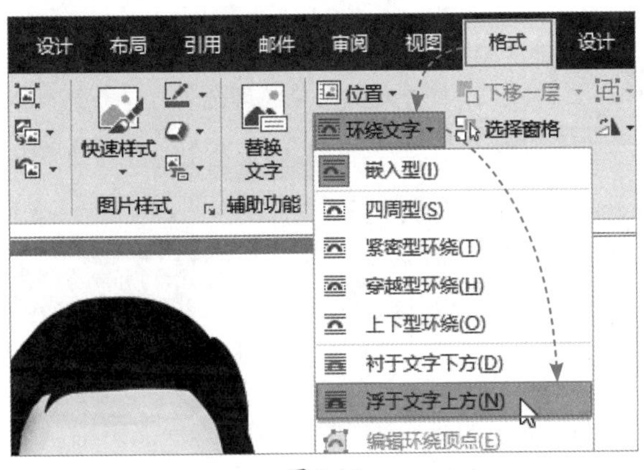

图 3-16

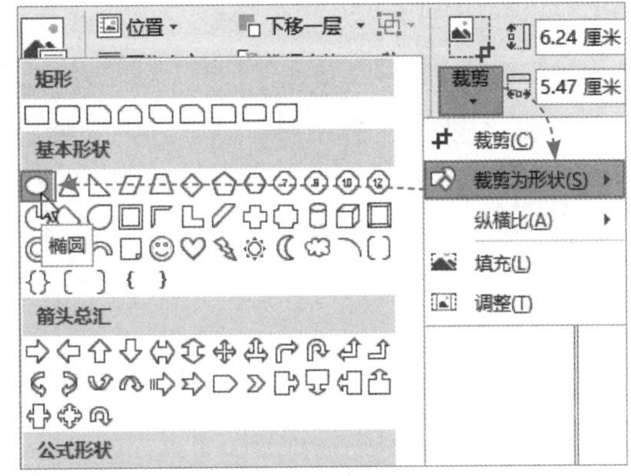

图 3-17

3.2 形状的应用

在文档中，使用形状或SmartArt图形辅助说明，可以更好地展示文本内容之间的关系，用户插入图形后，为了达到想要的效果，需要对其进行编辑操作。

3.2.1 插入形状

在Word文档中用户可以插入“线条”“矩形”“基本形状”“箭头总汇”等类型的形状。只需要在“插入”选项卡中单击“形状”下拉按钮，在弹出的列表中选择一种形状，这里选择“矩形”选项，当光标变为十字形时，按住左键不放并拖动光标，在合适的位置绘制，即可在文档中插入一个矩形，如图3-18所示。

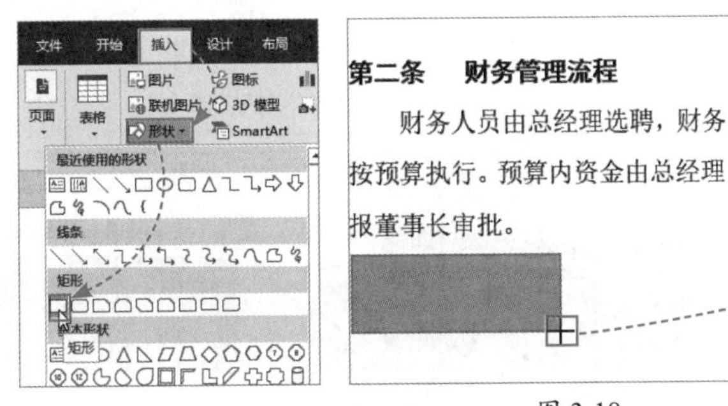

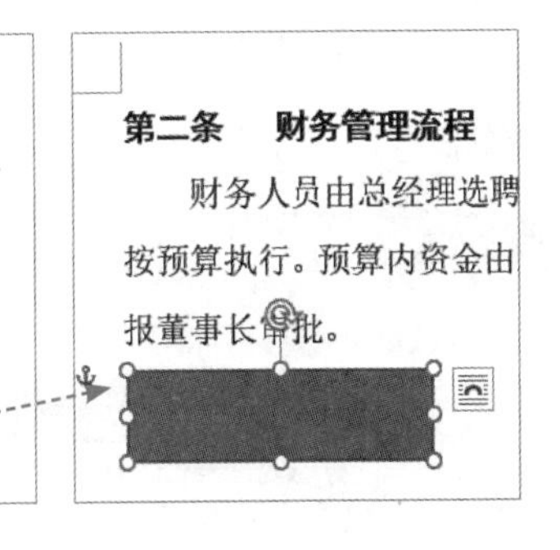

图 3-18

注意事项 在绘制垂直或水平直线时，切记要配合Shift键来完成，否则很难绘制出精确的垂直线或者水平线。其中，绘制等腰三角形、等边菱形、正圆形等也需要Shift键配合。

3.2.2 编辑形状

在文档中插入形状后，为了使形状符合文档要求，通常需要对形状进行编辑，例如更改形状、编辑形状顶点、在形状中输入文字等。

1. 更改形状

选择形状，在“绘图工具-格式”选项卡中单击“编辑形状”下拉按钮，在弹出的列表中选择“更改形状”选项，并从其级联菜单中选择合适的形状，这里选择“菱形”选项，即可快速更改形状，如图3-19所示。

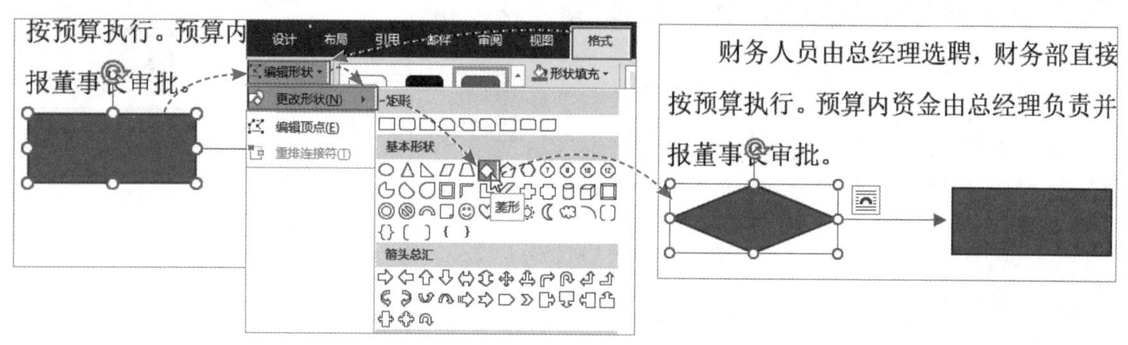

图 3-19

2. 编辑形状顶点

选择形状，在“绘图工具-格式”选项卡中单击“编辑形状”下拉按钮，在弹出的列表中选择“编辑顶点”选项，即可进入编辑状态，将光标放置黑色小方块上，按住左键不放并拖动光标，移动顶点位置，即可更改形状的样式，如图3-20所示，编辑好后按Esc键退出即可。

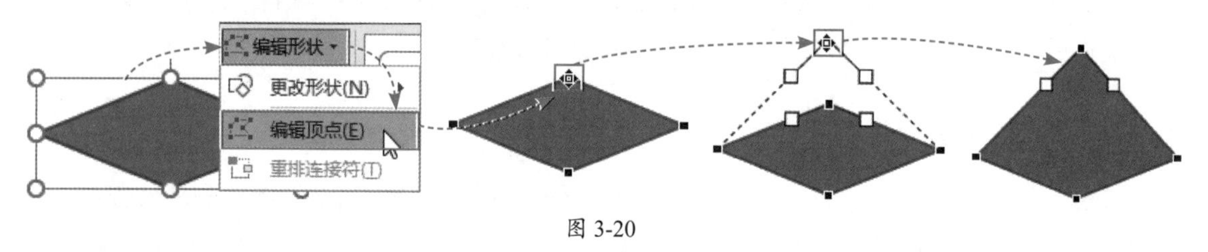

图 3-20

3. 在形状中输入文字

选择形状，右击，从弹出的快捷菜单中选择“添加文字”命令，将光标插入到形状中，直接输入文本内容即可，如图3-21所示。

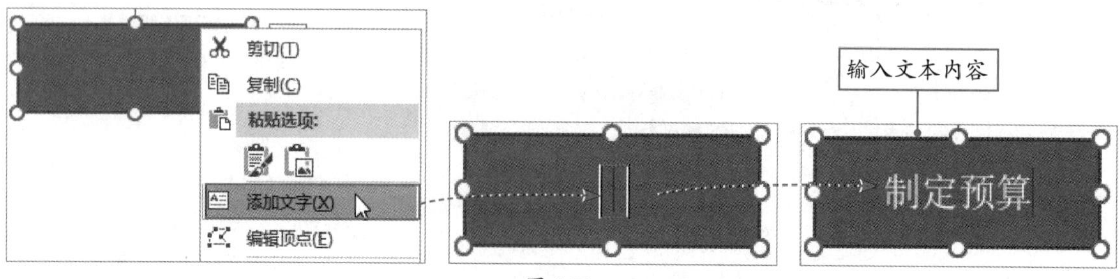

图 3-21

3.2.3 设置形状样式

绘制的形状默认样式通常不是很美观，用户可以通过设置形状样式来美化形状，例如设置形状填充、设置形状轮廓、设置形状效果等。

1. 设置形状填充

选择形状，在“绘图工具-格式”选项卡中单击“形状填充”下拉按钮，在弹出的列表中选择合适的颜色，即可为形状设置填充颜色，如图3-22所示。此外，在“形状填充”列表中选择“渐变”选项，并从其级联菜单中选择合适的渐变效果，可以为形状设置渐变填充颜色，如图3-23所示，用户也可以为形状设置“图片”和“纹理”填充。

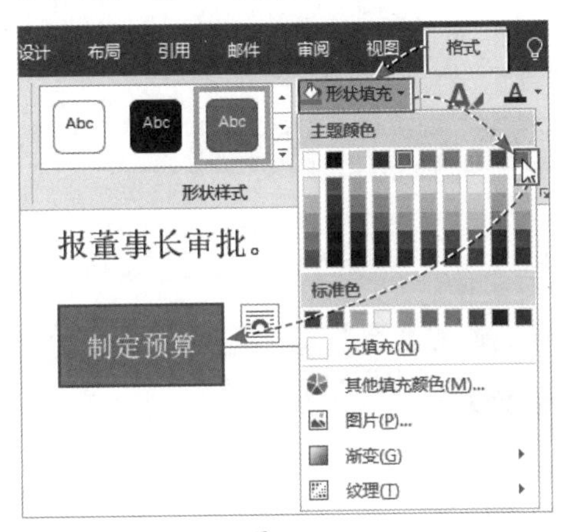

图 3-22

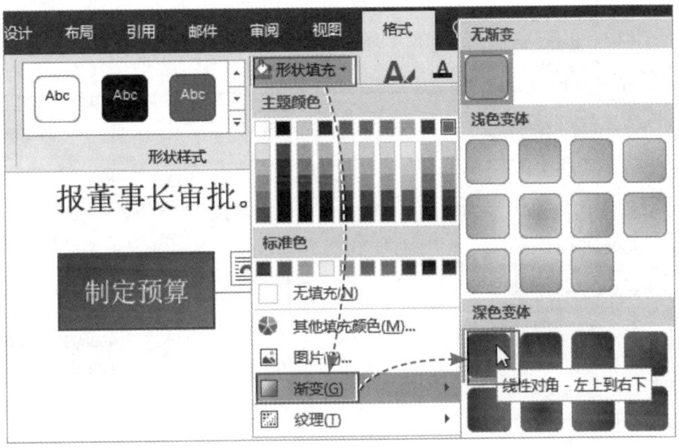

图 3-23

2. 设置形状轮廓

选择形状，在“绘图工具-格式”选项卡中单击“形状轮廓”下拉按钮，在弹出的列表中选择合适的颜色，即可设置形状的轮廓颜色，如图3-24所示。此外，在“形状轮廓”列表中选择“粗细”选项，并从其级联菜单中选择合适的粗细效果，即可设置形状轮廓的粗细，如图3-25所示，用户也可以根据需要设置形状轮廓的虚线线型。

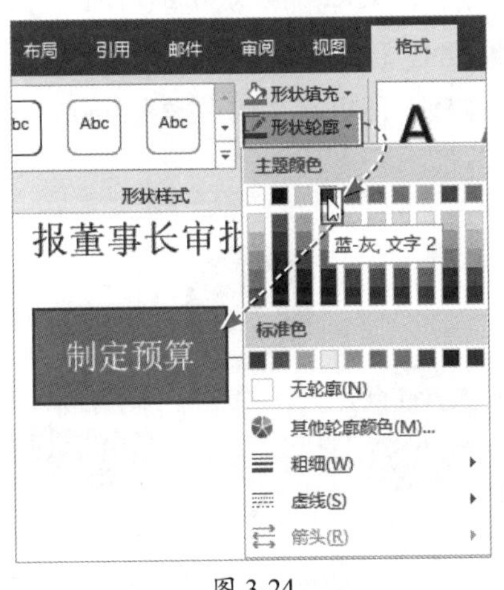

图 3-24

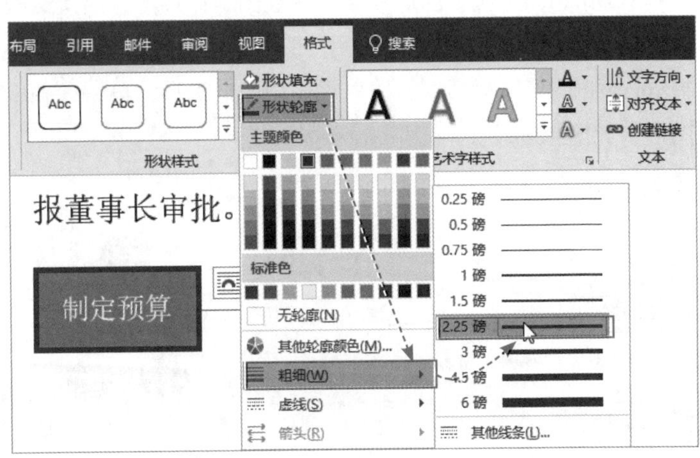

图 3-25

3. 设置形状效果

选择形状，单击“形状效果”下拉按钮，在弹出的列表中选择“预设”选项，并从其级联菜单中选择合适的预设效果，即可设置形状效果，如图3-26所示。此外，在“形状效果”列表中也可以为形状设置“阴影”“映像”“发光”“柔化边缘”“棱台”和“三维旋转”效果。

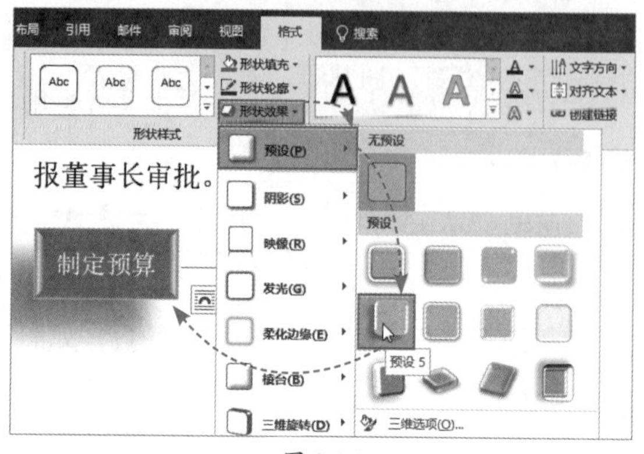

图 3-26

知识点拨

在“绘图工具-格式”选项卡中单击“形状样式”选项组的“其他”下拉按钮，在弹出的列表中选择内置的形状样式，如图3-27所示，即可快速为形状设置样式。

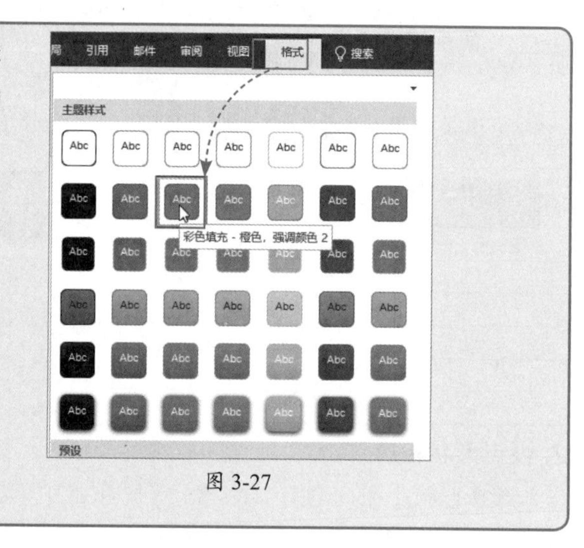

图 3-27

3.2.4 插入SmartArt图形

SmartArt图形包括图形列表、流程图、循环图、层次结构图等。在文档中插入SmartArt图形，可以以直观的方式交流信息。用户只需要在“插入”选项卡中单击“SmartArt”按钮，打开“选择SmartArt图形”对话框，选择需要的图形类型，单击“确定”按钮，即可在文档中插入SmartArt图形，如图3-28所示。

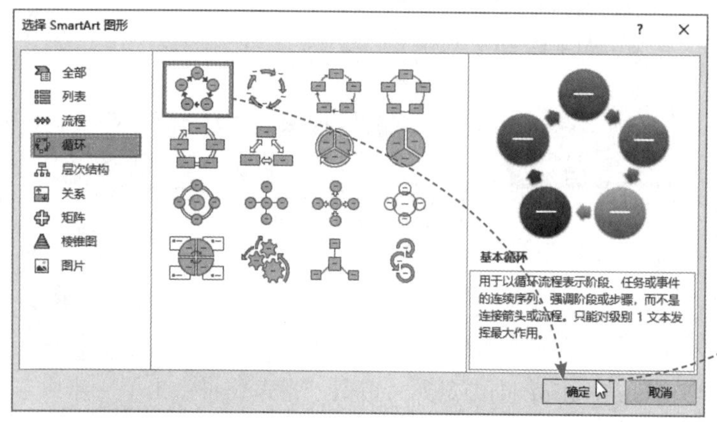

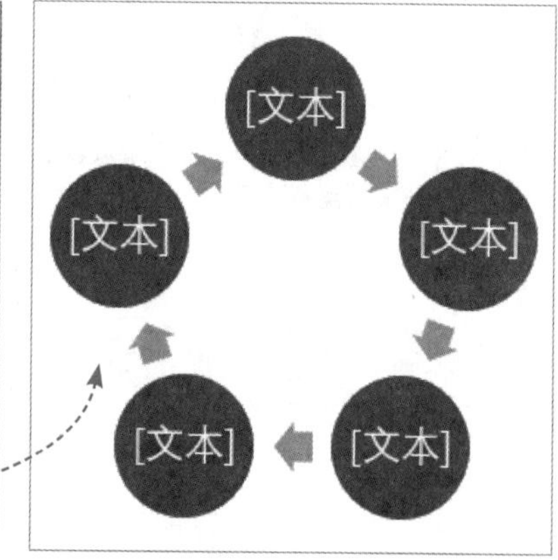

图 3-28

扫码看视频

动手练 制作网上报名流程图

在报考教师资格证、会计证等之类的考试时，需要在网上进行报名，为了搞清楚报名流程，用户可以制作一个网上报名流程图，如图3-29所示。

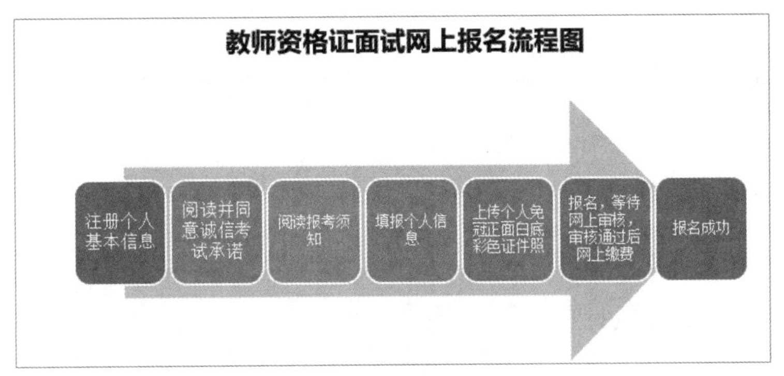

图 3-29

Step 01 打开“插入”选项卡，单击“SmartArt”按钮，打开“选择SmartArt图形”对话框，选择“流程”选项，并在右侧选择“连续块状流程”选项，单击“确定”按钮，如图3-30所示。

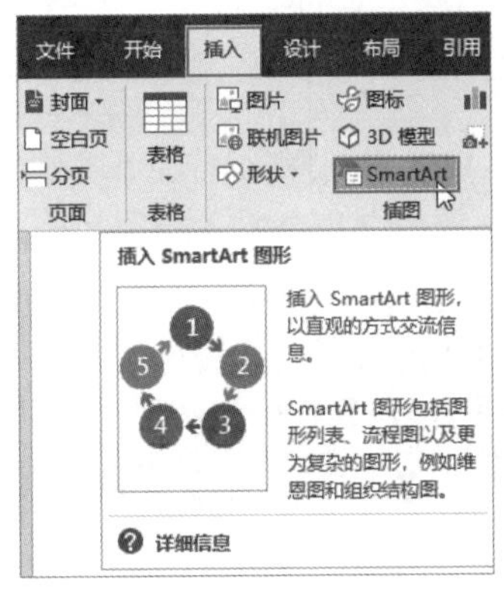

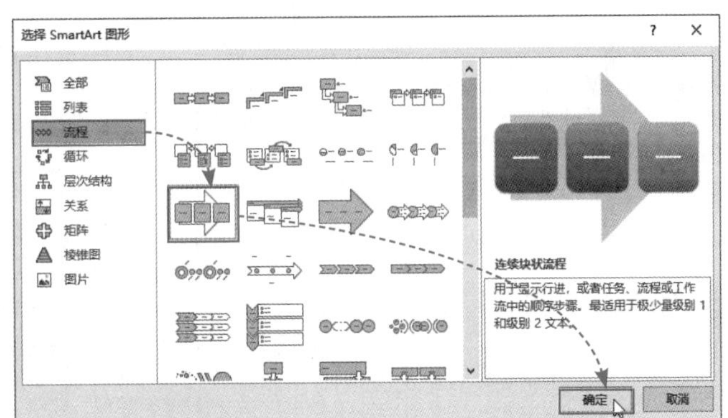

图 3-30

Step 02 选择图形中的形状，在“SmartArt工具-设计”选项卡中单击“添加形状”下拉按钮，在弹出的列表中选择“在后面添加形状”选项，如图3-31所示，即可在所选形状的后面添加一个形状，按照同样的方法，在后面再次添加3个形状。

Step 03 将光标插入到带有“文本”字样的形状中，输入相关文本内容，然后选择图形，在“SmartArt工具-设计”选项卡中单击“更改颜色”下拉按钮，在弹出的列表中选择合适的主题颜色即可，如图3-32所示。

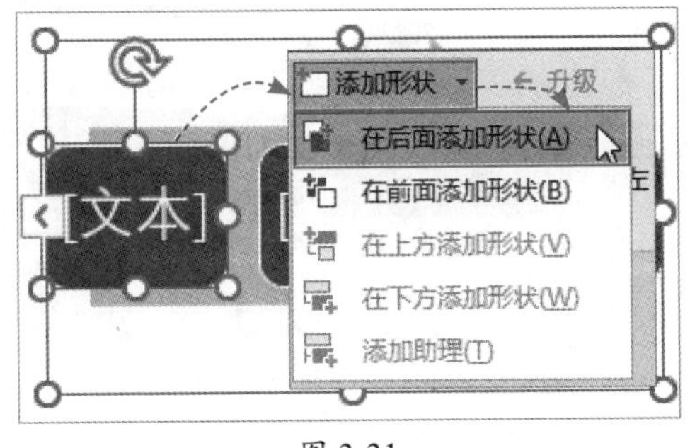

图 3-31

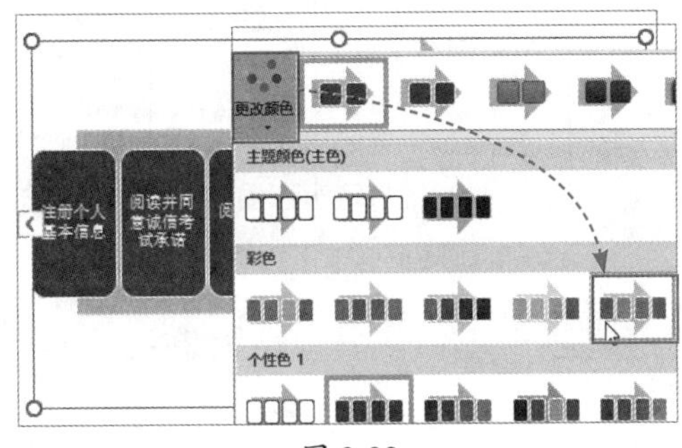

图 3-32

3.3 文本框的应用

文本框可以让文档的版式更加灵活，一般在文档中插入文本框后，需要对文本框进行相关设置，使其呈现出更好的效果。

3.3.1 插入文本框

插入文本框的操作其实很简单，用户可以根据需要插入内置的文本框，也可以手动绘制文本框。

1. 插入内置文本框

打开文档，在“插入”选项卡中单击“文本框”下拉按钮，在弹出的列表中选择内置的文本框样式，这里选择“简单文本框”选项，即可在文档中插入该文本框，如图3-33所示，用户根据需要输入文本内容即可。

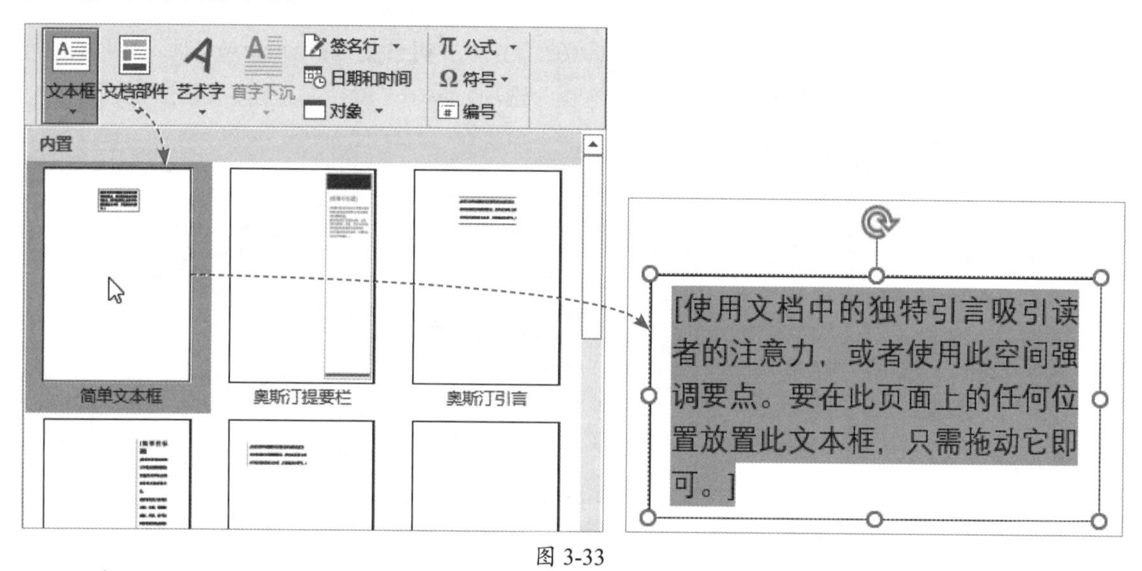

图 3-33

2. 绘制文本框

在“插入”选项卡中单击“文本框”下拉按钮，在弹出的列表中选择“绘制横排文本框”或“绘制竖排文本框”选项，当光标变为十字形时，按住左键不放并拖动光标，在文档页面合适的位置绘制文本框即可，最后在文本框中输入相关内容，如图3-34所示。

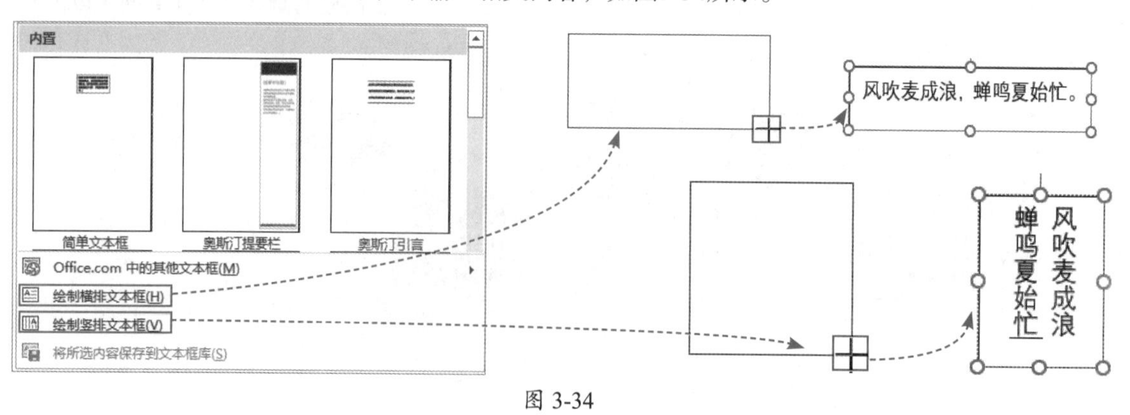

图 3-34

3.3.2 设置文本框效果

在文档中插入文本框后，为了使文本框的样式看起来更美观，可以对文本框的填充、轮廓和效果进行设置。

1. 设置填充效果

选择文本框，在“绘图工具-格式”选项卡中单击“形状填充”下拉按钮，在弹出的列表中为文本框设置颜色、图片、渐变、纹理填充效果，这里为文本框设置合适的填充颜色，如图3-35所示。

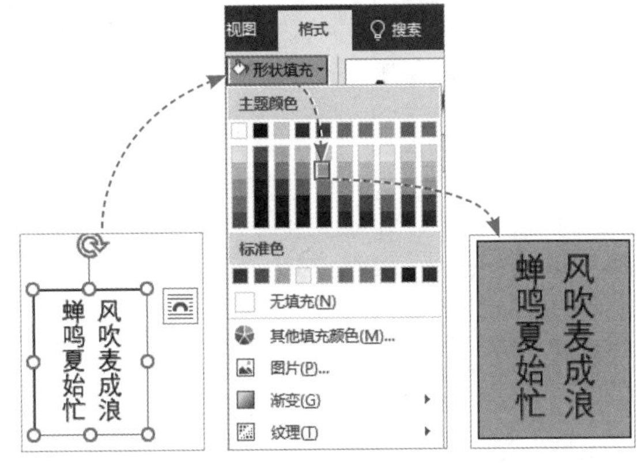

图 3-35

2. 设置轮廓效果

选择文本框，单击“形状轮廓”下拉按钮，在弹出的列表中可以为文本框设置轮廓颜色、粗细和虚线线型，如图3-36所示。

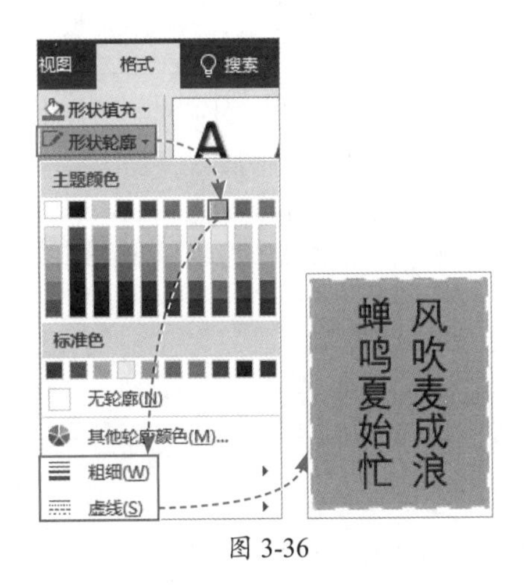

图 3-36

3. 设置形状效果

选择文本框，单击“形状效果”下拉按钮，在弹出的列表中可以为文本框设置“预设”“阴影”“映像”“发光”“柔化边缘”“棱台”和“三维旋转”效果，如图3-37所示。

知识点拨

在文档中插入文本框后，通常将文本框的填充颜色设置为“无填充”，将文本框的轮廓设置为“无轮廓”。

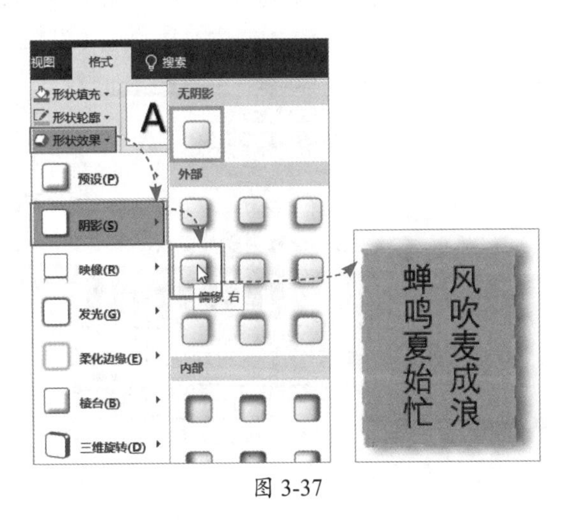

图 3-37

动手练 制作古诗词

一般在文档中输入古诗词时，为了呈现出古风效果，可以使用文本框将古诗词制作成竖排显示，如图3-38所示。

将进酒
李白

君不见，黄河之水天上来，
奔流到海不复回。
君不见，高堂明镜悲白发，
朝如青丝暮成雪。
人生得意须尽欢，莫使金樽
空对月。
天生我材必有用，千金散尽
还复来。
烹羊宰牛且为乐，会须一饮
三百杯。
岑夫子，丹丘生，将进酒，
杯莫停。
与君歌一曲，请君为我倾耳
听。钟鼓馔玉不足贵，但愿
长醉不愿醒。古来圣贤皆寂
寞，惟有饮者留其名。
陈王昔时宴平乐，斗酒十千
恣欢谑。
主人何为言少钱，径须沽取
对君酌。
五花马、千金裘，呼儿将出
换美酒，与尔同销万古愁。

图 3-38

打开文档，在“插入”选项卡中单击“文本框”下拉按钮，在弹出的列表中选择“绘制竖排文本框”选项，在文档页面合适的位置绘制一个文本框，如图3-39所示。

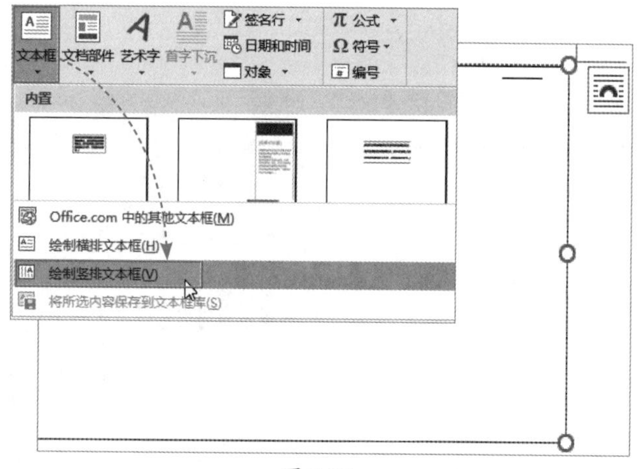

图 3-39

在文本框中输入相关内容，然后选择文本框，在“绘图工具-格式”选项卡中单击“形状轮廓”下拉按钮，在弹出的列表中选择“无轮廓”选项即可，如图3-40所示。

图 3-40

3.4 艺术字的应用

使用艺术字可以起到美化标题的作用，并达到强烈、醒目的效果，用户在文档中插入艺术字后还可以对艺术字的效果进行更改。

3.4.1 插入艺术字

在Word文档中，用户可以插入内置的艺术字。在“插入”选项卡中单击“艺术字”下拉按钮，在弹出的列表中选择合适的艺术字样式，即可在文档中插入一个“请在此放置您的文字”艺术字文本框，在其中输入文本内容，如图3-41所示。

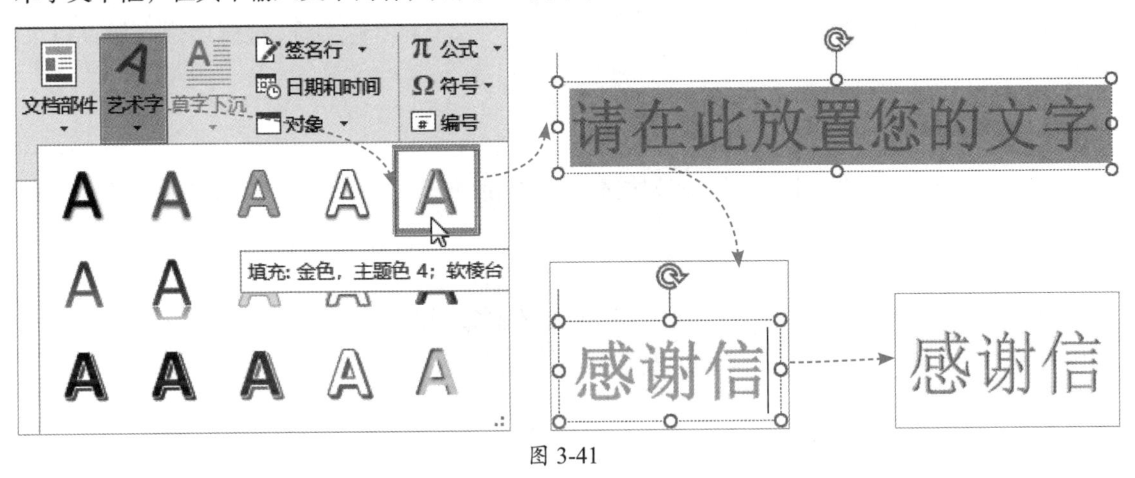

图 3-41

3.4.2 更改艺术字

插入艺术字后，用户可以对艺术字的字体、字号、填充、轮廓和效果进行更改，以便达到满意的效果。

1. 更改字体、字号

选择艺术字，在“开始”选项卡的“字体”选项组中可以更改艺术字的字体和字号，如图3-42所示。

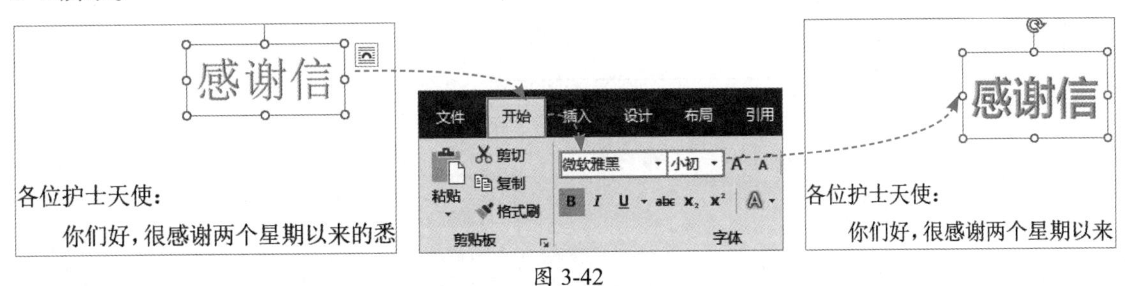

图 3-42

2. 更改艺术字填充

选择艺术字，在“绘图工具-格式”选项卡中单击“文本填充”下拉按钮，在弹出的列表中可以更改艺术字的填充颜色，如图3-43所示。

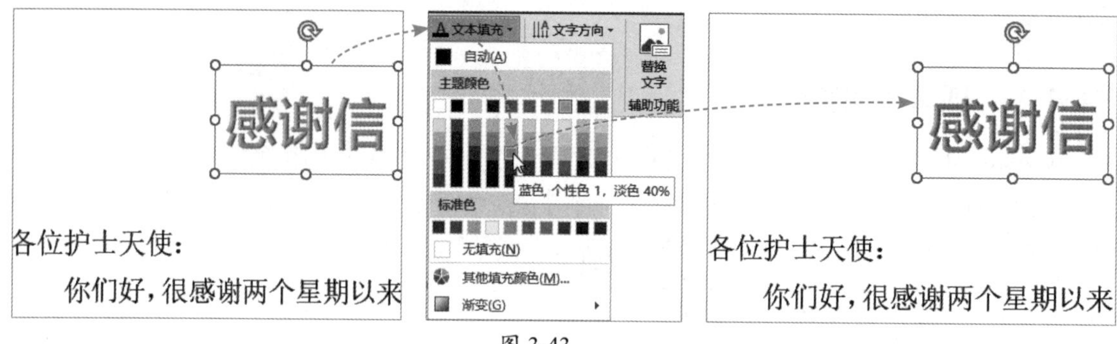

图 3-43

3. 更改艺术字轮廓

选择艺术字，单击“文本轮廓”下拉按钮，在弹出的列表中可以更改艺术字轮廓的颜色、粗细和虚线线型，如图3-44所示。

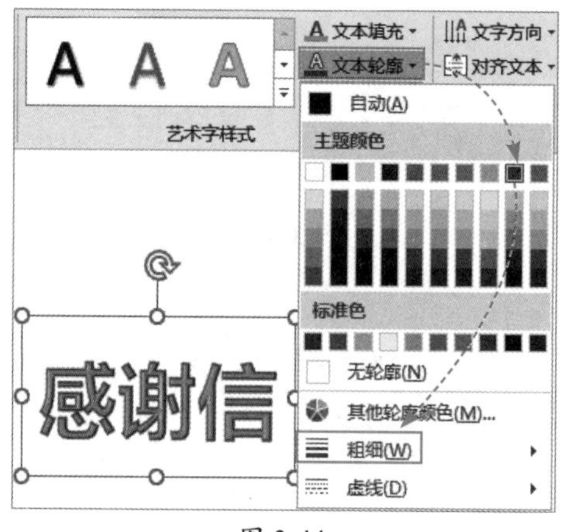

图 3-44

4. 更改艺术字效果

选择艺术字，单击“文本效果”下拉按钮，在弹出的列表中可以更改艺术字的相关效果，如图3-45所示。

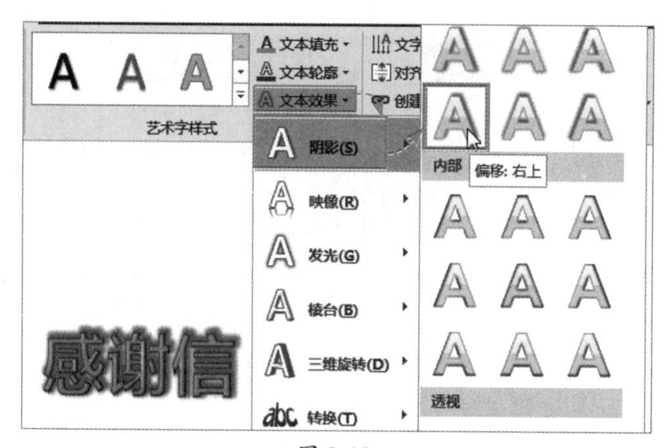

图 3-45

动手练 设置艺术字标题

制作像贺卡、奖状、荣誉证书之类的文档时，一般需要添加艺术字，这样既美观，又突出文档的标题，如图3-46所示。

图 3-46

打开文档，在“插入”选项卡中单击“艺术字”下拉按钮，在弹出的列表中选择合适的艺术字样式，然后在艺术字文本框中输入“荣誉证书”文本，并将其移至页面合适的位置，如图3-47所示。

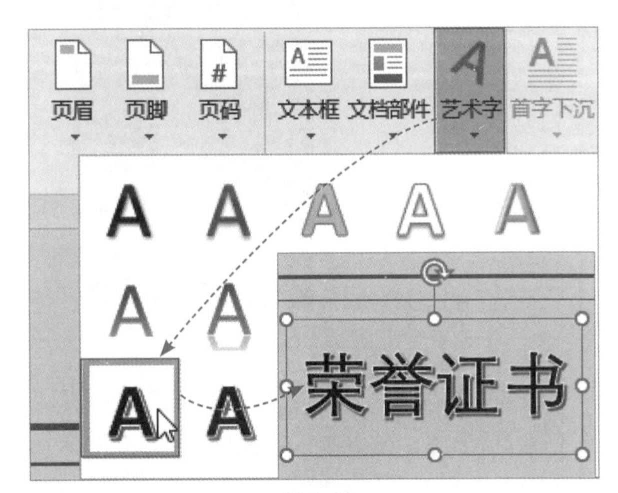

图 3-47

选择艺术字，在“开始”选项卡中将“字体”设置为“微软雅黑”，将“字号”设置为“60”，打开“绘图工具-格式”选项卡，单击“文本填充”下拉按钮，在弹出的列表中选择合适的填充颜色即可，如图3-48所示。

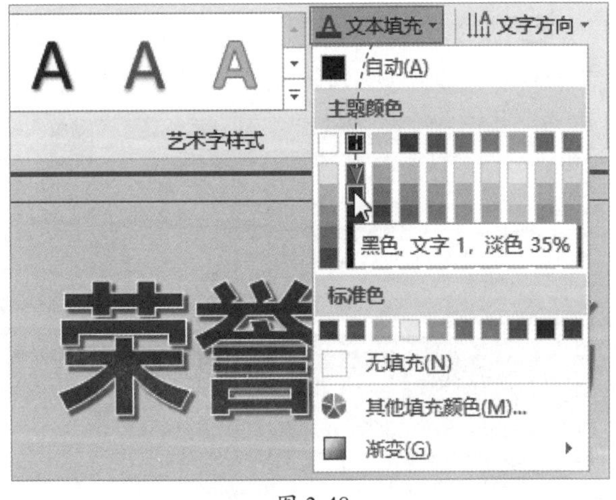

图 3-48

案例实战：制作新型冠状病毒预防宣传单

为了让更多人了解新型冠状病毒的特性和预防知识，需要制作相关宣传单来进行科普宣传，下面介绍如何制作新型冠状病毒预防宣传单，如图3-49所示。

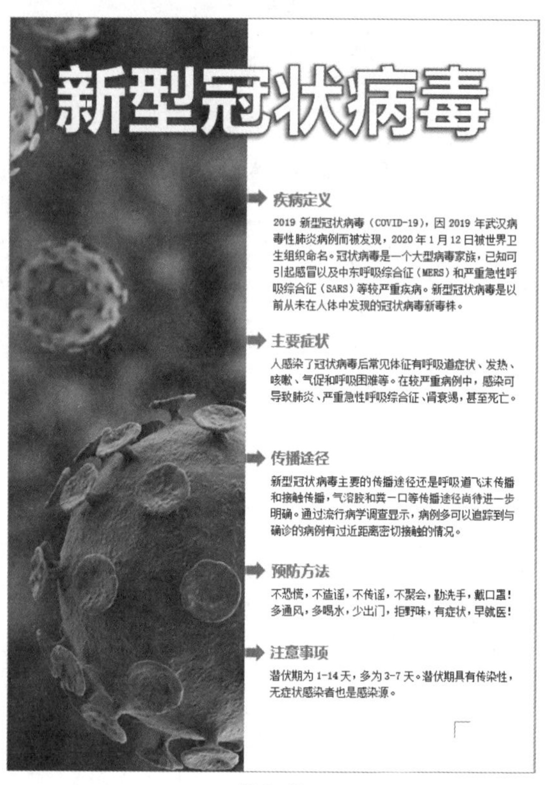

图 3-49

Step 01 新建一个空白文档，打开“插入”选项卡，单击“图片”按钮，在打开的对话框中选择需要的图片，将其插入到文档中。然后选择图片，在“图片工具-格式”选项卡中单击“环绕文字”下拉按钮，在弹出的列表中选择“衬于文字下方”选项，如图3-50所示，按照需要调整图片大小。

Step 02 接着在“图片工具-格式”选项卡中单击“旋转”下拉按钮，在弹出的列表中选择“垂直翻转”选项，如图3-51所示，对图片进行翻转。

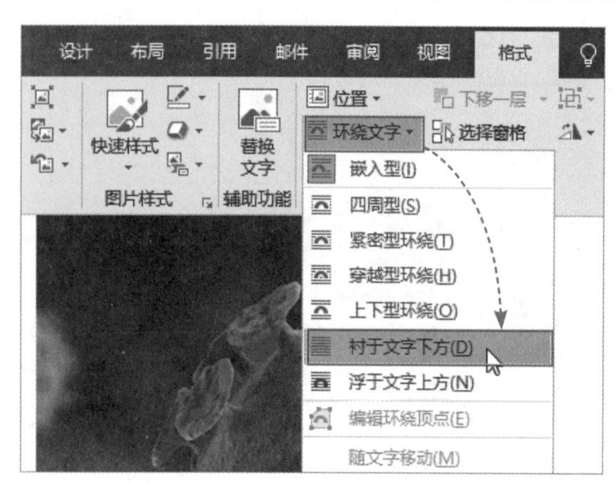

图 3-50

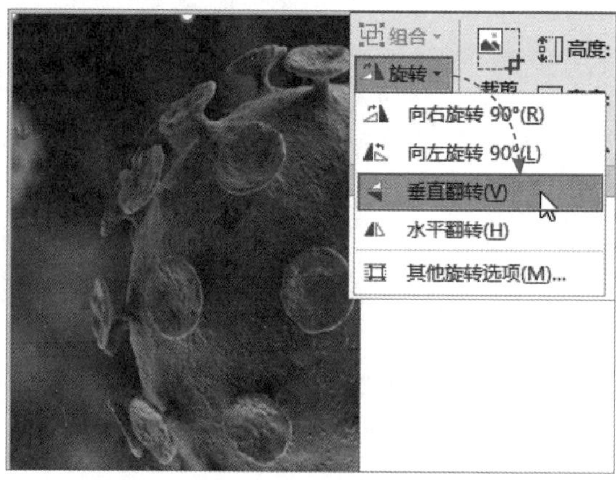

图 3-51

Step 03 打开“插入”选项卡，单击“艺术字”下拉按钮，在弹出的列表中选择合适的艺术字样式，并在文本框中输入“新型冠状病毒”，如图3-52所示。

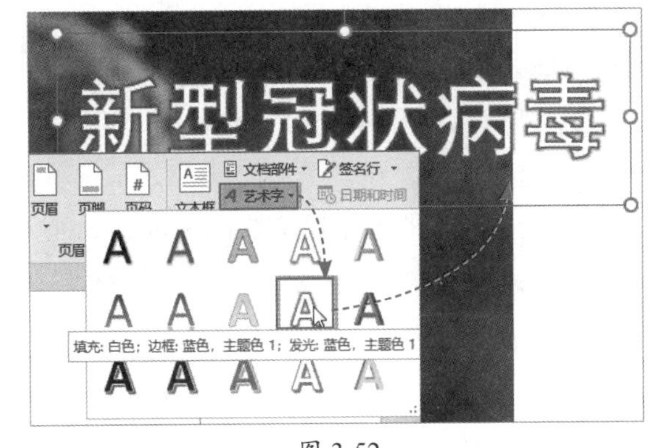

图 3-52

Step 04 选择艺术字文本框，在“开始”选项卡中将“字体”设置为“微软雅黑”，将“字号”设置为“80”，打开“绘图工具-格式”选项卡，单击“文本轮廓”下拉按钮，在弹出的列表中选择合适的轮廓颜色，单击“文本效果”下拉按钮，在弹出的列表中选择“阴影”选项，并从其级联菜单中选择合适的阴影效果，如图3-53所示。

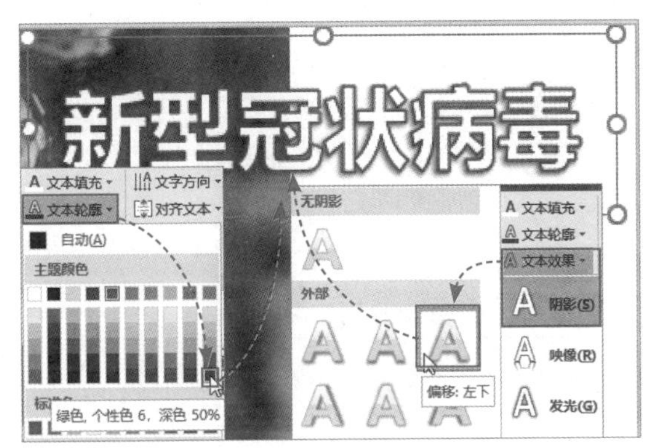

图 3-53

Step 05 在“插入”选项卡中单击“形状”下拉按钮，在弹出的列表中选择“箭头：虚尾”选项，然后在页面合适位置绘制一个箭头，在“绘图工具-格式”选项卡中单击“形状填充”下拉按钮，在弹出的列表中选择合适的填充颜色，单击“形状轮廓”下拉按钮，在弹出的列表中选择“无轮廓”选项，如图3-54所示。

Step 06 在“插入”选项卡中单击“文本框”下拉按钮，在弹出的列表中选择“绘制横排文本框”选项，然后在页面合适位置绘制文本框，在文本框中输入相关内容，并设置文本的字体格式和段落格式，接着选择文本框，在“绘图工具-格式”选项卡中单击“形状轮廓”下拉按钮，在弹出的列表中选择“无轮廓”选项，如图3-55所示。

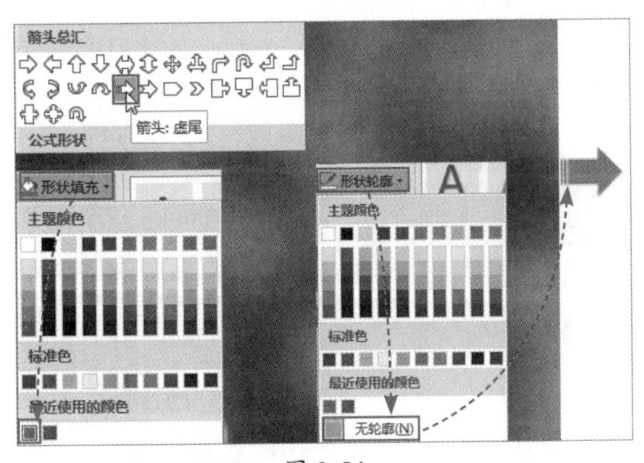

图 3-54

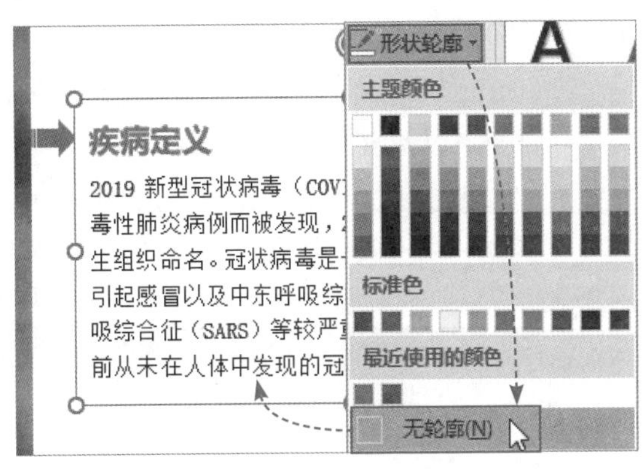

图 3-55

Step 07 最后复制“箭头：虚尾”图形和文本框，并更改文本框中的内容即可。

新手答疑

1. Q：如何将图片转换成SmartArt图形？

A：选择图片，在“图片工具-格式”选项卡中单击“图片版式”下拉按钮，在弹出的列表中选择合适的图片版式即可，如图3-56所示。

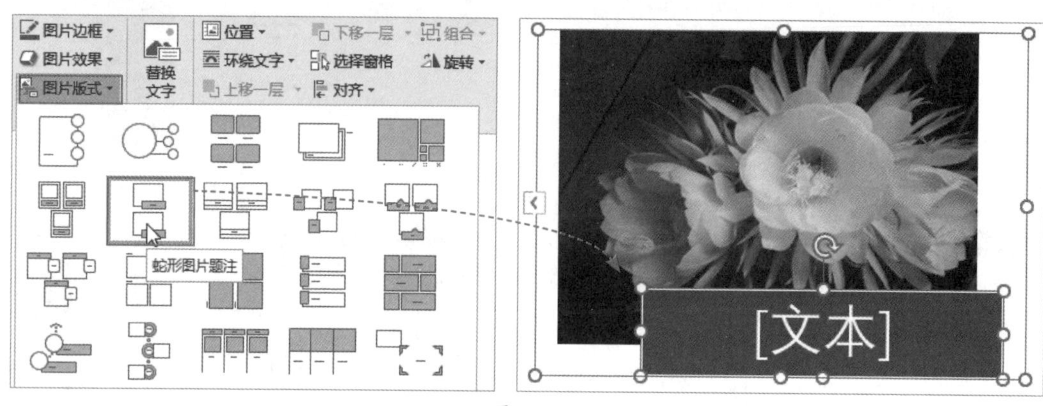

图 3-56

2. Q：如何清除图片格式？

A：选择图片，在“图片工具-格式”选项卡中单击“重设图片”按钮，即可清除对图片所做的全部格式更改，如图3-57所示。

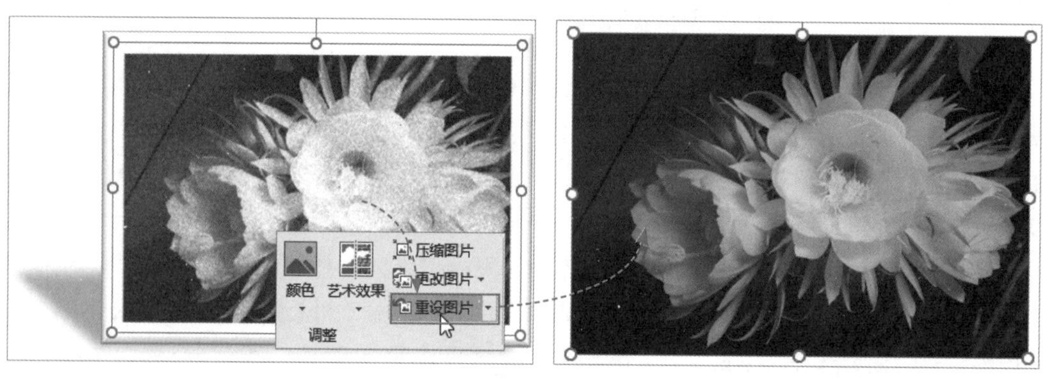

图 3-57

3. Q：如何固定形状的位置？

A：选择形状，单击右侧的“布局选项”按钮，从展开的面板中选择“在页面上的位置固定”单选按钮即可，如图3-58所示。

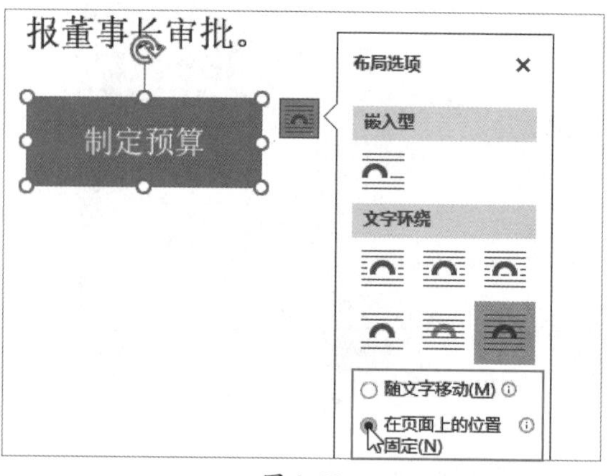

图 3-58

第4章 制作带表格的文档

在Word文档中通常使用表格对文字和图片进行排版，制作简历、值班表、课程表、请假条之类的文档时也需要使用表格，所以，表格在Word文档中发挥着重要的作用。本章将对表格的创建、编辑，以及表格数据的管理进行详细介绍。

4.1 创建表格

在Word文档中用户可以通过多种方法创建表格，例如直接插入表格、手动绘制表格等，还可以将文本直接转换成表格。

4.1.1 直接插入表格

用户可以通过滑动鼠标直接插入表格或通过对话框插入表格。只需要在“插入”选项卡中单击“表格”下拉按钮，在弹出的列表中滑动鼠标选取需要的行列数，如图4-1所示，即可在文档中插入相应的表格。

此外，在“表格”列表中选择“插入表格”选项，打开“插入表格”对话框，在“列数”和“行数”数值框中输入数值，单击“确定”按钮，即可插入指定行列数的表格，如图4-2所示。

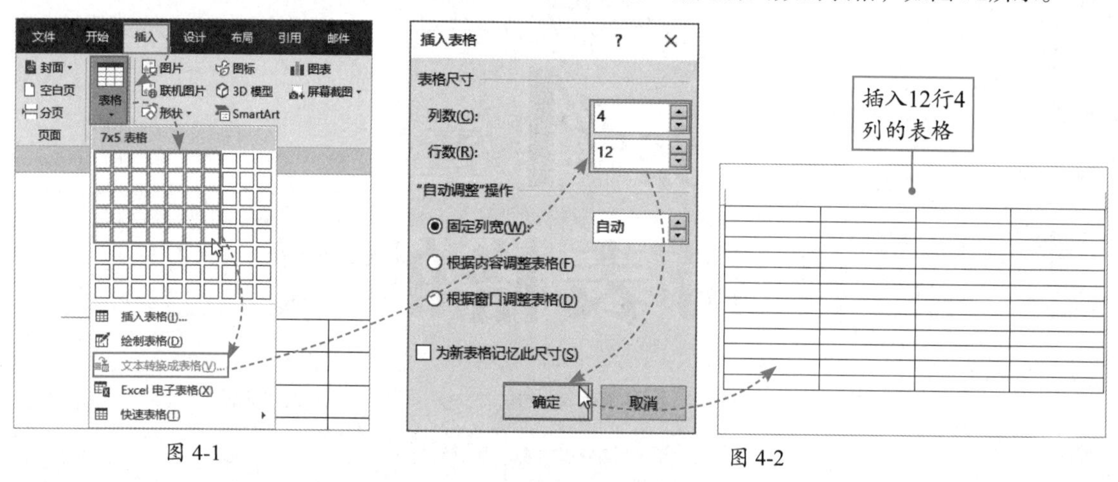

图 4-1　　　　图 4-2

注意事项 通过滑动鼠标，只能插入8行10列的表格，如果用户想要插入超出8行10列的表格，在“插入表格”对话框中设置即可。

4.1.2 手动绘制表格

用户可以通过手动绘制来设计自己需要的表格。在“插入”选项卡中单击“表格”下拉按钮，在弹出的列表中选择“绘制表格”选项，当光标变为铅笔形状时，按住左键不放并拖动光标绘制表格框架，然后绘制行和列即可，如图4-3所示，绘制好后按Esc键退出。

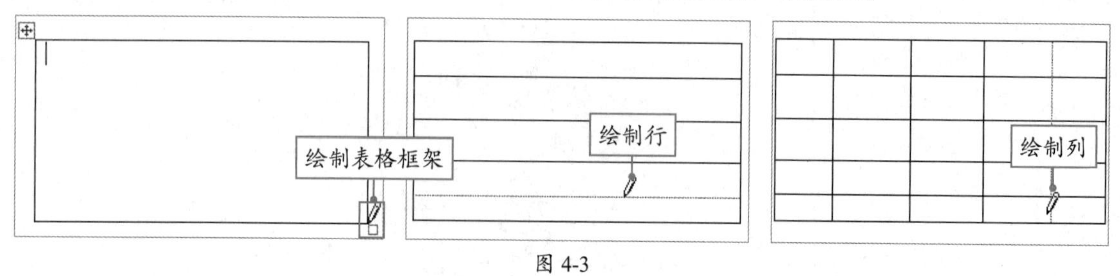

图 4-3

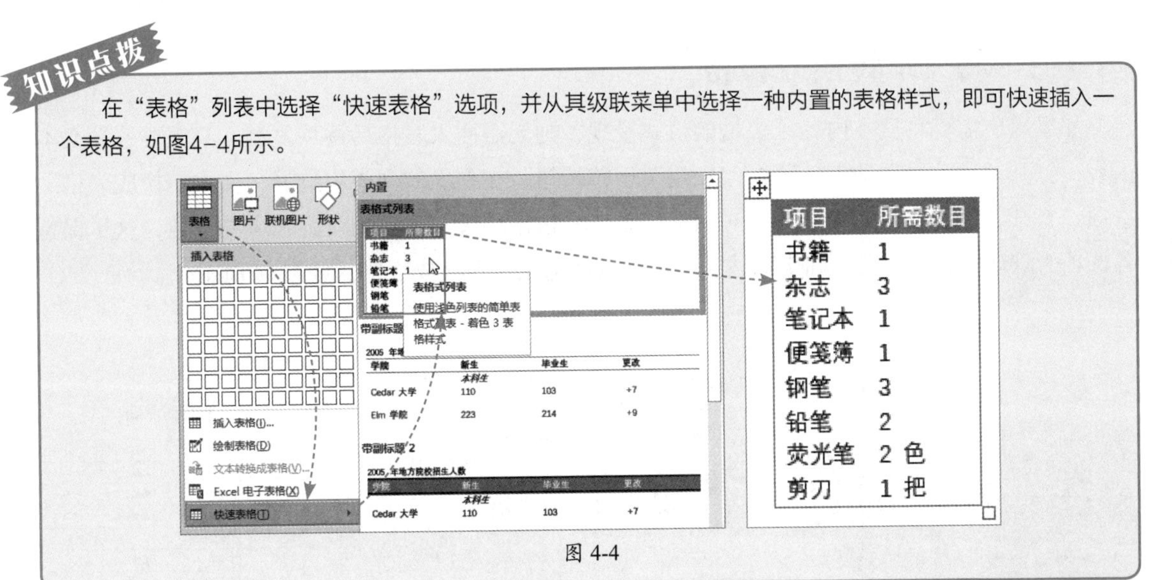

在“表格”列表中选择“快速表格”选项，并从其级联菜单中选择一种内置的表格样式，即可快速插入一个表格，如图4-4所示。

图 4-4

动手练 制作斜线表头

扫码看视频

制作课程表、值日表之类的表格时，通常需要制作斜线表头，方便查看表格内容，如图4-5所示，下面使用两种方法制作斜线表头。

值日生安排表

值日时间 值日内容	星期一	星期二	星期三	星期四	星期五
1. 扫地 2. 整理课桌 3. 擦黑板 4. 清理垃圾					
值日负责人					
备注	1. 早晨值日时间为：7:30-7:40；傍晚为 4:00-4:20； 2. 请各值日负责人检查好值日卫生情况，并给予反馈。				

图 4-5

将光标插入到单元格中，打开“开始”选项卡，单击“边框”下拉按钮，在弹出的列表中选择“斜下框线”选项即可，如图4-6所示。或者打开“插入”选项卡，单击“表格”下拉按钮，在弹出的列表中选择“绘制表格”选项，拖动光标绘制斜线表头，如图4-7所示。

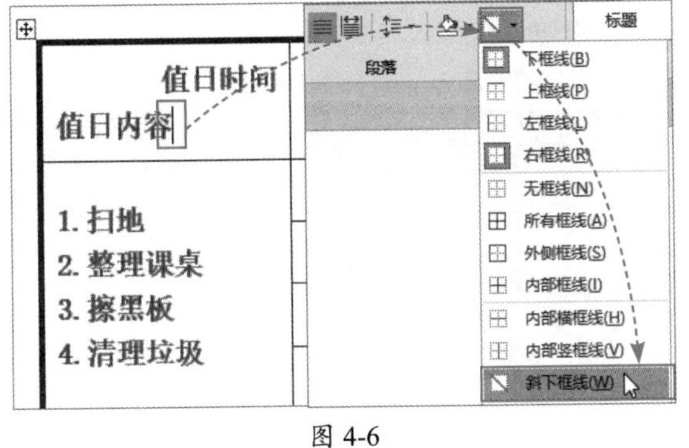

图 4-6

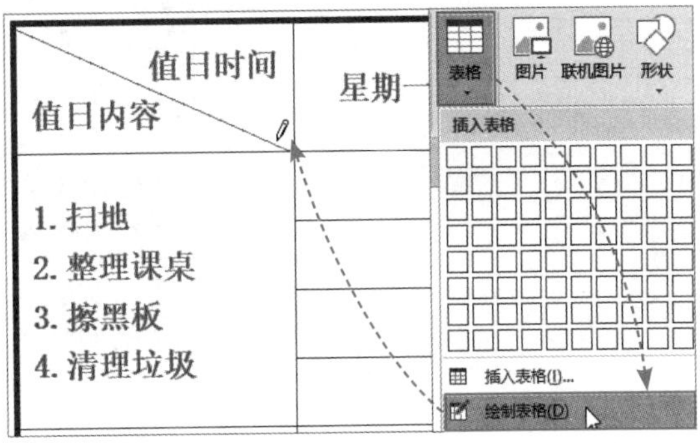

图 4-7

4.1.3 将文本转换成表格

如果用户需要将文本内容以表格的形式呈现，则无需插入表格后逐项复制，只需要选择文本内容，打开“插入”选项卡，单击“表格”下拉按钮，在弹出的列表中选择“文本转换成表格”选项，打开“将文字转换成表格”对话框，系统会根据所选文本自动设置相应的参数，这里保持各选项为默认状态，单击“确定”按钮，即可将所选文本转换成表格，如图4-8所示。

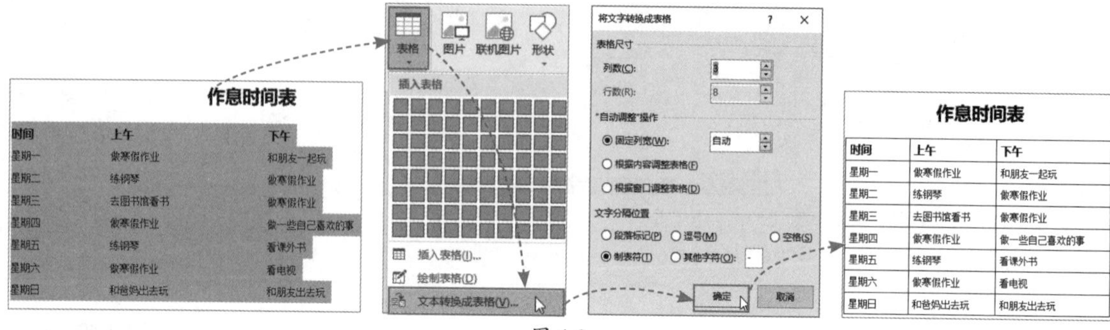

图 4-8

动手练 将表格转换成文本

扫码看视频

在工作中有时会遇到将表格删除只保留文本的情况，此时用户可以在Word文档中直接将表格转换成文本，如图4-9所示。

总序	分序	职业编码	职业名称
1	1	4-03-02-01	中式烹调师
2	2	4-03-02-02	中式面点师
3	3	4-03-02-03	西式烹调师
4	4	4-03-02-04	西式面点师
5	5	4-03-02-07	茶艺师
6	6	4-06-01-02	中央空调系统运行操作员
7	7	4-07-05-03	智能楼宇管理员
8	8	4-09-09-00	有害生物防治员
9	9	4-10-03-01	美容师

总序	分序	职业编码	职业名称
1	1	4-03-02-01	中式烹调师
2	2	4-03-02-02	中式面点师
3	3	4-03-02-03	西式烹调师
4	4	4-03-02-04	西式面点师
5	5	4-03-02-07	茶艺师
6	6	4-06-01-02	中央空调系统运行操作员
7	7	4-07-05-03	智能楼宇管理员
8	8	4-09-09-00	有害生物防治员
9	9	4-10-03-01	美容师

图 4-9

选择表格，打开“表格工具-布局”选项卡，单击“转换为文本”按钮，打开“表格转换成文本”对话框，保持各选项为默认状态，单击“确定”按钮即可，如图4-10所示。

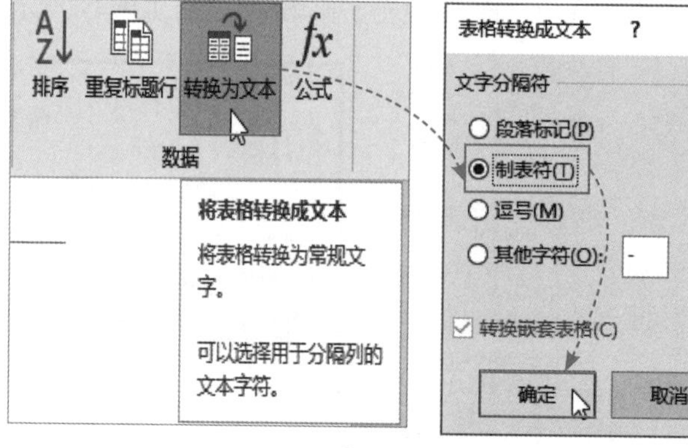

图 4-10

4.2 编辑表格

在文档中插入表格后，一般需要根据实际要求对表格进行相关编辑，例如设置表格行/列、合并或拆分表格、设置文本对齐方式、美化表格等。

4.2.1 设置表格行/列

在编辑表格内容的过程中，用户可能需要对表格的行、列进行设置。例如插入行或列、调整行高或列宽。

1. 插入行、列

选择行，打开“表格工具-布局”选项卡，在“行和列”选项组中单击“在上方插入”按钮，即可在所选行上方插入新行，如图4-11所示。同理，单击“在下方插入”按钮，即可在所选行下方插入新行。

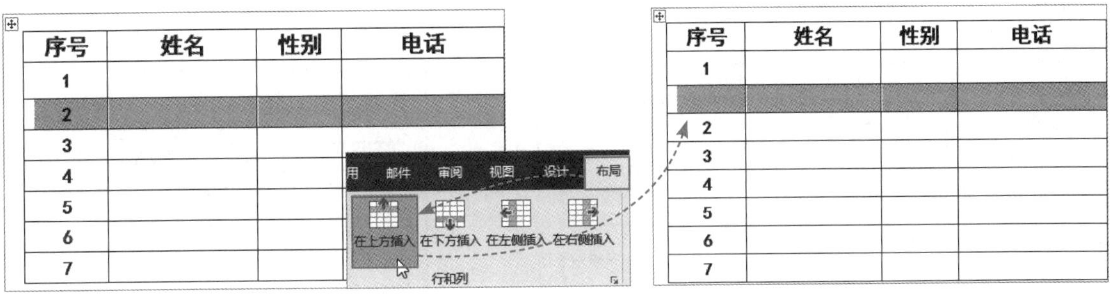

图 4-11

选择列，在“表格工具-布局”选项卡中单击“在左侧插入”按钮，即可在所选列的左侧插入新列，如图4-12所示。同理，单击“在右侧插入”按钮，可以在所选列的右侧插入新列。

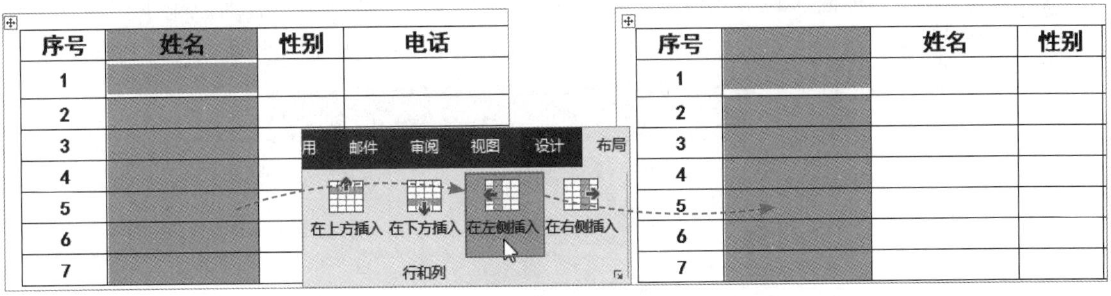

图 4-12

知识点拨

如果用户想要删除多余的行或列，则选择行或列，在“表格工具-布局”选项卡中单击“删除”下拉按钮，在弹出的列表中选择删除行或删除列即可，如图4-13所示，此外，在“删除”列表中也可以选择删除单元格或表格。

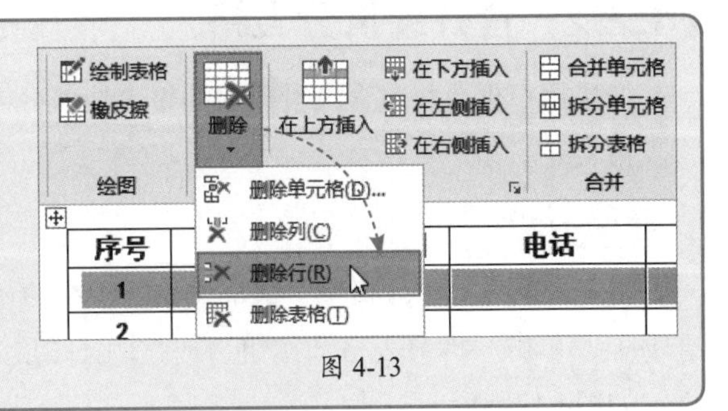

图 4-13

2. 调整行高 / 列宽

调整行高，需要将光标移至行下方的分隔线上，当光标变为“![]”形状时，按住左键不放并拖动光标，即可调整该行的行高，如图4-14所示。

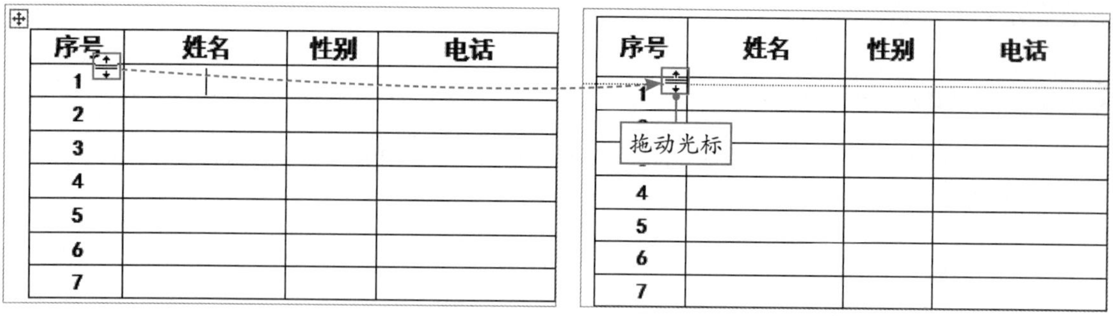

图 4-14

调整列宽，需要将光标移至列右侧分隔线上，当光标变为“![]”形状时，按住左键不放并拖动光标，即可调整该列的列宽，如图4-15所示。

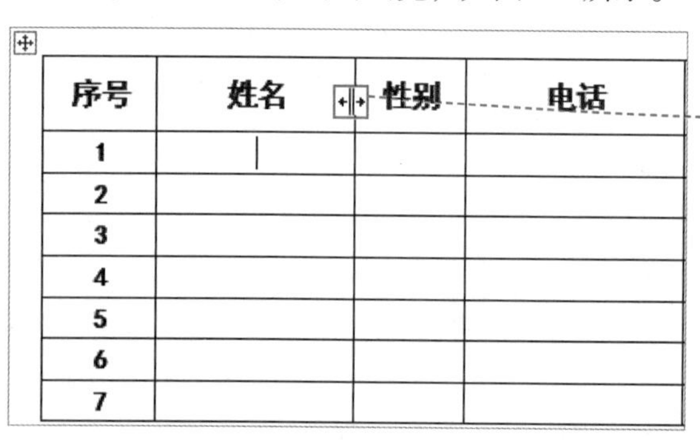

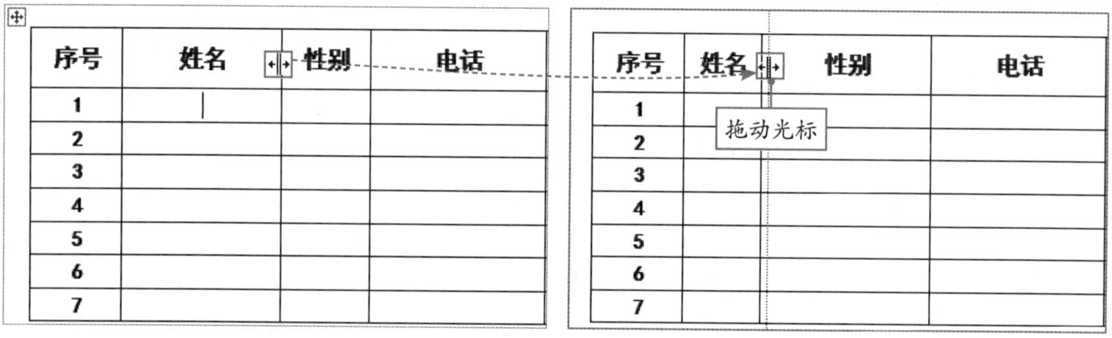

图 4-15

此外，用户将光标插入到单元格中，在“表格工具-布局”选项卡中，通过单击“高度”和“宽度”右侧的“![]”按钮，如图4-16所示，可以微调单元格所在行的行高和所在列的列宽。

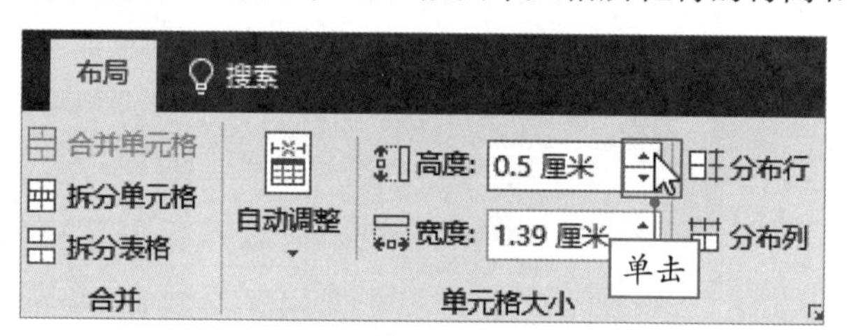

图 4-16

4.2.2 合并或拆分表格

如果用户想要将包含大量数据的报表快速分为多个表格，则可以将报表拆分，反之，则可以将表格合并。

1. 拆分表格

将光标插入到单元格中，这个单元格所在的行将成为新表格的首行，打开“表格工具-布局”选项卡，单击“拆分表格”按钮，或按Ctrl+Shift+Enter组合键，即可将表格拆分成上下两个表格，如图4-17所示。

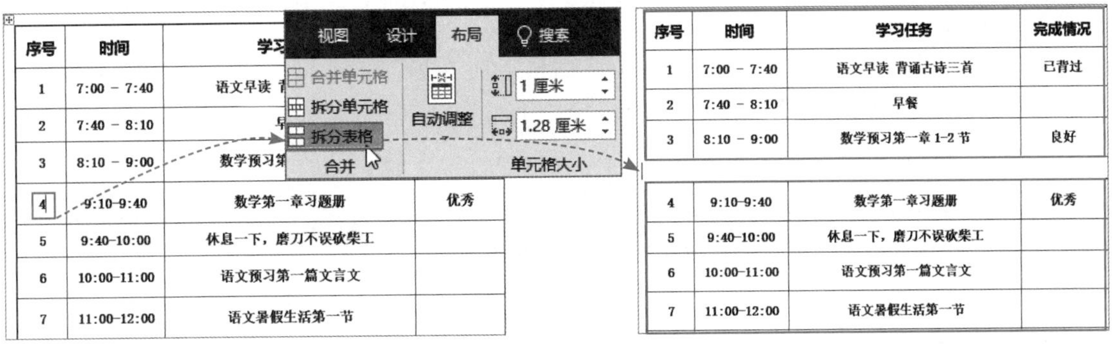

图 4-17

2. 合并表格

合并表格只需要将光标定位至两个表格之间的空白处，然后按Delete键即可，如图4-18所示。

图 4-18

知识点拨

选择下方的表格，按Shift+Alt+↑组合键，可以快速合并表格，或者选中需要作为第二个表格的全部内容，按Shift+Alt+↓组合键，可以快速拆分表格。

4.2.3 合并或拆分单元格

合并单元格就是将所选的多个单元格合并为一个单元格，而拆分单元格就是将所选单元格拆分成多个单元格。

1. 合并单元格

选择需要合并的单元格，在“表格工具-布局”选项卡中单击“合并单元格”按钮即可，如图4-19所示。

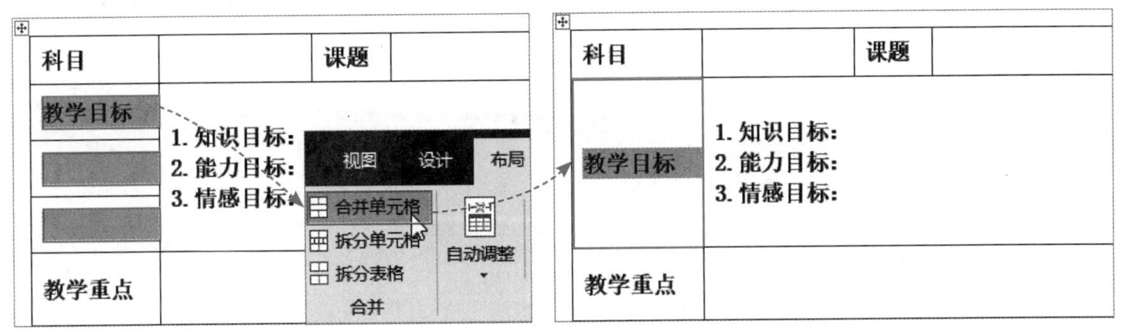

图 4-19

2. 拆分单元格

将光标插入到需要拆分的单元格中，在“表格工具-布局”选项卡中单击“拆分单元格”按钮，打开“拆分单元格”对话框，在“列数”和“行数”数值框中输入需要拆分的行数和列数，单击“确定”按钮即可，如图4-20所示。

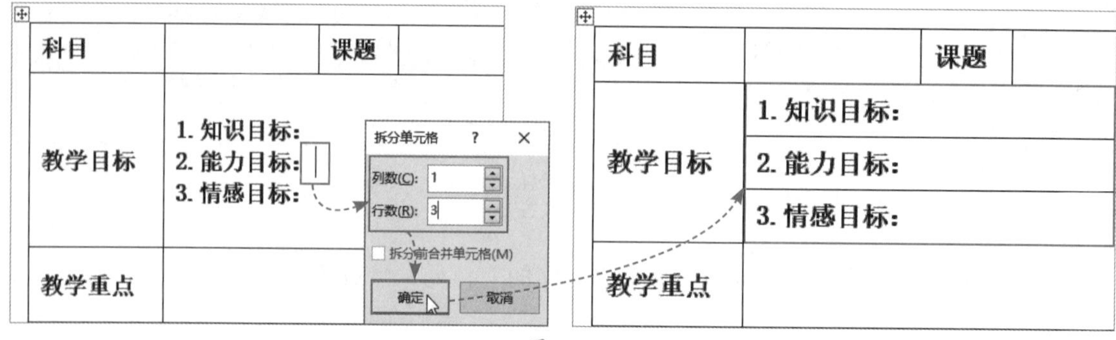

图 4-20

4.2.4 设置文本对齐方式

在表格中输入文本内容后，用户可根据需要将文本的对齐方式设置为“靠上两端对齐”“靠上居中对齐”“靠上右对齐”“中部两端对齐”“水平居中”“中部右对齐”“靠下两端对齐”“靠下居中对齐”“靠下右对齐”。只需要选择表格，在“表格工具-布局”选项卡中的“对齐方式”选项组中单击相应的按钮即可，如图4-21所示。

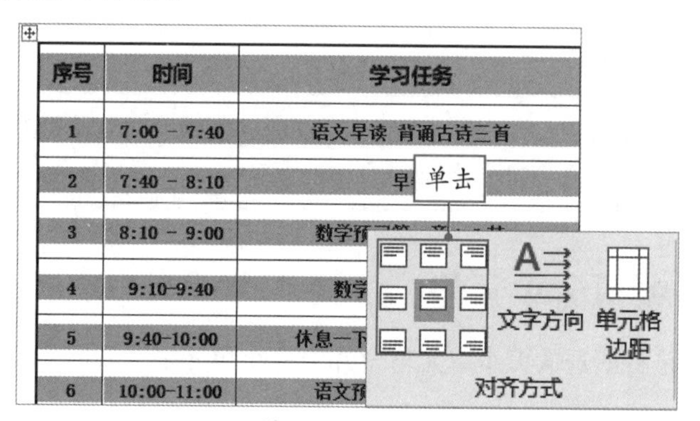

图 4-21

动手练 在单元格中编号

扫码看视频

在编辑表格内容时，有时需要输入很多连续的序号，如图4-22所示，如果一个个手动输入非常麻烦，此时可以设置在Word表格中自动编号。

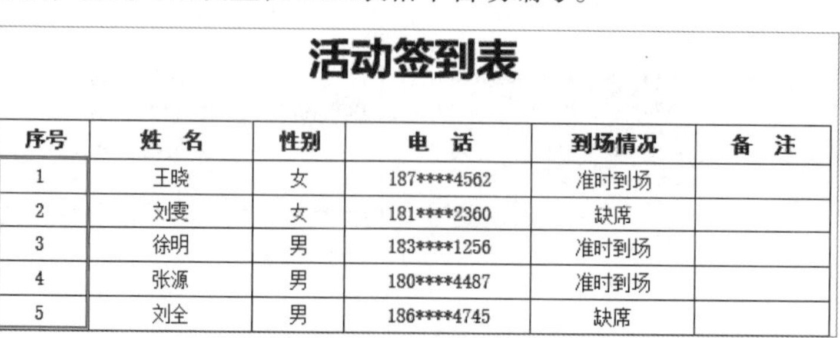

活动签到表

序号	姓 名	性别	电 话	到场情况	备 注
1	王晓	女	187****4562	准时到场	
2	刘雯	女	181****2360	缺席	
3	徐明	男	183****1256	准时到场	
4	张源	男	180****4487	准时到场	
5	刘全	男	186****4745	缺席	

图 4-22

Step 01 选择单元格，打开“开始”选项卡，单击“编号”下拉按钮，在弹出的列表中选择“定义新编号格式”选项，如图4-23所示。

Step 02 打开“定义新编号格式”对话框，在“编号样式”列表中选择“1,2,3，…”样式，并设置“编号格式”和“对齐方式”，单击“确定”按钮即可自动编号，如图4-24所示。

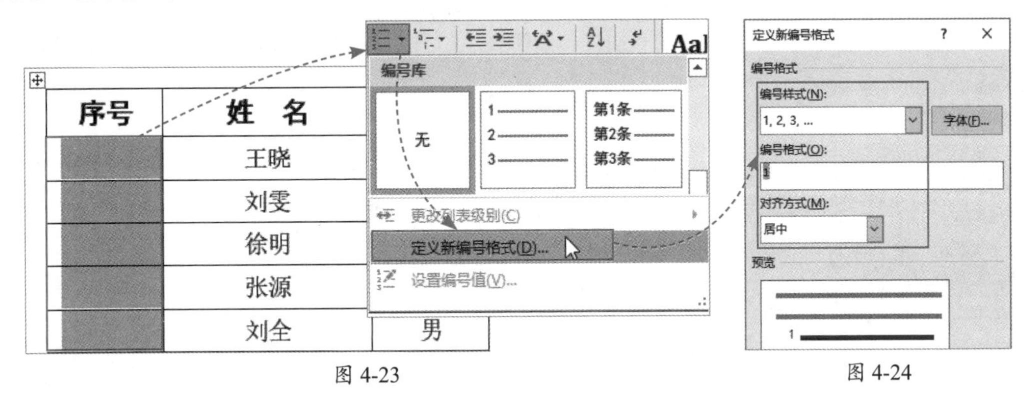

图 4-23　　图 4-24

4.2.5 美化表格

制作好表格后，如果觉得表格的样式太单调，则可以对其进行美化设置，例如直接套用内置样式或自定义表格的样式。

1. 直接套用内置样式

选择表格，在“表格工具-设计”选项卡中单击“表格样式”选项组的“其他”下拉按钮，在弹出的列表中选择合适的表格样式，这里选择“网格表2-着色1”选项，即可快速为表格套用内置样式，如图4-25所示。

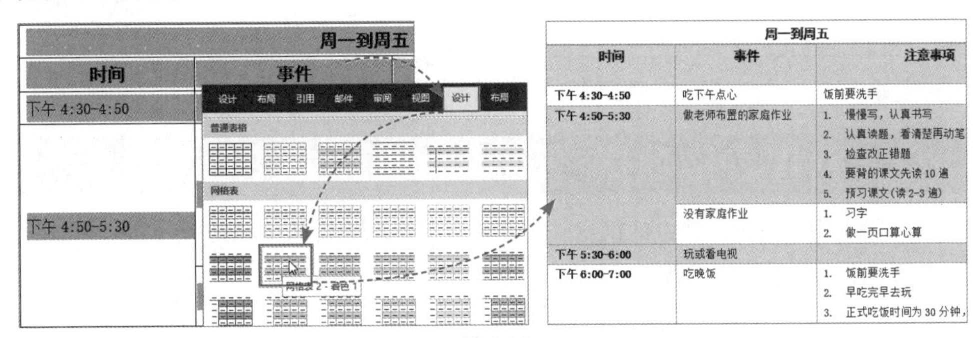

图 4-25

2. 自定义表格样式

选择表格，在“表格工具-设计”选项卡中单击“笔样式”下拉按钮，在弹出的列表中选择合适的线型，如图4-26所示。单击“笔划粗细”下拉按钮，在弹出的列表中选择合适的线型粗细，如图4-27所示。单击“笔颜色”下拉按钮，在弹出的列表中选择合适的边框颜色，如图4-28所示。

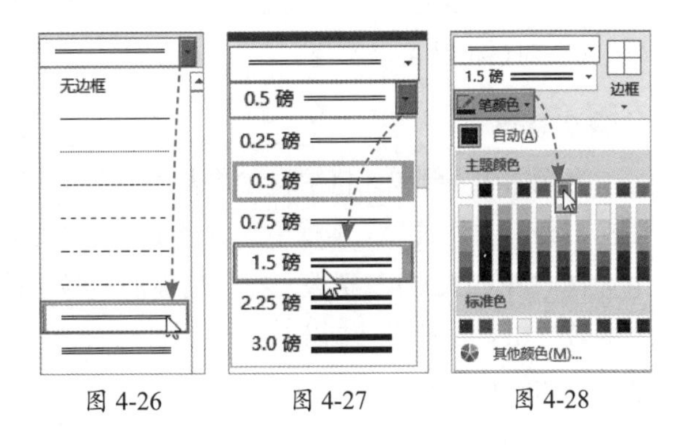

图 4-26　　图 4-27　　图 4-28

最后单击“边框”下拉按钮，在弹出的列表中选择合适的选项，这里选择“外侧框线”选项，即可将设置的边框样式应用至表格的外边框上。按照同样的方法，设置好边框样式后，可以将其应用至表格的内部框线上，如图4-29所示。

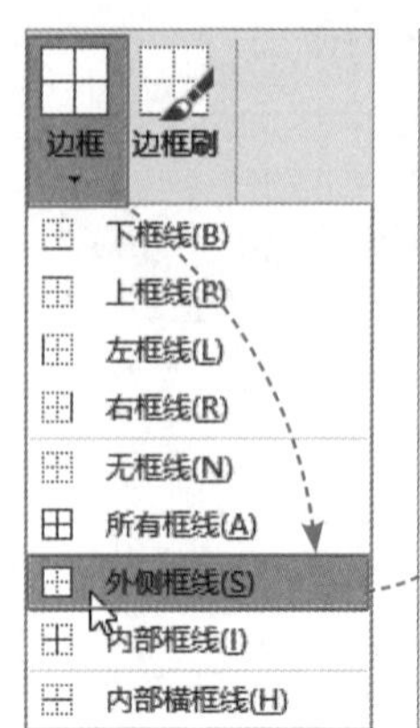

周一到周五			
时间	事件	注意事项	计时(分)
下午 4:30-4:50	吃下午点心	饭前要洗手	20
下午 4:50-5:30	做老师布置的家庭作业	1. 慢慢写，认真书写 2. 认真读题，看清楚再动笔 3. 检查改正错题 4. 要背的课文先读 10 遍 5. 预习课文(读 2-3 遍)	40
	没有家庭作业	1. 习字 2. 做一页口算心算	
下午 5:30-6:00	玩或看电视		30

图 4-29

知识点拨

选择单元格，在“表格工具-设计”选项卡中单击“底纹”下拉按钮，在弹出的列表中选择需要的颜色，即可为所选单元格设置底纹颜色，如图4-30所示。

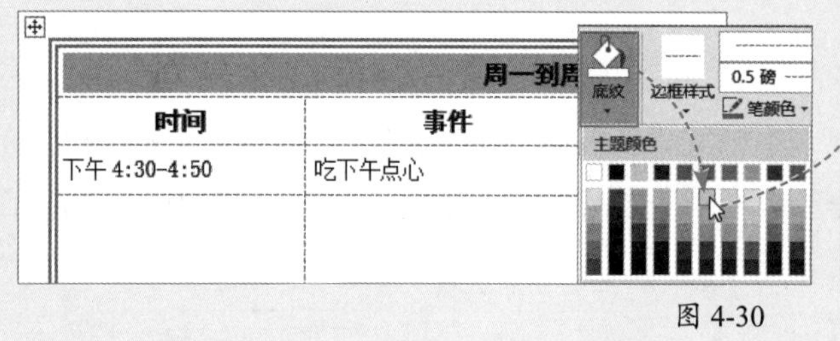

周一到周五		
时间	事件	
下午 4:30-4:50	吃下午点心	饭前要洗手
	做老师布置的家庭作业	1. 慢慢写， 2. 认真读题 3. 检查改正

图 4-30

4.3 管理表格数据

Word表格除了用来组织文档中的信息外，还可以对数据进行简单地处理计算，例如对数据进行求和、求积、求平均值等，或者进行排序。

4.3.1 计算表格数据

在Word表格中一般对数据进行求和、求积或求平均值计算，无需复杂的操作，只需要通过“公式”对话框就可以实现。

1. 求积计算

将光标插入到单元格中，在“表格工具-布局”选项卡中单击“公式”按钮，打开“公式”对话框，删除“公式”文本框中默认显示的公式，然后单击“粘贴函数”下拉按钮，在弹出的列表中选择“PRODUCT”函数，在其后面的括号中输入“LEFT”，最后在“编号格式”列表中选择值的数字格式，单击“确定”按钮，即可计算出“金额”，然后按F4键，将公式复制到其他单元格中，如图4-31所示。

1．名称、规格、数量及交货期

商品名称	单位	规格	数量	单价	金额
透镜大灯	个	32DS	2	300	
纯钢保险杠	个	44GG	1	600	
保护膜	个	323F	4	200	
转向灯	个	1JY77	3	150	
合计人民币				总计：	

公式 ? ×
公式(F):
=PRODUCT(LEFT)
编号格式(N):
0
粘贴函数(U): 粘贴书签(B):
确定 取消

金额
600
600
800
450

图 4-31

知识点拨

金额=数量×单价。PRODUCT函数用于计算给出的数字的乘积，而LEFT表示左侧。公式“=PRODUCT(LEFT)”表示对左侧数据进行求积。

2. 求和计算

将光标插入到单元格中，打开“公式”对话框，在“公式”文本框中默认显示的是求和公式，其中ABOVE表示对上方数据进行求和，设置好“编号格式”后单击“确定”按钮，即可计算出总计金额，如图4-32所示。

商品名称	单位	规格	数量	单价	金额
透镜大灯	个	32DS	2	300	600
纯钢保险杠	个	44GG	1	600	600
保护膜	个	323F	4	200	800
转向灯	个	1JY77	3	150	450
合计人民币				总计：	

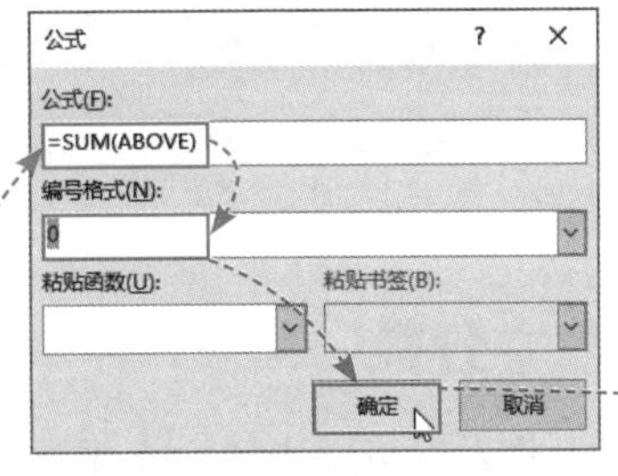

单价	金额
300	600
600	600
200	800
150	450
总计：	2450

图 4-32

知识点拨

计算平均值需要打开“公式”对话框，在“粘贴函数”列表中选择“AVERAGE”函数，然后在后面的括号中输入“ABOVE”，并在“编号格式”列表中选择数字格式，单击“确定”按钮，如图4-33所示，即可计算上方数据的平均值。

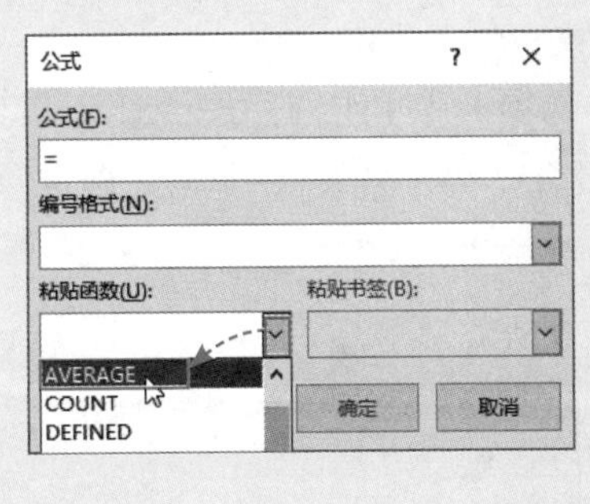

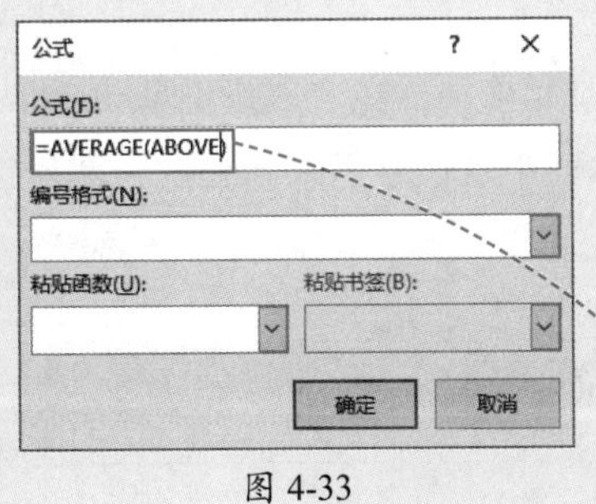

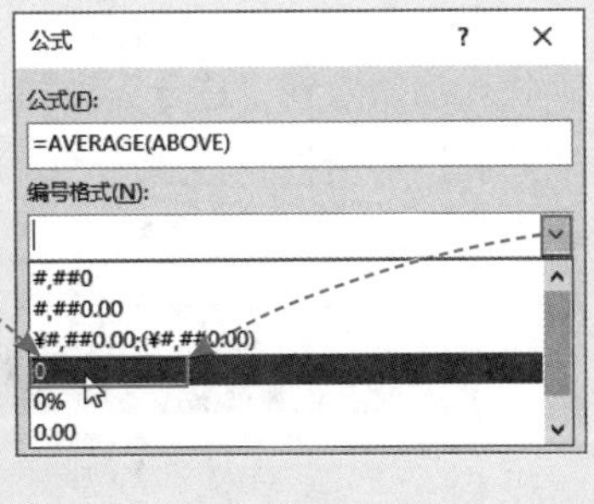

图 4-33

4.3.2 表格数据排序

在Word表格中，用户不仅可以计算数据，还可以对数据进行排序。例如对“金额”进行升序排序。选择表格，在“表格工具-布局”选项卡中单击“排序”按钮，打开“排序”对话框，在“主要关键字”列表中选择“金额”选项，在“类型”列表中选择“数字”选项，并选择“升序”单选按钮，单击“确定”按钮即可，如图4-34所示。

此外，在“排序”对话框中，除了可以设置主要关键字外，还可以设置次要关键字和第三关键字，以实现更为复杂的排序操作。

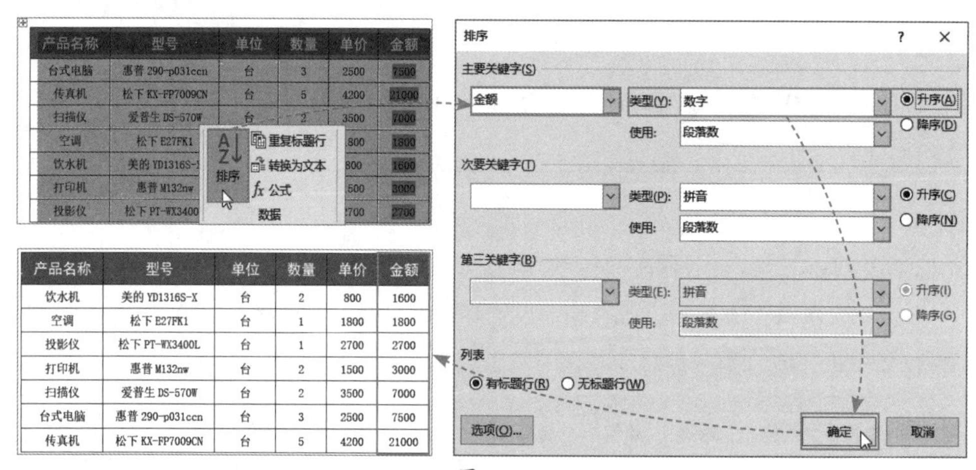

图 4-34

动手练 统计考生分数

扫码看视频

在Word文档中制作考试成绩表通常需要将考生的总分统计出来，如图4-35所示，此时可以使用Word表格中的“公式”功能进行计算。

学生期末考试成绩表

学号	姓名	语文	数学	英语	政治	地理	历史	总分
2001	张云	68	94	90	86	72	89	499
2002	李萌	86	103	108	90	96	60	543
2003	孙旭	92	73	76	80	68	69	458
2004	刘洋	65	72	59	66	73	62	397
2005	赵美	71	61	49	84	59	65	389

图 4-35

将光标插入到“总分”列的单元格中，在“表格工具-布局”选项卡中单击“公式”按钮，打开“公式”对话框，“公式”文本框中默认显示求和公式，然后设置“编号格式”，单击“确定”按钮，如图4-36所示，计算出“总分”。

学号	姓名	语文	数学	英语	政治	地理	历史	总分
2001	张云	68	94	90	86	72	89	
2002	李萌					96	60	
2003	孙旭					68	69	
2004	刘洋					73	62	
2005	赵美					59	65	

排序 重复标题行 转换为文本 公式
数据

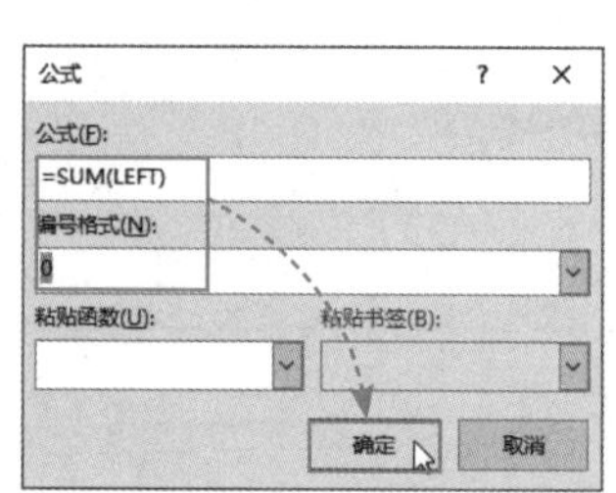

图 4-36

注意事项 当修改表格中的数据后，用户无须重新计算，只需要选中整个表格，按F9键刷新即可。

 案例实战：制作出库申请单

出库申请单用于领取公司物资使用，需要填写“申请人”“部门”“申请日期”“申请用途”等信息，下面介绍如何制作如图4-37所示的出库申请单。

出库申请单

申请人		部门		申请日期		编号	
序号	商品名称	规格	数量	单价	金额	出库日期	预计归还时间
1							
2							
3							
4							
申请用途							
部门主管		库管		财务主管		总经理	
库管核准							
备注	此单最终核准人为公司经理，经审批后将此凭证交由库管办理出库手续，方可领取物资。申请用途写明物资归属、最终流向、流向单位、目的地、产品形式。						

图 4-37

Step 01 新建一个空白文档，将“上”“下”“左”“右”的页边距设置为“1厘米”，然后输入标题“出库申请单”，并在“开始”选项卡中设置标题的字体格式和段落格式，如图4-38所示。

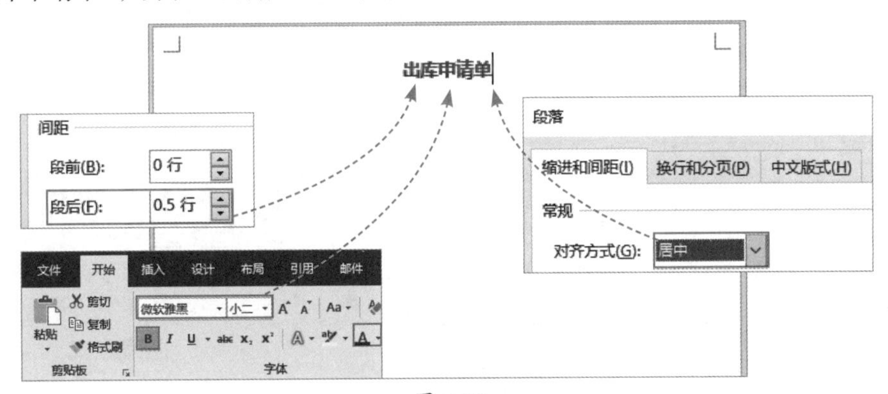

图 4-38

Step 02 在下方插入光标，打开“插入”选项卡，单击“表格”下拉按钮，在弹出的列表中选择“插入表格”选项，打开“插入表格”对话框，在“列数”数值框中输入“8”，在“行数”数值框中输入“10”，单击“确定”按钮，即可插入一个10行8列的表格，如图4-39所示。

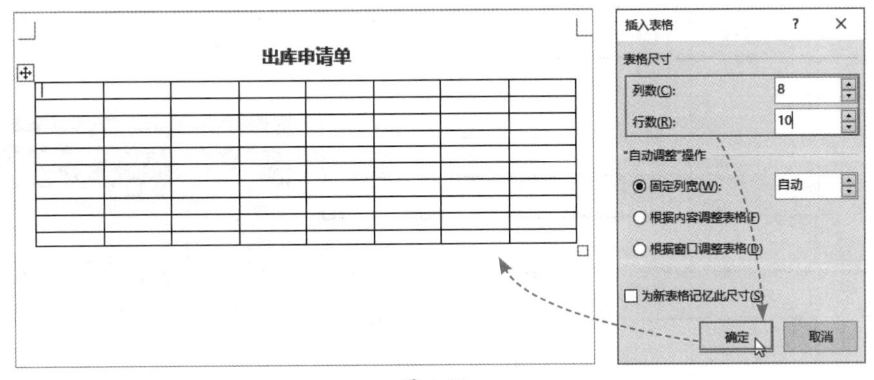

图 4-39

Step 03 在表格中输入相关内容，并将文本的“字体”设置为“宋体”，“字号”设置为“小四”，然后根据需要调整表格的行高和列宽，如图4-40所示。

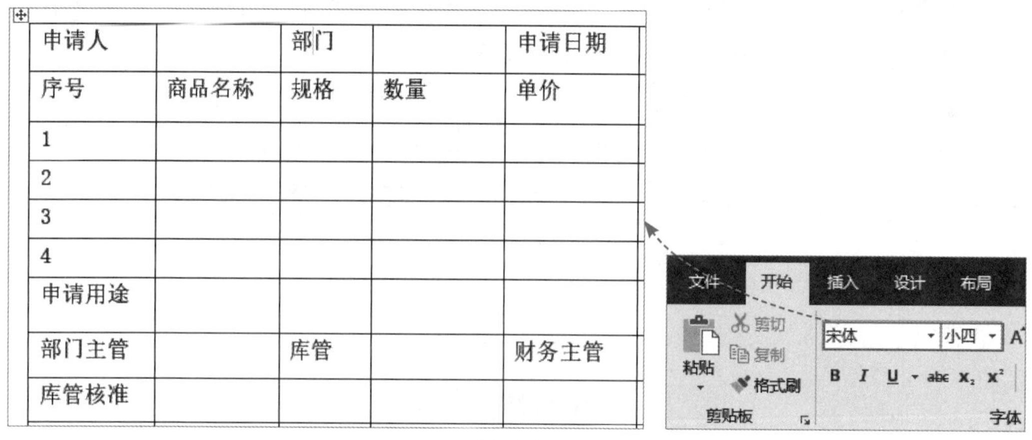

申请人		部门		申请日期
序号	商品名称	规格	数量	单价
1				
2				
3				
4				
申请用途				
部门主管		库管		财务主管
库管核准				

图 4-40

Step 04 选择表格，在“表格工具-布局”选项卡中单击“对齐方式”选项组的“水平居中”按钮，将表格中的文本设置为居中对齐，如图4-41所示。

申请人		部门		申请日期
序号	商品名称	规格	数量	单价
1				
2				
3				
4				
申请用途				
部门主管		库管		财务主管
库管核准				

文字方向 单元格边距

对齐方式

图 4-41

Step 05 选择单元格，在“表格工具-布局”选项卡中单击“合并单元格”按钮，将所选单元格合并为一个单元格，然后按照同样的方法，合并其他单元格，如图4-42所示。

申请人		部门		申请日期
序号	商品名称	规格	数量	单价
1				
2				
3				
4				
申请用途				
部门主管		库管		财务主管
库管核准				

布局 搜索

右侧插入 合并单元格 拆分单元格 拆分表格

合并

图 4-42

Step 06 选择表格，在“表格工具-设计”选项卡中设置“笔样式”“笔画粗细”和“笔颜色”，然后单击“边框”下拉按钮，在弹出的列表中选择“外侧框线”选项，将设置的边框样式应用至表格的外边框，如图4-43所示。

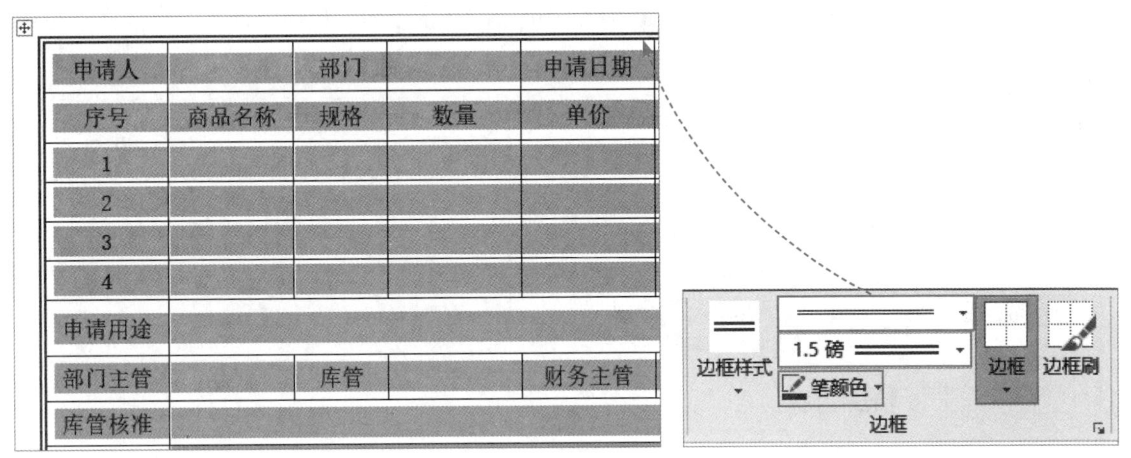

申请人		部门		申请日期
序号	商品名称	规格	数量	单价
1				
2				
3				
4				
申请用途				
部门主管		库管		财务主管
库管核准				

图 4-43

Step 07 按照同样的方法设置边框样式，并将其应用至表格的内框线上，接着选择单元格，在“表格工具-设计”选项卡中单击“底纹”下拉按钮，在弹出的列表中选择合适的底纹颜色，如图4-44所示，最后为其他单元格设置底纹颜色即可。

申请人		部门		申请日期	
序号	商品名称	规格	数量	单价	金额
1					
2					
3					
4					
申请用途					

图 4-44

新手答疑

1. Q：如何更改表格中的文字方向？

A：选择文字，在“表格工具-布局”选项卡中单击“文字方向”按钮，即可将横排文字更改为竖排文字，如图4-45所示。

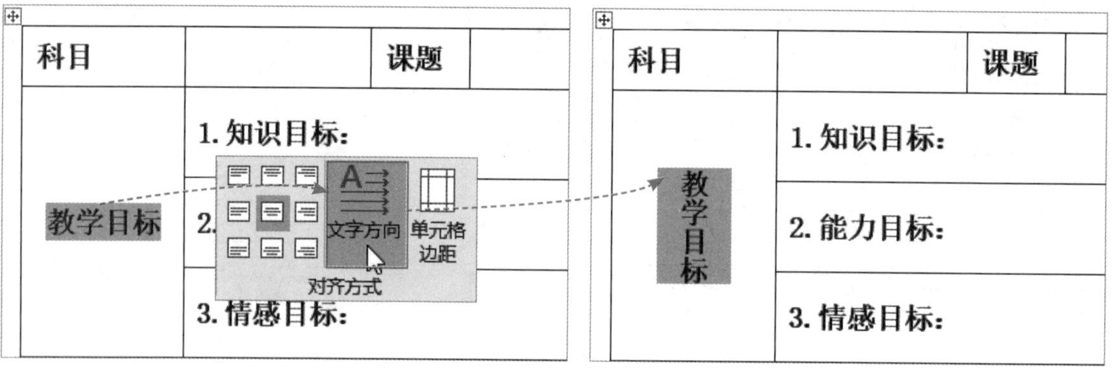

图 4-45

2. Q：如何插入多行 / 多列？

A：选择多行/多列，在“表格工具-布局”选项卡中单击“在上方插入”“在下方插入”“在左侧插入”或“在右侧插入”按钮即可，如图4-46所示。

学号	姓名	语文	数学					
2001	张云	68	94	90	86	72	89	499
2002	李萌	86	103	108	90	96	60	543
2003	孙旭	92	73	76	80	68	69	458
2004	刘洋	65	72	59	66	73	62	397
2005	赵美	71	61	49	84	59	65	389

学号	姓名	语文	数学	英语	政治	地理	历史	总分
2001	张云	68	94	90	86	72	89	499
2002	李萌	86	103	108	90	96	60	543
2003	孙旭	92	73	76	80	68	69	458
2004	刘洋	65	72	59	66	73	62	397
2005	赵美	71	61	49	84	59	65	389

图 4-46

3. Q：如何使用橡皮擦合并单元格？

A：将光标插入到单元格中，在“表格工具-布局”选项卡中单击“橡皮擦”按钮，当光标变为橡皮擦形状时，按住左键不放并拖动光标选择单元格，即可合并所选单元格，如图4-47所示。

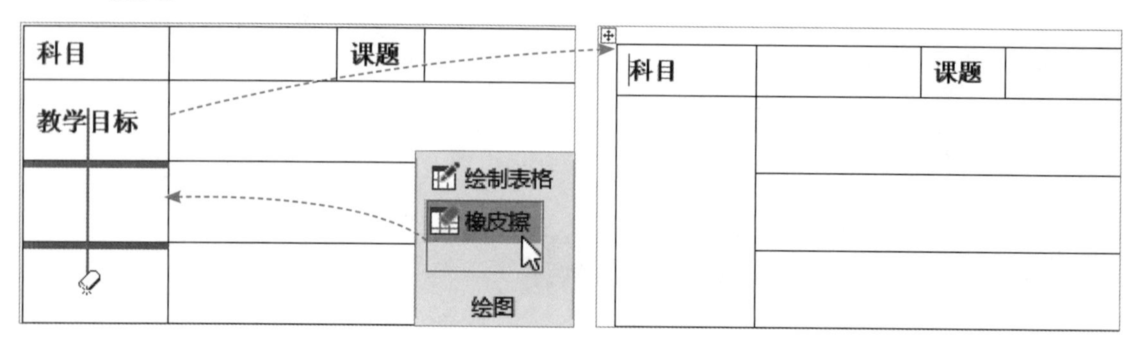

图 4-47

第5章 文档的高级排版

用户掌握了文档中的一些基础功能，虽然可以制作出需要的文档效果，但想要高效地完成一些复杂的操作，还需要了解文档的高级排版功能。本章将对邮件合并、文档的审阅、目录的提取、文档的保护与打印等进行详细介绍。

5.1 邮件合并

使用“邮件合并”功能，可以批量制作邀请函、荣誉证书之类的文档，可以节省大量时间。但使用该功能之前，用户需要先创建主文档和数据源。

5.1.1 创建主文档

主文档是一份Word文档，例如批量制作“荣誉证书”，需要创建一个“荣誉证书”文档模板，如图5-1所示。用户可以下载模板并进行适当修改来创建“荣誉证书”文档，或者利用之前所学知识设计文档页面。

图 5-1

5.1.2 创建数据源

数据源是一份Excel表格，里面必须包含需要用到的变量信息，这里制作“荣誉证书”需要用到的变量信息为“姓名”和“奖项名称”，如图5-2所示。用户只需要创建一张工作表，并在其中输入相关内容即可。

	A	B	C
1	姓名	奖项名称	
2	赵铭	优秀员工	
3	刘楠	最佳新人	
4	孙晔	最佳销售	
5	李梅	杰出员工	
6	刘雯	最佳新人	
7	王晓	优秀员工	

图 5-2

注意事项 Excel表格的第一行必须是标题行，标题行下面是对应的具体信息。

5.1.3 将数据源合并到主文档

主文档和数据源制作完成后，需要将数据源合并到主文档中。打开“荣誉证书”文档，在“邮件”选项卡中单击“选择收件人”下拉按钮，在弹出的列表中选择“使用现有列表”选项，打开“创建数据源”对话框，选择Excel数据源，单击“打开”按钮，弹出“选择表格”对话框，单击“确定”按钮，如图5-3所示，即可将数据源合并到主文档中。

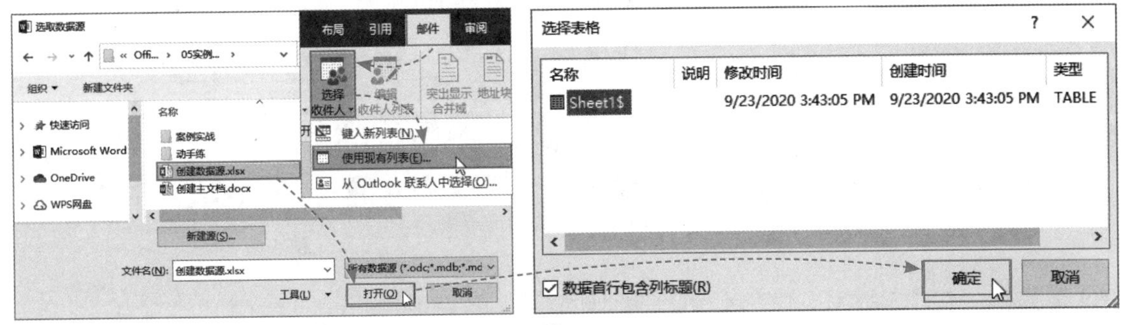

图 5-3

动手练 批量制作荣誉证书

扫码看视频

用户将数据源合并到主文档后，就可以使用“邮件合并”功能批量制作荣誉证书，如图5-4所示。

图 5-4

Step 01 将光标插入到姓名位置，在“邮件”选项卡中单击“插入合并域”下拉按钮，在弹出的列表中选择“姓名”选项，如图5-5所示，插入“姓名”合并域。

Step 02 将光标插入到奖项名称位置，在“插入合并域”列表中选择“奖项名称”选项，然后设置“姓名”合并域和“奖项名称”合并域的字体格式，如图5-6所示。

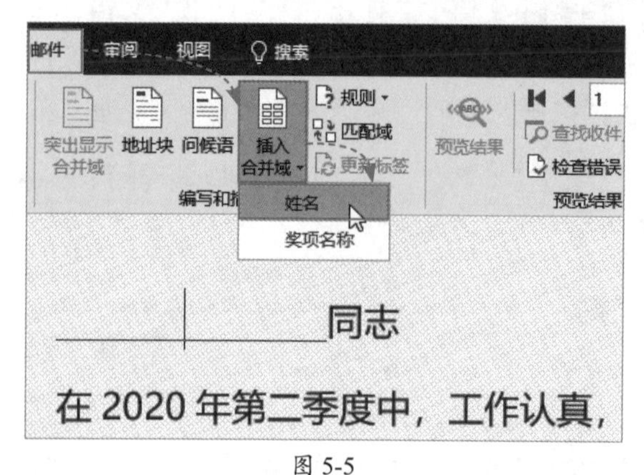

图 5-5

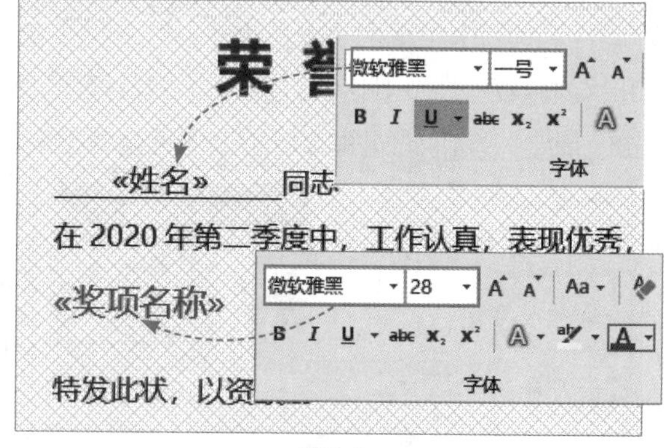

图 5-6

注意事项 批量生成的荣誉证书不会显示设置的填充图案背景，需要用户重新设计页面背景。

Step 03 单击“完成并合并”下拉按钮，在弹出的列表中选择“编辑单个文档”选项，打开“合并到新文档”对话框，单击“确定”按钮即可，如图5-7所示。

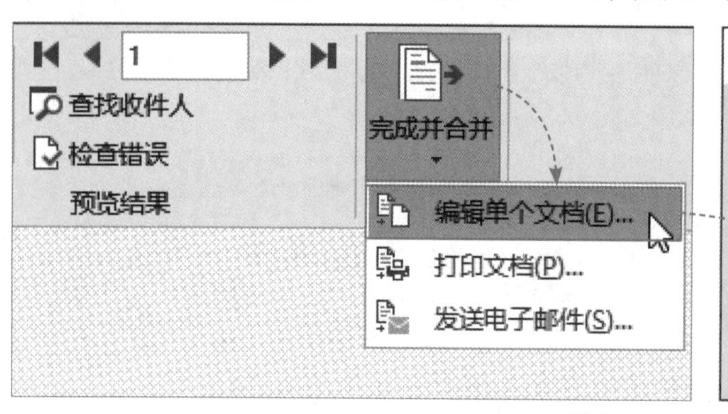

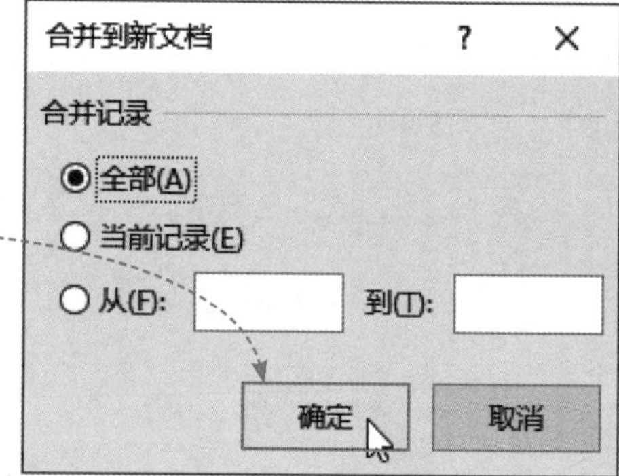

图 5-7

5.2 审阅文档

审阅文档包括对内容进行检查，查看是否有拼写错误，或者批注、修订文档，在文档中插入脚注和尾注等。

5.2.1 拼写检查

当文档中出现英文字母时，为了防止出现拼写错误，可以使用“拼写和语法”功能进行检查。选择文本，在“审阅”选项卡中单击“拼写和语法”按钮，弹出“校对”窗格，在“拼写检查”列表框中，系统用红色波浪线标示出错误的单词，然后在“建议”列表框中选择正确的单词，即可对拼写错误的单词进行更改。如果有多处错误，则在“建议”列表框中继续显示要更改的单词，单击进行更改，全部更改完成后弹出提示对话框，提示是否继续检查文档的其余部分，单击“是”按钮，检查完成后，系统会弹出另一个提示框，单击“确定”按钮即可，如图5-8所示。

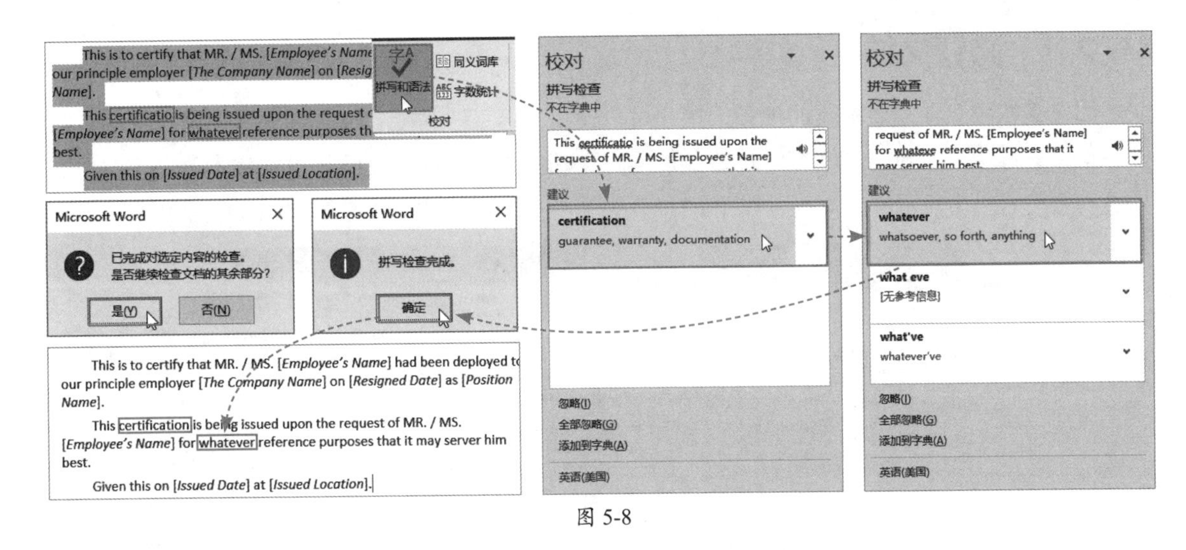

图 5-8

知识点拨

如果用户想要查看文档的字数、字符数、段落数等，则可以在“审阅”选项卡中单击“字数统计”按钮，在打开的“字数统计”对话框中进行查看即可。

5.2.2 插入批注

当需要对文档中的某部分内容提出修改建议时，可以为其插入批注。选择文本，在“审阅”选项卡中单击“新建批注”按钮，弹出一个批注框，在其中输入相关内容即可，如图5-9所示。

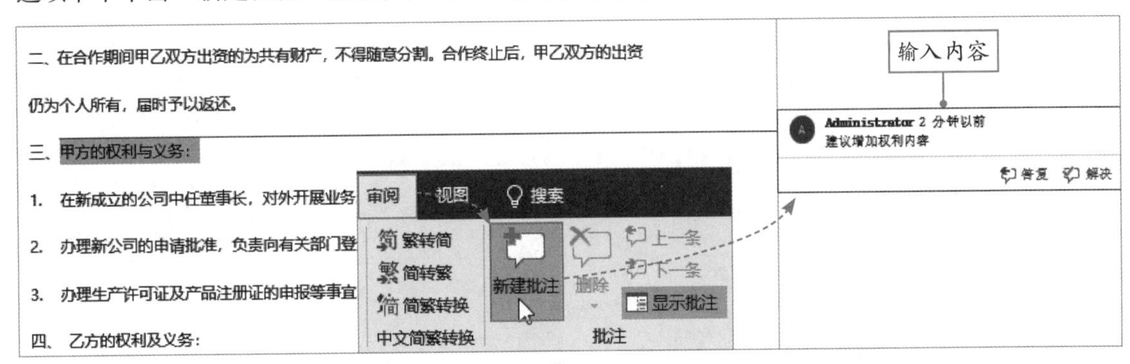

图 5-9

此外，如果用户想要删除批注，则选择批注后单击“删除”下拉按钮，在弹出的列表中选择“删除”或“删除文档中的所有批注”选项；如果用户想要隐藏批注侧边栏，则单击“显示批注”按钮，取消其选中状态，如图5-10所示。

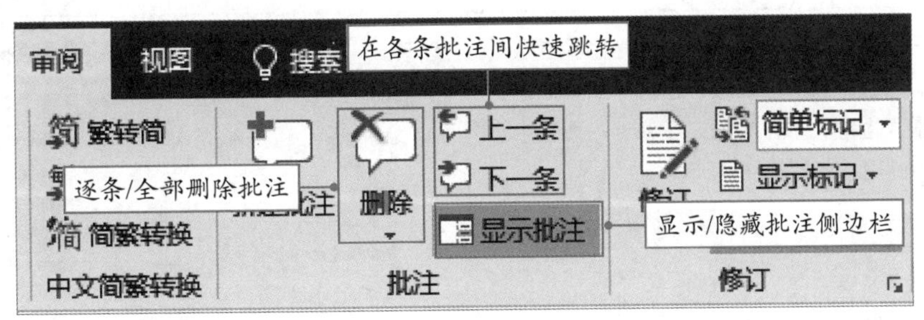

图 5-10

5.2.3 修订文档

如果文档中存在需要修改的地方，用户可以使用“修订”功能，直接在内容上进行修改。打开“审阅”选项卡，单击“修订”按钮，然后在文档中进行修改、删除、添加文本等操作，对文档进行修改后，会显示修改痕迹，如图5-11所示。

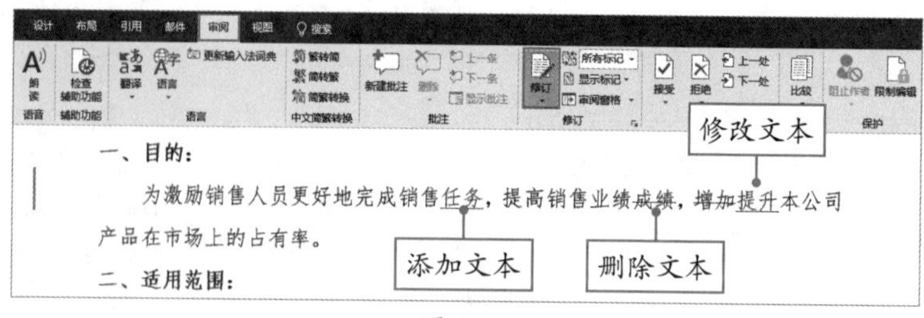

图 5-11

此外，在“修订”选项组中单击“所有标记”下拉按钮，在弹出的列表中选择查看此文档修订的方式。选择“简单标记”选项，可以显示简单的修改痕迹；选择“所有标记”选项，可以显示所有修改痕迹；选择“无标记”选项，可以显示修改后的状态；选择“原始版本”选项，可以显示修订前的状态，如图5-12所示。

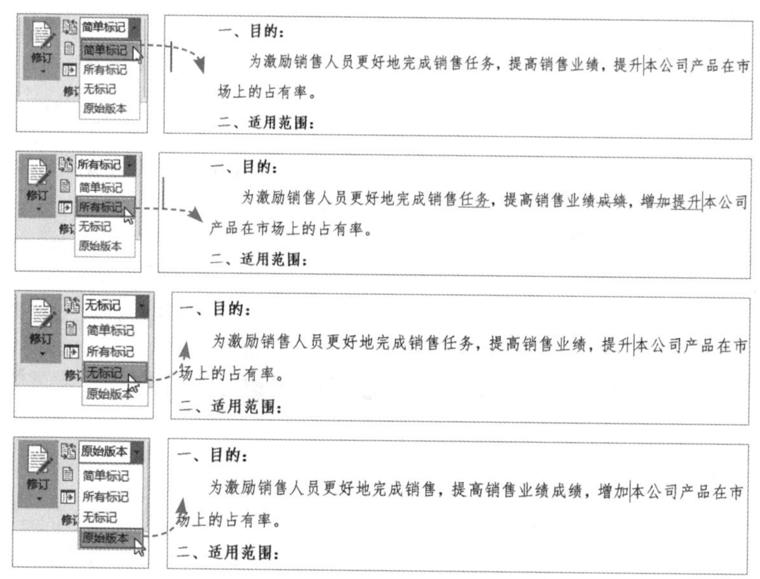

图 5-12

当不再需要对文档修订时，再次单击“修订”按钮，取消选中状态即可。

知识点拨

如果用户接受修订，则单击“接受”下拉按钮，在弹出的列表中根据需要进行选择。如果拒绝修订，则单击“拒绝”下拉按钮，在弹出的列表中进行相关选择即可，如图5-13所示。

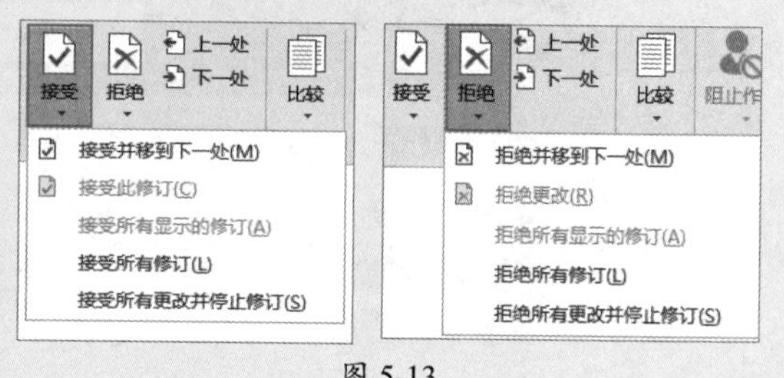

图 5-13

动手练 将简体中文转换成繁体

扫码看视频

制作通知书、邀请函之类的文档时，一般使用简体中文，但有时考虑到对方的阅读习惯，需要提供繁体字的文件，在Word文档中，可以直接将简体中文转换成繁体中文，如图5-14所示。

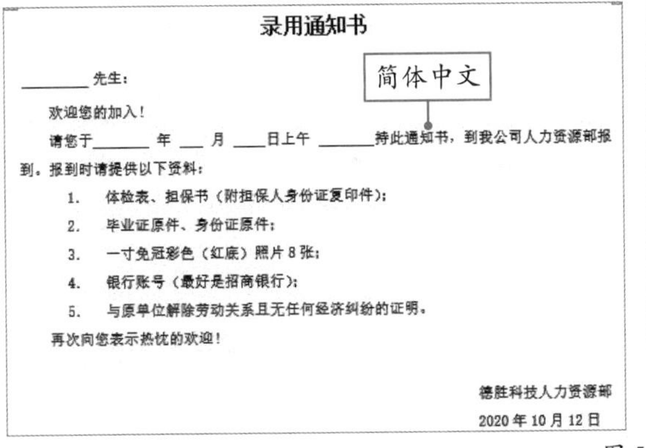

录用通知书

_______先生：

欢迎您的加入！

请您于______年___月___日上午______持此通知书，到我公司人力资源部报到。报到时请提供以下资料：

1. 体检表、担保书（附担保人身份证复印件）；
2. 毕业证原件、身份证原件；
3. 一寸免冠彩色（红底）照片8张；
4. 银行账号（最好是招商银行）；
5. 与原单位解除劳动关系且无任何经济纠纷的证明。

再次向您表示热忱的欢迎！

德胜科技人力资源部

2020年10月12日

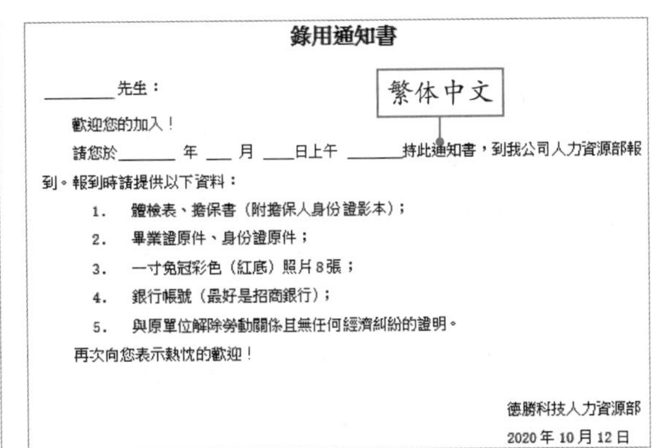

錄用通知書

_______先生：

歡迎您的加入！

請您於______年___月___日上午______持此通知書，到我公司人力資源部報到。報到時請提供以下資料：

1. 體檢表、擔保書（附擔保人身份證影本）；
2. 畢業證原件、身份證原件；
3. 一寸免冠彩色（紅底）照片8張；
4. 銀行帳號（最好是招商銀行）；
5. 與原單位解除勞動關係且無任何經濟糾紛的證明。

再次向您表示熱忱的歡迎！

德勝科技人力資源部

2020年10月12日

图 5-14

打开文档，在“审阅”选项卡中单击“简繁转换”按钮，打开“中文简繁转换”对话框，选中“简体中文转换为繁体中文”单选按钮，单击“确定”按钮即可，如图5-15所示。

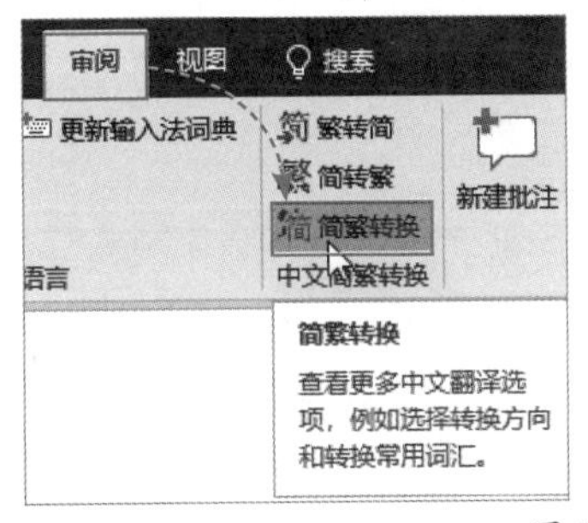

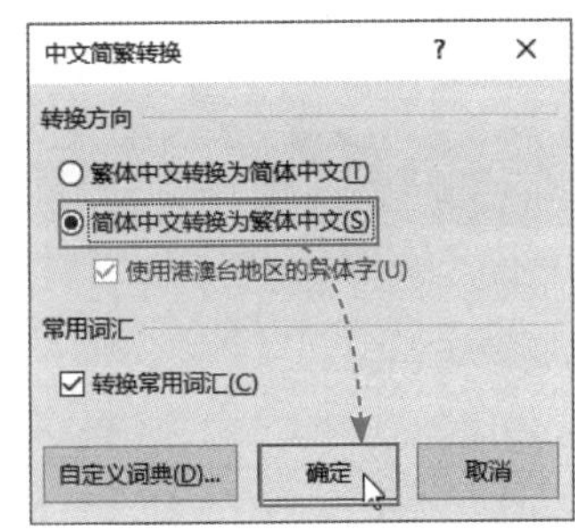

图 5-15

5.2.4 插入脚注和尾注

脚注位于页面底端，作为文档某处内容的注释，而尾注位于文档末尾，列出引文的出处，用户可以根据需要在文档中插入脚注和尾注。

1. 插入脚注

选择需要插入脚注的内容，在“引用”选项卡中单击“插入脚注”按钮，光标自动跳转到页面底端，直接输入脚注内容即可，如图5-16所示。

插入脚注后，正文内容会自动在文字的右上角生成上标数字“1”，并且在脚注区会自动生成短横线，脚注内容也会自动编号。

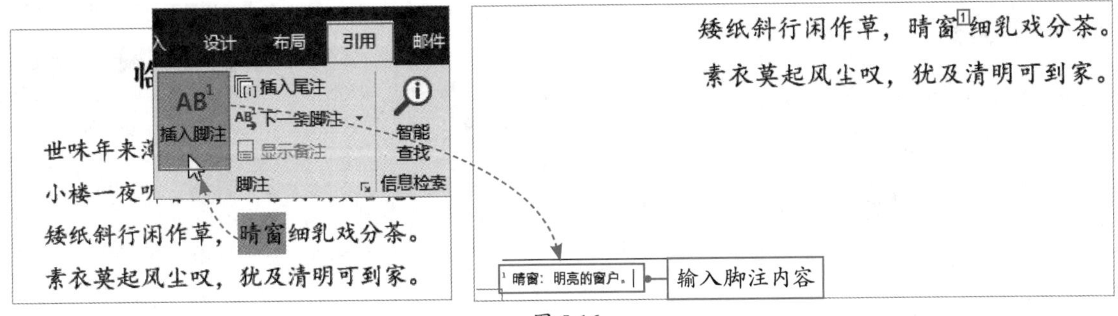

图 5-16

此外，如果用户想要删除脚注，则在正文内容中选择脚注的数字，按Delete键即可删除，如图5-17所示。

按Delete键
矮纸斜行闲作草，晴窗[1]细乳戏分茶。
素衣莫起风尘叹，犹及清明可到家。

图 5-17

知识点拨

脚注编号与正文内容右上角的数字是相互链接的，双击脚注编号可以快速跳转到对应的正文内容处；同理，双击正文内容的上标数字，可以快速跳转到对应的脚注条目处。

2. 插入尾注

选择需要插入尾注的内容，在“引用”选项卡中单击“插入尾注”按钮，光标自动插入到文档结尾处，输入尾注内容即可，如图5-18所示。

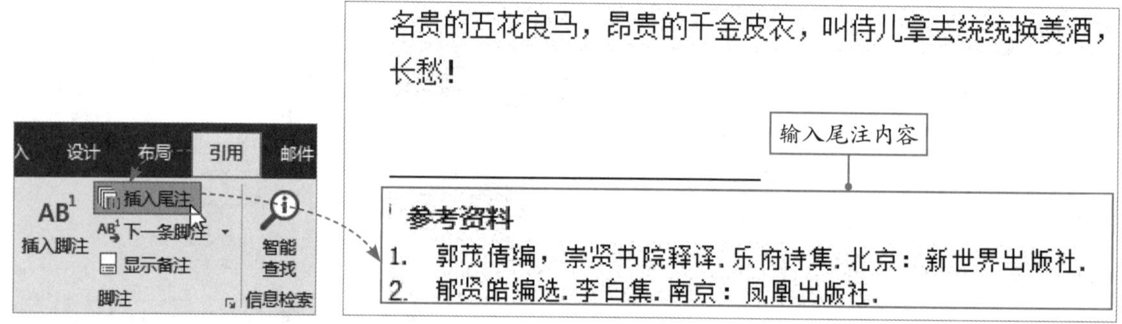

图 5-18

5.2.5 制作索引

“索引”是一种关键词备忘录，列出关键字和关键字出现的页码。选择要标记的索引内容，在“引用”选项卡中单击“索引”选项组的“标记条目”按钮，打开“标记索引项”对话框，在“主索引项”文本框中显示被选中的内容，单击“标记全部”按钮，即可将该内容全部标记出来，如图5-19所示。按照同样的方法可以添加多个索引项。

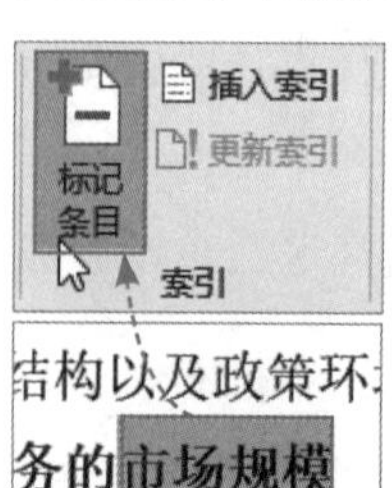

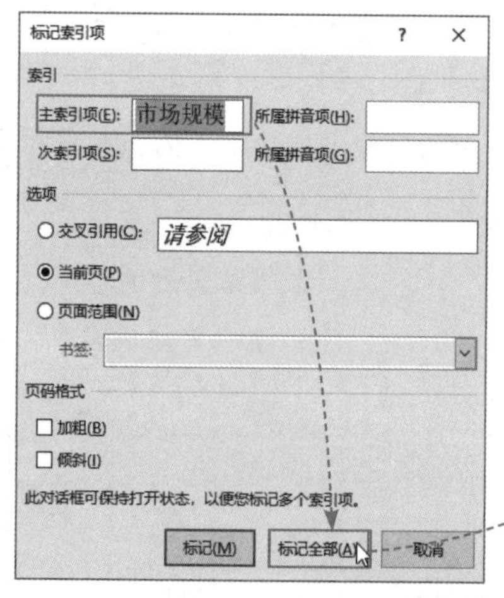

提升我国品牌的竞争力。目前我国外贸电子商务发展迅速
规模{·XE·"市场规模"·}、地域分布、消费结构以及政策环
2.1.1·我国跨境电子商务的市场规模{·XE·"市场规模"·}
目前，政府出台了许多有利于跨境电商发展的政策，
性、匿名性、即时性、无纸化和快速演进等优点，所以跨
的速度很快，而且发展前景良好。据 Conscore 和 Euromon
商务市场规模{·XE·"市场规模"·}为 440 万亿占当年电子商
来跨境电商的市场规模将进一步扩大，具体表现在交易额
研究中心数据显示，2013 年中国跨境电商的进出口交易额
加 25.9%，但对于整体贸易规模占比还是比较低的。照这

图 5-19

此外，用户可以将索引项通过目录的方式展示出来，方便查阅。将光标插入到合适的位置，在“引用”选项卡中单击“索引”选项组中的“插入索引”按钮，打开“索引”对话框，在“索引”选项卡中可以设置索引目录的类型、栏数、页码对齐方式等，单击“确定”按钮，即可完成索引目录的制作，如图5-20所示。

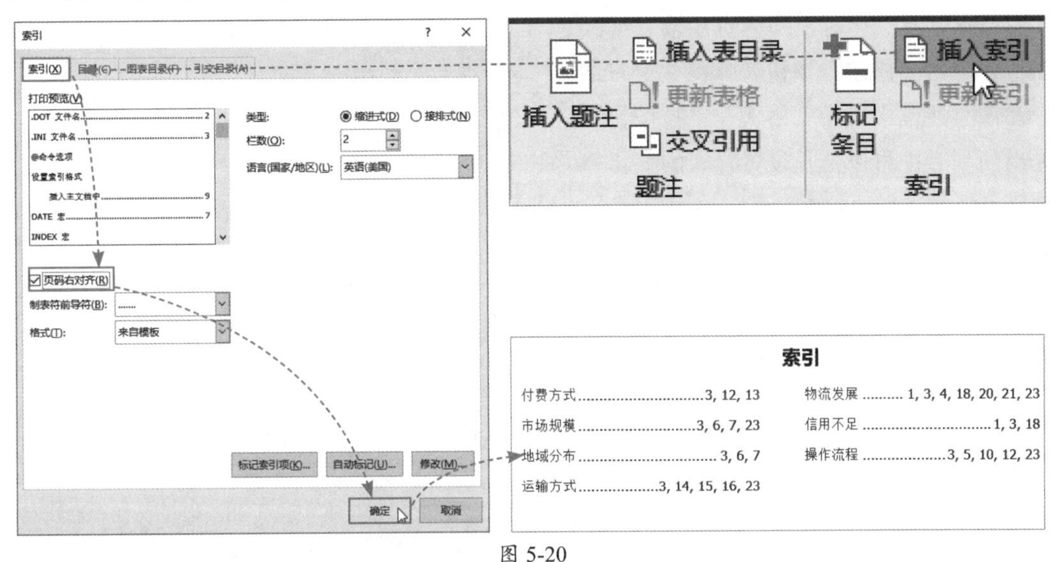

图 5-20

5.3 提取目录

一般制作像论文、标书等类型的长文档时，需要将文档中的目录提取出来，方便查看文档内容，在Word文档中，用户可以将目录自动提取出来。

5.3.1 应用标题样式

提取目录之前，用户需要为标题设置样式，在Word文档中内置了多种标题样式，用户可以直接套用内置样式或新建样式。

1. 应用内置样式

选择文本，在“开始”选项卡中单击“样式”选项组的“其他”下拉按钮，在弹出的列表中选择内置的标题样式，这里选择“标题1”样式，即可为所选文本套用内置样式，如图5-21所示。

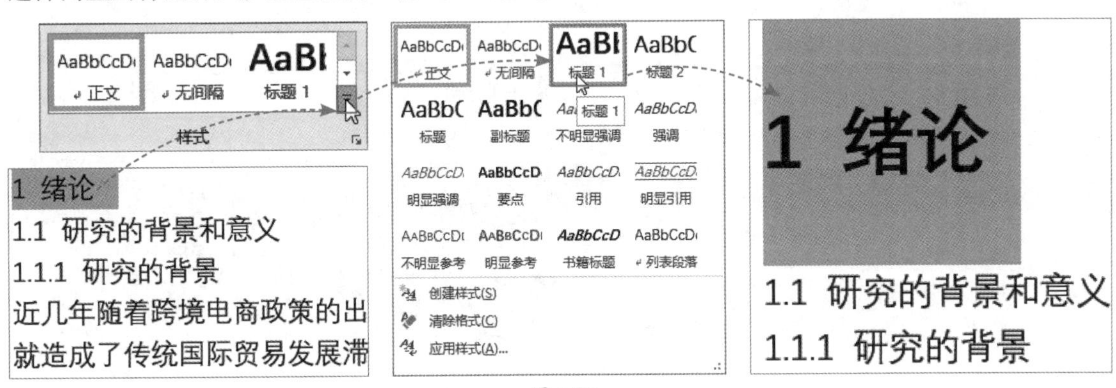

图 5-21

2. 新建样式

选择文本，单击“样式”选项组的“其他”下拉按钮，在弹出的列表中选择“创建样式”选项，打开“根据格式化创建新样式”对话框，在“名称”文本框中输入样式的名称，单击“修改”按钮，弹出一个对话框，在该对话框中单击“格式”下拉按钮，在弹出的列表中可以选择设置样式的字体格式和段落格式，如图5-22所示。

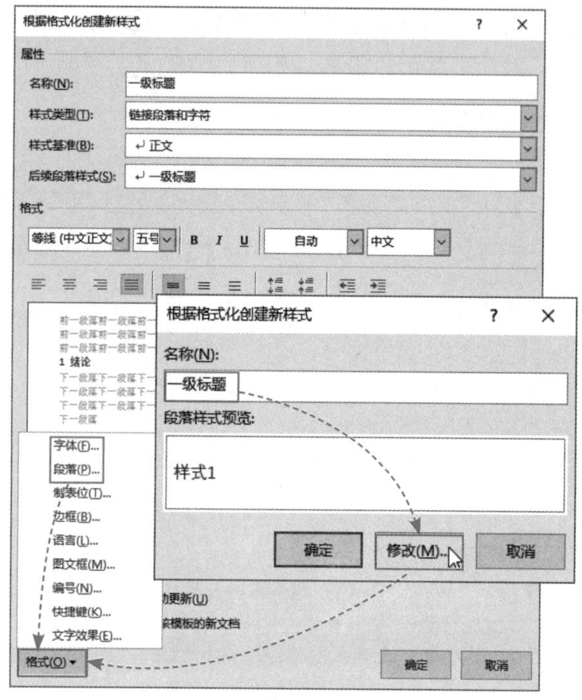

图 5-22

知识点拨

用户单击“样式”选项组的“对话框启动器”按钮，打开“样式”面板，在下方单击“新建样式”按钮，如图5-23所示，也可以在“根据格式化创建新样式”对话框中设置样式。

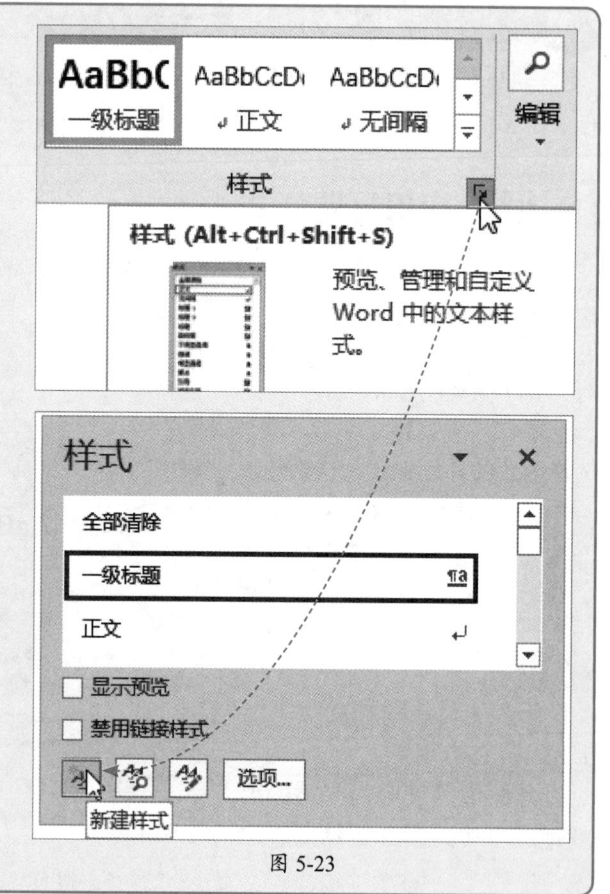

图 5-23

5.3.2 设置大纲级别

除了为标题设置样式外，用户也可以为其设置大纲级别来作为提取目录的前提。选择标题，在“开始”选项卡中单击“段落”选项组的“对话框启动器”按钮，打开“段落”对话框，在“缩进和间距”选项卡中单击“大纲级别”下拉按钮，在弹出的列表中可以为标题设置1级、2级、3级等大纲级别，如图5-24所示。

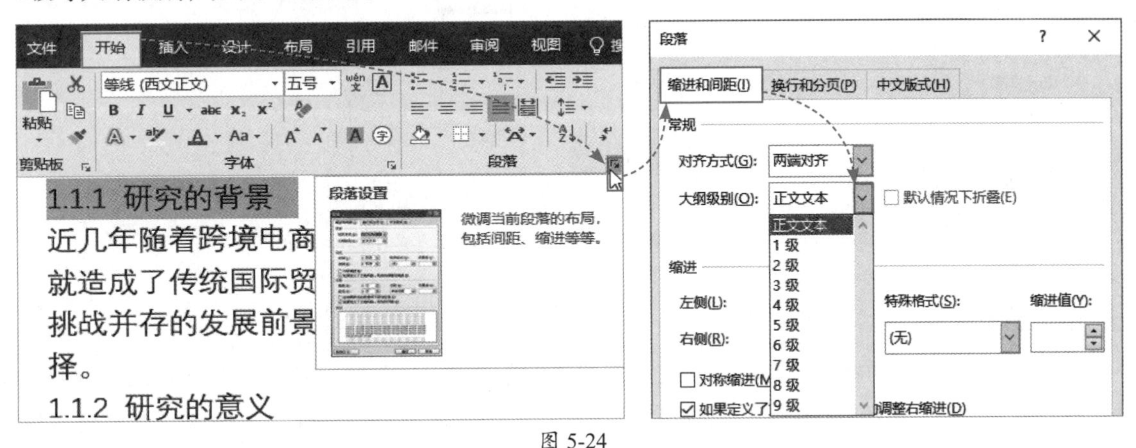

图 5-24

5.3.3 提取和更新目录

用户为标题设置好大纲级别后，可以直接提取目录，如果对文档中的标题内容进行了修改，则需要更新目录。

1. 提取目录

将光标插入到合适的位置，在“引用”选项卡中单击“目录”下拉按钮，在弹出的列表中选择内置的目录样式，这里选择“自动目录1”选项，即可将目录提取出来，如图5-25所示。

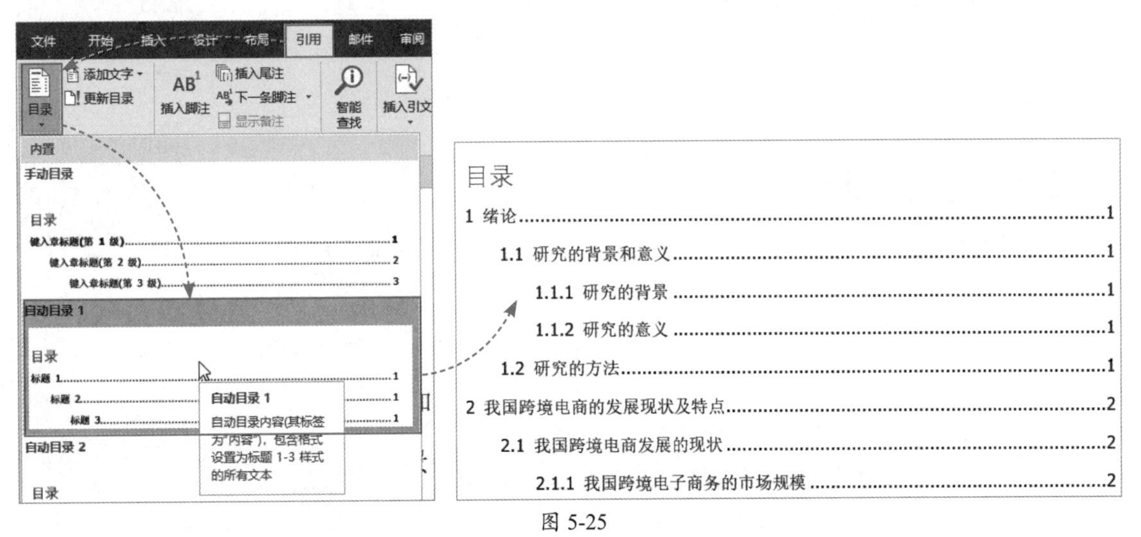

图 5-25

此外，如果用户想要自定义目录样式，则在“目录”列表中选择“自定义目录”选项，打开“目录”对话框，在“目录”选项卡中可以设置目录的页码显示方式、制表符前导符样式、格式、显示级别等，如图5-26所示。

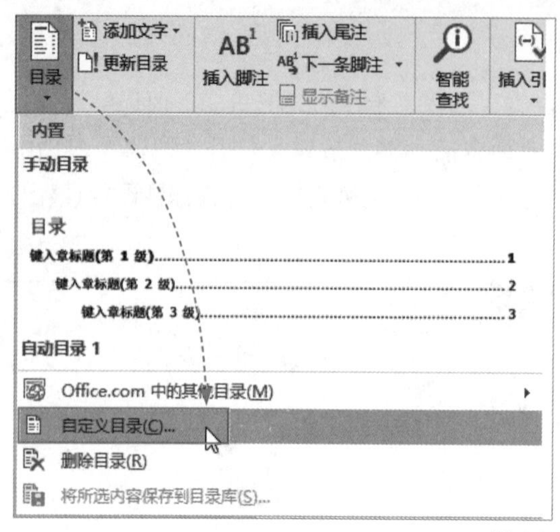

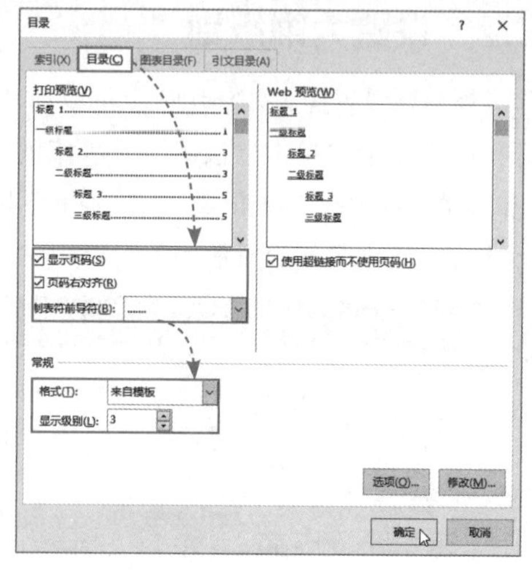

图 5-26

2. 更新目录

用户修改文档中的标题后，在“引用”选项卡中单击“目录”选项组的“更新目录”按钮，打开“更新目录”对话框，选中“更新整个目录”单选按钮，单击“确定”按钮，即可更新目录，如图5-27所示。

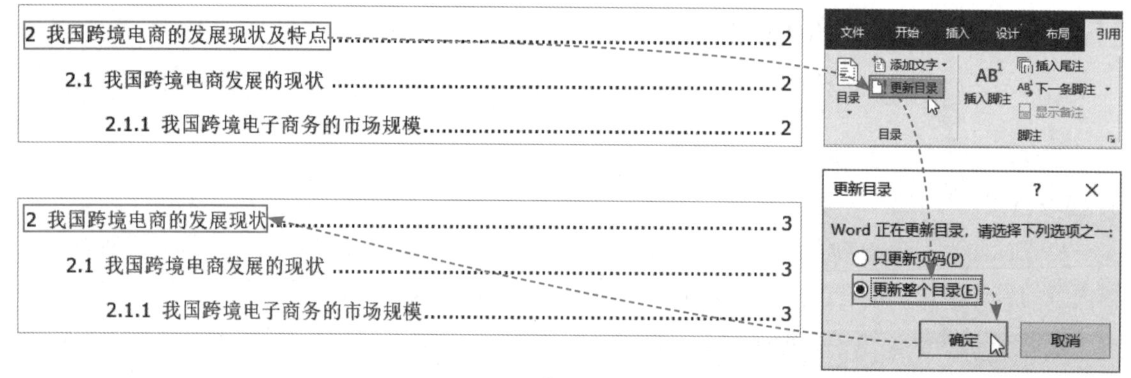

图 5-27

动手练 提取小说目录

扫码看视频

使用计算机阅读小说时，如果小说没有目录，则阅读起来非常不方便，用户可以将小说的标题提取出来，制作成目录，如图5-28所示。

目录

第一回　灵根育孕源流出　心性修持大道生..1
第二回　悟彻菩提真妙理　断魔归本合元神..5
第三回　四海千山皆拱伏　九幽十类尽除名..10
第四回　官封弼马心何足　名注齐天意未宁..14
第五回　乱蟠桃大圣偷丹　反天宫诸神捉怪..18
第六回　观音赴会问原因　小圣施威降大圣..22

图 5-28

选择标题，在“开始”选项卡中单击“段落”选项组的“对话框启动器”按钮，打开“段落”对话框，在“缩进和间距”选项卡中将“大纲级别”设置为“1级”，如图5-29所示，然后双击“格式刷”按钮，可将设置的大纲级别复制到其他标题上。

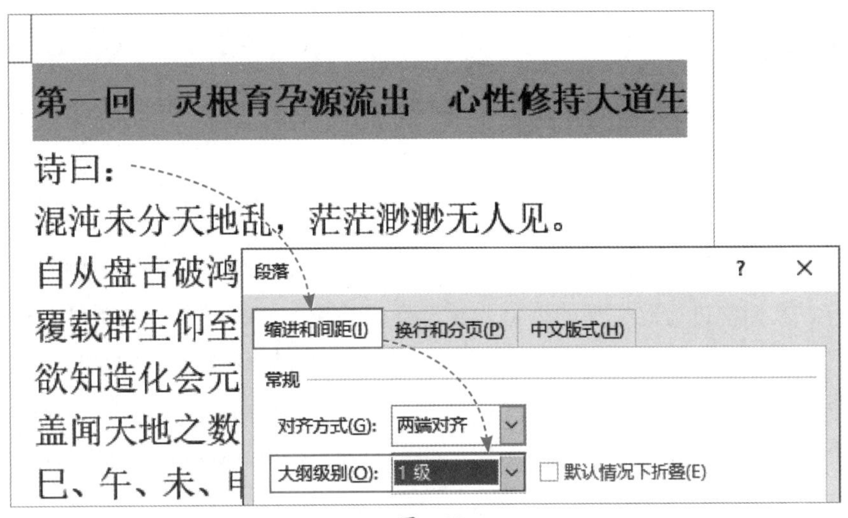

图 5-29

接着将光标插入到“第一回　灵根育孕源流出”文本前，打开“引用”选项卡，单击“目录”下拉按钮，在弹出的列表中选择“自动目录1”选项即可，如图5-30所示，最后设置目录的字体格式和段落格式。

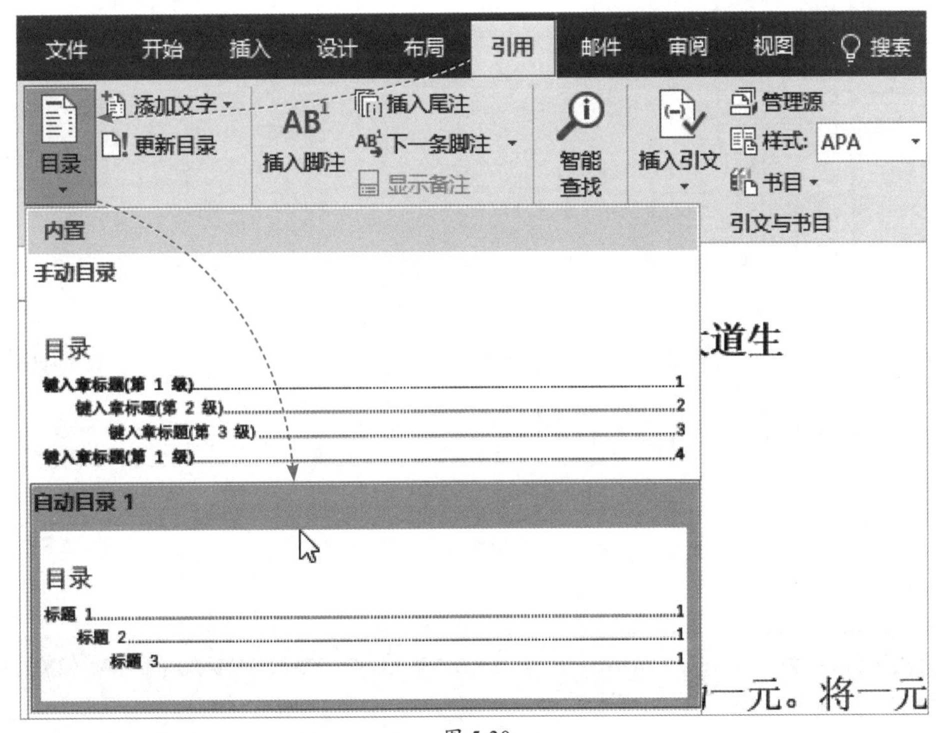

图 5-30

知识点拨

如果用户想要删除目录，则在“目录”列表中选择“删除目录”选项即可。

5.4 文档的保护与打印

制作好文档后，用户可以设置密码对文档进行保护，还可以将文档以纸质的形式打印出来。

5.4.1 保护文档

为了防止他人随意更改文档内容，用户可以设置限制编辑，或者为了保护重要信息，可以为文档设置打开密码。

1. 设置限制编辑

打开“审阅”选项卡，单击“保护”选项组的“限制编辑”按钮，弹出“限制编辑”窗格，勾选“仅允许在文档中进行此类型的编辑”复选框，并在下方的列表中选择“不允许任何更改（只读）”选项，单击“是，启动强制保护”按钮，打开“启动强制保护”对话框，在“新密码”文本框中输入“123”，并确认新密码，单击“确定”按钮，此时，用户删除或修改文档中的内容时，会在下方弹出提示内容，提示“由于所选内容已被锁定，您无法进行此更改”，如图5-31所示。

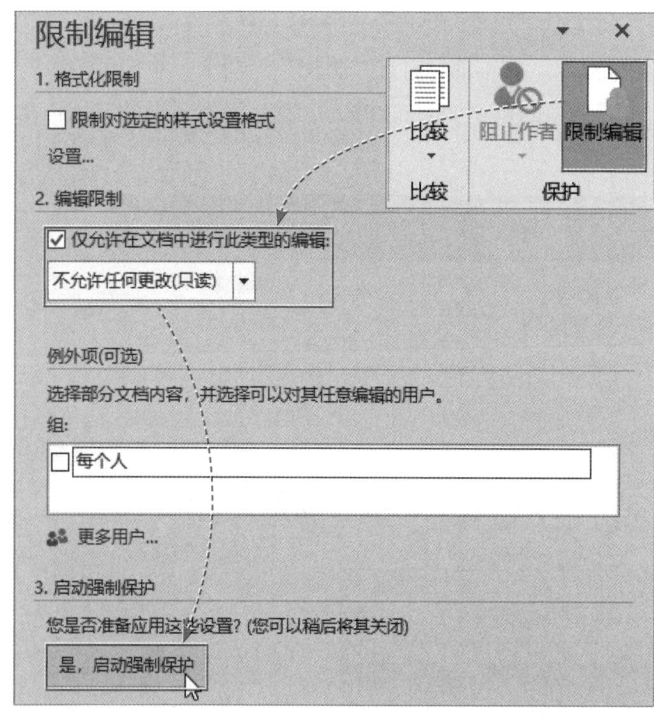

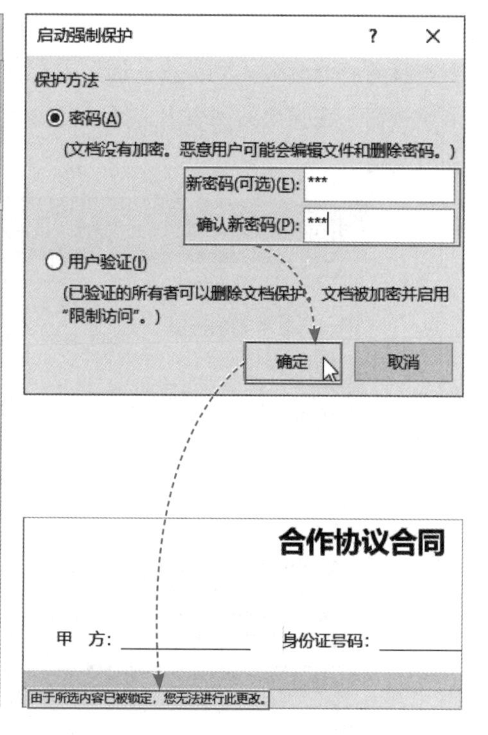

图 5-31

知识点拨

对文档设置限制编辑后，在“限制编辑”窗格中单击“停止保护”按钮，并在弹出的“取消保护文档”对话框中输入设置的密码，就可以取消限制编辑。

2. 设置打开密码

单击“文件”按钮，选择“信息”选项，并在右侧单击“保护文档”下拉按钮，在弹出的列表中选择“用密码进行加密”选项，打开“加密文档”对话框，在“密码”文本框中输入“123”，单击“确定”按钮，弹出“确认密码”对话框，重新输入密码后单击“确定”按钮，保存文档后再次打开该文档，会弹出“密码”对话框，只有输入正确的密码，才能打开文档，如图5-32所示。

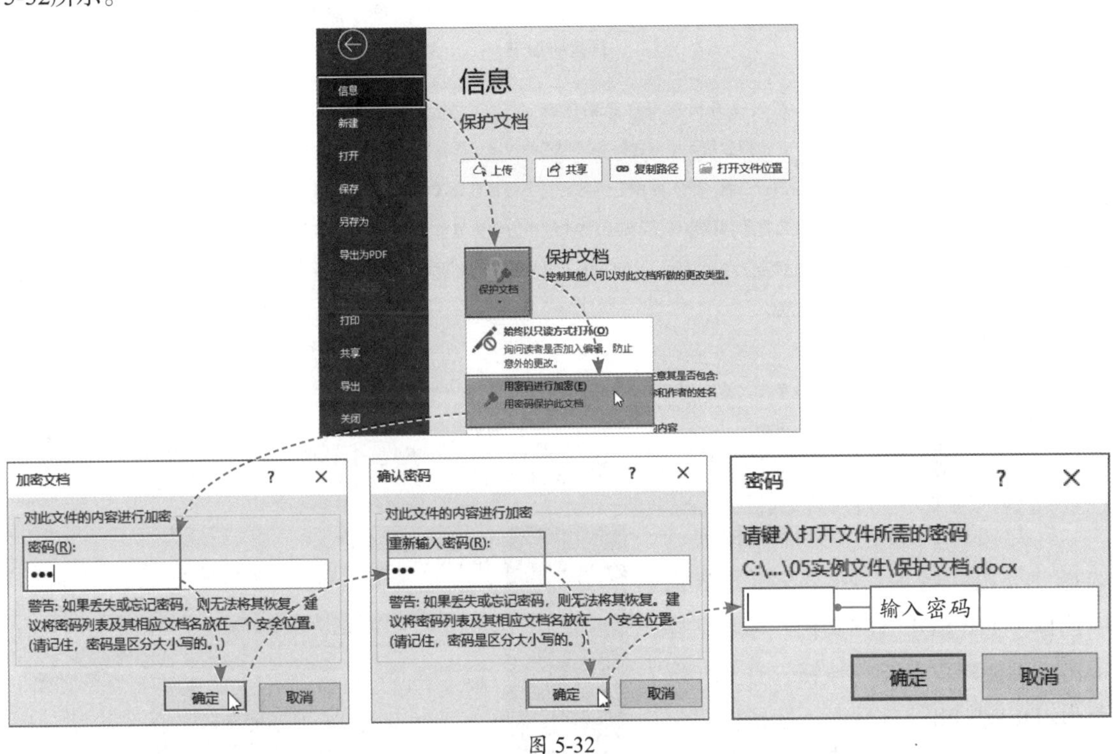

图 5-32

5.4.2 打印文档

在打印文档之前，用户需要对文档的打印份数、打印范围、打印方向、打印纸张等进行设置。单击“文件”按钮，选择“打印”选项，在“打印”界面中进行相关设置即可，设置好后在“打印”界面的右侧可以预览打印效果，最后单击“打印”按钮，即可将文档打印出来，如图5-33所示。

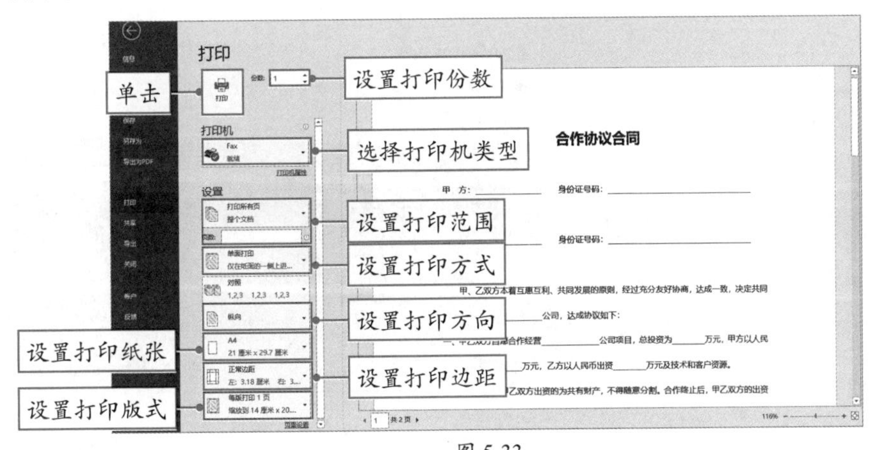

图 5-33

动手练 将文档导出为PDF文件

文档制作完成后，为了方便查看和传阅，可以将文档导出为PDF文件，如图5-34所示，还可以防止他人随意修改文件内容。

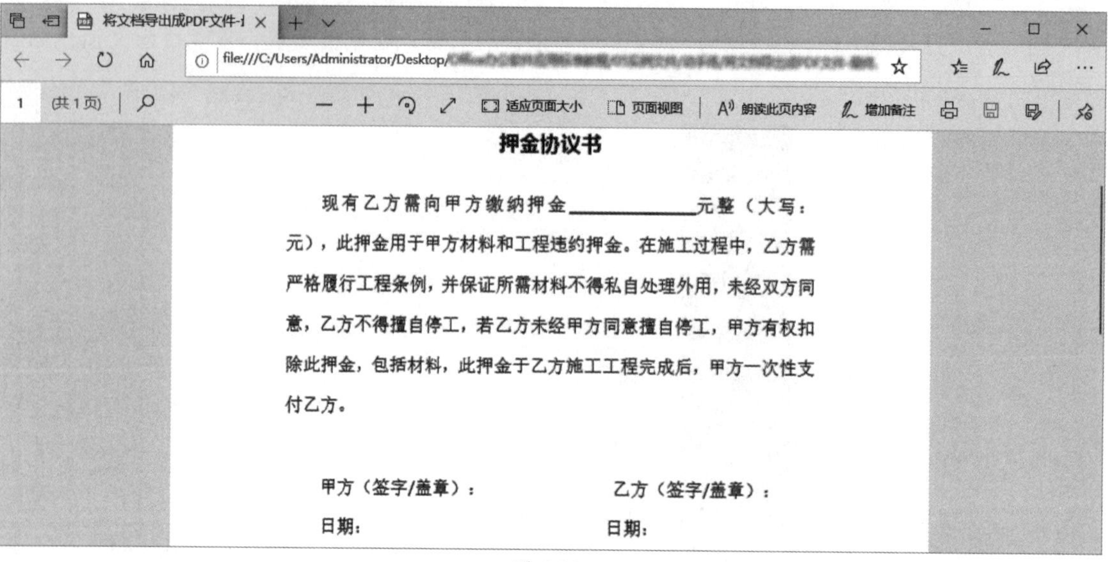

图 5-34

打开文档，单击“文件”按钮，选择“导出”选项，在“导出”界面中选择“创建PDF/XPS文档”选项，并单击“创建PDF/XPS”按钮，打开“发布为PDF或XPS”对话框，选择保存位置后单击“发布”按钮即可，如图5-35所示。

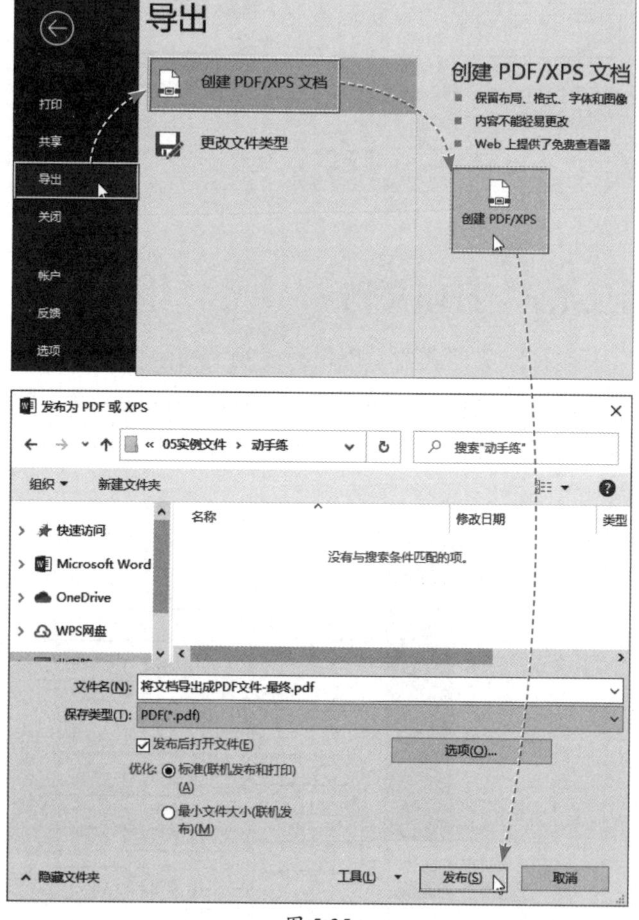

图 5-35

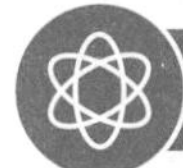

案例实战：制作创业计划书

创业计划书的主要用途是让投资商对企业或项目做出评判，从而使企业获得融资。一份优秀的创业计划书往往会使创业者达到事半功倍的效果，下面介绍如何制作创业计划书，如图5-36所示。

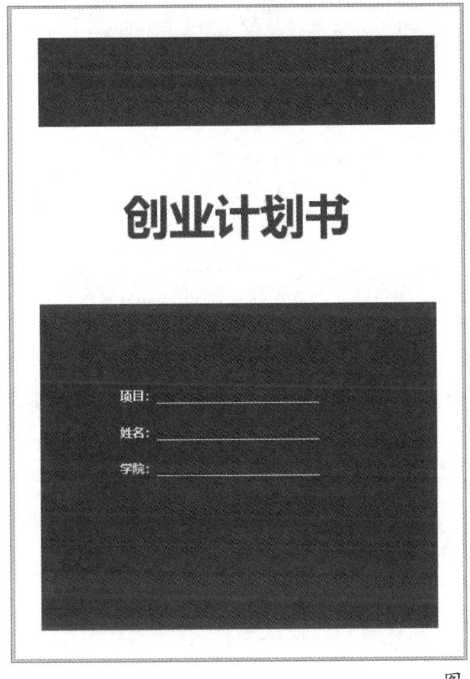

创业计划书
项目:
姓名:
学院:
目录
摘要……1
一、企业介绍……1
二、行业分析……1
三、产品或服务……1
四、管理团队及组织结构……1
五、市场分析和预测……2
六、营销策略……2
七、风险分析与管理……2

图 5-36

Step 01 新建一个空白文档，并在文档中输入相关内容，如图5-37所示。

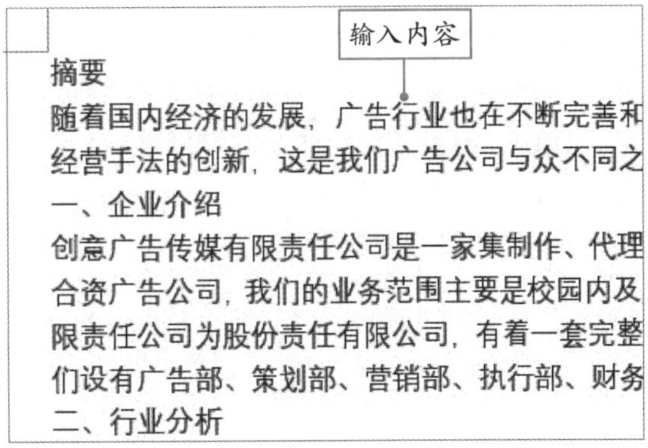

输入内容
摘要
随着国内经济的发展，广告行业也在不断完善和
经营手法的创新，这是我们广告公司与众不同之
一、企业介绍
创意广告传媒有限责任公司是一家集制作、代理
合资广告公司，我们的业务范围主要是校园内及
限责任公司为股份责任有限公司，有着一套完整
们设有广告部、策划部、营销部、执行部、财务
二、行业分析

图 5-37

Step 02 按Ctrl+A组合键选择全部内容，在“开始”选项卡中将“字体”设置为“宋体”，将“字号”设置为“五号”，打开“段落”对话框，将“行距”设置为“1.5倍行距”，如图5-38所示。

摘要
随着国内经济的发展，广告行业也在不断完善和
经营手法的创新，这是我们广告公司与众不同之
开始
插入
设计
布局
宋体
五号
责任公司是一家集制作、代理
的业务范围主要是校园内及周
字体

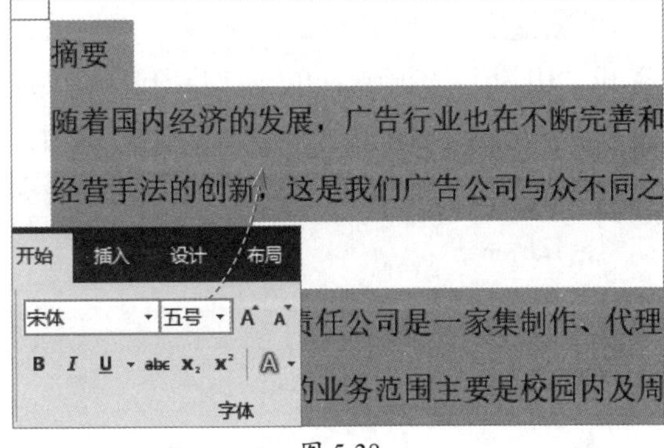

图 5-38

Step 03 选择段落文本，打开“段落”对话框，在“缩进和间距”选项卡中将“特殊格式”设置为“首行缩进”，在“缩进值”数值框中默认显示“2字符”，单击“确定”按钮即可，如图5-39所示。按照同样的方法，为其他段落设置首行缩进2字符。

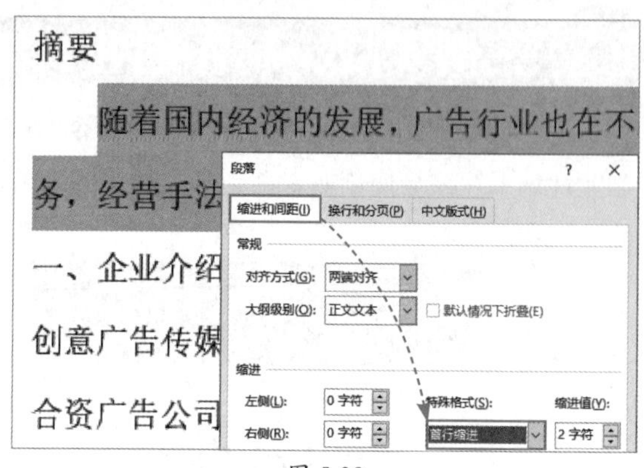

图 5-39

Step 04 选择标题“摘要”，在“开始”选项卡中单击“样式”选项组的“其他”下拉按钮，在弹出的列表中选择“标题1”选项，套用标题1样式后将“字体”更改为“微软雅黑”，将“字号”更改为“小四”，并将“段前”和“段后”间距设置为“6磅”，“行距”设置为“单倍行距”，如图5-40所示。

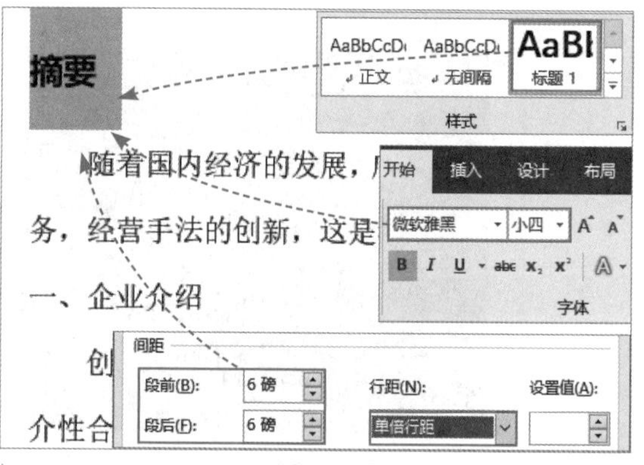

图 5-40

Step 05 保持标题为选中状态，在“开始”选项卡中双击“格式刷”按钮，然后选择其他标题，将设置的格式复制到其他标题上，如图5-41所示。

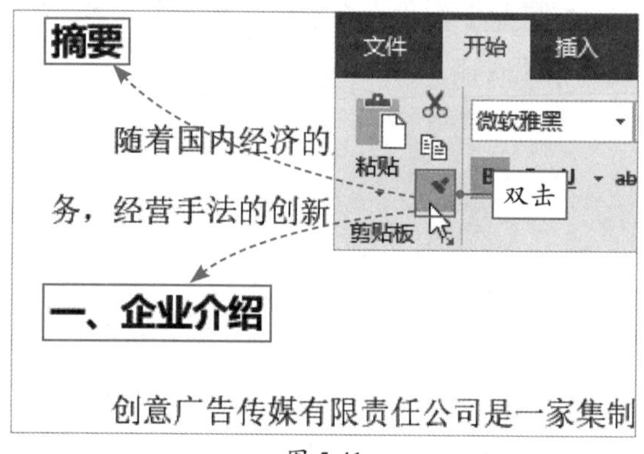

图 5-41

Step 06 将光标插入到“摘要”文本前，打开“引用”选项卡，单击“目录”下拉按钮，在弹出的列表中选择“自动目录1”选项，提取目录后设置目录的字体格式和段落格式，如图5-42所示。

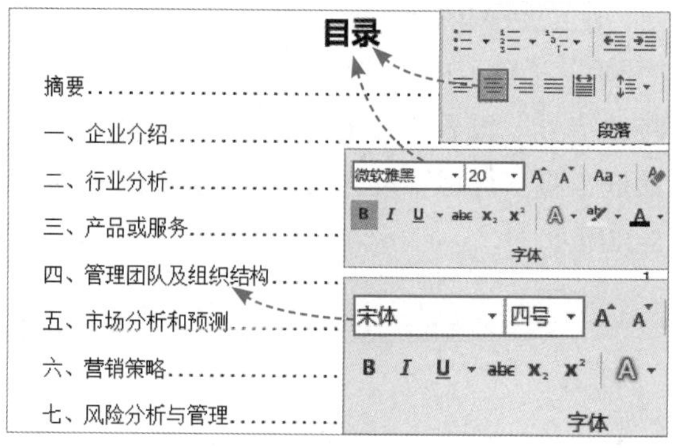

图 5-42

Step 07 再次将光标插入到“摘要”文本前，在“布局”选项卡中单击“分隔符”下拉按钮，在弹出的列表中选择“分页符”选项，如图5-43所示，将目录设置为单独一页。

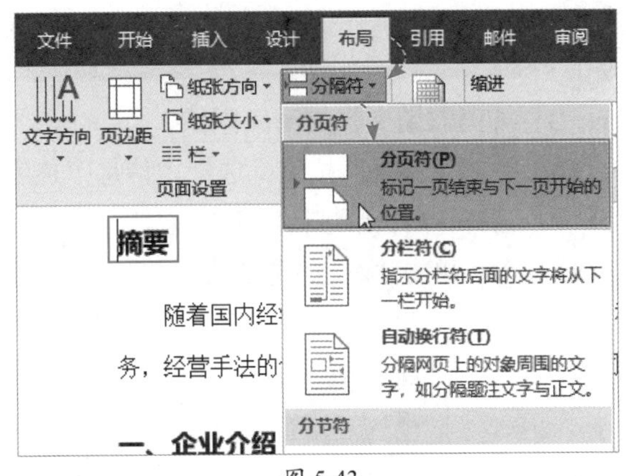

图 5-43

Step 08 将光标插入到目录下方，打开“插入”选项卡，单击“封面”下拉按钮，在弹出的列表中选择内置的封面样式，这里选择“镶边”选项，如图5-44所示，即可为文档插入一个封面。

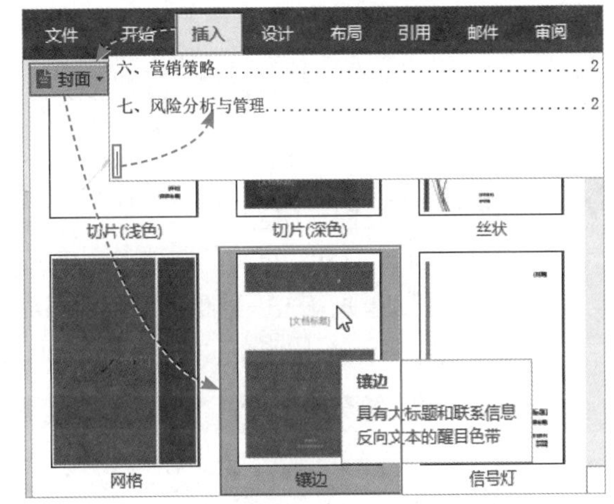

图 5-44

Step 09 在封面中输入标题，并删除多余的控件，然后绘制文本框，在其中输入相关内容，最后在“绘图工具-格式”选项卡中，将文本框的“形状填充”设置为“无填充”，将“形状轮廓”设置为“无轮廓”即可，如图5-45所示。

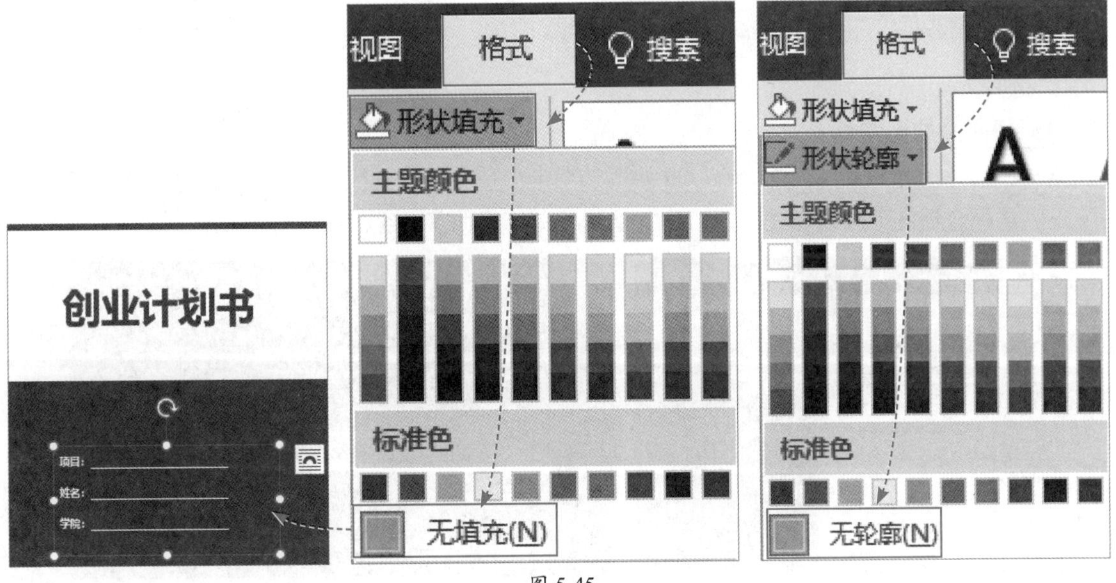

图 5-45

新手答疑

1. Q：如何取消文档的密码保护？

A：单击“文件”按钮，选择“信息”选项，单击“保护文档”下拉按钮，在弹出的列表中选择“用密码进行加密”选项，打开“加密文档”对话框，将“密码”文本框中的密码删除，单击“确定”按钮即可，如图5-46所示。

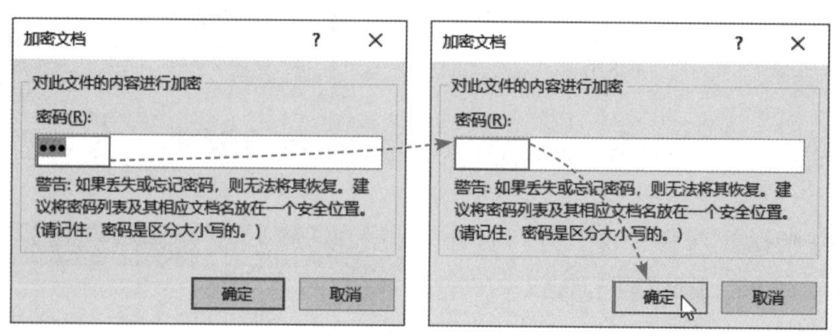

图 5-46

2. Q：如何将中文翻译成英文？

A：选择文本，打开“审阅”选项卡，单击“翻译”下拉按钮，在弹出的列表中选择“翻译所选内容”选项，弹出“翻译工具”窗格，单击“目标语言”下拉按钮，在弹出的列表中选择“英语”，单击“插入”按钮，如图5-47所示，即可将所选中文翻译成英文。

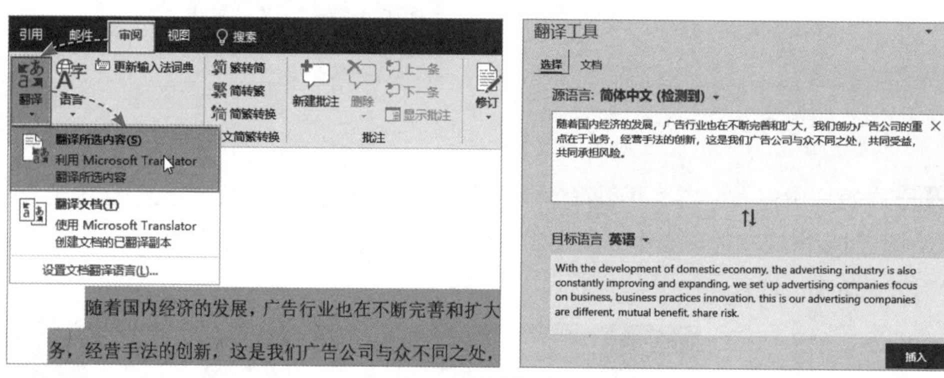

图 5-47

3. Q：如何添加下画线？

A：将光标插入到文本后面，在“开始”选项卡中单击“下画线”下拉按钮，在弹出的列表中选择合适的下画线样式，然后按空格键，即可添加下画线，如图5-48所示。

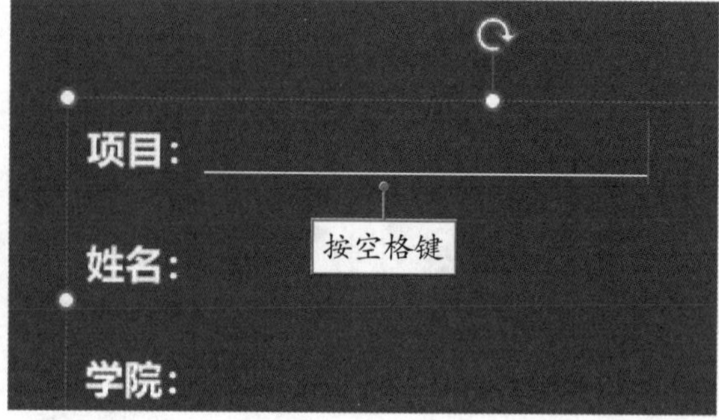

图 5-48

Excel篇

第6章 Excel表格基础操作

很多新入门的用户觉得Excel只是一款简单的制表工具，但是随着深入的学习，大家会发现，Excel的功能十分强大，甚至远远超出自己原来对Excel的认知，本章将从最基础的内容开始学起，为掌握更多Excel高级操作打下良好的基础。

6.1 工作簿的基本操作

工作簿是Excel用来存储和处理数据的文件，简单来说，Excel文档就是工作簿，其扩展名为XLS或XLSX，下面介绍如何创建、保存以及保护工作簿。

6.1.1 创建工作簿

创建工作簿非常简单，而且操作方法不只一种，下面对常用的操作方法进行介绍。

一般Excel安装成功后，桌面上会显示软件图标，双击Excel图标，在打开的界面中单击“空白工作簿”选项，如图6-1所示，一个空白工作簿随即被创建出来，并自动在桌面上打开，如图6-2所示。新建的工作簿默认名称为“工作簿1”，若继续创建工作簿，名称自动命名为“工作簿2”“工作簿3”……。

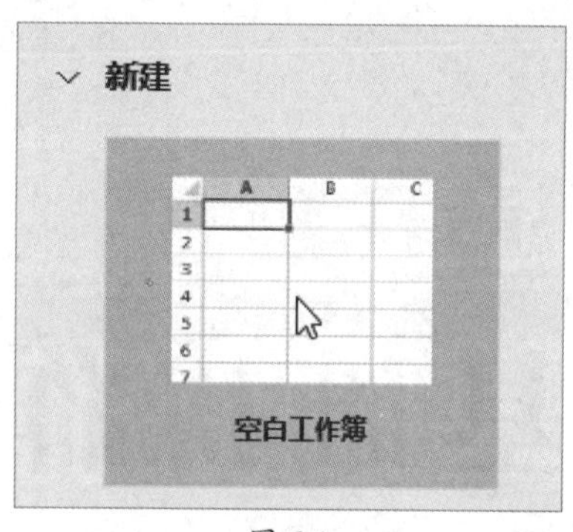

图 6-1

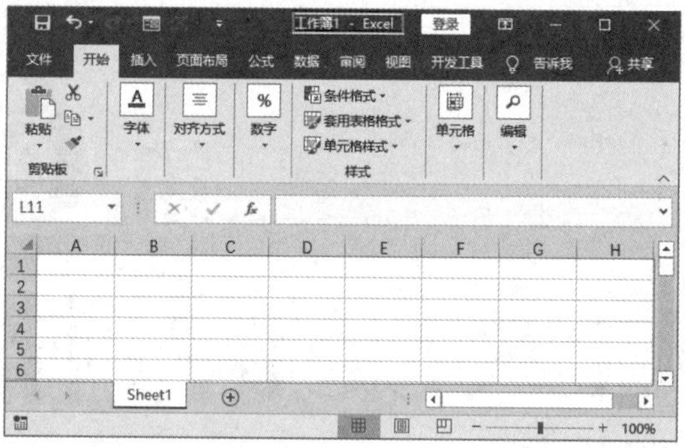

图 6-2

6.1.2 保存工作簿

保存工作簿的操作十分重要，通过保存操作能够指定工作簿在计算机中的保存位置、为工作簿定义名称、防止文件意外关闭时内容丢失等。

1. 保存新建工作簿

工作过程中若发生了死机、断电等意外情况导致新建工作簿被关闭，那么正在编辑的内容将会丢失，为了避免上述情况，应及时保存新建工作簿。

单击工作簿左上角的“保存”按钮，打开“另存为”界面，单击“浏览”按钮，如图6-3所示。弹出“另存为”对话框，选择文件的保存位置，输入文件名，单击“保存”按钮，即可完成新建工作簿的保存工作，如图6-4所示。

知识点拨

Excel中“保存”的快捷键是Ctrl+S，用户在工作的过程中应养成随时保存的好习惯。

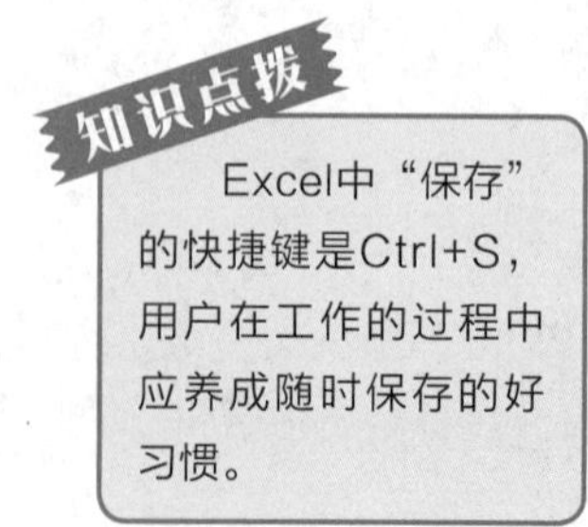

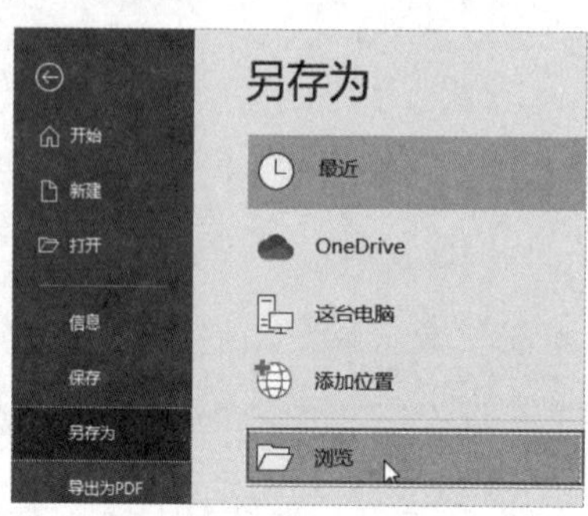

图 6-3

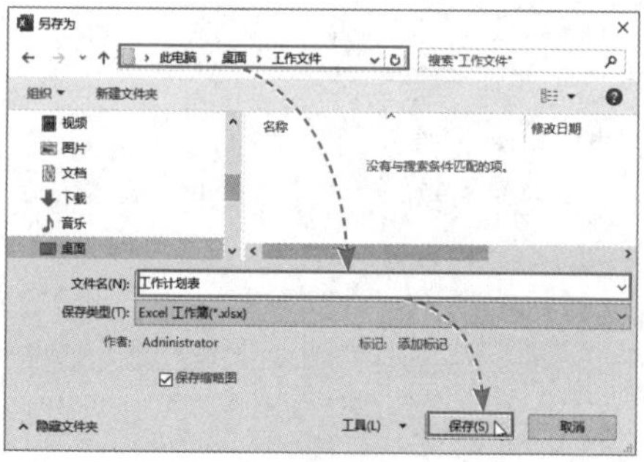

图 6-4

2. 另存为工作簿

当需要获得当前工作簿的备份时可执行另存为操作，下面介绍具体的操作方法。

打开需要备份的工作簿，单击“文件”按钮，如图6-5所示，进入“文件”菜单，打开“另存为”界面，选择“浏览”选项，如图6-6所示。

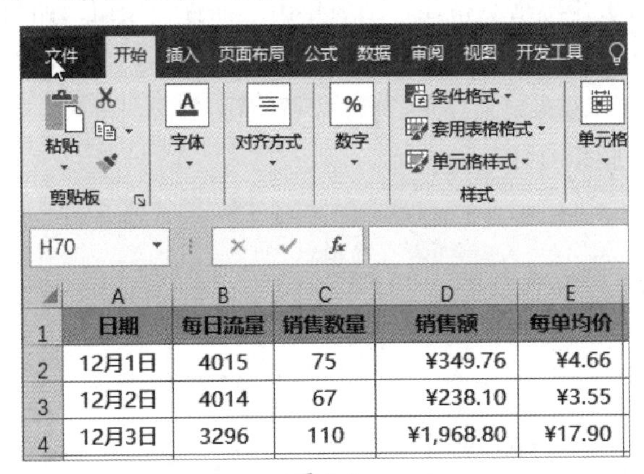

图 6-5

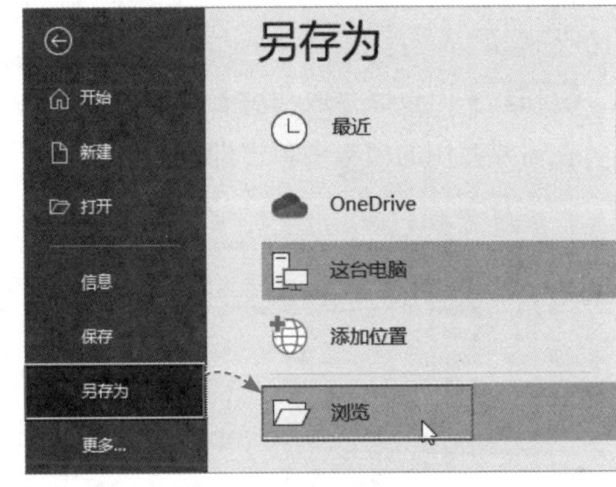

图 6-6

系统随即弹出“另存为”对话框，选择文件的保存位置，为了保证工作簿能够被低版本的Excel打开，可以将保存类型设置成“Excel 97-2003工作簿”，如图6-7所示。此时会弹出一个对话框（提示由高版本制作的文件，在低版本中打开时可能存在兼容性问题），单击“继续”按钮，即可完成另存为操作，如图6-8所示。

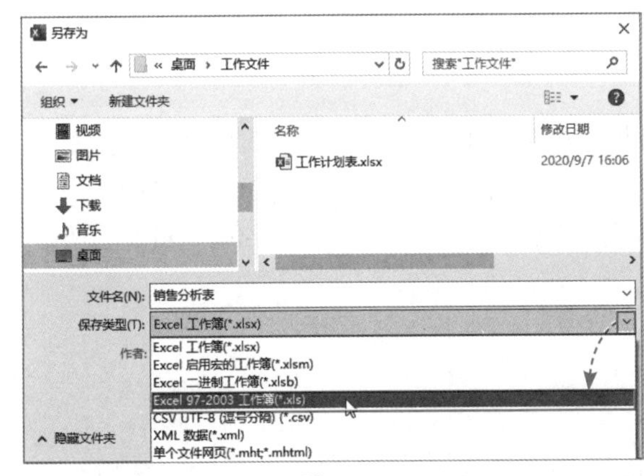

图 6-7

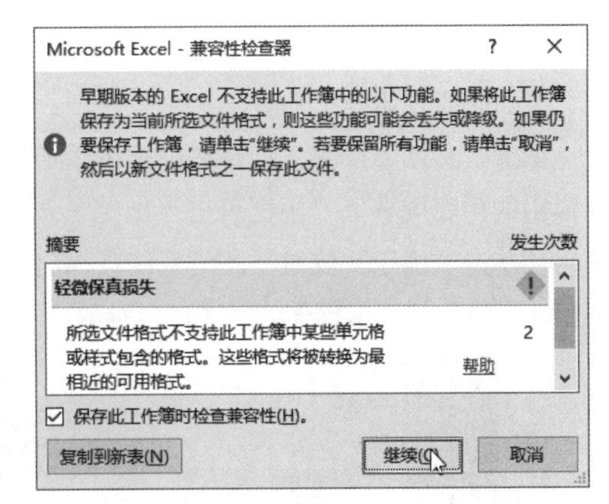

图 6-8

注意事项 另存工作簿时，路径（保存位置）、文件名称以及文件类型，这三项中至少要修改一项，否则将会执行“替换”原文件操作，如图6-9所示。

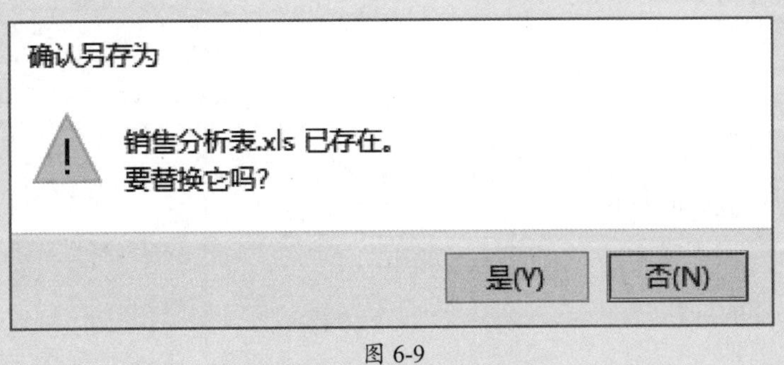

图 6-9

动手练 将工作簿保存为模板

设置好格式的报表可以保存为模板，方便下次新建工作簿时直接使用相同的格式创建表格。

Step 01 在需要保存为模板的工作簿中按F2键，打开“另存为”对话框，输入文件名，将保存类型设置为“Excel模板”，此时系统会自动为工作簿指定路径，随后单击“保存”按钮，如图6-10所示。

Step 02 模板保存成功后若要使用，需要先启动Excel，打开“新建”界面，单击“个人”选项，在需要使用的模板中单击即可打开该模板，如图6-11所示。

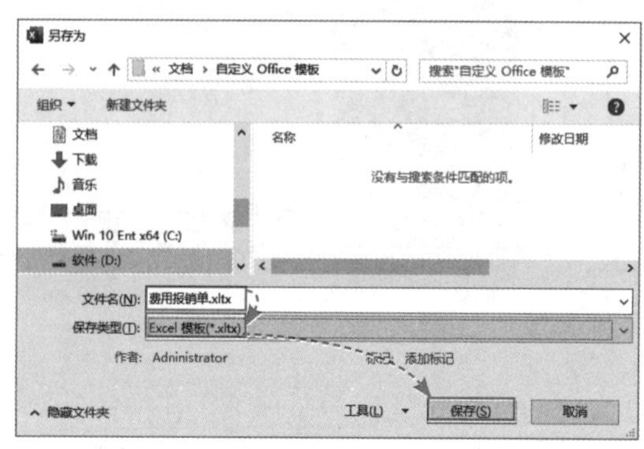

图 6-10

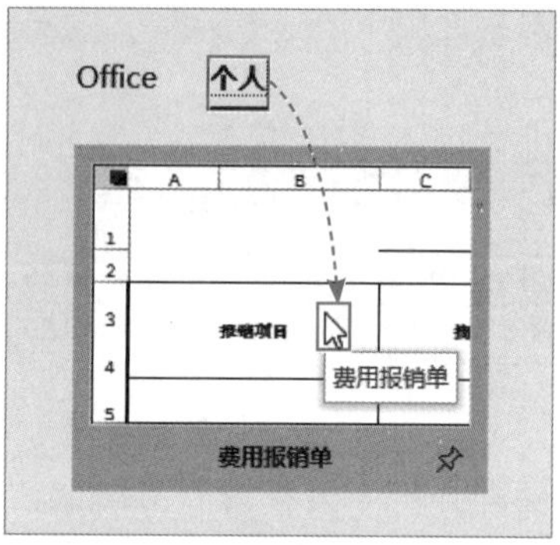

Office 个人
费用报销单

图 6-11

6.1.3 保护工作簿

为了提高工作簿的安全性，限制他人查看或编辑报表中的内容，可以为工作簿设置密码保护，下面介绍具体操作方法。

单击“文件”按钮，打开文件菜单，切换到“信息”界面，单击“保护工作簿”下拉按钮，在弹出的列表中选择“用密码进行加密”选项，如图6-12所示。打开“加密文档”对话框，输入密码，单击“确定”按钮，此时系统会弹出“确认密码”对话框，再次输入密码，单击“确定”按钮，完成文档加密操作，如图6-13所示。

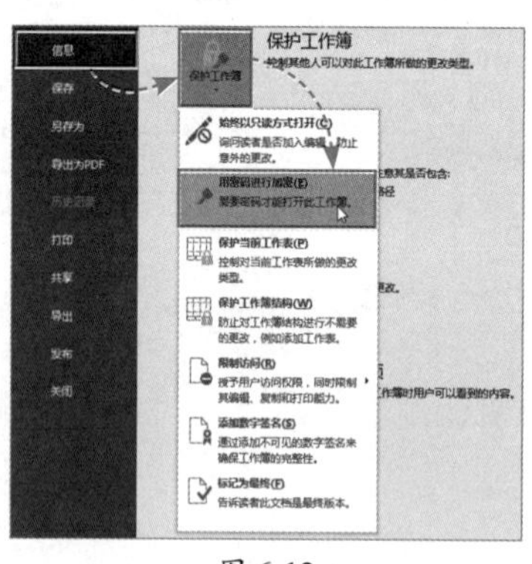

图 6-12

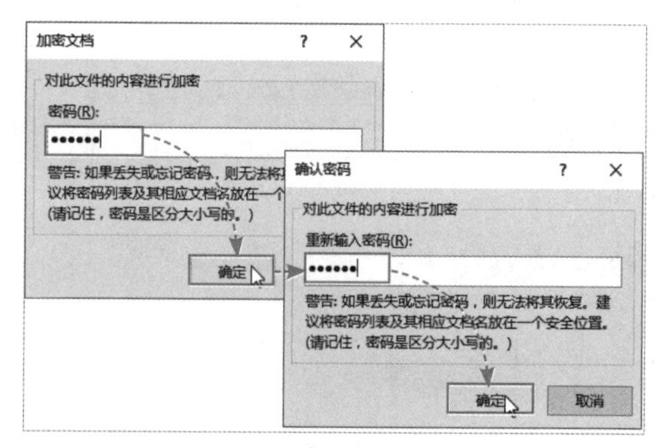

图 6-13

密码保护设置完成后保存并关闭工作簿，当再次试图打开该工作簿时会弹出一个“密码”对话框，如图6-14所示，只有输入正确密码才能打开。

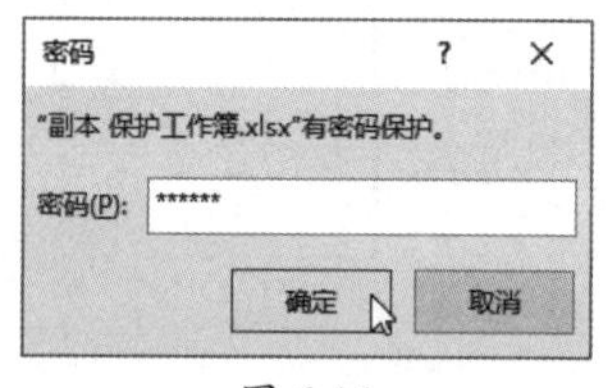

图 6-14

动手练 为工作簿设置双重密码保护

所谓双重密码保护，即同时为工作簿设置打开权限密码和编辑权限密码，步骤如下。

Step 01 在工作簿中按F12键，打开“另存为”对话框，单击“工具”按钮，在展开的列表中选择“常规选项”选项，如图6-15所示。

Step 02 打开“常规选项”对话框，分别设置打开权限密码和修改权限密码，设置好后单击“确定”按钮，如图6-16所示，随后系统会弹出确认密码对话框，分别再次输入“打开权限密码”和“修改权限密码”，单击“确定”按钮。

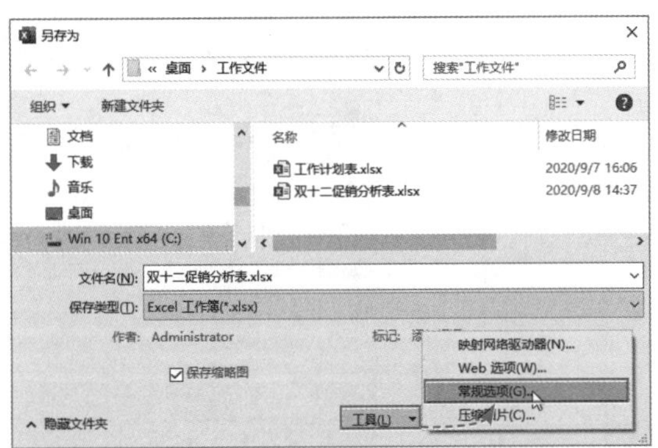

图 6-15

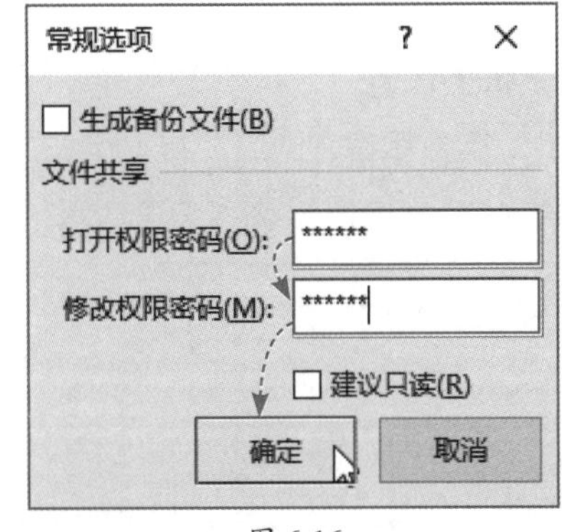

图 6-16

Step 03 系统随即弹出“确认密码”对话框，先重新输入打开权限密码，再输入修改权限密码，如图6-17所示。

Step 04 密码设置完成后会自动返回到“另存为”对话框，单击“保存”按钮，弹出“确认另存为”对话框，单击“是”按钮，如图6-18所示，完成双重密码保护的操作。

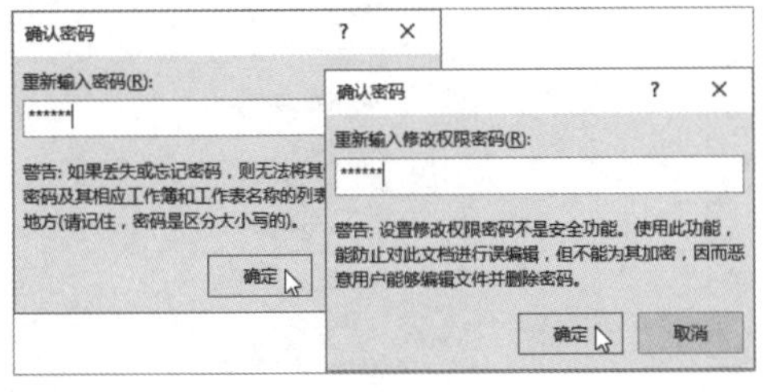

图 6-17

图 6-18

知识点拨

当再次尝试打开该文件时会弹出“密码”对话框，先输入打开权限密码，再输入编辑权限密码才能正常打开并编辑工作簿，若只知道打开权限密码，不知道编辑权限密码则只能以“只读”方式打开工作簿，如图6-19所示。

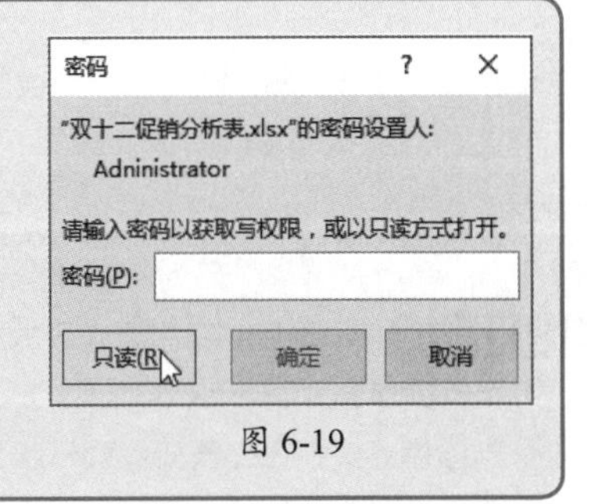

图 6-19

6.2 工作表的基本操作

每一个工作簿中都包含若干张工作表，工作簿和工作表就像一个笔记本与其中每一页纸的关系。接下来介绍工作表的一些基本操作，例如插入或删除工作表、重命名工作表、设置工作表标签颜色、保护工作表等。

6.2.1 插入和删除工作表

在新版本的Excel工作簿中默认只包含一张工作表，当一张工作表不能满足使用需求时，可以插入新的工作表。

1. 插入一张工作表

单击工作表标签右侧的“新工作表”按钮，如图6-20所示，即可插入一张空白工作表，如图6-21所示。

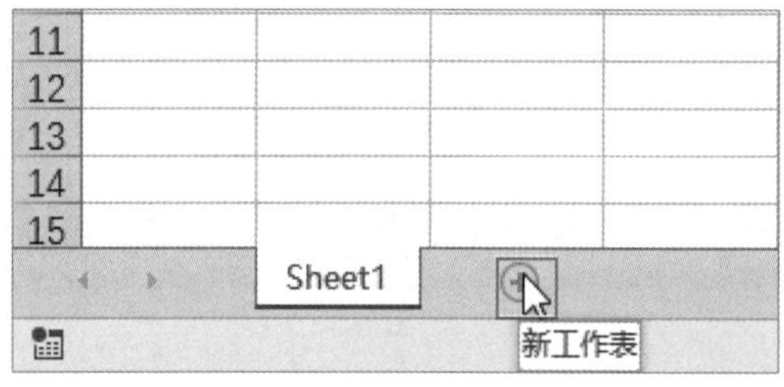

图 6-20

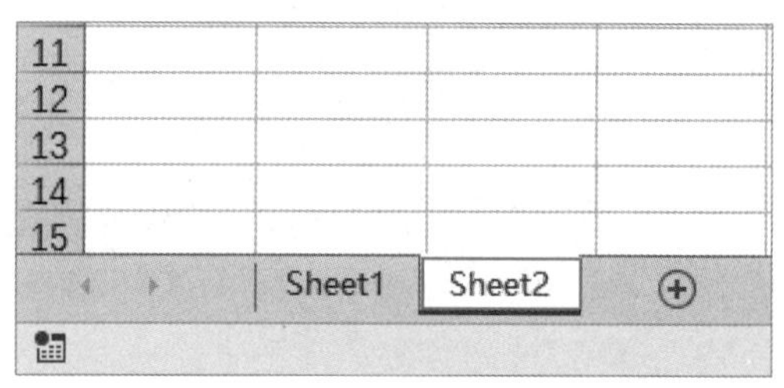

图 6-21

2. 插入多张工作表

按住Ctrl键依次单击Sheet1和Sheet2工作表标签，随后右击任意一个选中的工作表标签，在弹出的快捷菜单中选择“插入”选项，如图6-22所示。系统随即弹出“插入”对话框，保持“工作表”选项为选中状态，单击“确定”按钮，即可一次插入两张工作表。

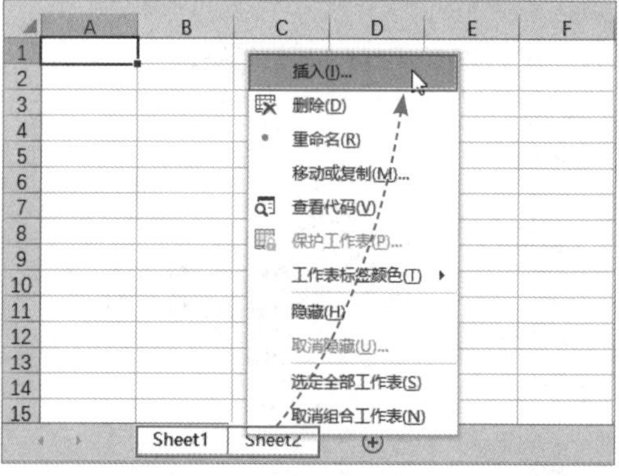

图 6-22

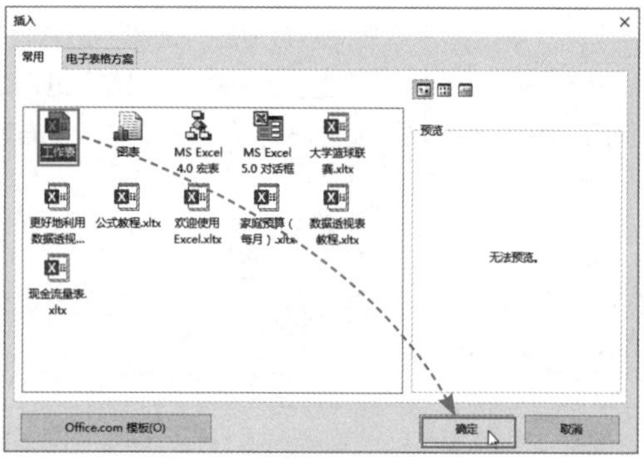

图 6-23

注意事项 若同时选中3张工作表的标签再执行插入工作表操作，则可一次性插入3张工作表。总之，事先选择多少张工作表就能够一次性插入多少张工作表。

3. 删除工作表

工作簿中多余的工作表可以直接删除以减少内存，提高软件的运行速度。删除工作表的方法很简单，下面介绍具体操作方法。

右击需要删除的工作表标签，在弹出的快捷菜单中选择“删除”选项，如图6-24所示，即可将所选工作表删除。

若一次选中多张工作表，再执行删除操作，则可将选中的工作表全部删除。

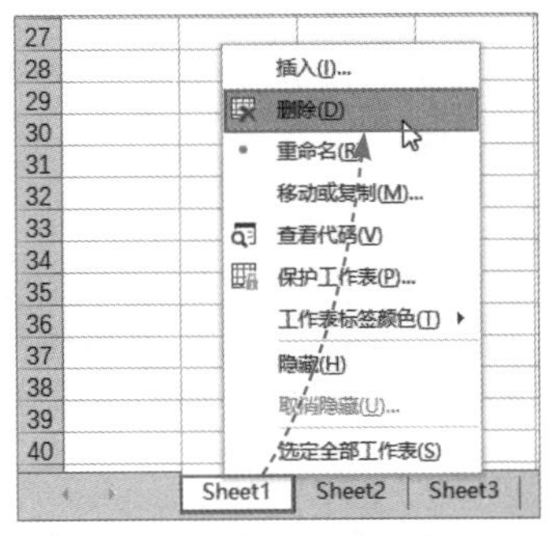

图 6-24

6.2.2 重命名工作表

默认的工作表名称为Sheet1、Sheet2、Sheet3……，为了方便识别工作表中的内容，可修改工作表的名称。

双击工作表标签，让标签变成可编辑状态，如图6-25所示。直接输入新的工作表名称，输入完成后按Enter键进行确认即可，如图6-26所示。

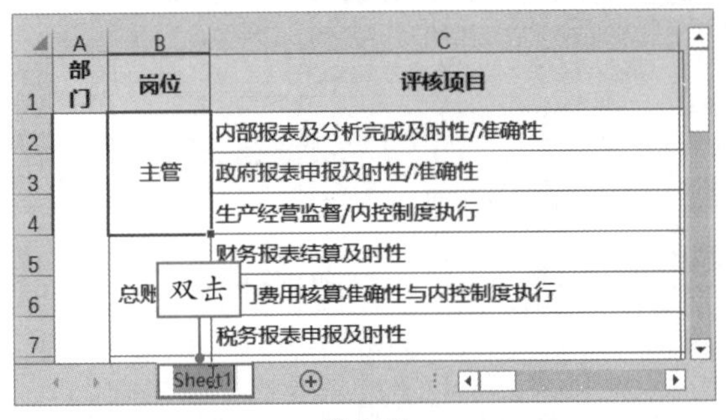

图 6-25

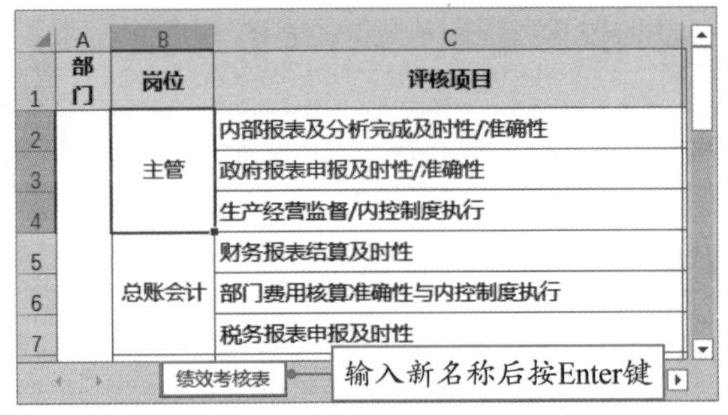

图 6-26

6.2.3 设置工作表标签颜色

用户可以为工作表标签设置不同的颜色，以标识表格中内容的重要程度或属性等，具体操作方法如下。

右击需要设置颜色的工作表标签，在弹出的快捷菜单中选择“工作表标签颜色”选项，在展开的颜色菜单中选择需要的颜色，如图6-27所示，工作表标签随即被设置成相应的颜色，如图6-28所示。

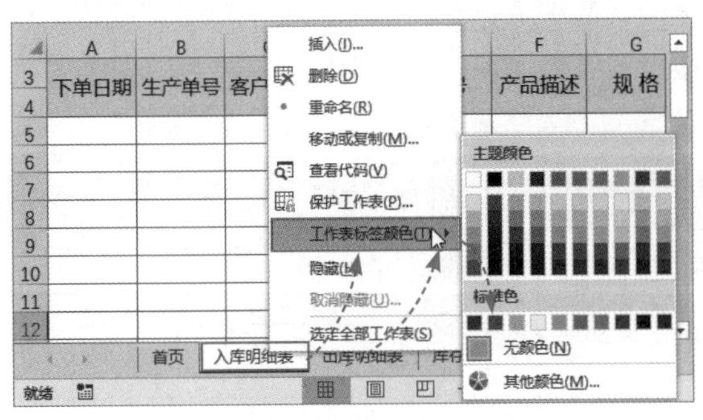

图 6-27

图 6-28

6.2.4 保护工作表

保护工作表可防止他人编辑工作表中的内容，用户可对整张工作表进行保护，也可对工作表中的指定区域进行保护。

1. 保护当前工作表

打开“审阅”选项卡，在“保护”组中单击“保护工作表”按钮，系统随即弹出“保护工作表”对话框，输入密码，单击“确定”按钮，如图3-29所示，随后再次确认输入密码即可完成保护工作表的操作。

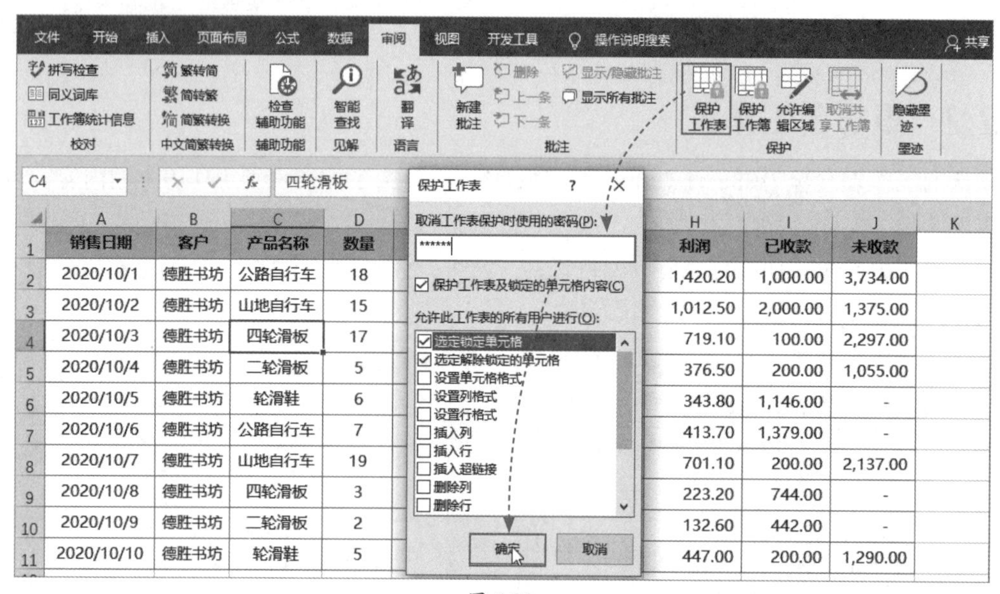

图 6-29

当试图在受保护的工作表中输入或修改内容时，操作会被终止，并弹出一个警告对话框，如图6-30所示。

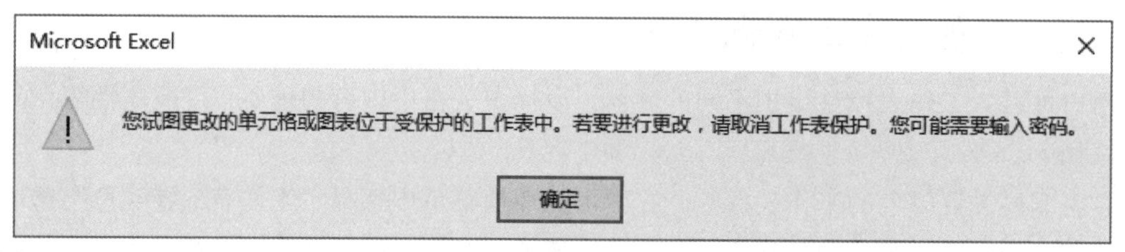

图 6-30

若要取消对工作表的保护，只需再次打开“审阅”选项卡，在“保护”组中单击“撤销工作表保护”按钮，如图6-31所示。在随后弹出的“撤销工作表保护”对话框中输入密码，单击“确定”按钮即可，如图6-32所示。

图 6-31

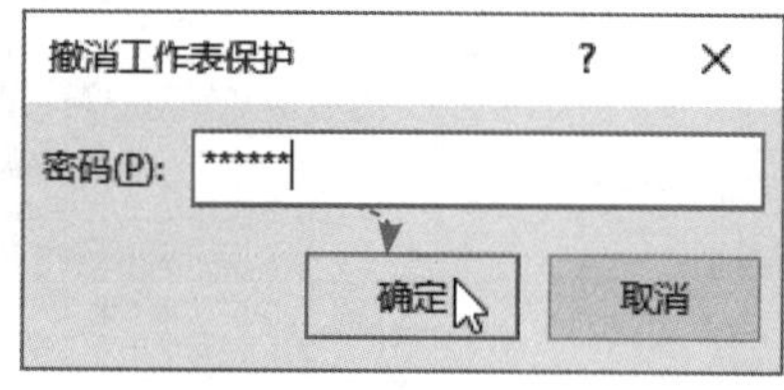

图 6-32

2. 在受保护的工作表中设置允许编辑区域

在工作表中选中允许编辑的单元格区域，按Ctrl+1组合键打开“设置单元格格式”对话框，切换到“保护”界面，取消勾选“锁定”复选框，单击“确定”按钮关闭对话框，如图6-33所示。返回工作表，在“审阅”选项卡中单击“保护工作表”按钮，打开“保护工作表”对话框，输入密码，单击“确定”按钮，随后在弹出的对话框中重新输入一次密码，单击“确定”按钮，如图6-34所示。

此时工作表中只有最初选择的允许编辑的单元格区域可以自由编辑，其他单元格均不可编辑。

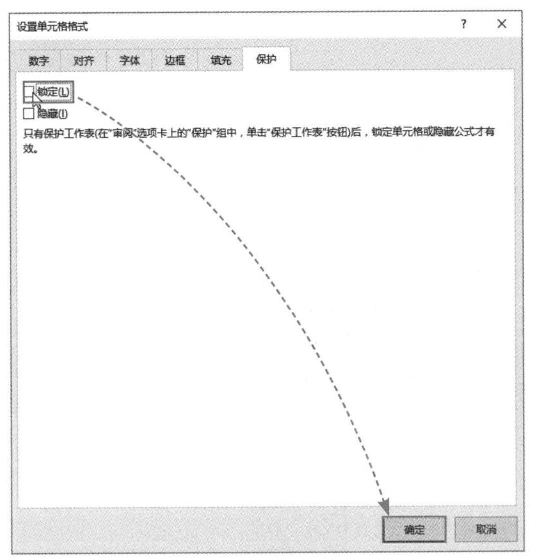

图 6-33

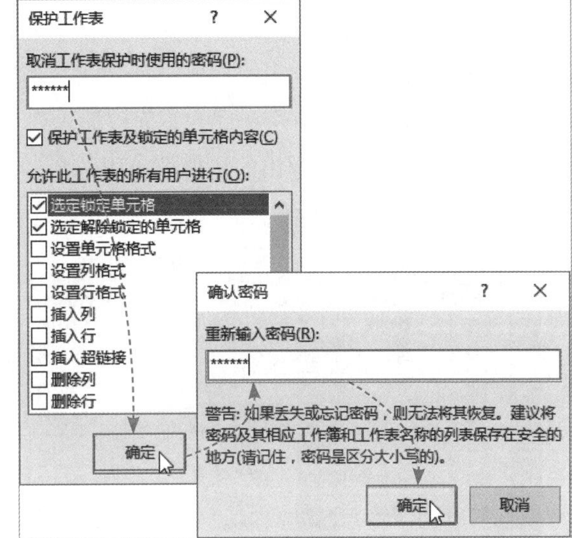

图 6-34

动手练 保护工作簿结构

扫码看视频

保护工作簿结构以后将无法对工作表执行添加、删除、移动、隐藏、重命名等操作，操作方法非常简单，步骤如下。

Step 01 打开“审阅”选项卡，在“保护”组中单击“保护工作簿”按钮，如图6-35所示。

Step 02 弹出“保护结构和窗口”对话框，若不需要设置密码可不填写密码，直接单击“确定”按钮，如图6-36所示。

Step 03 设置成功后右击任意工作表标签，在弹出的快捷菜单中可以发现，插入、删除、重命名、移动、复制等大部分选项都是不可操作状态，如图6-37所示。

图 6-35

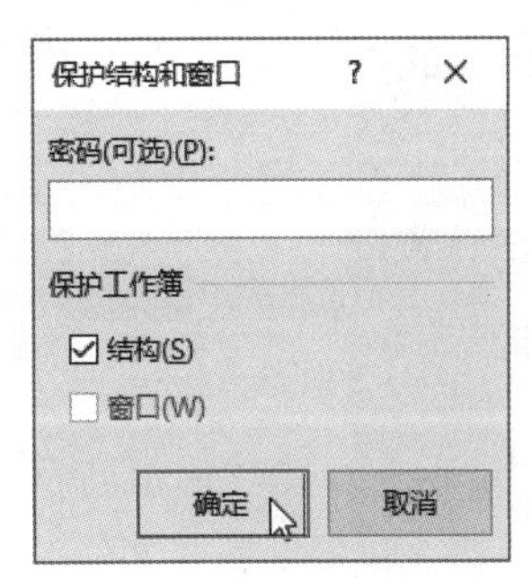

图 6-36

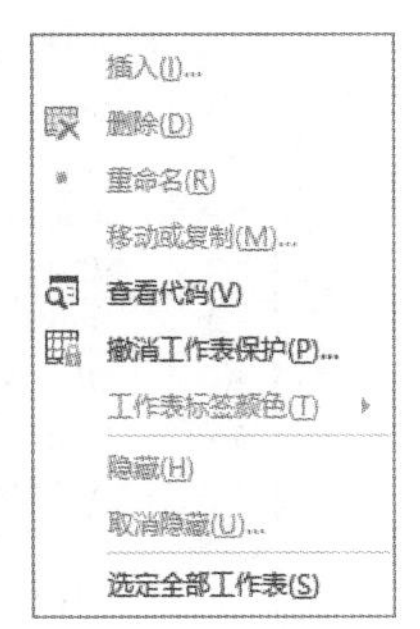

图 6-37

6.3 编辑行、列和单元格

单元格就是Excel工作区中的灰色小格子，每一个单元格都有一个固定的地址（也可称为单元格名称），这个地址由所在的列字母和行数字组成，例如B3单元格就代表了B列第3行的单元格，下面介绍行、列以及单元格的一些基本操作。

6.3.1 插入或删除行、列

当需要向表格中添加内容时可根据需要插入行或列，当表格中有多余的行或列时也可将其删除。

1. 插入行或列

插入行与插入列的方法相同，下面以插入列为例进行介绍。在C列的列标位置单击选中C列，然后右击选中的列，在弹出的快捷菜单中选择“插入”选项，如图6-38所示，所选列的左侧随即被插入一列，如图6-39所示。

	A	B	C	F
1	项目	工程名称说明	单位	金额（元）
2	水电	水管铺设	米	3,000.00
3	水电	插座	个	100.00
4	水电	电箱	个	80.00
5	水电	电线铺设	米	3,960.00
6	水电	继电器	个	150.00
7	瓷砖	大理石地砖	片	19,250.00
8	瓷砖	木地板	片	710.00
9	瓷砖	大理石墙面砖	片	3,960.00
10	瓷砖	卫生间防滑砖	片	420.00

图 6-38

	A	B	C	D	E	F
1	项目	工程名称说明		单位	数量	单价（元）
2	水电	水管铺设		米	40	75.00
3	水电	插座		个	20	5.00
4	水电	电箱		个	1	80.00
5	水电	电线铺设		米	18	220.00
6	水电	继电器		个	1	150.00
7	瓷砖	大理石地砖		片	350	55.00
8	瓷砖	木地板		片	142	5.00
9	瓷砖	大理石墙面砖		片	220	18.00
10	瓷砖	卫生间防滑砖		片	70	6.00
11	瓷砖	门槛石		片	8	110.00

图 6-39

知识点拨

插入行时，需要先选中一行再执行“插入”操作，新行会被插入到所选行的上方。若要同时插入多行或多列，需要提前选中多行或多列再执行“插入”操作。

2. 删除行或列

删除行和删除列的方法相同，下面依然以删除列为例。选中需要删除的列，然后右击所选列，在弹出的快捷菜单中选择“删除”选项，如图6-40所示，所选列即被删除，如图6-41所示。

	A	B	C	D	E	F
1	项目	工程名称说明	用料			单价（元）
2	水电	水管铺设	联塑牌水管			75.00
3	水电	插座	西门子插座			5.00
4	水电	电箱	西门子			80.00
5	水电	电线铺设	西门子电缆			220.00
6	水电	继电器	西门子			150.00
7	瓷砖	大理石地砖	诺贝尔80*80大			55.00
8	瓷砖	木地板	15*80木地板			5.00
9	瓷砖	大理石墙面砖	诺贝尔30*60大			18.00
10	瓷砖	卫生间防滑砖	诺贝尔40*40			6.00
11	瓷砖	门槛石	大理石	片	8	110.00

图 6-40

	A	B	C	D	E	F
1	项目	工程名称说明	单位	数量	单价（元）	金额（元）
2	水电	水管铺设	米	40	75.00	3,000.00
3	水电	插座	个	20	5.00	100.00
4	水电	电箱	个	1	80.00	80.00
5	水电	电线铺设	米	18	220.00	3,960.00
6	水电	继电器	个	1	150.00	150.00
7	瓷砖	大理石地砖	片	350	55.00	19,250.00
8	瓷砖	木地板	片	142	5.00	710.00
9	瓷砖	大理石墙面砖	片	220	18.00	3,960.00
10	瓷砖	卫生间防滑砖	片	70	6.00	420.00

图 6-41

6.3.2 调整行高列宽

默认情况下，单元格并不能根据其中包含内容的多少自动调整宽度或高度，这就需要用户根据单元格中内容的多少自己手动调整行高和列宽。

将光标放在B列列标右侧边线上，如图6-42所示。当光标变成“+”形状时，按住左键并向右侧拖动光标，如图6-43所示。拖动到合适位置时松开鼠标，B列的宽度即可得到调整，如图6-44所示。

	A	B	C	D
1	项目	工程名称讠	用料	单位
2	水电	水管铺设	联塑牌水管	米
3	水电	插座	西门子插座	个
4	水电	电箱	西门子	个
5	水电	电线铺设	西门子电纟	米
6	水电	继电器	西门子	个
7	瓷砖	大理石地砖	诺贝尔80*	片

图 6-42

K23 宽度: 14.00 (117 像素)

	A	B	C
1	项目	工程名称讠 用料	单位
2	水电	水管铺设 联塑牌水管	米
3	水电	插座 西门子插座	个
4	水电	电箱 西门子	个
5	水电	电线铺设 西门子电纟	米
6	水电	继电器 西门子	个

图 6-43

	A	B	C
1	项目	工程名称说明	用料
2	水电	水管铺设	联塑牌水管
3	水电	插座	西门子插座
4	水电	电箱	西门子
5	水电	电线铺设	西门子电纟
6	水电	继电器	西门子
7	瓷砖	大理石地砖	诺贝尔80*

图 6-44

6.3.3 合并单元格

合并单元格可以将多个单元格合并成一个大的单元格，在表格设计过程中经常用到该功能。Excel中的合并单元格分为“合并后居中”“跨越合并”以及“合并单元格”三种形式。

打开“开始”选项卡，在“对齐方式”组中单击“合并后居中”下拉按钮，在弹出的列表中可查看到这三种合并单元格的选项，如图6-45所示。

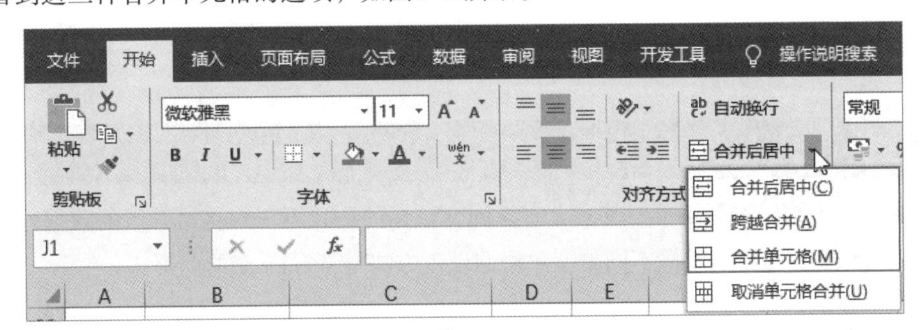

图 6-45

相比较而言，在工作中“合并后居中”使用的频率更高，Excel为此提供了更快捷的操作方式。直接在“开始”选项卡中单击“合并后居中”按钮，如图6-46所示，即可合并所选单元格，并将单元格中的内容居中显示，如图6-47所示。

A2 水电

	A	B	C	D	E	F
1	项目	工程名称说明	用料	单位	数量	单价（元）
2	水电	水管铺设	联塑牌水管	米	40	75.00
3		插座	西门子插座	个	20	5.00
4		电箱	西门子	个	1	80.00
5		电线铺设	西门子电缆	米	18	220.00
6		继电器	西门子	个	1	150.00
7	瓷砖	大理石地砖	诺贝尔80*80大理石	片	350	55.00
8		木地板	15*80木地板	片	142	5.00

图 6-46

	A	B	C	D	E
1	项目	工程名称说明	用料	单位	数量
2	水电	水管铺设	联塑牌水管	米	40
3		插座	西门子插座	个	20
4		电箱	西门子	个	1
5		电线铺设	西门子电缆	米	18
6		继电器	西门子	个	1
7	瓷砖	大理石地砖	诺贝尔80*80大理石	片	350
8		木地板	15*80木地板	片	142
9		大理石墙面砖	诺贝尔30*60大理石	片	220
10		卫生间防滑砖	诺贝尔40*40瓷砖	片	70

图 6-47

动手练 快速调整行高和列宽

调整表格行高和列宽时，一列列或一行行的调整比较耗费时间，其实Excel可以根据单元格中内容的多少自动调整行高和列宽。操作方法非常简单，用户也可在自己的计算机中动手练习。

选中包含数据的所有列，将光标放在任意选中的两列相邻的列标处，当光标变成双向箭头时双击，如图6-48所示。

	A	B	C	D	E	F	G
1	项目	工程名称说	用料	单位	数量	单价（元	金额（元
2	水电	水管铺设	联塑牌水管	米	40	单击	3000
3	水电	插座	西门子插座	个	20		100
4	水电	电箱	西门子	个	1	80	80
5	水电	电线铺设	西门子电缆	米	18	220	3960
6	水电	继电器	西门子	个	1	150	150
7	瓷砖	大理石地砖	诺贝尔80*	片	350	55	19250
8	瓷砖	木地板	15*80木地	片	142	5	710
9	瓷砖	大理石墙面	诺贝尔30*	片	220	18	3960
10	瓷砖	卫生间防滑	诺贝尔40*	片	70	6	420
11	瓷砖	门槛石	大理石	片	8	110	880
12	瓷砖	外墙砖	瓷砖	片	800	2	1600
13	吊顶	卫生间	铝扣板	平方	10	100	1000
14	吊顶	厨房	铝扣板	平方	20	150	3000

图 6-48

所有选中的列随即根据单元格中内容的多少自动调整列宽，如图6-49所示（自动调整行高的方法与自动调整列宽相同）。

	A	B	C	D	E	F	G
1	项目	工程名称说明	用料	单位	数量	单价（元）	金额（元）
2	水电	水管铺设	联塑牌水管	米	40	75	3000
3	水电	插座	西门子插座	个	20	5	100
4	水电	电箱	西门子	个	1	80	80
5	水电	电线铺设	西门子电缆	米	18	220	3960
6	水电	继电器	西门子	个	1	150	150
7	瓷砖	大理石地砖	诺贝尔80*80大理石	片	350	55	19250
8	瓷砖	木地板	15*80木地板	片	142	5	710
9	瓷砖	大理石墙面砖	诺贝尔30*60大理石	片	220	18	3960
10	瓷砖	卫生间防滑砖	诺贝尔40*40瓷砖	片	70	6	420
11	瓷砖	门槛石	大理石	片	8	110	880
12	瓷砖	外墙砖	瓷砖	片	800	2	1600
13	吊顶	卫生间	铝扣板	平方	10	100	1000
14	吊顶	厨房	铝扣板	平方	20	150	3000
15	吊顶	卧室	石膏石	平方	70	200	14000
16	吊顶	客厅	石膏石	平方	42	200	8400

图 6-49

6.4 录入数据

在表格中录入数据看似简单，其实大有学问。数据的格式不正确将给以后的数据处理与分析造成非常大的麻烦，所以，掌握不同类型数据的录入方法是学好Excel的前提。

6.4.1 输入文本型数据

Excel中的数据类型包括文本、日期、数值、逻辑值等，下面介绍如何输入文本型数据。

1. 输入文本型数字

Excel中有一些比较特殊的数字，例如身份证号码、产品编码、人员编码、电话号码、银行卡号等，这些数字不会参与计算，也不会进行大小比较，只用来表述某种信息，这类数字被称为文本型数字，下面以输入身份证号码为例。

默认情况下在Excel中输入超过11位的数字时将会以科学记数形式显示，而且，Excel能处理的最大有效位数为15位，当数字超过15位时，15位之后的数字会自动显示为0。身份证号码是18位，若直接在单元格中输入身份证号码将会出现如图6-50所示的情况。

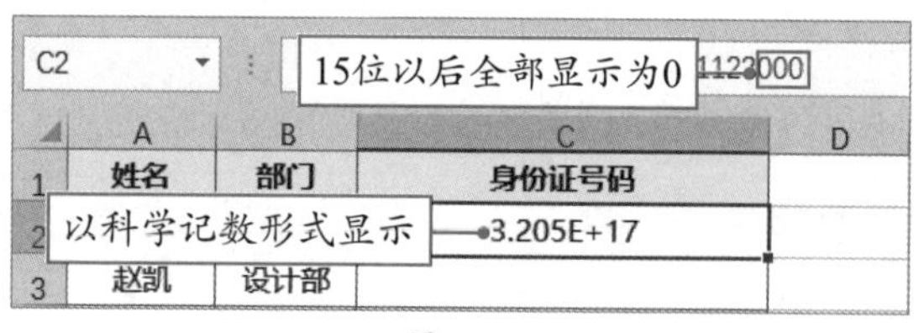

图 6-50

若想让身份证号码正常显示就需要将数字转换成文本型数字，具体操作方法为，选中需要输入身份证号码的单元格区域，打开“开始”选项卡，在“数字”组中单击“数字格式”下拉按钮，在弹出的列表中选择“文本”选项，如图6-51所示。

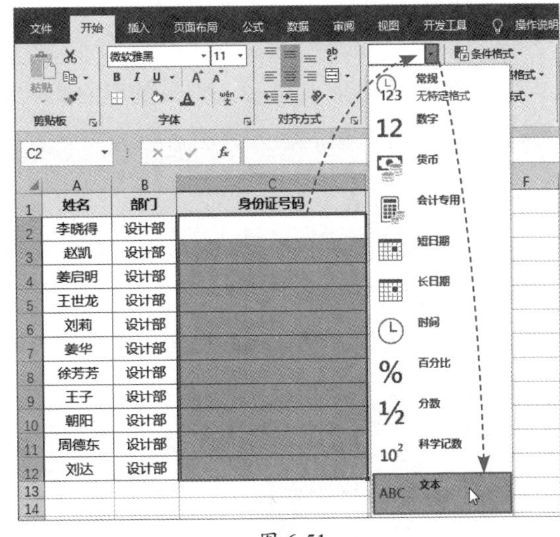

图 6-51

随后在所选区域中输入身份证号码，此时，身份证号码已经可以正常显示，如图6-52所示。

	A	B	C	D
1	姓名	部门	身份证号码	
2	李晓得	设计部	320500199051123322	
3	赵凯	设计部		
4	姜启明	设计部		
5	王世龙	设计部		
6	刘莉	设计部		
7	姜华	设计部		
8	徐芳芳	设计部		
9	王子	设计部		
10	朝阳	设计部		
11	周德东	设计部		
12	刘达	设计部		
13				

图 6-52

注意事项 文本型数字的特征是单元格左上角有绿色的小三角。

2. 输入特殊符号

常规的汉字、字母以及一些符号等，可直接通过键盘输入。但是一些特殊符号，例如√（对号）、×（错号）、□（方框）等键盘上不存在的符号，则可通过“插入”对话框输入。

选中需要插入特殊符号的单元格，打开“插入”选项卡，在“符号”组中单击“符号”按钮，弹出“符号”对话框，选择好“子集”，找到需要使用的符号并将其选中，单击“插入”按钮，如图6-53所示，所选单元格中即可插入相应符号，如图6-54所示。

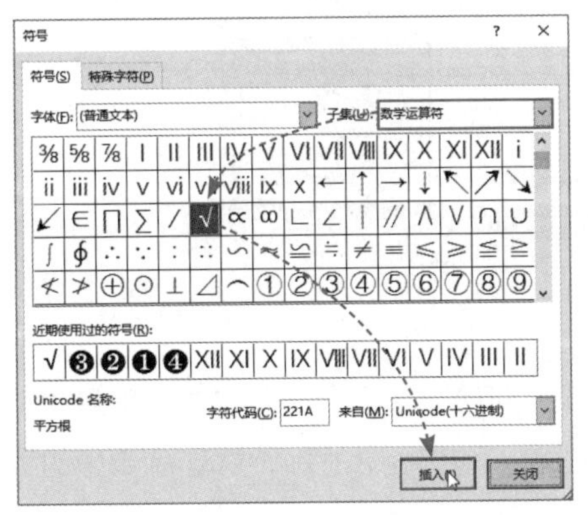

图 6-53

3	部门：设计部													考勤项目：1.出勤（√）			
4	姓名	二	三	四	五	六	日	一	二	三	四	五	六	日	一	二	三
5		1	2	3	4	5	6	7	8	9	10	11	12	13	14	15	16
6	李晓得	√	√	√	√			√	√	√	√	√			√	×	√
7	赵凯	√	√	√	√			迟	√	√	√	√			√	√	√
8	姜启明	√															
9	王世龙																
10	刘莉																
11	姜华																

图 6-54

6.4.2 输入数值型数据

数值型数据的形式很多，常见的有百分比数值、分数、小数、负数、货币型数字等，下面对常用的数值型数据的输入方法进行介绍。

1. 输入百分比数值

选中需要以百分比形式显示的数据所在单元格，按Ctrl+1组合键，如图6-55所示。打开“设置单元格格式”对话框，在“数字”界面选择“百分比”分类，设置好小数位数，单击“确定”按钮，如图6-56所示，所选单元格中的数据随即以百分比形式显示，如图6-57所示。

	A	B	C
1	月份	销售业绩	销售占比
2	1月	15000	0.0873912
3	2月	16200	0.0943825
4	3月	28800	0.1677911
5		2	0.0937533
6	5月	14910	0.0868669
7	6月	69120	0.4026986
8	7月	11520	0.0671164
9	合计	171642	1

按Ctrl+1组合键

图 6-55

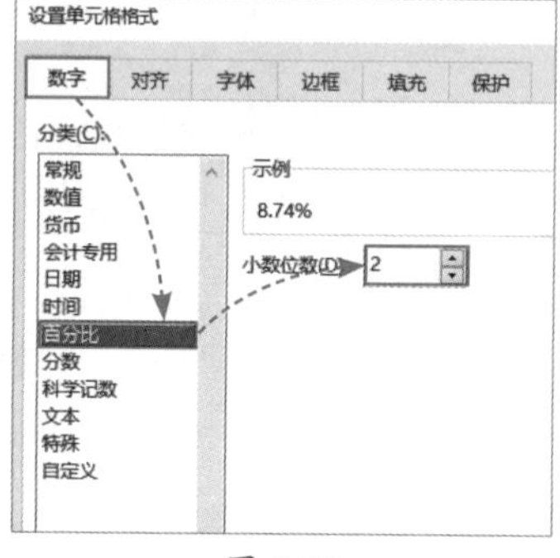

图 6-56

	A	B	C
1	月份	销售业绩	销售占比
2	1月	15000	8.74%
3	2月	16200	9.44%
4	3月	28800	16.78%
5	4月	16092	9.38%
6	5月	14910	8.69%
7	6月	69120	40.27%
8	7月	11520	6.71%
9	合计	171642	100.00%

图 6-57

2. 统一设置小数位数

选中需要设置统一小数位数的单元格区域，按Ctrl+1组合键，如图6-58所示。弹出“设置单元格格式”对话框，在“数字”界面选择“数值”分类，设置小数位数为“1”，单击“确定”按钮，如图6-59所示，所选区域中的所有数据随即全部被设置成了1位小数，如图6-60所示。

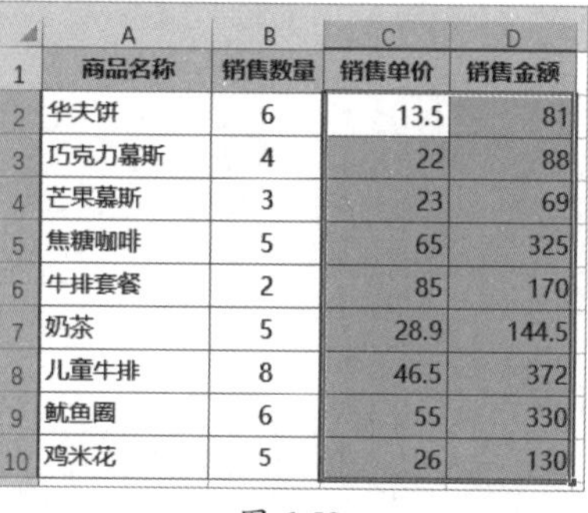

	A	B	C	D
1	商品名称	销售数量	销售单价	销售金额
2	华夫饼	6	13.5	81
3	巧克力慕斯	4	22	88
4	芒果慕斯	3	23	69
5	焦糖咖啡	5	65	325
6	牛排套餐	2	85	170
7	奶茶	5	28.9	144.5
8	儿童牛排	8	46.5	372
9	鱿鱼圈	6	55	330
10	鸡米花	5	26	130

图 6-58

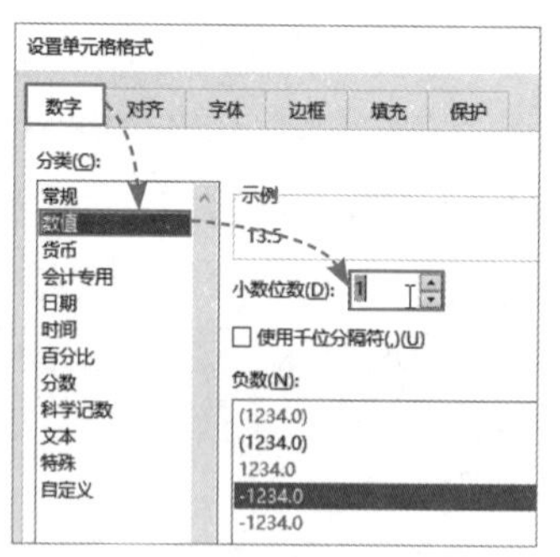

图 6-59

	A	B	C	D
1	商品名称	销售数量	销售单价	销售金额
2	华夫饼	6	13.5	81.0
3	巧克力慕斯	4	22.0	88.0
4	芒果慕斯	3	23.0	69.0
5	焦糖咖啡	5	65.0	325.0
6	牛排套餐	2	85.0	170.0
7	奶茶	5	28.9	144.5
8	儿童牛排	8	46.5	372.0
9	鱿鱼圈	6	55.0	330.0
10	鸡米花	5	26.0	130.0

图 6-60

3. 输入货币型数字

选中需要以货币形式显示的数值所在单元格区域，打开“开始”选项卡，在“数字”组中单击“数字格式”下拉按钮，在弹出的列表中选择“货币”选项，如图6-61所示，所选区域中的数据随即以货币形式显示，如图6-62所示。

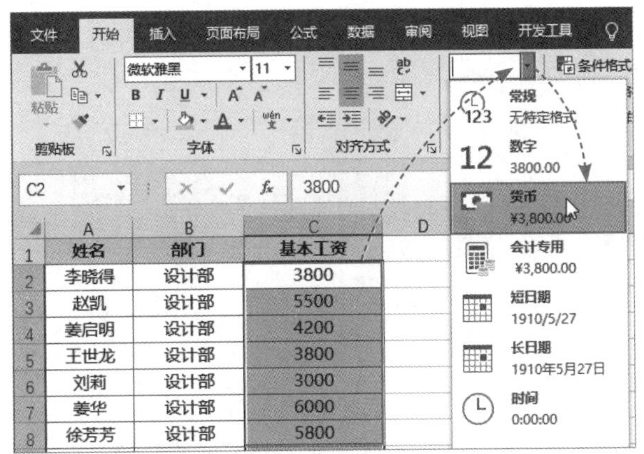

图 6-61

	A	B	C	D
1	姓名	部门	基本工资	
2	李晓得	设计部	¥3,800.00	
3	赵凯	设计部	¥5,500.00	
4	姜启明	设计部	¥4,200.00	
5	王世龙	设计部	¥3,800.00	
6	刘莉	设计部	¥3,000.00	
7	姜华	设计部	¥6,000.00	
8	徐芳芳	设计部	¥5,800.00	
9	王子	设计部	¥7,000.00	
10	朝阳	设计部	¥7,800.00	
11	周德东	设计部	¥6,000.00	
12	刘达	设计部	¥4,000.00	
13				

图 6-62

6.4.3 输入日期型数据

Excel中的日期其实也是一种数值型数据。只有输入标准格式的日期，Excel才能对其进行分析和运算，输入日期时必须以“/”“-”或“年、月、日”作为连接符。当以“-”作为日期的连接符时，确认输入后“-”会自动变为“/”。

当输入日期后可通过设置日期类型改变日期的显示方式，下面介绍具体操作方法。

选中包含日期的单元格区域，打开“开始”选项卡，在“数字”组中单击“数字格式”对话框启动器按钮，如图6-63所示。打开“设置单元格格式”对话框，此时“数字”界面中默认选择的是“日期”分类，在“类型”列表框中选择一款需要的日期格式，单击“确定”按钮，如图6-64所示，所选区域中的日期即可被更改为相应的格式，如图6-65所示。

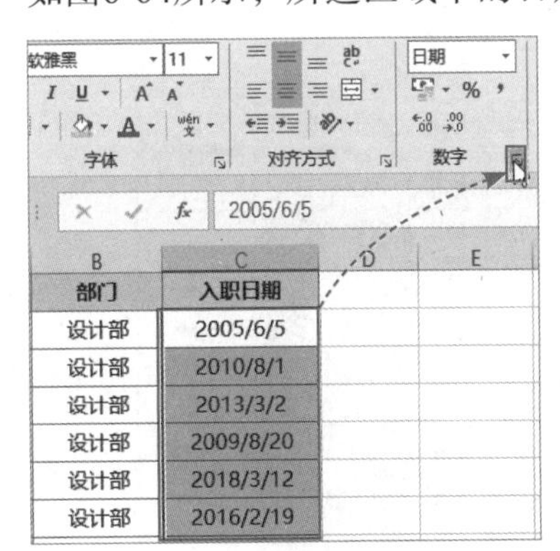

图 6-63

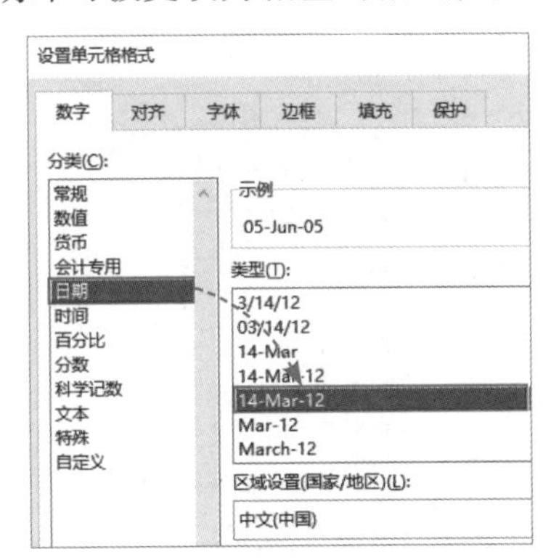

图 6-64

	A	B	C	D
1	姓名	部门	入职日期	
2	李晓得	设计部	05-Jun-05	
3	赵凯	设计部	01-Aug-10	
4	姜启明	设计部	02-Mar-13	
5	王世龙	设计部	20-Aug-09	
6	刘莉	设计部	12-Mar-18	
7	姜华	设计部	19-Feb-16	
8	徐芳芳	设计部	05-Jun-10	
9	王子	设计部	08-May-15	
10	朝阳	设计部	06-Mar-19	
11	周德东	设计部	01-Jul-18	
12	刘达	设计部	10-May-17	
13				

图 6-65

6.4.4 填充序列

在输入连续的日期、编号或其他有规律的数据时，手动录入效率很低，这时可以使用序列填充功能快速录入。

1. 填充序号

分别在A2单元格和A3单元格中输入“1”和“2”，随后选中A2:A3单元格区域，将光标放在单元格区域右下角，此时光标会变成黑色十字形状，如图6-66所示，按住左键不放并向下拖动光标，如图6-67所示，松开鼠标后单元格中即自动填充了序号，如图6-68所示。

	A	B	C	D	E
1	序号	商品名称	销售数量	销售单价	销售金额
2	1	华夫饼	6	¥13.50	¥81.00
3	2	巧克力慕斯	4	¥22.00	¥88.00
4		芒果慕斯	3	¥23.00	¥69.00
5		焦糖咖啡	5	¥65.00	¥325.00
6		牛排套餐	2	¥85.00	¥170.00
7		奶茶	5	¥28.90	¥144.50
8		儿童牛排	8	¥46.50	¥372.00
9		鱿鱼圈	6	¥55.00	¥330.00
10		草莓甜甜圈	3	¥12.00	¥36.00
11		鸡米花	5	¥26.00	¥130.00
12		双色甜筒	2	¥6.00	¥12.00
13		拿铁	8	¥35.00	¥280.00
14		羊奶球蛋糕	1	¥12.00	¥12.00
15		卡布奇诺	5	¥28.00	¥140.00
16		抹茶甜甜圈	6	¥12.00	¥72.00
17					

图 6-66

	A	B	C	D	E
1	序号	商品名称	销售数量	销售单价	销售金额
2	1	华夫饼	6	¥13.50	¥81.00
3	2	巧克力慕斯	4	¥22.00	¥88.00
4		慕斯	3	¥23.00	¥69.00
5		焦糖咖啡	5	¥65.00	¥325.00
6		牛排套餐	2	¥85.00	¥170.00
7		奶茶	5	¥28.90	¥144.50
8		儿童牛排	8	¥46.50	¥372.00
9		鱿鱼圈	6	¥55.00	¥330.00
10			3	¥12.00	¥36.00
11			5	¥26.00	¥130.00
12			2	¥6.00	¥12.00
13			8	¥35.00	¥280.00
14			1	¥12.00	¥12.00
15		奇诺	5	¥28.00	¥140.00
16		茶甜甜圈	6	¥12.00	¥72.00
17					

按住鼠标左键拖动

图 6-67

	A	B	C	D	E
1	序号	商品名称	销售数量	销售单价	销售金额
2	1	华夫饼	6	¥13.50	¥81.00
3	2	巧克力慕斯	4	¥22.00	¥88.00
4	3	芒果慕斯	3	¥23.00	¥69.00
5	4	焦糖咖啡	5	¥65.00	¥325.00
6	5	牛排套餐	2	¥85.00	¥170.00
7	6	奶茶	5	¥28.90	¥144.50
8	7	儿童牛排	8	¥46.50	¥372.00
9	8	鱿鱼圈	6	¥55.00	¥330.00
10	9	草莓甜甜圈	3	¥12.00	¥36.00
11	10	鸡米花	5	¥26.00	¥130.00
12	11	双色甜筒	2	¥6.00	¥12.00
13	12	拿铁	8	¥35.00	¥280.00
14	13	羊奶球蛋糕	1	¥12.00	¥12.00
15	14	卡布奇诺	5	¥28.00	¥140.00
16	15	抹茶甜甜圈	6	¥12.00	¥72.00
17					

图 6-68

注意事项 序列填充的结果和最初输入的两个数字有关，若在前两个单元格中输入数字1和3，填充后将得到1、3、5、7、9、11……，每个数字之间间隔为2的序列，如图6-69所示。

	A	B	C
1	序号	商品名称	销售数量
2	1	华夫饼	6
3	3	巧克力慕斯	4
4	5	芒果慕斯	3
5	7	焦糖咖啡	5
6	9	牛排套餐	2
7	11	奶茶	5
8	13	儿童牛排	8
9	15	鱿鱼圈	6

图 6-69

2. 填充日期

在B2单元格中输入日期，将光标放在B2单元格的右下角，此时光标变成黑色十字形状，如图6-70所示，按住左键不放并向下拖动光标，如图6-71所示，拖动到合适位置时松开鼠标，此时光标拖动过的单元格中即被填充了日期序列，如图6-72所示。

	A	B	C
1	姓名	日期	考勤情况
2	李晓得	2020/10/1	
3	李晓得		
4	李晓得		
5	李晓得		
6	李晓得		
7	李晓得		
8	李晓得		
9	李晓得		
10	李晓得		
11	李晓得		

图 6-70

	A	B	C
1	姓名	日期	考勤情况
2	李晓得	2020/10/1	
3	李晓得		
4	李晓得		
5	李晓得		
6	李晓得		
7	李晓得		
8	李晓得		
9	李晓得		
10	李晓得		2020/10/8
11	李晓得		

图 6-71

	A	B	C
1	姓名	日期	考勤情况
2	李晓得	2020/10/1	
3	李晓得	2020/10/2	
4	李晓得	2020/10/3	
5	李晓得	2020/10/4	
6	李晓得	2020/10/5	
7	李晓得	2020/10/6	
8	李晓得	2020/10/7	
9	李晓得	2020/10/8	
10	李晓得	2020/10/9	
11	李晓得	2020/10/10	

图 6-72

6.4.5 限制数据的输入范围

为了防止录入无效内容，提高录入速度，可使用“数据验证”功能对单元格区域设置验证条件。

1. 禁止输入不符合条件的日期

选中需要输入日期的单元格区域，打开“数据”选项卡，在“数据工具”组中单击“数据验证”按钮，如图6-73所示。

图 6-73

打开“数据验证”对话框，设置允许输入的数据类型以及限制条件，如图6-74所示，此处设置只允许输入大于或等于2000/1/1的日期。

数据验证设置完成后，在之前选中的单元格区域内输入日期，当输入小于2000/1/1的日期时系统会弹出一个停止对话框，如图6-75所示，单击“取消”按钮可取消输入。

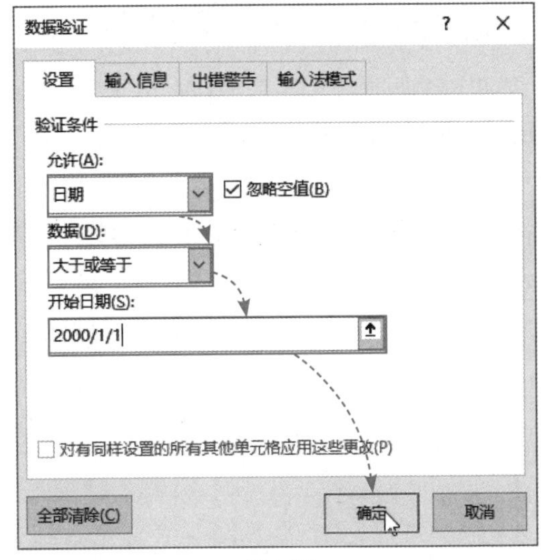

图 6-74

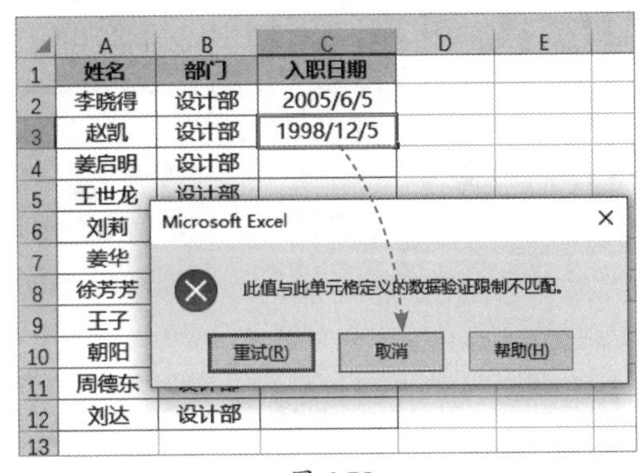

图 6-75

2. 使用下拉列表输入数据

选中需要使用下拉列表输入内容的单元格区域，打开“数据”选项卡，在“数据工具”组中单击“数据验证”按钮，如图6-76所示。打开“数据验证”对话框，设置验证条件为允许“序列”，设置序列来源为“男,女”，随后单击“确定”按钮，如图6-77所示。

选中任意一个设置了数据验证的单元格，单元格右侧都会出现一个下拉按钮，单击下拉按钮，可直接在弹出的列表中选择要输入的内容，如图6-78所示。

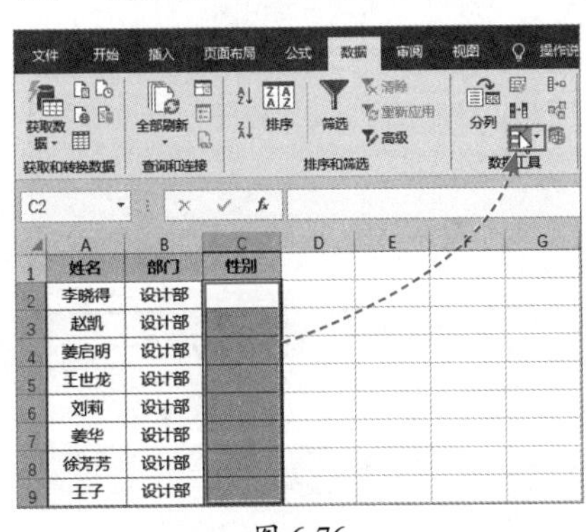

图 6-76

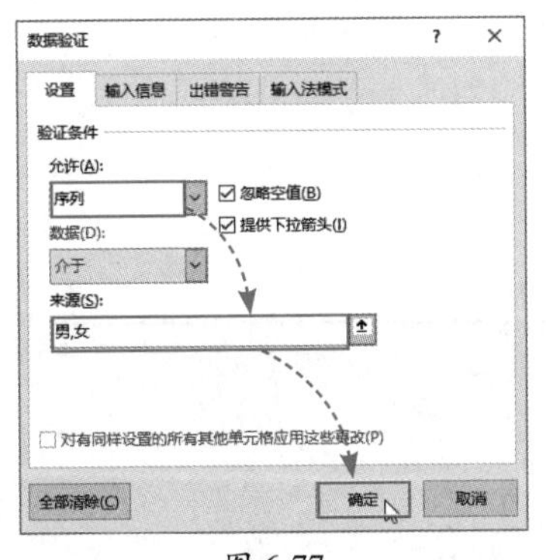

图 6-77

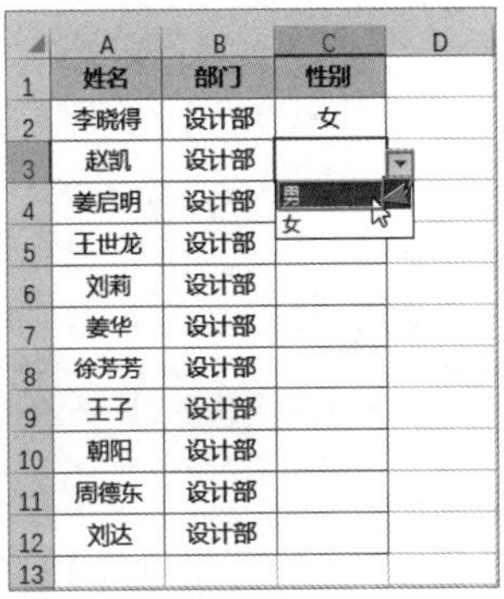

图 6-78

注意事项 在“数据验证”对话框中设置“来源”时，每个数据之间的逗号必须是在英文状态下输入才有效。

扫码看视频

动手练 使用记录单录入数据

要想创建数据表，除了手动在单元格中录入数据，也可借助一些工具快速精准地进行录入，例如使用“记录单”工具来录入数据。默认情况下Excel功能区中并不会显示“记录单”按钮，需要手动添加。

Step 01 单击“文件”按钮，在“文件”菜单中选择“选项”选项，打开“Excel选项”对话框。切换到“快速访问工具栏”界面，在“所有命令”中找到“记录单”，并选中该选项，将其添加到“自定义访问工具栏”列表中，最后单击“确定”按钮，如图6-79所示。

Step 02 此时快速访问工具栏中即被添加了“记录单”按钮，在工作表中设置好表格的标题，选中A2单元格，单击“记录单”按钮，如图6-80所示。

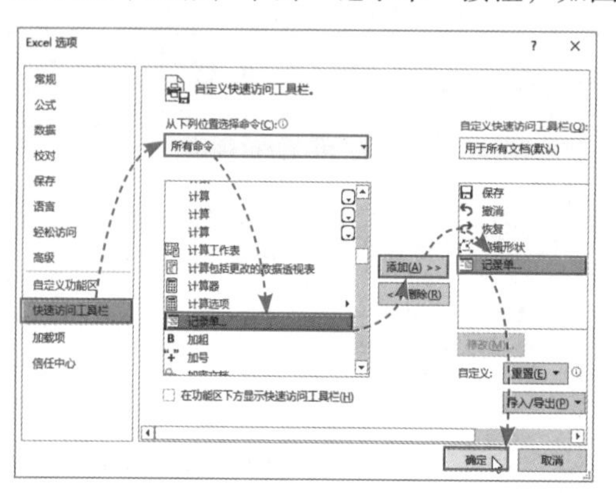

图 6-79

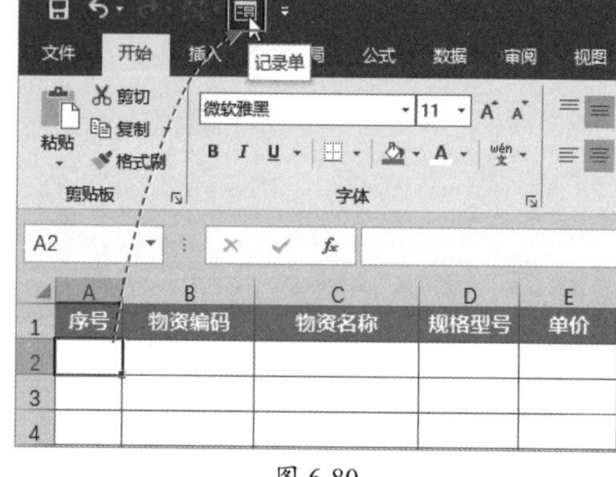

图 6-80

Step 03 工作表中随即弹出一个对话框，该对话框中包含了表格的所有标题，在每个标题右侧输入相应内容，单击“新建”按钮，所输入的内容即可出现在表格中，如图6-81所示。

Step 04 继续在对话框中输入下一条记录，直到完成表格中的所有内容，如图6-82所示。

Sheet2

序号:	1
物资编码:	DL202001
物资名称:	N95口罩
规格型号:	1个/包
单价:	15
安全库存:	50
存放区域:	D01
供应商:	大禹医疗
备注:	

1/1　新建(W)　删除(D)　还原(R)　上一条(P)　下一条(N)　条件(C)　关闭(L)

图 6-81

序号	物资编码	物资名称	规格型号	单价	安全库存	存放区域	供应商	备注
1	DL202001	N95口罩	1个/包	15	50	D01	大禹医疗	
2	DL202002	一次性口罩	1个	10	50	D06	大禹医疗	
3	DL202003	防护面罩	1*12	22	50	D06	大禹医疗	
4	DL202004	防护服	L	180	50	D01	科盟医疗	
5	DL202005	一次性医用手套	10个/包	55	50	D02	科盟医疗	
6	DL202006	红外式体温枪	博朗	350	50	D02	科盟医疗	
7	DL202007	消毒液	84	9.5	50	D03	长江医疗器械	
8	DL202008	75%酒精	1L	110	50	D03	长江医疗器械	
9	DL202009	84消毒液	500ML	9.5	50	D04	长江医疗器械	
10	DL202010	消毒喷雾剂	1个	80	50	D04	长江医疗器械	
11	DL202011	手持式喷壶	1个	90	50	D05	长江医疗器械	
12	DL202012	消毒柜	1个	600	50	D05	长江医疗器械	

图 6-82

知识点拨

在启动记录单时，Excel可能会弹出一个警告对话框，如图6-83所示，单击“确定”按钮，即可正常打开记录单对话框。

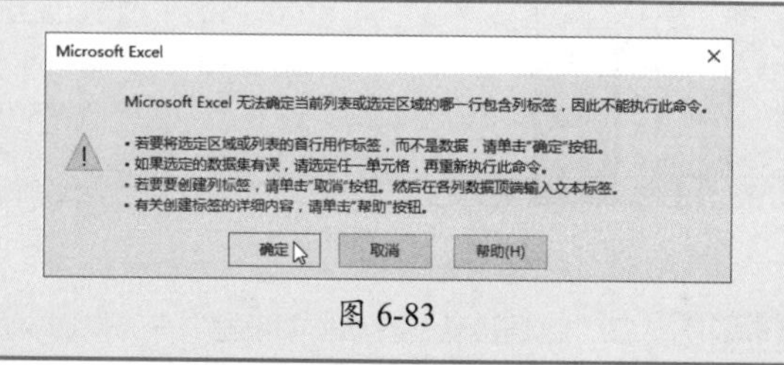

图 6-83

6.5 美化数据表

在数据表中输入数据后需要对表格进行适当的美化，例如设置字体样式和对齐方式、为表格添加边框和底纹等。

6.5.1 设置字体样式和对齐方式

为了让表格中的数据更便于阅读，可适当设置字体格式及对齐方式，下面介绍具体操作方法。

1. 设置字体样式

设置字体样式的范畴包括设置字体、字号、字体颜色、字体效果等。这些都可以在“开始”选项卡中的“字体”组内设置，如图6-84所示。

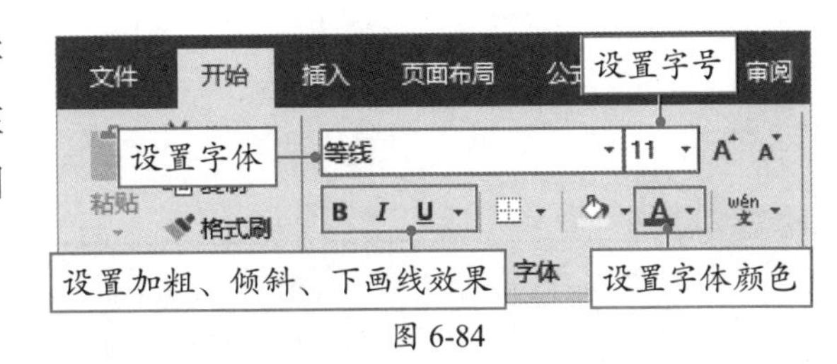

图 6-84

2. 设置对齐方式

Excel中数据的默认对齐方式为，文本型数据默认靠单元格左侧对齐，数值型数据靠单元格右侧对齐，在垂直方向上靠单元格底端对齐。若要调整对齐方式可在“开始”选项卡中的“对齐方式”组内进行，如图6-85所示。

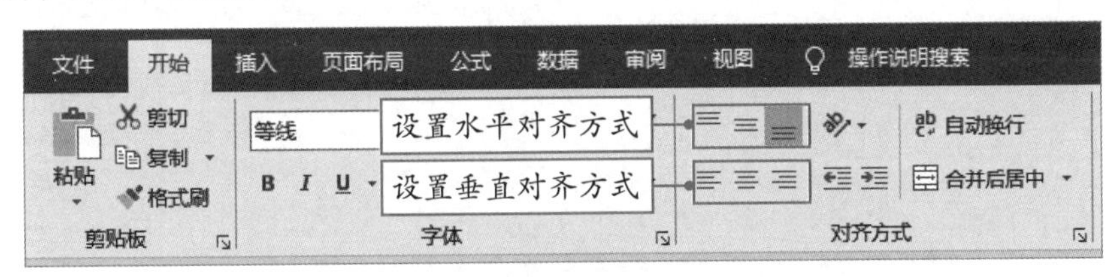

图 6-85

6.5.2 设置边框和底纹效果

为表格设置边框可让数据的边界感更加明显，设置底纹则可突出指定区域中的数据，例如表格的标题通常会用底纹来突出，以便更容易辨识对应行或列中的数据属性。

1. 设置边框样式

选中需要设置边框的区域，按Ctrl+1组合键打开“设置单元格格式”对话框，切换到“边框”界面，在“样式”组中选择线条样式，设置好线条颜色，单击“内部”按钮可将该线条设置成表格内部样式，如图6-86所示。

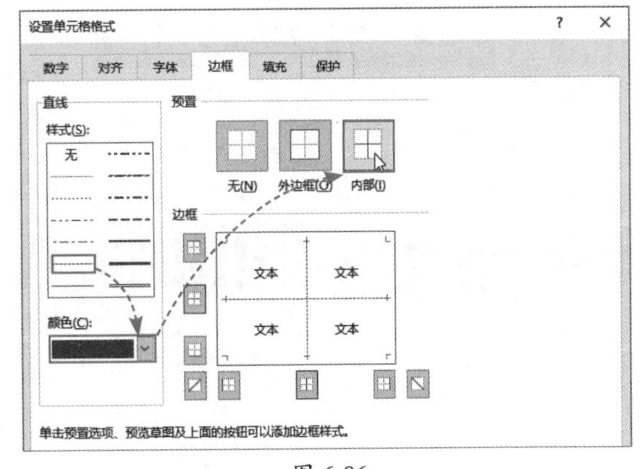

图 6-86

设置好线条样式和颜色，单击“外边框”按钮，则可将该线条设置成表格外边框样式，如图6-87所示。

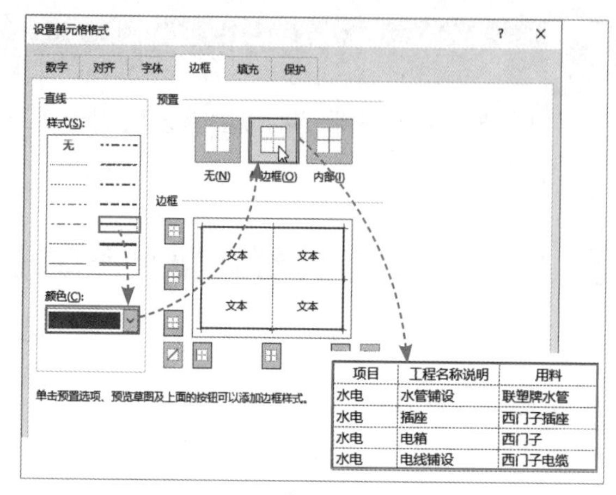

图 6-87

知识点拨

除了在“设置单元格格式”对话框中设置表格的边框样式，还可单击“开始”选项卡“字体”组中的“边框”下拉按钮，在弹出的列表中选择合适的边框样式，如图6-88所示。

一般情况下，选择“所有框线”选项即可为表格添加一个常规的边框。

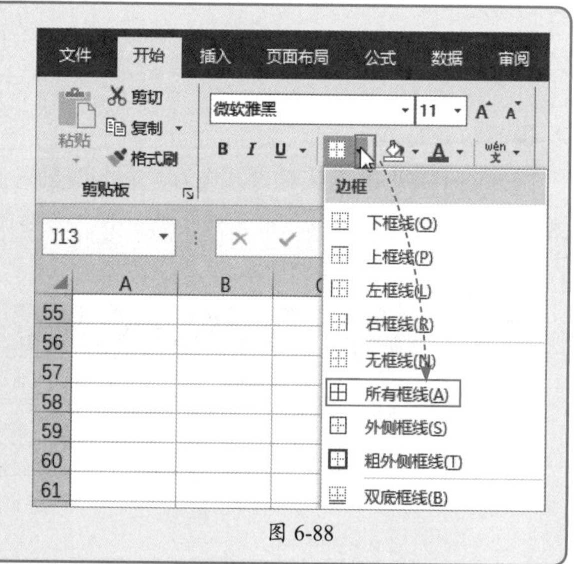

图 6-88

2. 设置底纹效果

选中需要设置底纹的单元格区域，打开“开始”选项卡，在“字体”组中单击“填充颜色”下拉按钮，在弹出的列表中选择需要的颜色，如图6-89所示，所选区域随即被填充相应的颜色，如图6-90所示。

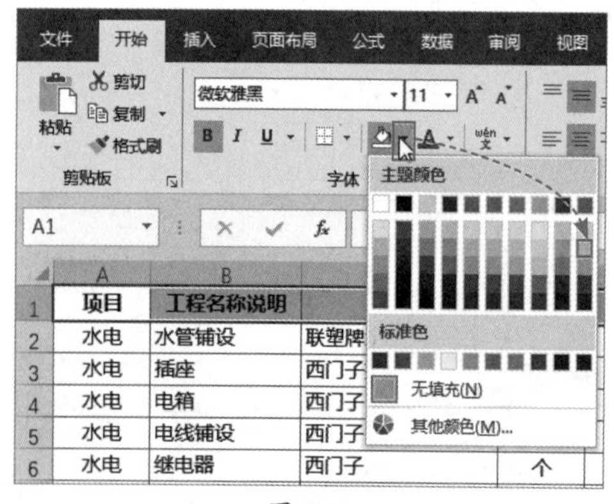

图 6-89

	A	B	C	D	E	F	G
1	项目	工程名称说明	用料	单位	数量	单价	金额
2	水电	水管铺设	联塑牌水管	米	40	75.00	3,000.00
3	水电	插座	西门子插座	个	20	5.00	100.00
4	水电	电箱	西门子	个	1	80.00	80.00
5	水电	电线铺设	西门子电缆	米	18	220.00	3,960.00
6	水电	继电器	西门子	个	1	150.00	150.00
7	瓷砖	大理石地砖	诺贝尔80*80大理石	片	350	55.00	19,250.00
8	瓷砖	木地板	15*80木地板	片	142	5.00	710.00
9	瓷砖	大理石墙面砖	诺贝尔30*60大理石	片	220	18.00	3,960.00
10	瓷砖	卫生间防滑砖	诺贝尔40*40瓷砖	片	70	6.00	420.00
11	瓷砖	门槛石	大理石	片	8	110.00	880.00
12	瓷砖	外墙砖	瓷砖	片	800	2.00	1,600.00
13	吊顶	卫生间	铝扣板	平方	10	100.00	1,000.00
14	吊顶	厨房	铝扣板	平方	20	150.00	3,000.00
15	吊顶	卧室	石膏石	平方	70	200.00	14,000.00
16	吊顶	客厅	石膏石	平方	42	200.00	8,400.00

图 6-90

动手练 套用内置表格样式

除了手动设置表格样式，还可直接套用内置的表格样式，快速美化数据表。

选中数据表中的任意一个单元格，在“开始”选项卡中的“样式”组内单击“套用表格样式”下拉按钮，在弹出的列表中选择一款满意的样式，随后系统会弹出一个“套用表样式”对话框，单击“确定”按钮，如图6-91所示，套用所选样式后的表格，如图6-92所示。

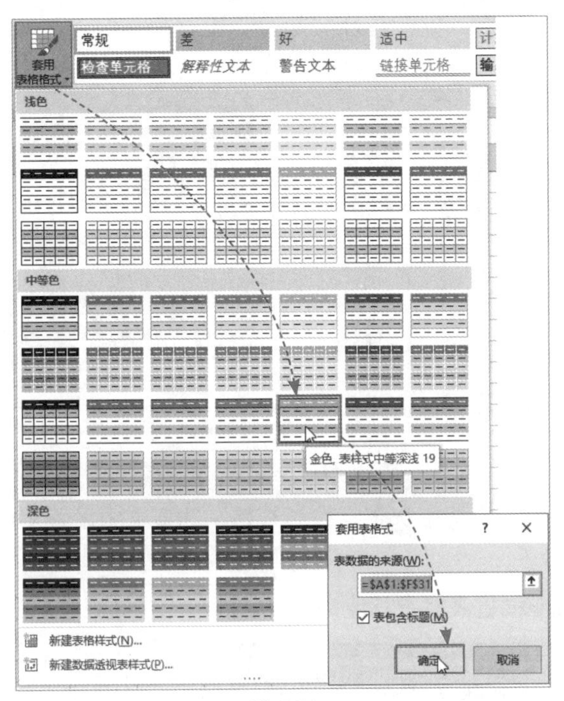

图 6-91

	A	B	C	D	E	F
1	日期	每日流量	销售数量	销售额	每单均价	流量转化率
2	12月1日	4015	75	¥349.76	¥4.66	1.87%
3	12月2日	4014	67	¥238.10	¥3.55	1.67%
4	12月3日	3296	110	¥1,968.80	¥17.90	3.34%
5	12月4日	4506	77	¥619.62	¥8.05	1.71%
6	12月5日	4983	110	¥1,248.75	¥11.35	2.21%
7	12月6日	4890	65	¥299.75	¥4.61	1.33%
8	12月7日	4648	94	¥574.25	¥6.11	2.02%
9	12月8日	3878	153	¥1,264.67	¥8.27	3.95%
10	12月9日	3879	75	¥581.72	¥7.76	1.93%
11	12月10日	3321	70	¥432.00	¥6.17	2.11%
12	12月11日	4570	85	¥394.55	¥4.64	1.86%
13	12月12日	4836	97	¥729.49	¥7.52	2.01%
14	12月13日	4835	69	¥121.88	¥1.77	1.43%
15	12月14日	4898	77	¥499.70	¥6.49	1.57%
16	12月15日	5260	65	¥209.84	¥3.23	1.24%
17	12月16日	5260	67	¥349.80	¥5.22	1.27%
18	12月17日	5260	69	¥224.00	¥3.25	1.31%
19	12月18日	3270	70	¥169.88	¥2.43	2.14%
20	12月19日	3270	75	¥739.54	¥9.86	2.29%
21	12月20日	3271	94	¥399.70	¥4.25	2.87%
22	12月21日	4111	95	¥624.00	¥6.57	2.31%
23	12月22日	2795	97	¥337.64	¥3.48	3.47%
24	12月23日	2795	63	¥115.00	¥1.83	2.25%
25	12月24日	3336	62	¥139.00	¥2.24	1.86%
26	12月25日	4773	66	¥95.00	¥1.44	1.38%
27	12月26日	4936	94	¥469.58	¥5.00	1.90%
28	12月27日	4929	75	¥469.58	¥6.26	1.52%
29	12月28日	4089	85	¥334.70	¥3.94	2.08%
30	12月29日	4087	75	¥218.74	¥2.92	1.84%
31	12月30日	4090	69	¥217.76	¥3.16	1.69%
32						

图 6-92

案例实战：制作健身房课程表

通过本章内容的学习，相信读者对工作簿、工作表、数据录入、数据美化等操作已经有了基本的了解，为了巩固并加深所学知识，下面制作一份健身房课程表，具体操作步骤如下。

Step 01 在工作表中输入健身房课程表的基本内容，并根据单元格中内容的多少调整表格的列宽，如图6-93所示。

Step 02 选中A1:H1单元格区域，打开“开始”选项卡，在“对齐方式”组中单击“合并后居中”按钮，将大标题居中显示，如图6-94所示。

	A	B	C	D	E	F	G	H
1	伊万健身中心课程表							
2	星期	开始时间	结束时间	课程名称	上课地点	任课老师	随堂人数	是否需要预约
3	星期一	9:00	11:00	心灵瑜伽	五楼3号健身房	桃子	10	是
4		9:00	11:00	普拉提	五楼3号健身房	小鱼	5	是
5		14:00	16:00	有氧健身操	五楼3号健身房	大雄	10	是
6		15:00	17:00	心灵瑜伽	五楼3号健身房	桃子	10	是
7	星期二	9:00	11:00	动感单车	五楼3号健身房	小鱼	20	是
8		9:00	11:00	心灵瑜伽	五楼3号健身房	小鱼	8	是
9		14:00	16:00	普拉提	五楼3号健身房	桃子	10	是
10		15:00	17:00	有氧健身操	五楼3号健身房	大雄	15	是
11	星期三	9:00	11:00	心灵瑜伽	五楼3号健身房	小鱼	10	是
12		9:00	11:00	动感单车	五楼3号健身房	桃子	10	是
13		14:00	16:00	心灵瑜伽	五楼3号健身房	大雄	10	是
14		15:00	17:00	普拉提	五楼3号健身房	大雄	10	是
15	星期四	9:00	11:00	有氧健身操	五楼3号健身房	小鱼	15	是
16		9:00	11:00	心灵瑜伽	五楼3号健身房	李四	10	是
17		14:00	16:00	动感单车	五楼3号健身房	大雄	10	是
18		15:00	17:00	心灵瑜伽	五楼3号健身房	桃子	10	是
19	星期五	9:00	11:00	普拉提	五楼3号健身房	桃子	10	是
20		9:00	11:00	有氧健身操	五楼3号健身房	桃子	12	是
21		14:00	16:00	心灵瑜伽	五楼3号健身房	小鱼	10	是
22		15:00	17:00	动感单车	五楼3号健身房	大雄	10	是
23								

图 6-93

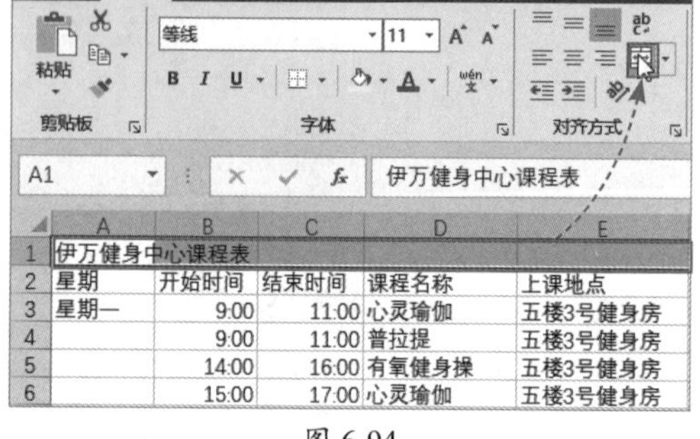

图 6-94

Step 03 保持合并单元格为选中状态，在“开始”选项卡中设置字体、字号，并设置字体加粗显示，如图6-95所示。

Step 04 随后参照Step 02将表格中其他需要合并的单元格区域全部合并，如图6-96所示。

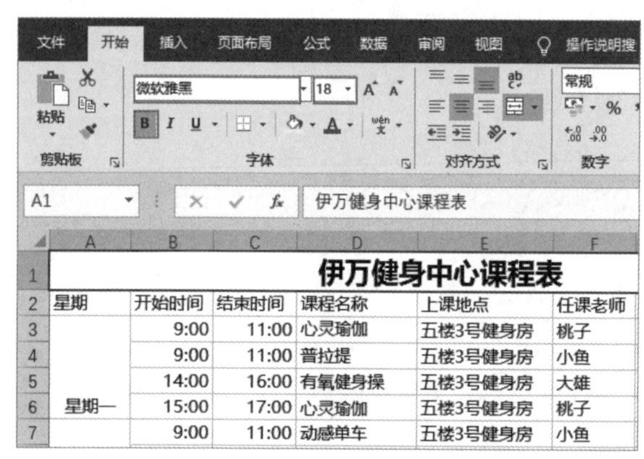

图 6-95

星期	开始时间	结束时间	课程名称	上课地点
星期一	9:00	11:00	心灵瑜伽	五楼3号健身房
	9:00	11:00	普拉提	五楼3号健身房
	14:00	16:00	有氧健身操	五楼3号健身房
	15:00	17:00	心灵瑜伽	五楼3号健身房
星期二	9:00	11:00	动感单车	五楼3号健身房
	9:00	11:00	心灵瑜伽	五楼3号健身房
	14:00	16:00	普拉提	五楼3号健身房
	15:00	17:00	有氧健身操	五楼3号健身房
星期三	9:00	11:00	心灵瑜伽	五楼3号健身房
	9:00	11:00	动感单车	五楼3号健身房
	14:00	16:00	心灵瑜伽	五楼3号健身房
	15:00	17:00	普拉提	五楼3号健身房
星期四	9:00	11:00	有氧健身操	五楼3号健身房
	9:00	11:00	心灵瑜伽	五楼3号健身房
	14:00	16:00	动感单车	五楼3号健身房
	15:00	17:00	心灵瑜伽	五楼3号健身房
星期五	9:00	11:00	普拉提	五楼3号健身房
	9:00	11:00	有氧健身操	五楼3号健身房
	14:00	16:00	心灵瑜伽	五楼3号健身房
	15:00	17:00	动感单车	五楼3号健身房

图 6-96

Step 05 选中A2:H22单元格区域，设置字体、字号，在“开始”选项卡的“对齐方式”组中分别单击“垂直居中”和“居中”按钮，如图6-97所示。

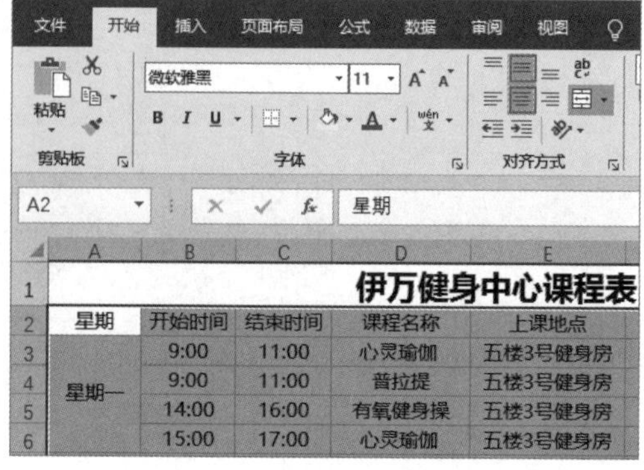

图 6-97

Step 06 保持A2:H22单元格区域为选中状态，按Ctrl+1组合键，打开“设置单元格格式”对话框，在“边框”界面中设置表格的内部线条样式为深灰色细实线，外边框为深灰色粗实线，设置好后单击“确定”按钮，如图6-98所示。

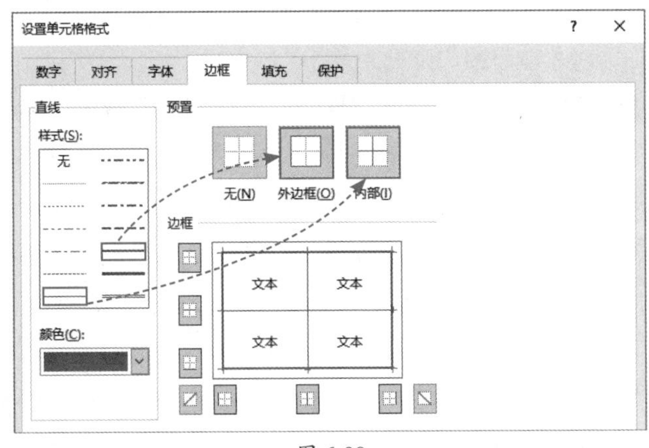

图 6-98

Step 07 选中工作表最左侧列，按Ctrl+加号组合键，插入一个空白列，让表格的左侧框线显示出来，如图6-99所示。

Step 08 将光标放在A列右侧边线上，当光标变成双向箭头时， 按住左键不放并向右拖动光标，缩小列宽，如图6-100所示。

	A	B	C	D	E	F	G
1		伊万健身中心课程表					
2		星期	开始时间	结束时间	课程名称	上课地点	任课老师
3			9:00	11:00	心灵瑜伽	五楼3号健身房	桃子
4			9:00	11:00	普拉提	五楼3号健身房	小鱼
5			14:00	16:00	有氧健身操	五楼3号健身房	大雄
6			15:00	17:00	心灵瑜伽	五楼3号健身房	桃子
7			9:00	11:00	动感单车	五楼3号健身房	小鱼
8		星期二	9:00	11:00	心灵瑜伽	五楼3号健身房	小鱼
9			14:00	16:00	普拉提	五楼3号健身房	桃子
10			15:00	17:00	有氧健身操	五楼3号健身房	大雄

按Ctrl+加号组合键

图 6-99

图 6-100

Step 09 打开“视图”选项卡，在“显示”组中取消勾选“网格线”复选框，隐藏工作表中的网格线，如图6-101所示。

Step 10 完成表格的制作，最终效果如图6-102所示。

文件 开始 插入 页面布局 公式 数据 审阅 视图
普通 分页预览 页面布局 自定义视图 工作簿视图
直尺 编辑栏 网格线 标题 显示
缩放 100% 缩放到选定区域 缩放
查看网格线
显示工作表中行列间的直线，以使工作表更易于阅读。
了解详细信息

	B	C			
3	星期一	9:00			身房
4		9:00			身房
5		14:00			身房
6		15:00			身房
7	星期二	9:00			身房
8		9:00			身房
9		14:00	16:00	普拉提	五楼3号健身房
10		15:00	17:00	有氧健身操	五楼3号健身房

图 6-101

伊万健身中心课程表

星期	开始时间	结束时间	课程名称	上课地点	任课老师	随堂人数	是否需要预约
星期一	9:00	11:00	心灵瑜伽	五楼3号健身房	桃子	10	是
	9:00	11:00	普拉提	五楼3号健身房	小鱼	5	是
	14:00	16:00	有氧健身操	五楼3号健身房	大雄	10	是
	15:00	17:00	心灵瑜伽	五楼3号健身房	桃子	10	是
星期二	9:00	11:00	动感单车	五楼3号健身房	小鱼	20	是
	9:00	11:00	心灵瑜伽	五楼3号健身房	小鱼	8	是
	14:00	16:00	普拉提	五楼3号健身房	桃子	10	是
	15:00	17:00	有氧健身操	五楼3号健身房	大雄	15	是
星期三	9:00	11:00	心灵瑜伽	五楼3号健身房	小鱼	10	是
	9:00	11:00	动感单车	五楼3号健身房	桃子	10	是
	14:00	16:00	心灵瑜伽	五楼3号健身房	大雄	10	是
	15:00	17:00	普拉提	五楼3号健身房	大雄	10	是
星期四	9:00	11:00	有氧健身操	五楼3号健身房	小鱼	15	是
	9:00	11:00	心灵瑜伽	五楼3号健身房	李四	10	是
	14:00	16:00	动感单车	五楼3号健身房	大雄	10	是
	15:00	17:00	心灵瑜伽	五楼3号健身房	桃子	10	是
星期五	9:00	11:00	普拉提	五楼3号健身房	桃子	10	是
	9:00	11:00	有氧健身操	五楼3号健身房	桃子	12	是
	14:00	16:00	心灵瑜伽	五楼3号健身房	小鱼	10	是
	15:00	17:00	动感单车	五楼3号健身房	大雄	10	是

图 6-102

新手答疑

1. Q：计算机故障关机，Excel没有保存就被强行关闭，怎样才能找回未保存的内容？

A：Excel具有自动修复的功能，在使用Excel时要将自动保存的时间间隔设置得尽量小。这样在意外关闭工作簿时才能将损失降低到最小。

具体操作方法为，打开“Excel选项”对话框，在“保存”界面中将“保存自动恢复信息时间间隔”设置成最小值“1”，如图6-103所示。当工作簿被意外关闭后，再次打开时，工作簿左侧会显示“文档恢复”窗格，该窗格中显示“已自动恢复”和“原始文件”两个选项，这时只要选择“已自动恢复”的文件，即可打开系统自动保存的文件，如图6-104所示。

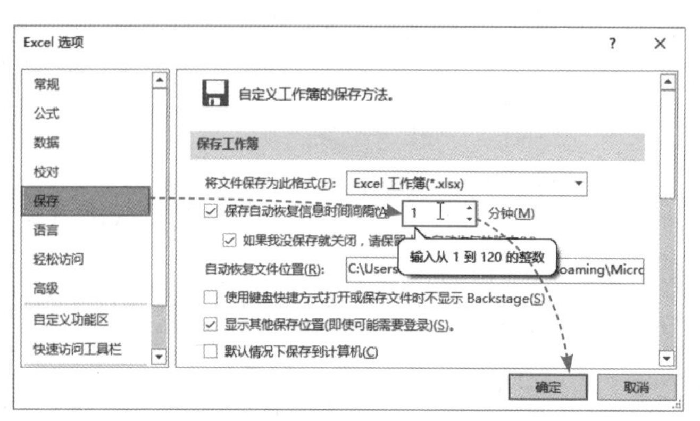

图 6-103

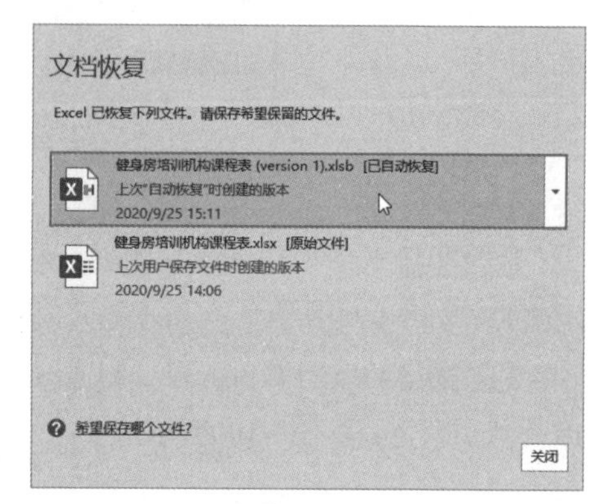

图 6-104

2. Q：能不能在创建工作簿时让工作簿中自动包含3张工作表？

A：当然可以，“文件”菜单中选择“选项”选项，如图6-105所示。打开“Excel选项”对话框，在“常规”界面中将“包含的工作表数”设置成“3”即可，如图6-106所示。

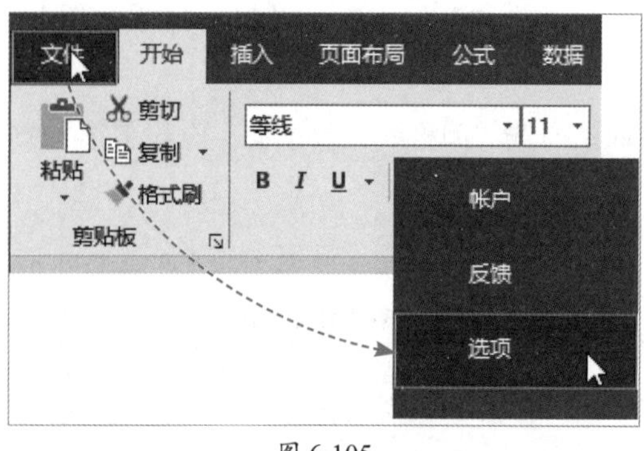

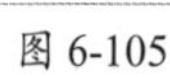

图 6-105

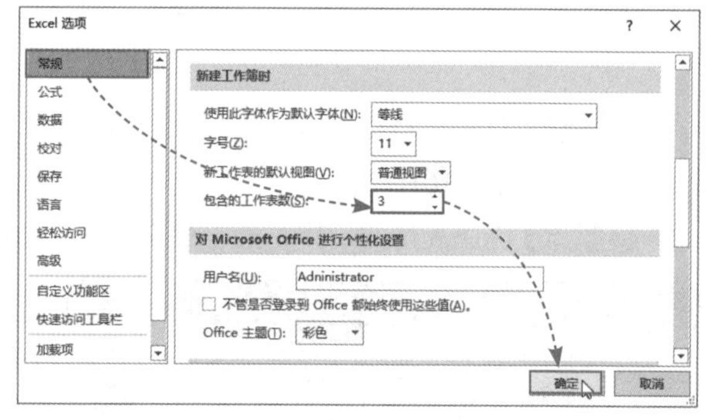

图 6-106

3. Q：暂时不使用又不想删除的工作表应如何处理？

A：可以将其隐藏。右击工作表标签，在弹出的快捷菜单中选择“隐藏”选项，便可将当前工作表隐藏。若要让隐藏的工作表重新显示，只要右击任意一个工作表标签，在弹出的快捷菜单中选择“取消隐藏”选项，在随后弹出的“取消隐藏”对话框中选择要取消隐藏的工作表，单击“确定”按钮即可。

第7章 数据的管理与分析

Excel最强大的功能并非存储数据或将表格制作得多么精美漂亮，而是数据处理和分析能力。利用排序、筛选、分类汇总、合并计算、条件格式等功能，可大大缩短数据处理的时间，提高工作效率，本章将对这些功能进行详细介绍。

7.1 数据排序

排序是最基本的数据分析手段之一，看起来杂乱无章的数据在排序之后便可按照指定的规律进行重新排列。排序的方法有很多，例如简单排序、多字段排序、自定义排序、特殊排序等。

7.1.1 简单排序

所谓简单排序即对字段进行最基本的“升序”或“降序”排序，任何数据类型都可进行升序或降序排序，只是参照的标准不同。例如数字按照大小排序，日期按照先后排序，汉字按照首字母或笔画排序等。执行简单排序的命令按钮就保存在“数据”选项卡中，如图7-1所示。

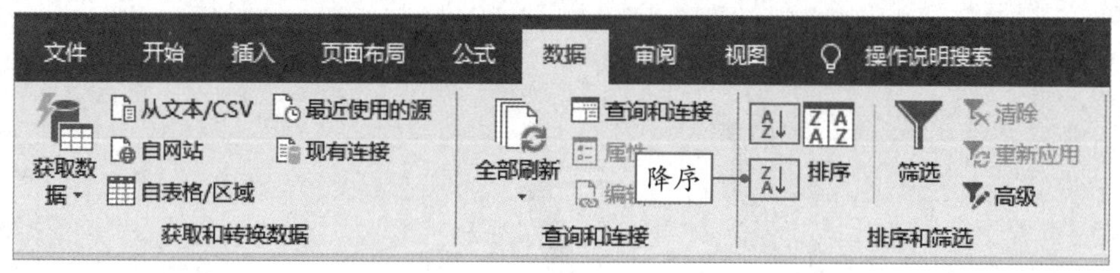

图 7-1

1. 数据的简单排序

选中要排序的字段中的任意一个单元格，打开“数据”选项卡，在“排序和筛选”组中单击“升序”按钮，如图7-2所示，所选字段中的数据随即按照从低到高的顺序进行重新排列，如图7-3所示。

	A	B	C	D
1	月份	收入	支出	盈亏
2	1月	14617	19860	-5243
3	2月	22571	8212	14359
4	3月	22108	9435	12673
5	4月	20339	10456	9883
6	5月	21554	18833	2721
7	6月	14432	1187	13245

图 7-2

	A	B	C	D
1	月份	收入	支出	盈亏
2	6月	14432	1187	13245
3	1月	14617	19860	-5243
4	8月	15763	5645	10118
5	7月	17452	19716	-2264
6	10月	19183	20217	-1034
7	11月	19848	19603	245
8	4月	20339	10456	9883
9	5月	21554	18833	2721
10	3月	22108	9435	12673
11	2月	22571	8212	14359
12	12月	23250	17644	5606
13	9月	23754	21160	2594
14				

图 7-3

2. 按笔画排序

默认情况下文本按照拼音首字母的顺序进行排序，但对姓名排序时往往要求按照笔画顺序进行排序，那么在排序之前就需要进行简单设置。

选中数据表中的任意一个单元格，打开“数据”选项卡，在“排序和筛选”组中单击“排序”按钮，如图7-4所示。打开“排序”对话框，设置主要关键字为“姓名”，选择好排序方式，此处选择“升序”，随后单击“选项”按钮，如图7-5所示。

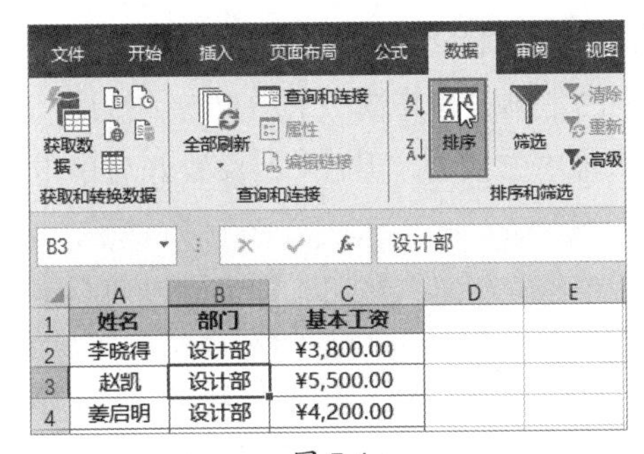

图 7-4

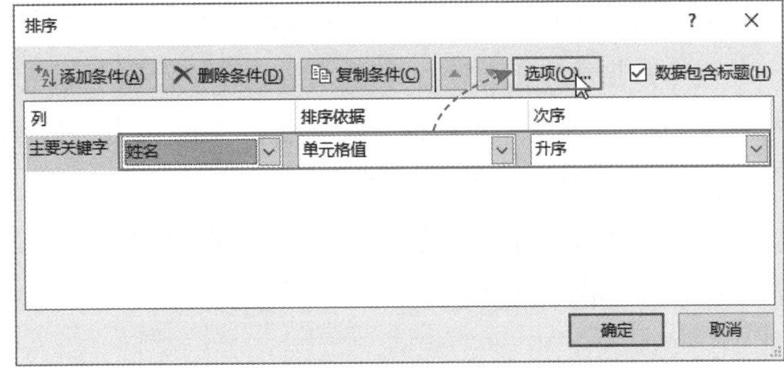

图 7-5

系统随即弹出“排序选项”对话框，选择“笔画顺序”单选按钮，单击“确定”按钮，关闭对话框，如图7-6所示。返回到“排序”对话框，再次单击“确定”按钮。数据表中“姓名”字段中的所有姓名随即按照笔画顺序进行了重新排序，如图7-7所示。

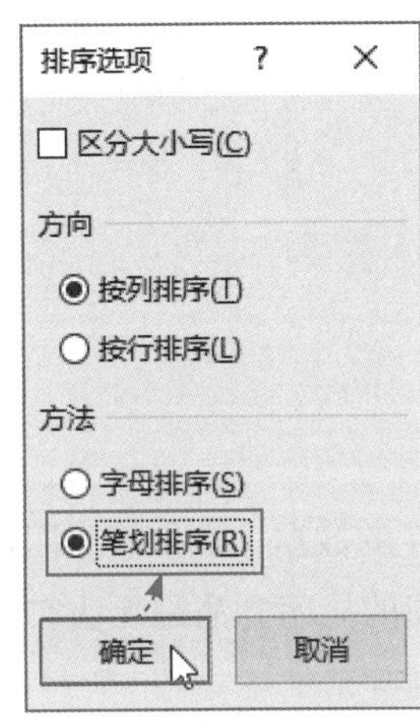

图 7-6

	A	B	C
1	姓名	部门	基本工资
2	王子	设计部	¥7,000.00
3	王世龙	设计部	¥3,800.00
4	刘达	设计部	¥4,000.00
5	刘莉	设计部	¥3,000.00
6	李晓得	设计部	¥3,800.00
7	周德东	设计部	¥6,000.00
8	赵凯	设计部	¥5,500.00
9	姜华	设计部	¥6,000.00
10	姜启明	设计部	¥4,200.00
11	徐芳芳	设计部	¥5,800.00
12	朝阳	设计部	¥7,800.00
13			

图 7-7

知识点拨

按拼音排序时，若第1个字相同则从第2个字开始计算，第2个字也相同则从第3个字开始计算，依此类推。

7.1.2 多字段排序

前面介绍了如何对一个字段进行排序，若要同时对多个字段进行排序应如何操作呢？例如本例所呈现的报价单，如图7-8所示。要求先按“数量”进行升序排序，当“数量”相同时，“总价”按降序排序，如图7-9所示。

	A	B	C	D	E	F	G
1	序号	产品名称	单位	数量	单价	总价	
2	1	刀熔开关	只	2	¥1,537.20	¥3,074.40	
3	2	电流互感器	只	6	¥42.00	¥252.00	
4	3	接地开关	套	2	¥830.00	¥1,660.00	
5	4	多功能仪表	只	3	¥1,440.00	¥4,320.00	
6	5	熔断器	只	20	¥36.00	¥720.00	
7	6	10kV隔离开关	只	2	¥1,650.00	¥3,300.00	
8	7	无功补偿控制器	只	2	¥990.00	¥1,980.00	
9	8	共补电容器	只	10	¥290.40	¥2,904.00	
10	9	分补电容器	只	2	¥726.00	¥1,452.00	
11	10	补偿复合开关	只	5	¥369.60	¥1,848.00	
12	11	补偿复合开关	只	4	¥396.00	¥1,584.00	
13	12	避雷器	只	5	¥31.20	¥156.00	
14	13	柜壳	台	1	¥1,080.00	¥1,080.00	

图 7-8

	A	B	C	D	E	F	G
1	序号	产品名称	单位	数量	单价	总价	
2	13	柜壳	台	1	¥1,080.00	¥1,080.00	
3	6	10kV隔离开关	只	2	¥1,650.00	¥3,300.00	
4	1	刀熔开关	只	2	¥1,537.20	¥3,074.40	
5	7	无功补偿控制器	只	2	¥990.00	¥1,980.00	
6	3	接地开关	套	2	¥830.00	¥1,660.00	
7	9	分补电容器	只	2	¥726.00	¥1,452.00	
8	4	多功能仪表	只	3	¥1,440.00	¥4,320.00	
9	11	补偿复合开关	只	4	¥396.00	¥1,584.00	
10	10	补偿复合开关	只	5	¥369.60	¥1,848.00	
11	12	避雷器	只	5	¥31.20	¥156.00	
12	2	电流互感器	只	6	¥42.00	¥252.00	
13	8	共补电容器	只	10	¥290.40	¥2,904.00	
14	5	熔断器	只	20	¥36.00	¥720.00	

图 7-9

同时对两个字段或两个以上字段进行排序称为多字段排序，下面介绍具体操作方法。

选中数据表中的任意一个单元格，在“数据”选项卡中的“排序和筛选”组中单击“排序”按钮，打开“排序”对话框，设置主要关键字为“数量”，排序方式为“升序”，设置好后单击“添加条件”按钮，添加一个次要关键字，如图7-10所示。

设置次要关键字为“总价”，排序方式为“降序”，最后单击“确定”按钮，即可完成两个字段的排序，如图7-11所示。

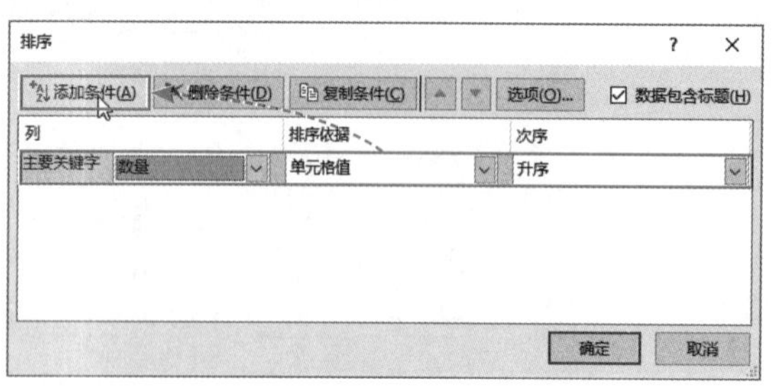

图 7-10

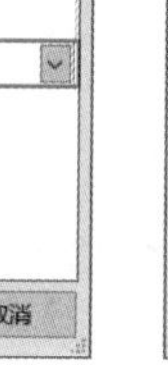

图 7-11

7.1.3 自定义排序

对于一些需要按照特殊规律进行排序的数据，例如按照职位从高到低进行排序，如图7-12、图7-13所示。若按照常规的排序方法是无法实现的，这时可以创建自定义序列，按照自定义的序列进行排序。

	A	B	C	D	E	F
1	工号	员工姓名	性别	出生年月	年龄	职称
2	DS001	吴宇	男	1990/3/3	29	职员
3	DS002	江华	男	1990/7/1	28	职员
4	DS003	刘明	男	1987/8/1	31	工程师
5	DS004	吴静	女	1996/5/1	23	会计
6	DS005	王梦媛	女	1979/3/1	40	职员
7	DS006	王铭	男	1978/2/1	41	职员
8	DS007	孙立伟	男	1970/7/1	48	技术员
9	DS008	葛毅	男	排序之前	34	技术员
10	DS009	乔楠	男	1978/2/1	41	职员
11	DS010	赵海波	男	1985/3/15	34	职员
12	DS011	王梦	女	1970/4/28	49	职员
13	DS012	艾青	女	1994/2/24	25	部门经理
14	DS013	张三	女	1987/10/6	31	工程师
15	DS014	刘晓	男	1981/12/22	37	高级工程师
16	DS015	赵立凯	男	1983/11/18	35	职员

图 7-12

	A	B	C	D	E	F
1	工号	员工姓名	性别	出生年月	年龄	职称
2	DS012	艾青	女	1994/2/24	25	部门经理
3	DS014	刘晓	男	1981/12/22	37	高级工程师
4	DS003	刘明	男	1987/8/1	31	工程师
5	DS013	张三	女	1987/10/6	31	工程师
6	DS004	吴静	女	1996/5/1	23	会计
7	DS007	孙立伟	男	1970/7/1	48	技术员
8	DS008	葛毅	男	1985/4/10	34	技术员
9	DS001	按自定义的序列排序			29	职员
10	DS002	江华	男	1990/7/1	28	职员
11	DS005	王梦媛	女	1979/3/1	40	职员
12	DS006	王铭	男	1978/2/1	41	职员
13	DS009	乔楠	男	1978/2/1	41	职员
14	DS010	赵海波	男	1985/3/15	34	职员
15	DS011	王梦	女	1970/4/28	49	职员
16	DS015	赵立凯	男	1983/11/18	35	职员

图 7-13

选中数据表中的任意一个单元格，打开“排序”对话框，设置好要排序的主要关键字，单击“次序”下方的下拉按钮，在弹出的列表中选择“自定义序列”选项，如图7-14所示。

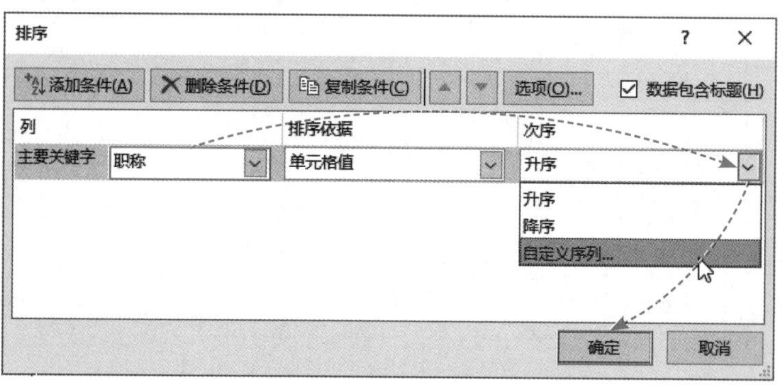

图 7-14

弹出“自定义序列”对话框，在“插入序列”列表框中输入自定义的序列，输入完成后单击“添加”按钮，所输入的序列会被添加到“自定义序列”列表中，最后单击“确定”按钮关闭对话框，如图7-15所示。

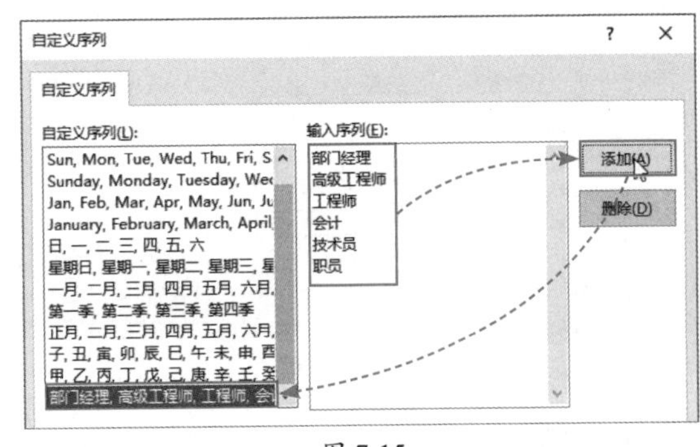

图 7-15

返回“排序对话框”再次单击“次序”下拉按钮，此时弹出的列表中即出现了刚刚设置的自定义序列选项，用户可在此选择自定义序列是按正序还是按逆序排序，如图7-16所示。此处保持默认选项，单击“确定”按钮，如图7-17所示，即可完成对“职称”字段的自定义排序。

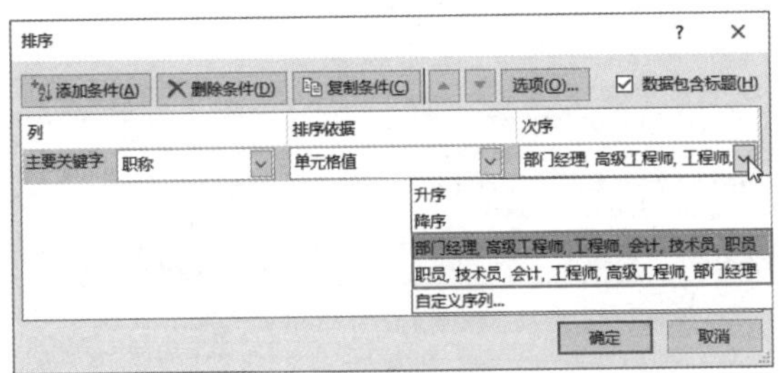

图 7-16

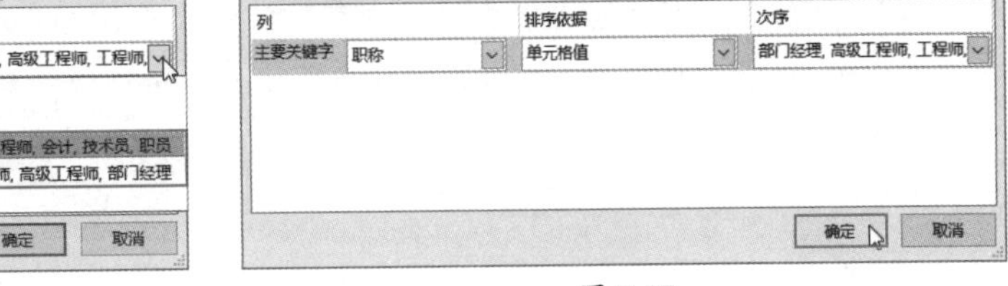

图 7-17

动手练 根据字体颜色排序

在工作表中，有时会为数据设置底纹或改变字体颜色来标识数据的属性，如图7-18所示。这时用户也可根据单元格的颜色或字体颜色进行排序。下面以字体颜色排序为例进行操作练习，如图7-19所示。

	A	B	C
1	项目名称	预算支出	实际支出
2	办公日用品	¥1,200.00	¥800.00
3	车辆保险	¥2,690.00	¥1,230.00
4	车辆燃油	¥2,000.00	¥2,000.00
5	车辆维修	¥1,236.00	¥1,236.00
6	车票费用	¥6,523.00	¥6,523.00
7	电费	¥2,100.00	¥1,860.00
8	房租	¥3,500.00	¥2,140.00
9	奖金	¥800.00	¥469.00
10	空调费	¥1,200.00	¥920.00
11	年检费	¥200.00	¥200.00
12	停车费	¥500.00	¥500.00
13	物业费	¥2,600.00	¥2,600.00
14	销售佣金	¥98,562.00	¥98,562.00
15	薪资	¥5,600.00	¥5,600.00
16	业务提成	¥200,000.00	¥18,560.00
17	饮用水费	¥500.00	¥400.00
18	员工餐费	¥650.00	¥620.00
19	运输和保险费用	¥12,365.00	¥12,365.00
20	招聘培训费	¥500.00	¥300.00
21	住宿费用	¥5,698.00	¥5,698.00

图 7-18

	A	B	C
1	项目名称	预算支出	实际支出
2	办公日用品	¥1,200.00	¥800.00
3	电费	¥2,100.00	¥1,860.00
4	房租	¥3,500.00	¥2,140.00
5	空调费	¥1,200.00	¥920.00
6	物业费	¥2,600.00	¥2,600.00
7	饮用水费	¥500.00	¥400.00
8	奖金	¥800.00	¥469.00
9	薪资	¥5,600.00	¥5,600.00
10	业务提成	¥200,000.00	¥18,560.00
11	员工餐费	¥650.00	¥620.00
12	招聘培训费	¥500.00	¥300.00
13	车辆保险	¥2,690.00	¥1,230.00
14	车辆燃油	¥2,000.00	¥2,000.00
15	车辆维修	¥1,236.00	¥1,236.00
16	年检费	¥200.00	¥200.00
17	停车费	¥500.00	¥500.00
18	车票费用	¥6,523.00	¥6,523.00
19	销售佣金	¥98,562.00	¥98,562.00
20	运输和保险费用	¥12,365.00	¥12,365.00
21	住宿费用	¥5,698.00	¥5,698.00

图 7-19

Step 01 选中数据表中的任意一个单元格，打开“排序”对话框，设置主要关键字为“项目名称”，单击“排序依据”下拉按钮，在弹出的列表中选择“字体颜色”选项，如图7-20所示。

Step 02 “排序依据”右侧随即多出一个选项，单击该选项下拉按钮，在弹出的列表中显示的色块即工作表中包含的文本颜色，选择需要在最顶端显示的字体颜色，如图7-21所示。

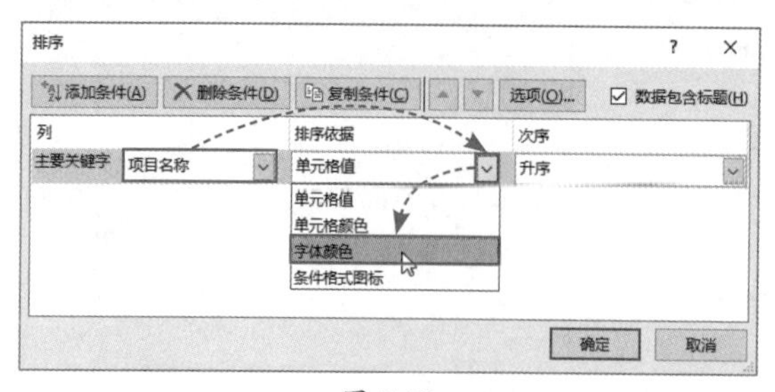

图 7-20

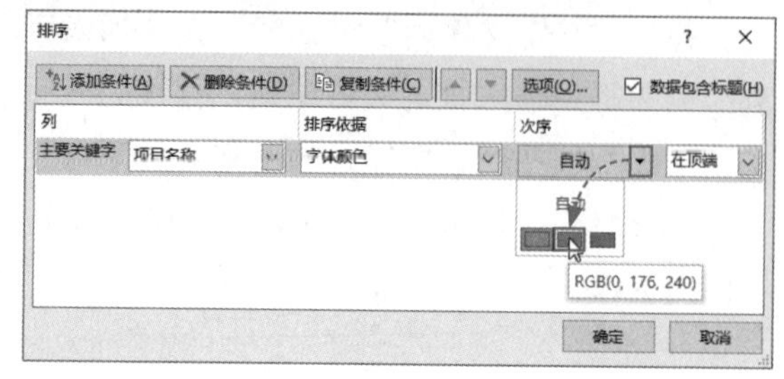

图 7-21

Step 03 单击“复制条件”按钮，复制一个“次要关键字”，如图7-22所示，设置好需要在第2位显示的颜色。

Step 04 最后再次单击“复制条件”按钮，再添加一个次要关键字并设置需要在第3位显示的颜色，单击“确定”按钮，如图7-23所示，表格中的“项目名称”字段随即根据对话框中设置的字体颜色顺序重新排序。

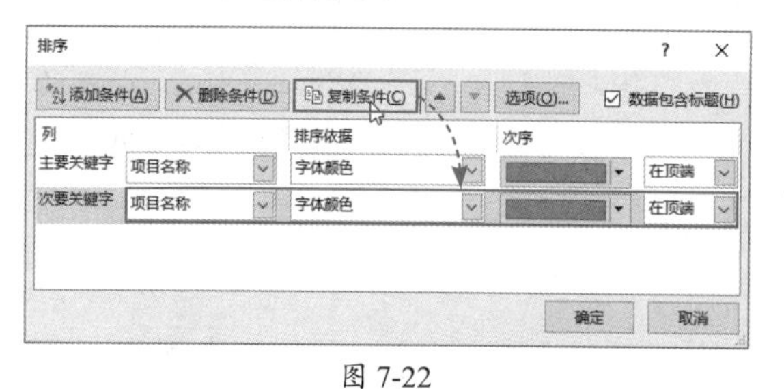

图 7-22

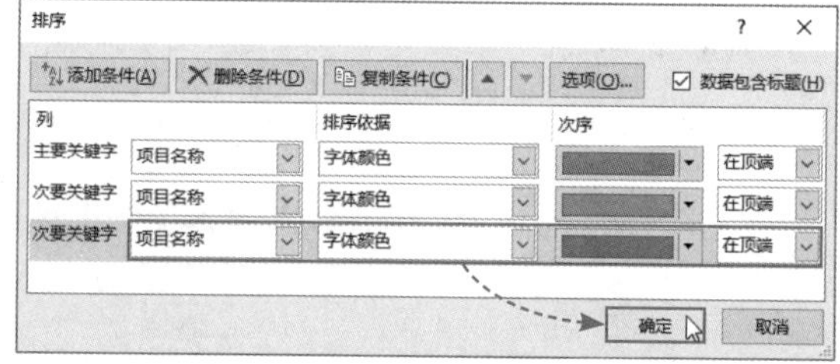

图 7-23

7.2 数据筛选

Excel中的筛选功能很强大，其可以将需要的信息从复杂的数据中筛选出来，把不符合要求的数据隐藏起来，下面对数据的筛选操作进行详细介绍。

7.2.1 自动筛选

为数据表创建筛选后可通过筛选器直接筛选需要的数据，例如在销售报表中筛选指定商品的销售数据。

选中数据表中的任意一个单元格，打开“数据”选项卡，在“排序和筛选”组中单击“筛选”按钮，如图7-24所示。数据表随即进入筛选状态，标题行中每个单元格右侧均出现了一个下拉按钮，如图7-25所示。

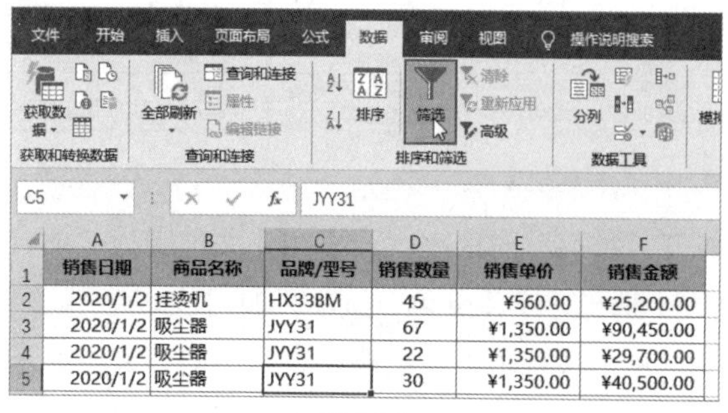

图 7-24

	A	B	C	D	E	F
1	销售日期	商品名称	品牌/型号	销售数量	销售单价	销售金额
2	2020/1/2	挂烫机	HX33BM	45	¥560.00	¥25,200.00
3	2020/1/2	吸尘器	JYY31	67	¥1,350.00	¥90,450.00
4	2020/1/2	吸尘器	JYY31	22	¥1,350.00	¥29,700.00
5	2020/1/2	吸尘器	JYY31	30	¥1,350.00	¥40,500.00
6	2020/1/2	剃须刀	FR220	20	¥88.00	¥1,760.00
7	2020/1/2	挂烫机	HX33BM	28	¥560.00	¥15,680.00
8	2020/1/3	挂烫机	HX33BM	40	¥560.00	¥22,400.00
9	2020/1/6	剃须刀	FR220	20	¥88.00	¥1,760.00
10	2020/1/7	电动牙刷	米家	30	¥199.00	¥5,970.00
11	2020/1/7	剃须刀	232BB	52	¥120.00	¥6,240.00
12	2020/2/7	电动牙刷	米家	22	¥199.00	¥4,378.00
13	2020/2/7	电动牙刷	米家	80	¥199.00	¥15,920.00

图 7-25

单击需要筛选的字段标题右侧下拉按钮，在弹出的筛选器中取消勾选“全选”复选框，只勾选需要筛选的数据，单击“确定”按钮，如图7-26所示，数据表中即可筛选出相应数据，如图7-27所示。

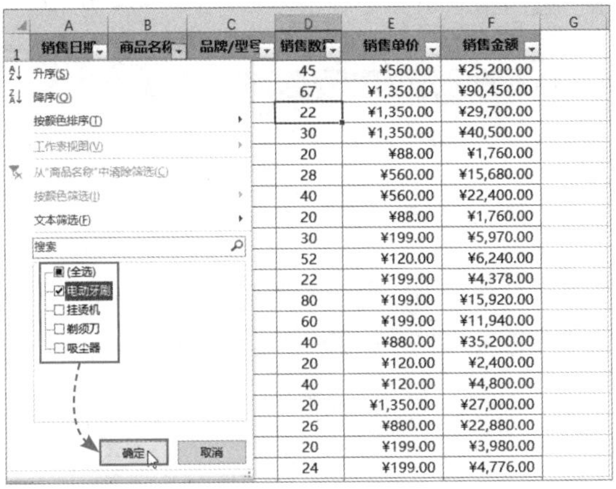

图 7-26

	销售日期	商品名称	品牌/型号	销售数量	销售单价	销售金额
10	2020/1/7	电动牙刷	米家	30	¥199.00	¥5,970.00
12	2020/2/7	电动牙刷	米家	22	¥199.00	¥4,378.00
13	2020/2/7	电动牙刷	米家	80	¥199.00	¥15,920.00
14	2020/2/7	电动牙刷	米家	60	¥199.00	¥11,940.00
20	2020/3/7	电动牙刷	米家	20	¥199.00	¥3,980.00
21	2020/3/7	电动牙刷	米家	24	¥199.00	¥4,776.00
22	2020/3/8	电动牙刷	飞利浦	6	¥299.00	¥1,794.00
23	2020/3/8	电动牙刷	飞利浦	3	¥299.00	¥897.00
24	2020/3/8	电动牙刷	飞利浦	2	¥299.00	¥598.00
25	2020/3/8	电动牙刷	飞利浦	8	¥299.00	¥2,392.00
28	2020/4/8	电动牙刷	飞利浦	2	¥299.00	¥598.00
30	2020/4/9	电动牙刷	飞利浦	20	¥299.00	¥5,980.00
37	2020/6/20	电动牙刷	拜耳	20	¥258.00	¥5,160.00
38	2020/6/22	电动牙刷	拜耳	24	¥258.00	¥6,192.00
39	2020/6/23	电动牙刷	拜耳	6	¥258.00	¥1,548.00
40	2020/6/24	电动牙刷	拜耳	3	¥258.00	¥774.00
41	2020/6/26	电动牙刷	拜耳	2	¥258.00	¥516.00

图 7-27

7.2.2 条件筛选

根据数据类型的不同，筛选器中提供的筛选项也有所差别，下面介绍如何按指定条件筛选不同类型的数据。

1. 文本筛选

为数据表创建筛选后单击“姓名”字段右侧的下拉按钮，在弹出的筛选器中选择“文本筛选”选项，在其级联列表中选择“开头是”选项，如图7-28所示。

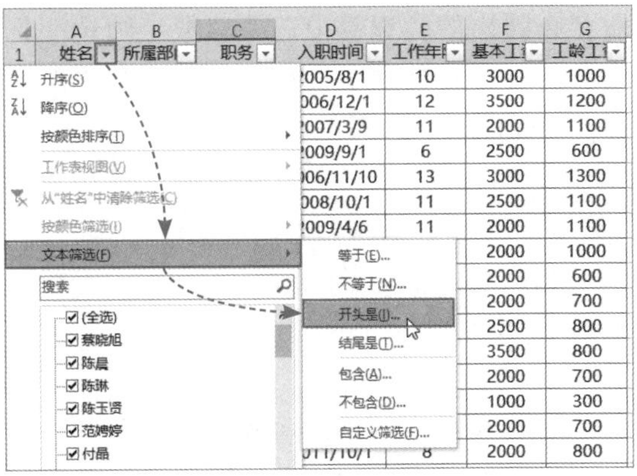

图 7-28

打开“自定义自动筛选方式”对话框，在“开头是”右侧输入“陈”，单击“确定”按钮。姓名列中所有姓“陈”的员工信息随即被筛选出来，如图7-29所示。

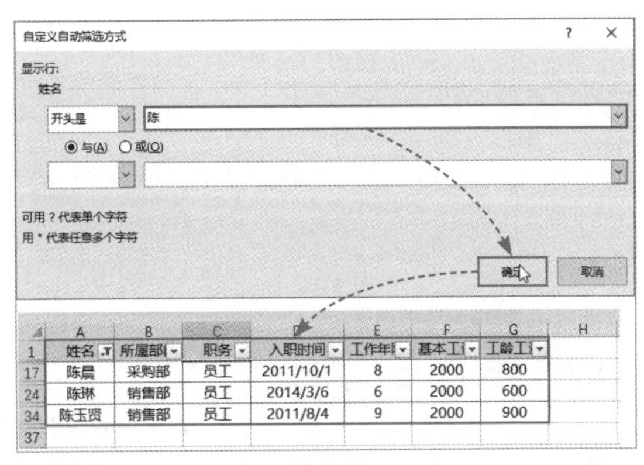

	姓名	所属部门	职务	入职时间	工作年限	基本工资	工龄工资
17	陈晨	采购部	员工	2011/10/1	8	2000	800
24	陈琳	销售部	员工	2014/3/6	6	2000	600
34	陈玉贤	销售部	员工	2011/8/4	9	2000	900

图 7-29

2. 日期筛选

选中日期字段标题右侧的下拉按钮，在弹出的筛选器中选择“日期筛选”选项，在其级联列表中选择“介于”选项，如图7-30所示。

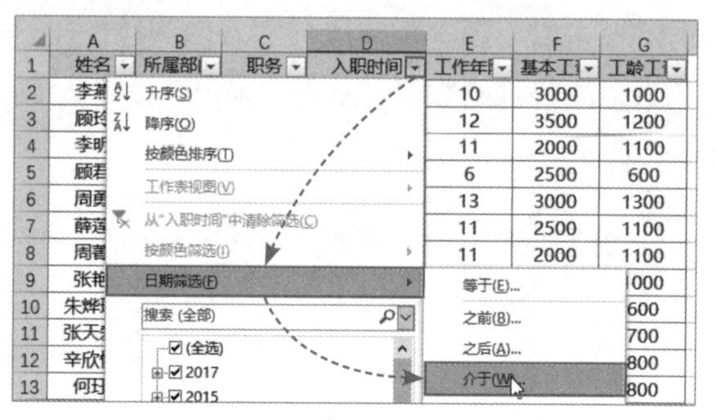

图 7-30

打开“自定义自动筛选方式”对话框，设置要筛选的日期范围，单击“确定”按钮，如图7-31所示，工作表中随即筛选出介于对话框中所设的两个日期之间的所有数据，如图7-32所示。

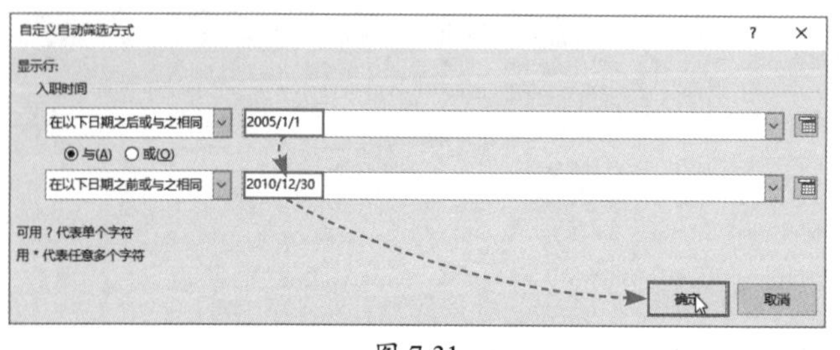

图 7-31

	A	B	C	D	E	F	G
1	姓名	所属部门	职务	入职时间	工作年限	基本工资	工龄工资
2	李燕	财务部	经理	2005/8/1	10	3000	1000
3	顾玲	销售部	经理	2006/12/1	12	3500	1200
4	李明	生产部	经理	2007/3/9	11	2000	1100
5	顾君	办公室	经理	2009/9/1	6	2500	600
6	周勇	人事部	经理	2006/11/10	13	3000	1300
7	薛莲	设计部	经理	2008/10/1	11	2500	1100
8	周菁	销售部	主管	2009/4/6	11	2000	1100
9	张艳	采购部	经理	2010/6/2	10	2000	1000
18	陆良	财务部	主管	2010/10/2	9	2800	900
20	刘冲	生产部	主管	2009/1/1	11	2500	1100
21	付晶	办公室	主管	2009/6/1	11	2500	1100

图 7-32

3. 数值筛选

单击“工作年限”字段标题右侧的下拉按钮，在弹出的筛选器中选择“数字筛选”选项，在其级联列表中选择“大于或等于”选项，如图7-33所示。

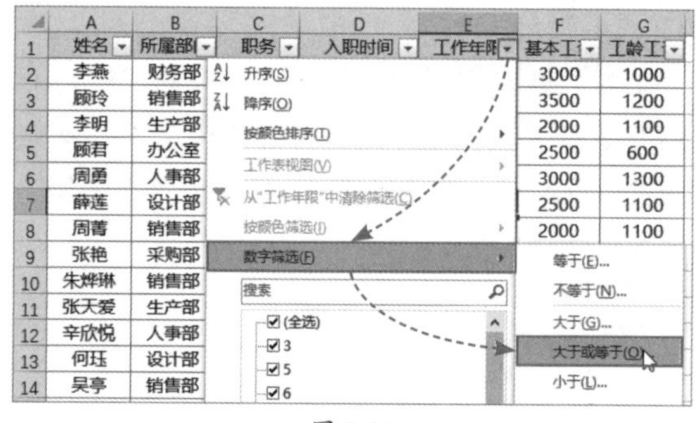

图 7-33

在打开的“自定义自动筛选方式”对话框中设置大于或等于“10”，单击“确定”按钮，如图7-34所示，工作表中工作年限大于或等于10年的所有数据即被筛选出来，如图7-35所示。

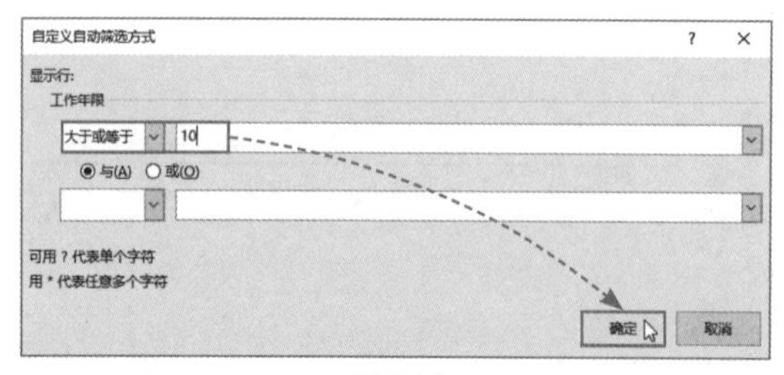

图 7-34

	A	B	C	D	E	F	G	H
1	姓名	所属部门	职务	入职时间	工作年限	基本工资	工龄工资	
2	李燕	财务部	经理	2005/8/1	10	3000	1000	
3	顾玲	销售部	经理	2006/12/1	12	3500	1200	
4	李明	生产部	经理	2007/3/9	11	2000	1100	
6	周勇	人事部	经理	2006/11/10	13	3000	1300	
7	薛莲	设计部	经理	2008/10/1	11	2500	1100	
8	周菁	销售部	主管	2009/4/6	11	2000	1100	
9	张艳	采购部	经理	2010/6/2	10	2000	1000	
20	刘冲	生产部	主管	2009/1/1	11	2500	1100	
21	付晶	办公室	主管	2009/6/1	11	2500	1100	
37								

图 7-35

知识点拨

若要清除执行过的筛选，可在“数据”选项卡中的“排序和筛选”组中单击“清除”按钮。

扫码看视频

动手练 删除所有空白行

当数据表中存在空白行时会将一个完整的表格分隔成多个表格，从而对数据分析造成很大影响，所以，应及时删除表格中多余的空白行。

删除表格中的空白行有很多种方法，利用本章所学的排序或筛选功能都可以轻松完成删除操作，下面以排序法为例完成动手练习。

Step 01 选中包含空白单元格的整个数据表区域，打开“数据”选项卡，执行“升序”排序，如图7-36所示。

Step 02 数据表中的所有空白行随即全部集中到表格的下方显示，选中所有空白行，执行删除操作即可，如图7-37所示。

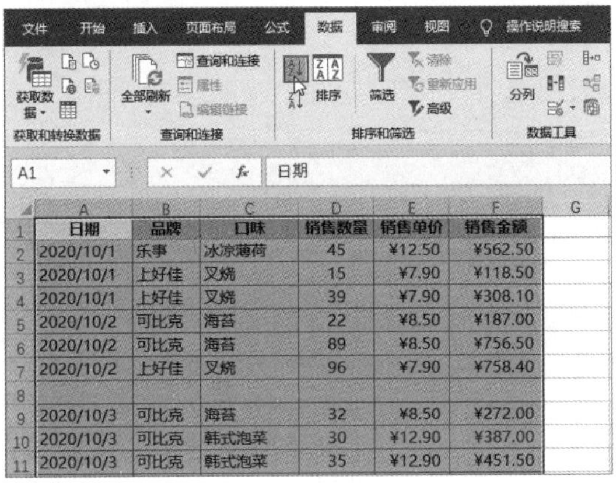

图 7-36

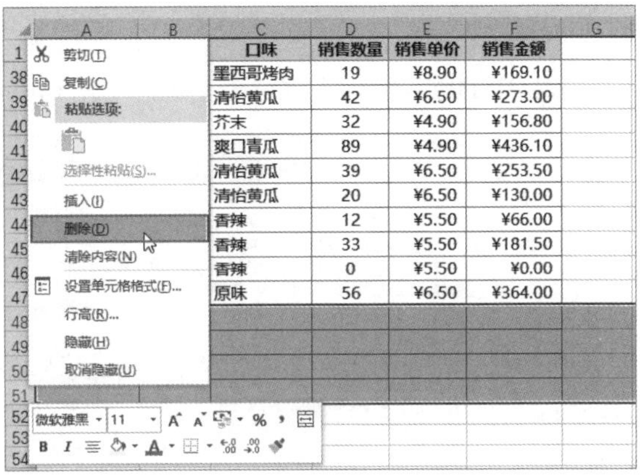

图 7-37

注意事项 在本次动手练习中，执行“升序”或“降序”都可以，排序是为了将所有空白行全部集中到一起显示，方便删除。需要注意的是，排序之前必须将整个数据表区域全部选中，否则排序操作只会针对第一个空行上方的区域生效。

7.3 数据分类汇总

分类汇总是对数据进行分析的一种方法，在日常数据管理过程中，当需要对数据进行分类统计时可使用分类汇总功能。

7.3.1 单项分类汇总

单项分类汇总是对一个字段中的数据按类别进行求和、计数、求平均值等方式的汇总，下面介绍具体操作方法。

在进行分类汇总之前必须先对分类字段进行排序，例如要对“销售日期”字段进行分类，那么要先对该字段进行简单排序，升序或降序都可以，排序是为了将同类数据集中到一起显示。

接下来选中数据表中的任意一个单元格，打开“数据”选项卡，在“分级显示”组中单击“分类汇总”按钮，如图7-38所示。打开“分类汇总”对话框，设置好“分类字段”“汇总方式”以及“汇总项”，单击“确定”按钮，如图7-39所示。

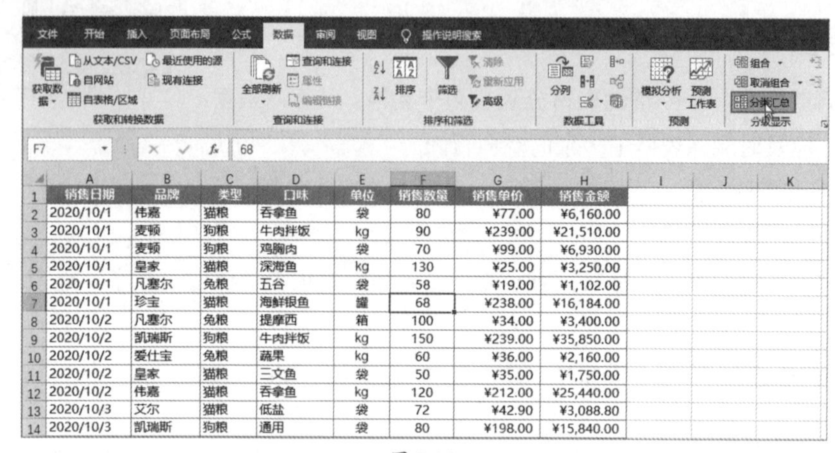

销售日期	品牌	类型	口味	单位	销售数量	销售单价	销售金额
2020/10/1	伟嘉	猫粮	吞拿鱼	袋	80	¥77.00	¥6,160.00
2020/10/1	麦顿	狗粮	牛肉拌饭	kg	90	¥239.00	¥21,510.00
2020/10/1	麦顿	狗粮	鸡胸肉	袋	70	¥99.00	¥6,930.00
2020/10/1	皇家	猫粮	深海鱼	kg	130	¥25.00	¥3,250.00
2020/10/1	凡赛尔	兔粮	五谷	袋	58	¥19.00	¥1,102.00
2020/10/1	珍宝	猫粮	海鲜银鱼	罐	68	¥238.00	¥16,184.00
2020/10/2	凡赛尔	兔粮	提摩西	箱	100	¥34.00	¥3,400.00
2020/10/2	凯瑞斯	狗粮	牛肉拌饭	kg	150	¥239.00	¥35,850.00
2020/10/2	爱仕宝	兔粮	蔬果	kg	60	¥36.00	¥2,160.00
2020/10/2	皇家	猫粮	三文鱼	袋	50	¥35.00	¥1,750.00
2020/10/2	伟嘉	猫粮	吞拿鱼	kg	120	¥212.00	¥25,440.00
2020/10/3	艾尔	猫粮	低盐	袋	72	¥42.90	¥3,088.80
2020/10/3	凯瑞斯	狗粮	通用	袋	80	¥198.00	¥15,840.00

图 7-38

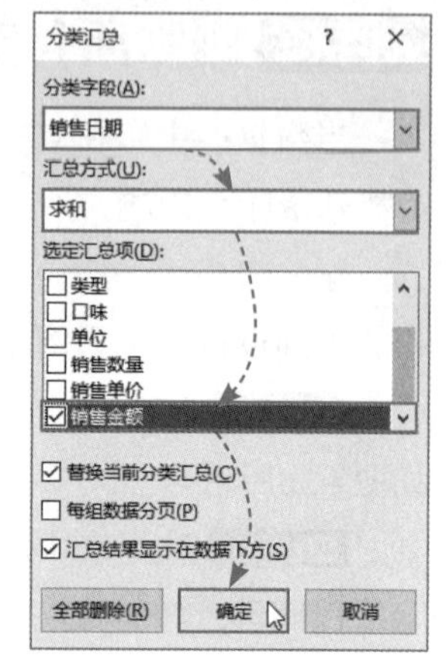

图 7-39

表格中的数据随即根据“分类汇总”对话框中设置的选项完成分类汇总，如图7-40所示。

销售日期	品牌	类型	口味	单位	销售数量	销售单价	销售金额
2020/10/1	伟嘉	猫粮	吞拿鱼	袋	80	¥77.00	¥6,160.00
2020/10/1	麦顿	狗粮	牛肉拌饭	kg	90	¥239.00	¥21,510.00
2020/10/1	麦顿	狗粮	鸡胸肉	袋	70	¥99.00	¥6,930.00
2020/10/1	皇家	猫粮	深海鱼	kg	130	¥25.00	¥3,250.00
2020/10/1	凡赛尔	兔粮	五谷	袋	58	¥19.00	¥1,102.00
2020/10/1	珍宝	猫粮	海鲜银鱼	罐	68	¥238.00	¥16,184.00
2020/10/1 汇总							¥55,136.00
2020/10/2	凡赛尔	兔粮	提摩西	箱	100	¥34.00	¥3,400.00
2020/10/2	凯瑞斯	狗粮	牛肉拌饭	kg	150	¥239.00	¥35,850.00
2020/10/2	爱仕宝	兔粮	蔬果	kg	60	¥36.00	¥2,160.00
2020/10/2	皇家	猫粮	三文鱼	袋	50	¥35.00	¥1,750.00
2020/10/2	伟嘉	猫粮	吞拿鱼	kg	120	¥212.00	¥25,440.00
2020/10/2 汇总							¥68,600.00

图 7-40

知识点拨

完成分类汇总后表格左上角会出现“123”这样的小图标，这些是分级显示图表，单击不同的数字按钮可查看不同的组合结果。

7.3.2 嵌套分类汇总

嵌套分类汇总是对同一个数据表叠加多重分类汇总。嵌套分类汇总可以对一个分类项执行多种方式的汇总，也可以同时对多个项目进行分类，然后按指定方式进行汇总。

接下来对商品销售报表中的“类型”字段进行分类，统计其“销售数量”的最大值；然后再对“品牌”字段进行分类，统计其“销售金额”的总和。

首先要做的是对分类字段进行排序，如图7-41所示，排序后的效果如图7-42所示。

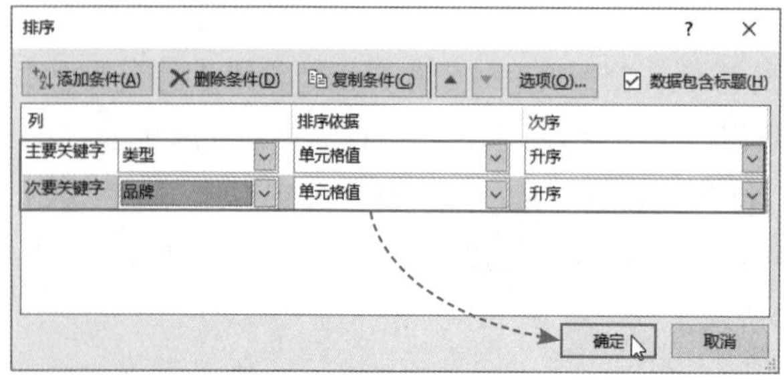

图 7-41

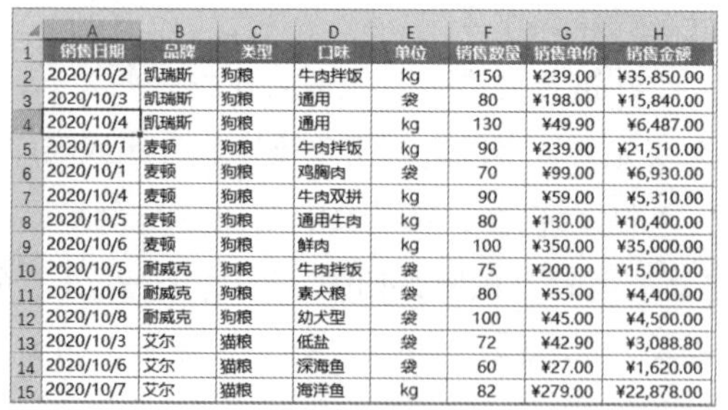

销售日期	品牌	类型	口味	单位	销售数量	销售单价	销售金额
2020/10/2	凯瑞斯	狗粮	牛肉拌饭	kg	150	¥239.00	¥35,850.00
2020/10/3	凯瑞斯	狗粮	通用	袋	80	¥198.00	¥15,840.00
2020/10/4	凯瑞斯	狗粮	通用	kg	130	¥49.90	¥6,487.00
2020/10/1	麦顿	狗粮	牛肉拌饭	kg	90	¥239.00	¥21,510.00
2020/10/1	麦顿	狗粮	鸡胸肉	袋	70	¥99.00	¥6,930.00
2020/10/4	麦顿	狗粮	牛肉双拼	kg	90	¥59.00	¥5,310.00
2020/10/5	麦顿	狗粮	通用牛肉	kg	80	¥130.00	¥10,400.00
2020/10/6	麦顿	狗粮	鲜肉	kg	100	¥350.00	¥35,000.00
2020/10/5	耐威克	狗粮	牛肉拌饭	袋	75	¥200.00	¥15,000.00
2020/10/6	耐威克	狗粮	素犬粮	袋	80	¥55.00	¥4,400.00
2020/10/8	耐威克	狗粮	幼犬型	袋	100	¥45.00	¥4,500.00
2020/10/3	艾尔	猫粮	低盐	袋	72	¥42.90	¥3,088.80
2020/10/6	艾尔	猫粮	深海鱼	袋	60	¥27.00	¥1,620.00
2020/10/7	艾尔	猫粮	海洋鱼	kg	82	¥279.00	¥22,878.00

图 7-42

接下来进行嵌套分类汇总操作。选中数据表中的任意一个单元格，单击“分类汇总”按钮，打开“分类汇总”对话框，设置分类字段为“类型”，汇总方式为“最大值”，选定汇总项为“销售数量”，单击“确定”按钮，如图7-43所示。

完成后再次打开“分类汇总”对话框，设置分类字段为“品牌”，汇总方式为“求和”，选定汇总项为“销售金额”，取消勾选“替换当前分类汇总”复选框，单击“确定”按钮，如图7-44所示，汇总后的效果如图7-45所示。

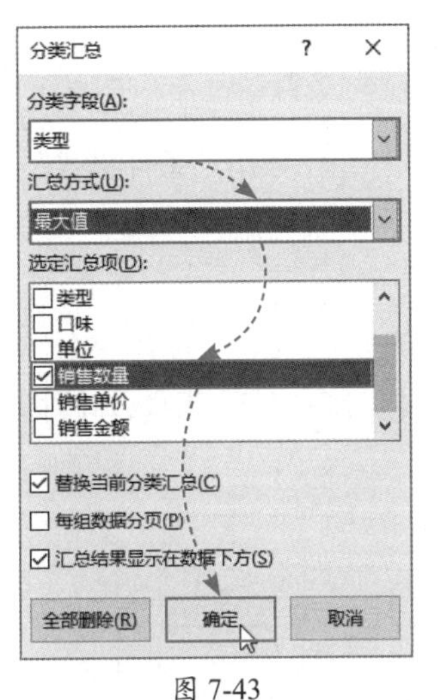

图 7-43

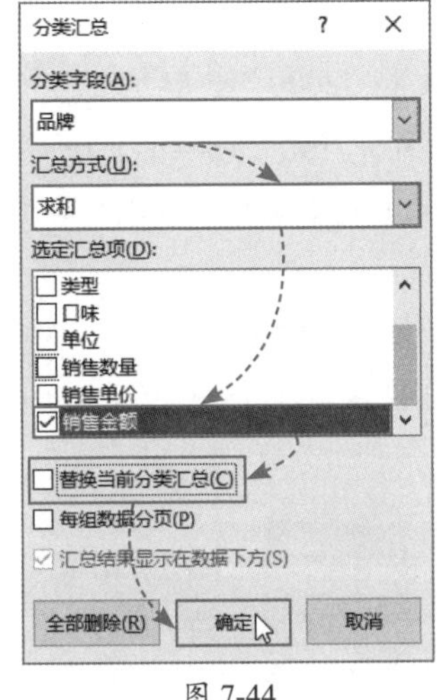

图 7-44

	A	B	C	D	E	F	G	H
1	销售日期	品牌	类型	口味	单位	销售数量	销售单价	销售金额
2	2020/10/2	凯瑞斯	狗粮	牛肉拌饭	kg	150	¥239.00	¥35,850.00
3	2020/10/3	凯瑞斯	狗粮	通用	袋	80	¥198.00	¥15,840.00
4	2020/10/4	凯瑞斯	狗粮	通用	kg	130	¥49.90	¥6,487.00
5		凯瑞斯 汇总						¥58,177.00
6	2020/10/1	麦顿	狗粮	牛肉拌饭	kg	90	¥239.00	¥21,510.00
7	2020/10/1	麦顿	狗粮	鸡胸肉	袋	70	¥99.00	¥6,930.00
8	2020/10/4	麦顿	狗粮	牛肉双拼	kg	90	¥59.00	¥5,310.00
9	2020/10/5	麦顿	狗粮	通用牛肉	kg	80	¥130.00	¥10,400.00
10	2020/10/6	麦顿	狗粮	鲜肉	kg	100	¥350.00	¥35,000.00
11		麦顿 汇总						¥79,150.00
12	2020/10/5	耐威克	狗粮	牛肉拌饭	袋	75	¥200.00	¥15,000.00
13	2020/10/6	耐威克	狗粮	素犬粮	袋	80	¥55.00	¥4,400.00
14	2020/10/8	耐威克	狗粮	幼犬型	袋	100	¥45.00	¥4,500.00
15		耐威克 汇总						¥23,900.00
16			狗粮 最大值			150		
17	2020/10/3	艾尔	猫粮	低盐	袋	72	¥42.90	¥3,088.80
18	2020/10/6	艾尔	猫粮	深海鱼	袋	60	¥27.00	¥1,620.00
19	2020/10/7	艾尔	猫粮	海洋鱼	kg	82	¥279.00	¥22,878.00
20		艾尔 汇总						¥27,586.80
21	2020/10/1	皇家	猫粮	深海鱼	kg	130	¥25.00	¥3,250.00
22	2020/10/2	皇家	猫粮	三文鱼	袋	50	¥35.00	¥1,750.00
23	2020/10/5	皇家	猫粮	低盐	kg	130	¥39.90	¥5,187.00
24		皇家 汇总						¥10,187.00
25	2020/10/1	伟嘉	猫粮	吞拿鱼	袋	80	¥77.00	¥6,160.00
26	2020/10/2	伟嘉	猫粮	吞拿鱼	kg	120	¥212.00	¥25,440.00
27	2020/10/5	伟嘉	猫粮	三文鱼	袋	80	¥24.00	¥1,920.00
28		伟嘉 汇总						¥33,520.00
29	2020/10/1	珍宝	猫粮	海鲜银鱼	罐	68	¥238.00	¥16,184.00
30	2020/10/4	珍宝	猫粮	三文鱼	袋	56	¥138.00	¥7,728.00
31	2020/10/7	珍宝	猫粮	海洋鱼	袋	70	¥39.00	¥2,730.00
32		珍宝 汇总						¥26,642.00
33			猫粮 最大值			130		

图 7-45

注意事项 在执行嵌套分类汇总的过程中，当第二次设置分类汇总字段时必须要取消勾选“替换当前分类汇总”复选框，否则，当前分类汇总结果会替换之前的分类汇总。

动手练 统计各部门薪资

扫码看视频

利用分类汇总功能可以轻松地在员工薪资表中统计各部门的薪资情况，下面进行练习。

Step 01 选中所属部门列中的任意一个单元格，在“开始”选项卡中的“排序和筛选”组中单击“升序”按钮，对当前字段进行简单排序。

Step 02 选中数据表中的任意一个单元格，在“数据”选项卡中的“分级显示”组中单击“分类汇总”按钮，打开“分类汇总”对话框。设置分类字段为“所属部门”，汇总方式为“求和”，选定汇总项为“实发工资”，设置完成后单击“确定”按钮，如图7-46所示。

Step 03 员工工资表中随即统计出每个部门的汇总工资，如图7-47所示。

	A	B	C	D	E	F	G	H
1	员工工号	员工姓名	所属部门	基本工资	应扣保险	考勤金额	个人所得税	实发工资
2	NNS004	江阳	办公室	¥3,900.00	¥673.80	¥300.00	¥92.62	¥3,576.20
3	NNS010	李爱	办公室	¥3,600.00	¥622.20	¥300.00	¥14.93	¥3,577.80
4	NNS011	赵翔	办公室	¥4,000.00	¥691.00	¥300.00	¥9.27	¥3,059.00
5	NNS001	刘阳	财务部	¥4,000.00	¥691.00	(¥150.00)	¥100.90	¥3,409.00
6	NNS008	英佟	财务部	¥3,200.00	¥553.40	¥300.00	¥2.60	¥2,996.60
7	NNS012	丁艾嘉	财务部	¥4,200.00	¥725.40	¥300.00	¥22.94	¥3,524.60
8	NNS003	许勤	人事部	¥3,700.00	¥639.40	¥300.00	¥103.06	¥3,060.60
9	NNS005	赵帆	人事部	¥3,500.00	¥605.00	¥300.00	¥1.35	¥2,895.00
10	NNS009	顾维佳	人事部	¥4,200.00	¥725.40	(¥50.00)	¥97.46	¥3,124.60
11	NNS015	张攀	人事部	¥4,300.00	¥742.60	¥300.00	¥26.02	¥3,207.40
12	NNS016	刘念	人事部	¥4,600.00	¥794.20	¥300.00	¥47.58	¥4,105.80
13	NNS006	吴乐乐	设计部	¥5,000.00	¥863.00	¥300.00	¥203.70	¥4,387.00
14	NNS014	王凯旋	设计部	¥5,200.00	¥897.40	¥300.00	¥215.26	¥4,152.60
15	NNS002	王商	销售部	¥3,100.00	¥536.20	(¥250.00)	¥20.21	¥2,013.80
16	NNS007	刘子熙	销售部	¥5,000.00	¥863.00	¥50.00	¥40.11	¥3,537.00
17	NNS013	吴小妹	销售部	¥4,500.00	¥777.00	¥300.00	¥30.69	¥3,823.00

图 7-46

	A	B	C	D	E	F	G	H
1	员工工号	员工姓名	所属部门	基本工资	应扣保险	考勤金额	个人所得税	实发工资
2	NNS004	江阳	办公室	¥3,900.00	¥673.80	¥300.00	¥92.62	¥3,576.20
3	NNS010	李爱	办公室	¥3,600.00	¥622.20	¥300.00	¥14.93	¥3,577.80
4	NNS011	赵翔	办公室	¥4,000.00	¥691.00	¥300.00	¥9.27	¥3,059.00
5			办公室 汇总					¥10,213.00
6	NNS001	刘阳	财务部	¥4,000.00	¥691.00	(¥150.00)	¥100.90	¥3,409.00
7	NNS008	英佟	财务部	¥3,200.00	¥553.40	¥300.00	¥2.60	¥2,996.60
8	NNS012	丁艾嘉	财务部	¥4,200.00	¥725.40	¥300.00	¥22.94	¥3,524.60
9			财务部 汇总					¥9,930.20
10	NNS003	许勤	人事部	¥3,700.00	¥639.40	¥300.00	¥103.06	¥3,060.60
11	NNS005	赵帆	人事部	¥3,500.00	¥605.00	¥300.00	¥1.35	¥2,895.00
12	NNS009	顾维佳	人事部	¥4,200.00	¥725.40	(¥50.00)	¥97.46	¥3,124.60
13	NNS015	张攀	人事部	¥4,300.00	¥742.60	¥300.00	¥26.02	¥3,207.40
14	NNS016	刘念	人事部	¥4,600.00	¥794.20	¥300.00	¥47.58	¥4,105.80
15			人事部 汇总					¥16,393.40

图 7-47

7.4 设置条件格式

条件格式可利用颜色、数据条、色阶、图标集等让表格中的数据更加直观地显示，下面介绍条件格式的设置方法。

7.4.1 突出显示符合条件的数据

使用“突出显示单元格规则”，可以为单元格中指定的数字、文本等设置特定格式，以便突出显示，例如突出显示“订单数量”分数大于“2000”的单元格。

选中“订单数量”列中的所有数据，打开“开始”选项卡，在“样式”组中单击“条件格式”下拉按钮，在弹出的列表中选择“突出显示单元格规则”选项，在其级联列表中选择“大于”选项，如图7-48所示。

系统弹出“大于”对话框，在文本框中输入“2000”，在“设置为”下拉列表中选择一个样式，单击“确定”按钮，如图7-49所示，所选区域中大于2000的单元格随即以对话框中选择的样式突出显示，如图7-50所示。

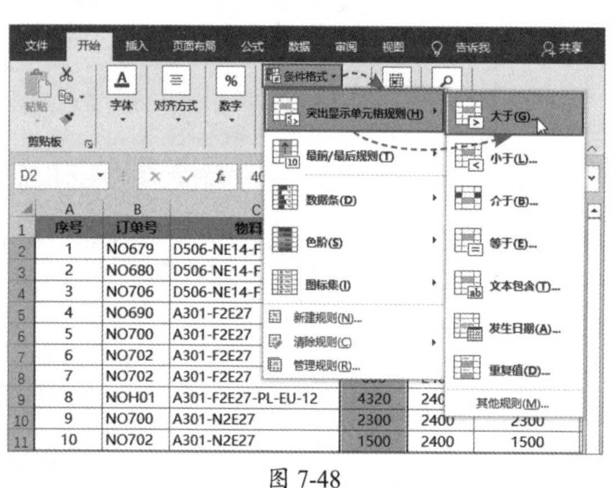

图 7-48

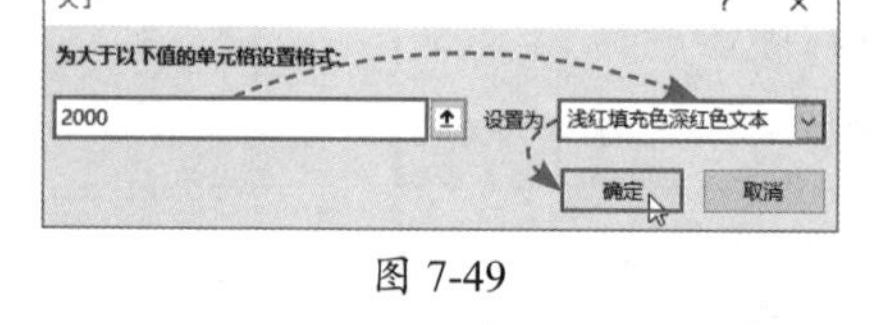

图 7-49

序号	订单号	物料号	订单数量	日产能	日计划排产量
1	NO679	D506-NE14-F	400	3600	400
2	NO680	D506-NE14-F	300	3600	300
3	NO706	D506-NE14-F1	300	3600	300
4	NO690	A301-F2E27	300	2400	300
5	NO700	A301-F2E27	1700	2400	1700
6	NO702	A301-F2E27	1500	2400	1000
7	NO702	A301-F2E27	600	2400	600
8	NOH01	A301-F2E27-PL-EU-12	4320	2400	2400
9	NO700	A301-N2E27	2300	2400	2300
10	NO702	A301-N2E27	1500	2400	1500

图 7-50

7.4.2 添加数据条

使用数据条可以直观地展示数据的大小，数值越大数据条越长，反之数据条越短。为数据添加数据条的方法很简单，选中需要添加数据条的单元格区域，打开“开始”选项卡，在“样式”组中单击“条件格式”下拉按钮，在弹出的列表中选择数据条样式，如图7-51所示，所选区域中即可被添加相应数据条，如图7-52所示。

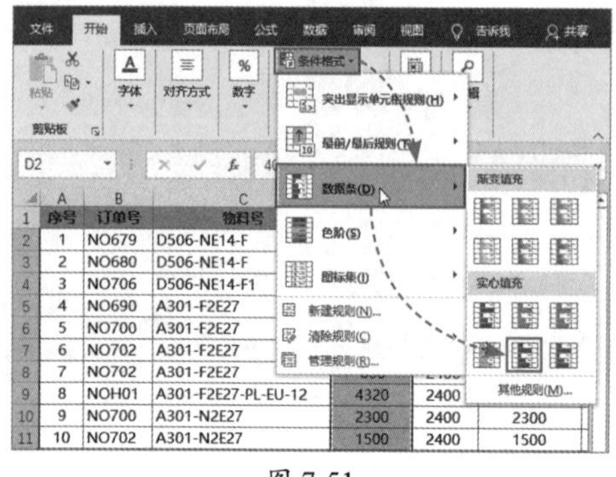

图 7-51

序号	订单号	物料号	订单数量	日产能	日计划排产量
1	NO679	D506-NE14-F	400	3600	400
2	NO680	D506-NE14-F	300	3600	300
3	NO706	D506-NE14-F1	300	3600	300
4	NO690	A301-F2E27	300	2400	300
5	NO700	A301-F2E27	1700	2400	1700
6	NO702	A301-F2E27	1500	2400	1000
7	NO702	A301-F2E27	600	2400	600
8	NOH01	A301-F2E27-PL-EU-12	4320	2400	2400
9	NO700	A301-N2E27	2300	2400	2300
10	NO702	A301-N2E27	1500	2400	1500
11	NOH01	A301-N2E27-PL-EU-12	1512	2400	1512
12	NO700	A302-F2E27	300	2400	300
13	NO699	A302-N2E27	1500	2400	1500
14	NO700	A302-N2E27	300	2400	300
15	NO704	A314-N2E27-PL-66-01	504	2400	504
16	NO690	A315-N1E27	300	3600	300
17	NO706	F541-L4G9	300	600	300

图 7-52

7.4.3 添加色阶

色阶用颜色块突出显示集中区域的数据趋势，其设置方法和添加数据条类似。选中需要添加色阶的单元格区域，在“开始”选项卡中单击“条件格式”下拉按钮，在弹出的列表中选择“色阶”选项，在其级联列表中选择一款满意的色阶样式，如图7-53所示，所选区域随即应用该色阶，如图7-54所示。

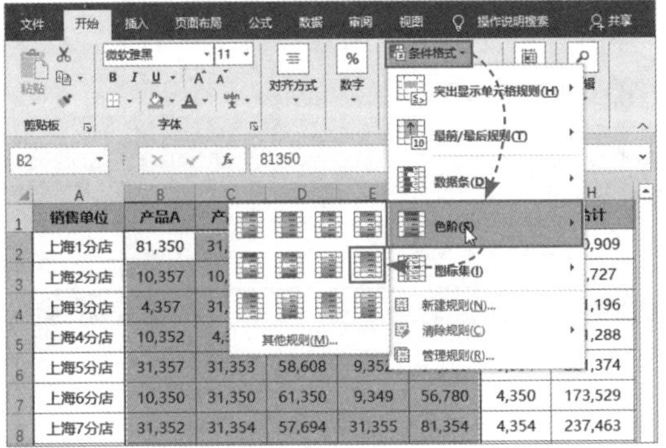

图 7-53

	A	B	C	D	E	F	G	H
1	销售单位	产品A	产品B	产品C	产品D	产品E	其他产品	合计
2	上海1分店	81,350	31,359	53,124	9,358	81,359	4,359	260,909
3	上海2分店	10,357	10,351	54,952	9,356	4,355	10,356	99,727
4	上海3分店	4,357	31,351	60,436	9,350	81,351	4,351	191,196
5	上海4分店	10,352	4,353	59,522	81,357	81,352	4,352	241,288
6	上海5分店	31,357	31,353	58,608	9,352	81,353	9,351	221,374
7	上海6分店	10,350	31,350	61,350	9,349	56,780	4,350	173,529
8	上海7分店	31,352	31,354	57,694	31,355	81,354	4,354	237,463
9	上海8分店	10,355	9,355	10,354	9,354	81,355	9,353	130,126
10	上海9分店	81,356	31,356	55,866	10,353	10,359	4,356	193,646
11	上海10分店	10,358	31,358	54,038	9,357	81,358	4,358	190,827
12	合计：	281,544	243,540	525,944	188,541	640,976	59,540	1,940,085
13								

图 7-54

7.4.4 添加图标集

图标集用箭头图标、形状图标、标记型图标以及等级图标来展示数据，让用户能够更轻松地浏览数据。

选中需要添加图标集的单元格区域，打开“开始”选项卡，单击“条件格式”下拉按钮，在弹出的列表中选择“图标集”选项，在其级联列表中选择需要的图标集样式，如图7-55所示，所选单元格区域中随即应用所选图标集，如图7-56所示。

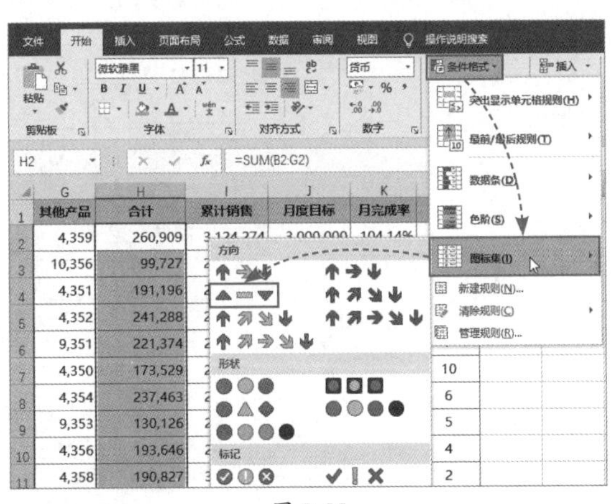

图 7-55

	G	H	I	J	K
1	其他产品	合计	累计销售	月度目标	月完成率
2	4,359	260,909	3,124,274	3,000,000	104.14%
3	10,356	99,727	2,946,102	3,000,000	98.20%
4	4,351	191,196	2,411,586	3,000,000	80.39%
5	4,352	241,288	2,500,672	3,000,000	83.36%
6	9,351	221,374	2,589,758	3,000,000	86.33%
7	4,350	173,529	2,322,500	3,000,000	77.42%
8	4,354	237,463	2,678,844	3,000,000	89.29%
9	9,353	130,126	2,767,930	3,000,000	92.26%
10	4,356	193,646	2,857,016	3,000,000	95.23%
11	4,358	190,827	3,035,188	3,000,000	101.17%

图 7-56

知识点拨

同一个区域中的数据可同时应用多种条件格式，例如为某个数据区域设置数据条后仍可为该区域添加图标集。

7.4.5 设置条件格式规则

除了直接套用内置的条件格式，用户也可自定义条件格式规则，或修改条件格式的规则，让条件格式能够更准确地为数据服务。

1. 自定义突出显示的格式

选中设置了条件格式的单元格区域，在“开始”选项卡中单击“条件格式”下拉按钮，在弹出的列表中选择“管理规则”选项，如图7-57所示。弹出“条件格式规则管理器”对话框，选中需要设置规则的条件格式选项，单击“编辑规则”按钮，如图7-58所示。

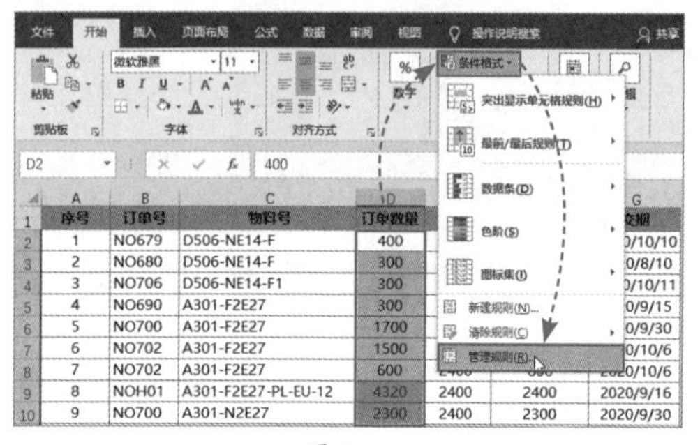

图 7-57

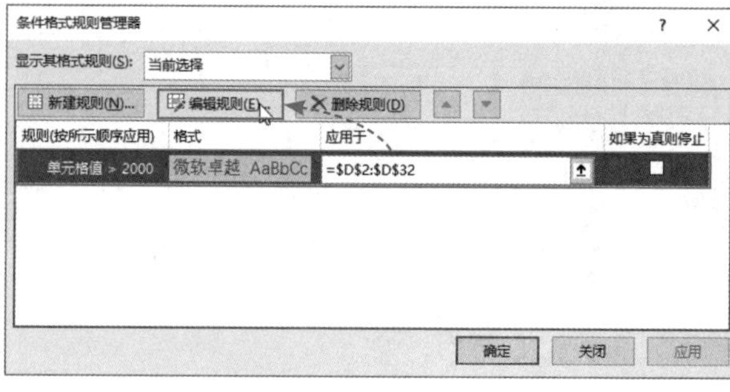

图 7-58

系统随即打开“编辑格式规则”对话框，单击“格式”按钮，如图7-59所示。弹出“设置单元格格式”对话框，用户可根据需要在该对话框中设置字体、边框以及填充效果，设置完成后单击“确定”按钮，如图7-60所示，所选区域内符合条件格式规则被突出显示的单元格样式随之发生变化，如图7-61所示。

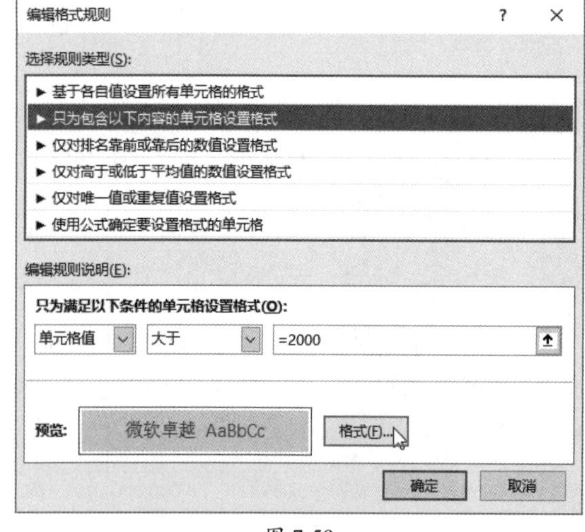

图 7-59

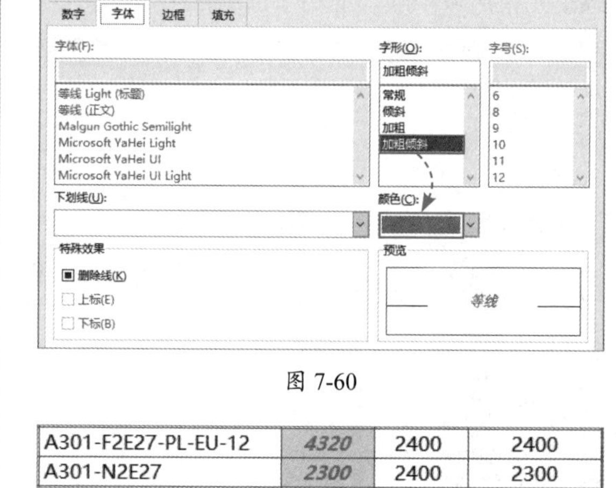

图 7-60

A301-F2E27-PL-EU-12	4320	2400	2400
A301-N2E27	2300	2400	2300

图 7-61

2. 修改条件格式取值范围

选中设置了数据条的单元格区域，如图7-62所示，在“条件格式”下拉列表中选择“管理规则”选项，打开“条件格式规则管理器”对话框，选中需要设置规则的条件格式选项，单击“编辑规则”按钮，打开“编辑格式规则”对话框，设置最小值为“数字”“0”，最大值为“数字”“30”，设置完成后单击“确定”按钮，如图7-63所示，所选区域中的数据条随即根据新的取值范围调整长短，如图7-64 所示。

	A	B	C	D	E
1	销售日期	产品名称	数量	单价	总额
2	2020/10/1	公路自行车	18	263.00	4,734.00
3	2020/10/2	山地自行车	15	225.00	3,375.00
4	2020/10/3	四轮滑板	17	141.00	2,397.00
5	2020/10/4	二轮滑板	5	251.00	1,255.00
6	2020/10/5	轮滑鞋	6	191.00	1,146.00
7	2020/10/6	公路自行车	7	197.00	1,379.00
8	2020/10/7	山地自行车	19	123.00	2,337.00
9	2020/10/8	四轮滑板	3	248.00	744.00
10	2020/10/9	二轮滑板	2	221.00	442.00
11	2020/10/10	轮滑鞋	5	298.00	1,490.00
12					

图 7-62

	A	B	C	D	E
1	销售日期	产品名称	数量	单价	总额
2	2020/10/1	公路自行车	18	263.00	4,734.00
3	2020/10/2	山地自行车	15	225.00	3,375.00
4	2020/10/3	四轮滑板	17	141.00	2,397.00
5	2020/10/4	二轮滑板	5	251.00	1,255.00
6	2020/10/5	轮滑鞋	6	191.00	1,146.00
7	2020/10/6	公路自行车	7	197.00	1,379.00
8	2020/10/7	山地自行车	19	123.00	2,337.00
9	2020/10/8	四轮滑板	3	248.00	744.00
10	2020/10/9	二轮滑板	2	221.00	442.00
11	2020/10/10	轮滑鞋	5	298.00	1,490.00
12					

图 7-64

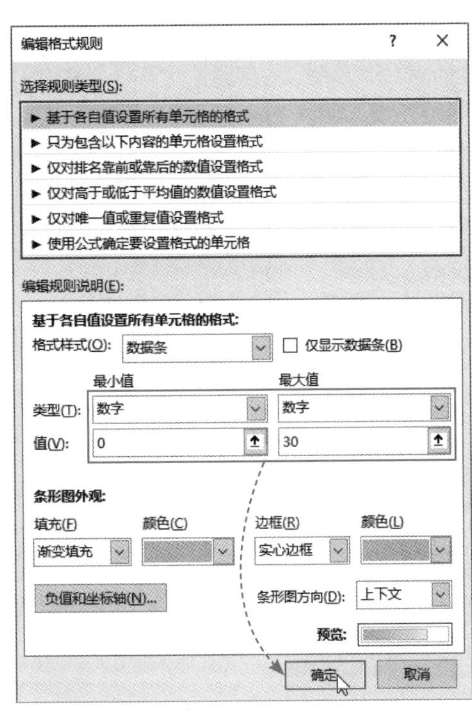

图 7-63

3. 让数据条换个方向显示

数据条默认的显示方式是从左到右，用户也可根据需要让其显示方式变成从右向左。选中包含数据条的单元格区域，参照前面的内容打开“编辑格式规则”对话框，将“条形图方向”修改为“从右到左”，如图7-65所示，数据条即可被调整为从右到左显示，如图7-66所示。

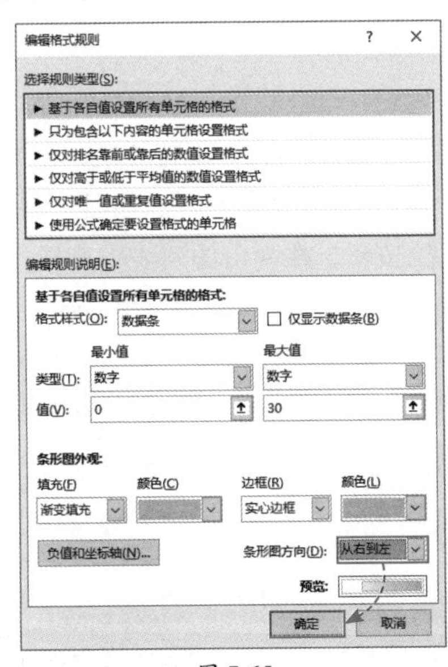

图 7-65

	A	B	C	D	E
1	销售日期	产品名称	数量	单价	总额
2	2020/10/1	公路自行车	18	263.00	4,734.00
3	2020/10/2	山地自行车	15	225.00	3,375.00
4	2020/10/3	四轮滑板	17	141.00	2,397.00
5	2020/10/4	二轮滑板	5	251.00	1,255.00
6	2020/10/5	轮滑鞋	6	191.00	1,146.00
7	2020/10/6	公路自行车	7	197.00	1,379.00
8	2020/10/7	山地自行车	19	123.00	2,337.00
9	2020/10/8	四轮滑板	3	248.00	744.00
10	2020/10/9	二轮滑板	2	221.00	442.00
11	2020/10/10	轮滑鞋	5	298.00	1,490.00
12					
13					
14					
15					

图 7-66

4. 隐藏数据只显示图标

选中设置了图标集的单元格区域，如图7-67所示。参照之前的内容打开“编辑格式规则”对话框，勾选“仅显示图标”复选框，如图7-68所示，可将单元格中的数据隐藏，只显示图标，如图7-69所示。

	A	B	C
1	销售日期	产品名称	数量
2	2020/10/1	公路自行车	↑ 18
3	2020/10/2	山地自行车	↑ 15
4	2020/10/3	四轮滑板	↑ 17
5	2020/10/4	二轮滑板	↓ 5
6	2020/10/5	轮滑鞋	↓ 6
7	2020/10/6	公路自行车	↓ 7
8	2020/10/7	山地自行车	↑ 19
9	2020/10/8	四轮滑板	↓ 3
10	2020/10/9	二轮滑板	↓ 2
11	2020/10/10	轮滑鞋	↓ 5
12			

图 7-67

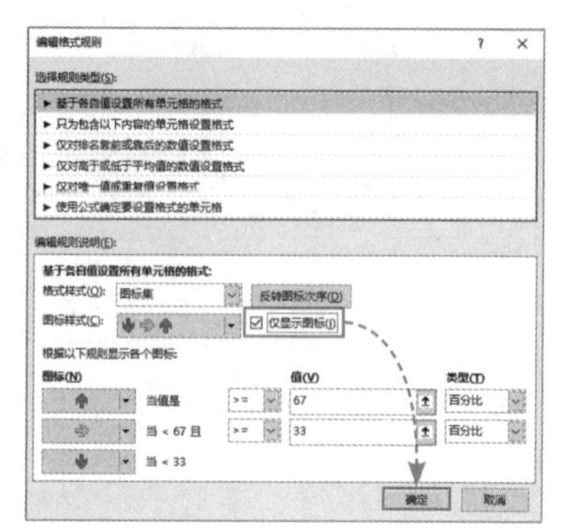

图 7-68

	A	B	C
1	销售日期	产品名称	数量
2	2020/10/1	公路自行车	↑
3	2020/10/2	山地自行车	↑
4	2020/10/3	四轮滑板	↑
5	2020/10/4	二轮滑板	↓
6	2020/10/5	轮滑鞋	↓
7	2020/10/6	公路自行车	↓
8	2020/10/7	山地自行车	↑
9	2020/10/8	四轮滑板	↓
10	2020/10/9	二轮滑板	↓
11	2020/10/10	轮滑鞋	↓
12			

图 7-69

动手练 突出显示重复项目

扫码看视频

在Excel中排查重复项的方法非常多，使用条件格式也可轻松将重复的项目突出显示。下面在工作能力考核表中进行练习，如图7-70所示，将重复的员工姓名突出显示出来，如图7-71所示。具体操作方法如下。

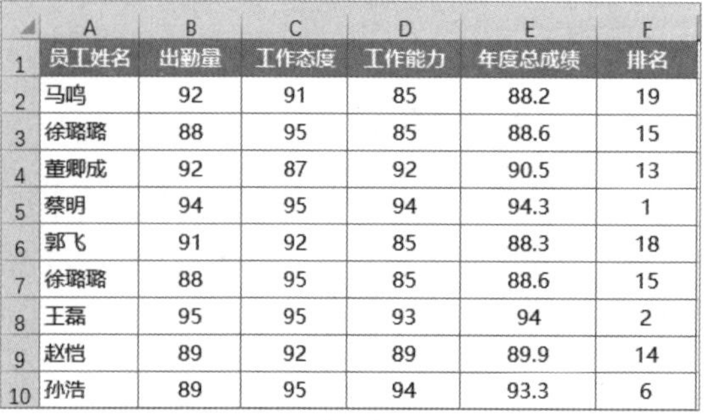

	A	B	C	D	E	F
1	员工姓名	出勤量	工作态度	工作能力	年度总成绩	排名
2	马鸣	92	91	85	88.2	19
3	徐璐璐	88	95	85	88.6	15
4	董卿成	92	87	92	90.5	13
5	蔡明	94	95	94	94.3	1
6	郭飞	91	92	85	88.3	18
7	徐璐璐	88	95	85	88.6	15
8	王磊	95	95	93	94	2
9	赵恺	89	92	89	89.9	14
10	孙浩	89	95	94	93.3	6

图 7-70

	A	B	C	D	E	F
1	员工姓名	出勤量	工作态度	工作能力	年度总成绩	排名
2	马鸣	92	91	85	88.2	19
3	徐璐璐	88	95	85	88.6	15
4	董卿成	92	87	92	90.5	13
5	蔡明	94	95	94	94.3	1
6	郭飞	91	92	85	88.3	18
7	徐璐璐	88	95	85	88.6	15
8	王磊	95	95	93	94	2
9	赵恺	89	92	89	89.9	14
10	孙浩	89	95	94	93.3	6

图 7-71

Step 01 选中所有员工姓名，打开“开始”选项卡，单击“条件格式”下拉按钮，在弹出的列表中选择“突出显示单元格规则”选项，在其级联列表中选择“重复值”选项，如图7-72所示。

Step 02 弹出“重复值”对话框，单击“设置为”下拉按钮，在弹出的列表中选择目标样式，选择好后单击“确定”按钮，如图7-73所示，所选区域中的重复姓名即可被突出显示。

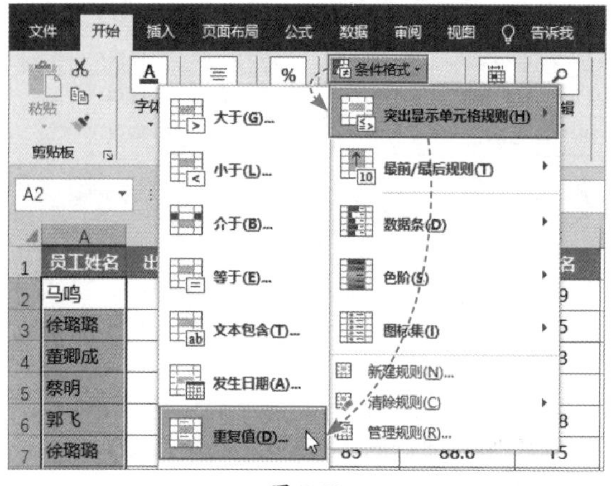

图 7-72

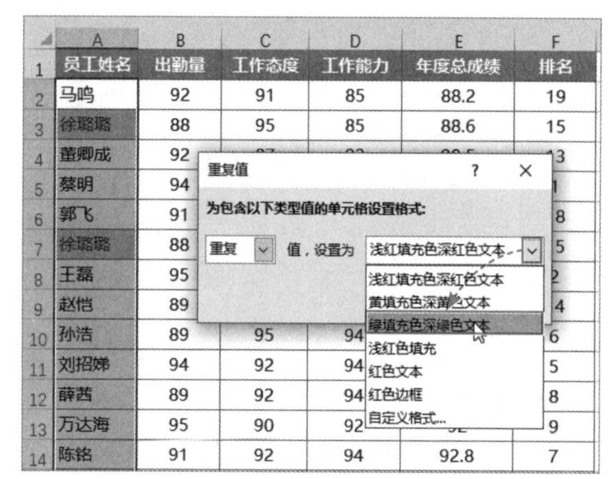

图 7-73

案例实战：分析商品销售明细表

本章内容主要介绍了Excel中的常规数据分析方法，下面利用所学知识对商品销售明细表进行数据分析。

Step 01 选中B列中的任意一个单元格，打开“数据”选项卡，在“排序和筛选”组中单击“升序”按钮，如图7-74所示。

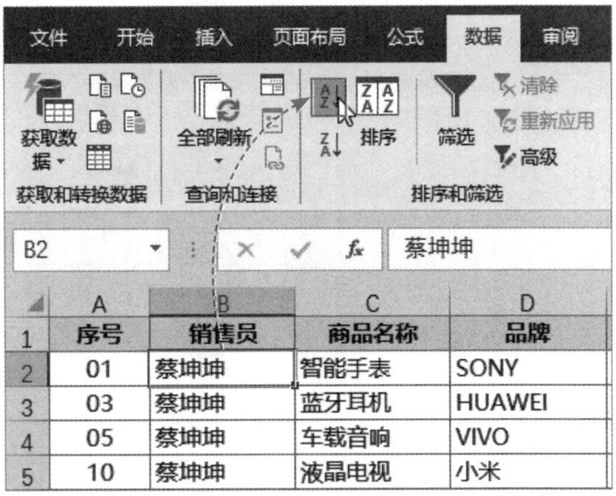

	A	B	C	D
1	序号	销售员	商品名称	品牌
2	01	蔡坤坤	智能手表	SONY
3	03	蔡坤坤	蓝牙耳机	HUAWEI
4	05	蔡坤坤	车载音响	VIVO
5	10	蔡坤坤	液晶电视	小米

图 7-74

Step 02 在“分级显示”组中单击“分类汇总”按钮，如图7-75所示。

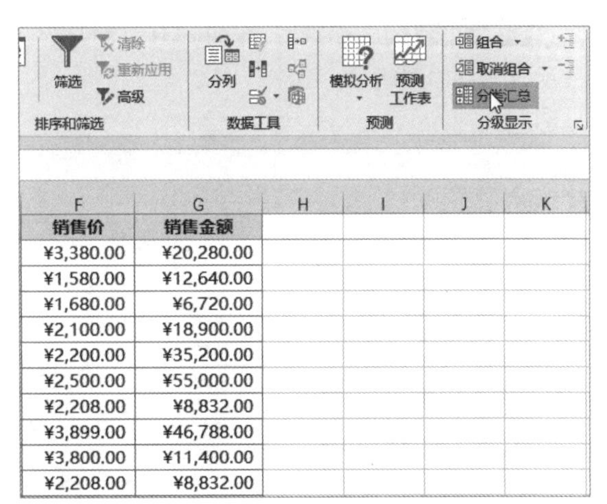

F	G	H	I	J	K
销售价	销售金额				
¥3,380.00	¥20,280.00				
¥1,580.00	¥12,640.00				
¥1,680.00	¥6,720.00				
¥2,100.00	¥18,900.00				
¥2,200.00	¥35,200.00				
¥2,500.00	¥55,000.00				
¥2,208.00	¥8,832.00				
¥3,899.00	¥46,788.00				
¥3,800.00	¥11,400.00				
¥2,208.00	¥8,832.00				

图 7-75

Step 03 弹出“分类汇总”对话框，设置分类字段为“销售员”，汇总方式为“求和”，同时勾选“销售数量”和“销售金额”汇总项，勾选“每组数据分页”和“替换当前分类汇总”复选框，取消勾选“汇总结果在数据下方”复选框，单击“确定”按钮，如图7-76所示。

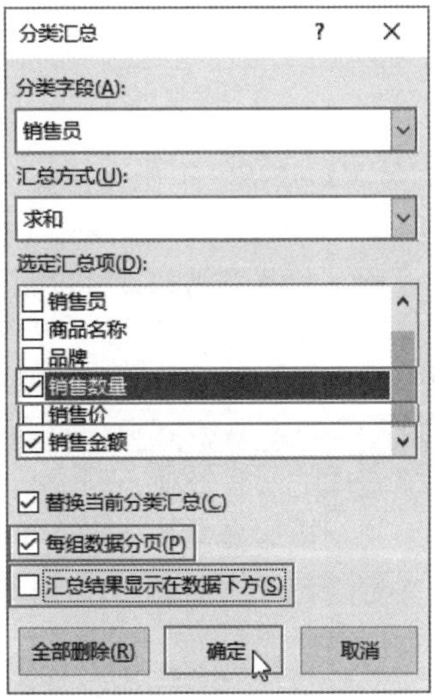

图 7-76

Step 04 数据表随即根据“分类汇总”对话框中的选项完成分类汇总，此时，所有的汇总项全部在数据上方显示，如图7-77所示。

	A	B	C	D	E	F	G	H
1	序号	销售员	商品名称	品牌	销售数量	销售价	销售金额	
2		总计			381		¥923,506.00	
3		蔡坤坤 汇总			91		¥229,332.00	
4	01	蔡坤坤	智能手表	SONY	6	¥3,380.00	¥20,280.00	
5	03	蔡坤坤	蓝牙耳机	HUAWEI	8	¥1,580.00	¥12,640.00	
6	05	蔡坤坤	车载音响	VIVO	4	¥1,680.00	¥6,720.00	
7	10	蔡坤坤	液晶电视	小米	9	¥2,100.00	¥18,900.00	
8	12	蔡坤坤	运动手环	HUAWEI	16	¥2,200.00	¥35,200.00	
9	22	蔡坤坤	液晶电视	小米	22	¥2,500.00	¥55,000.00	
10	24	蔡坤坤	液晶电视	HTC	4	¥2,208.00	¥8,832.00	
11	29	蔡坤坤	智能手机	HUAWEI	12	¥3,899.00	¥46,788.00	
12	31	蔡坤坤	平板电脑	Lenovo	3	¥3,800.00	¥11,400.00	
13	44	蔡坤坤	液晶电视	HTC	4	¥2,208.00	¥8,832.00	
14	46	蔡坤坤	蓝牙耳机	HUAWEI	3	¥1,580.00	¥4,740.00	
15		廖科 汇总			87		¥218,308.00	
16	08	廖科	平板电脑	Lenovo	6	¥3,580.00	¥21,480.00	
17	11	廖科	智能手机	HUAWEI	4	¥2,589.00	¥10,356.00	
18	17	廖科	液晶电视	HTC	9	¥3,198.00	¥28,782.00	
19	20	廖科	智能手机	HUAWEI	7	¥2,100.00	¥14,700.00	
20	27	廖科	运动手环	HUAWEI	16	¥2,200.00	¥35,200.00	
21	30	廖科	平板电脑	Lenovo	11	¥2,880.00	¥31,680.00	
22	36	廖科	平板电脑	Lenovo	3	¥3,800.00	¥11,400.00	
23	39	廖科	智能手表	HUAWEI	5	¥598.00	¥2,990.00	
24	42	廖科	液晶电视	小米	22	¥2,500.00	¥55,000.00	
25	49	廖科	车载音响	VIVO	4	¥1,680.00	¥6,720.00	

图 7-77

Step 05 打开“文件”菜单，在“打印”界面的预览区域可以看到，每组分类单独在一页中显示，如图7-78所示。

序号	销售员	商品名称	品牌	销售数量	销售价	销售金额
	总计			381		¥923,506.00
	蔡坤坤 汇总			91		¥229,332.00
01	蔡坤坤	智能手表	SONY	6	¥3,380.00	¥20,280.00
03	蔡坤坤					
05	蔡坤坤					
10	蔡坤坤					
12	蔡坤坤					
22	蔡坤坤					
24	蔡坤坤					
29	蔡坤坤					
31	蔡坤坤					
44	蔡坤坤					
46	蔡坤坤					

	廖科 汇总			87		¥218,308.00
08	廖科	平板电脑	Lenovo	6	¥3,580.00	¥21,480.00
11	廖科	智能手机	HUAWEI	4	¥2,589.00	¥10,356.00
17	廖科	液晶电视	HTC	9	¥3,198.00	¥28,782.00
20	廖科	智能手机	HUAWEI	7	¥2,100.00	¥14,700.00
27	廖科					
30	廖科					
36	廖科					
39	廖科					
42	廖科					
49	廖科					

	马宇 汇总			64		¥159,978.00
15	马宇	平板电脑	Lenovo	11	¥2,880.00	¥31,680.00
16	马宇	平板电脑	Lenovo	3	¥3,800.00	¥11,400.00
19	马宇					
34	马宇					
35	马宇					
38	马宇					
41	马宇					

	钱明亮 汇总			30		¥71,984.00
02	钱明亮	蓝牙耳机	HUAWEI	3	¥1,580.00	¥4,740.00
04	钱明亮	车载音响	VIVO	2	¥3,200.00	¥6,400.00
09	钱明亮	液晶电视	HTC	4	¥2,208.00	¥8,832.00
23	钱明亮	平板电脑	Lenovo	6	¥3,580.00	¥21,480.00
28	钱明亮	智能手表	SONY	4	¥588.00	¥2,352.00
45	钱明亮	智能手表	SONY	6	¥3,380.00	¥20,280.00
50	钱明亮	蓝牙耳机	HUAWEI	5	¥1,580.00	¥7,900.00

图 7-78

Step 06 切换到“高级筛选”工作表，复制表头，并将表头粘贴到表格下方，如图7-79所示。

	A	B	C	D	E	F	G	H
1	序号	销售员	商品名称	品牌	销售数量	销售价	销售金额	
44	43	杨帆	平板电脑	Lenovo	6	¥3,580.00	¥21,480.00	
45	44	蔡坤坤	液晶电视	HTC	4	¥2,208.00	¥8,832.00	
46	45	钱明亮	智能手表	SONY	6	¥3,380.00	¥20,280.00	
47	46	蔡坤坤	蓝牙耳机	HUAWEI	3	¥1,580.00	¥4,740.00	
48	47	张志清	蓝牙耳机	HUAWEI	8	¥1,580.00	¥12,640.00	
49	48	杨帆	车载音响	VIVO	2	¥3,200.00	¥6,400.00	
50	49	廖科	车载音响	VIVO	4	¥1,680.00	¥6,720.00	
51	50	钱明亮	蓝牙耳机	HUAWEI	5	¥1,580.00	¥7,900.00	
52								
53	序号	销售员	商品名称	品牌	销售数量	销售价	销售金额	
54								
55								

复制

粘贴

(Ctrl)

分类汇总 高级筛选

图 7-79

Step 07 在复制的表头“商品名称”下方输入“智能手机”，在“销售金额”下方输入“>20000”，单击“高级”按钮，如图7-80所示。

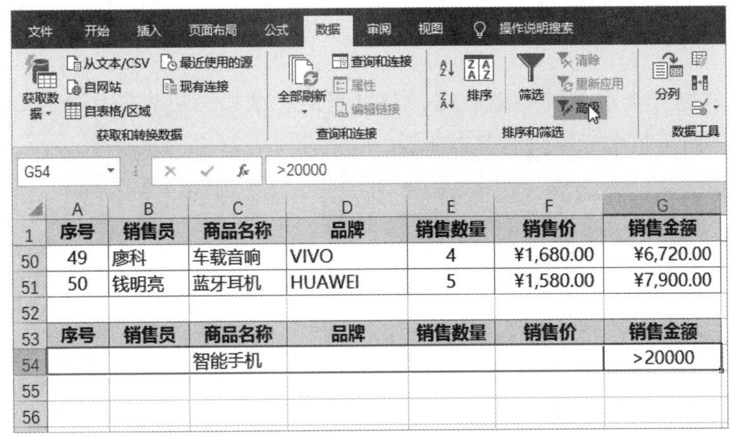

	A	B	C	D	E	F	G
1	序号	销售员	商品名称	品牌	销售数量	销售价	销售金额
50	49	廖科	车载音响	VIVO	4	¥1,680.00	¥6,720.00
51	50	钱明亮	蓝牙耳机	HUAWEI	5	¥1,580.00	¥7,900.00
52							
53	序号	销售员	商品名称	品牌	销售数量	销售价	销售金额
54			智能手机				>20000
55							
56							

图 7-80

Step 08 打开“高级筛选”对话框，保持“列表区域”中自动选择的单元格区域不变。将光标定位在“条件区域”文本框中，在工作表中选择“A53:G54”单元格区域，该单元格区域的地址会自动录入到文本框中，最后单击“确定”按钮，如图7-81所示。

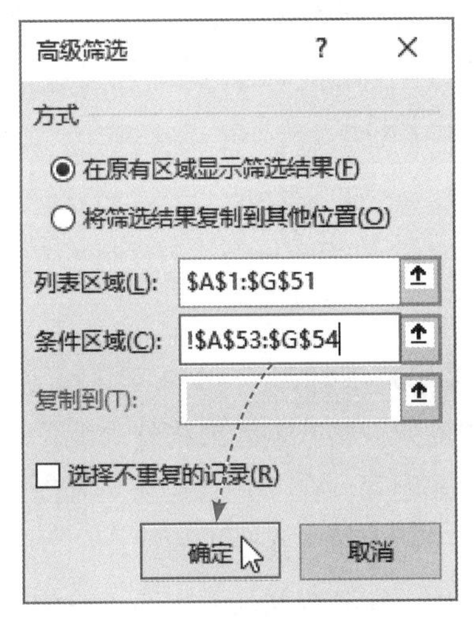

图 7-81

Step 09 此时工作表中，原数据区域中自动筛选出智能手机的销售金额在20000以上的数据记录，如图7-82所示。

	A	B	C	D	E	F	G
1	序号	销售员	商品名称	品牌	销售数量	销售价	销售金额
15	14	杨帆	智能手机	HUAWEI	12	¥3,899.00	¥46,788.00
22	21	杨帆	智能手机	MEIZU	19	¥1,300.00	¥24,700.00
30	29	蔡坤坤	智能手机	HUAWEI	12	¥3,899.00	¥46,788.00
35	34	马宇	智能手机	HUAWEI	12	¥3,899.00	¥46,788.00
42	41	马宇	智能手机	MEIZU	19	¥1,300.00	¥24,700.00
52							
53	序号	销售员	商品名称	品牌	销售数量	销售价	销售金额
54			智能手机				>20000
55							
56							

图 7-82

新手答疑

1. Q：复制分类汇总结果时为什么明细数据也会一起被复制下来？怎样才能只复制分类汇总结果？

A：若想避免复制分类汇总的明细数据，只复制汇总结果，可先使用定位功能定位可见单元格，然后再对可见单元格进行复制粘贴。

定位可见单元格的方法为，按F5键打开“定位”对话框，单击“定位条件”按钮，如图7-83所示。打开“定位条件”对话框，选中“可见单元格”单选按钮，单击“确定”按钮，如图7-84所示，工作表中的可见单元格被选中，接下来再执行复制粘贴操作即可。

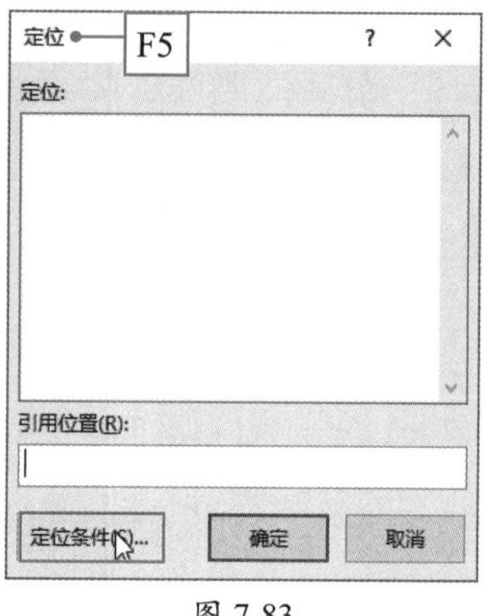

图 7-83

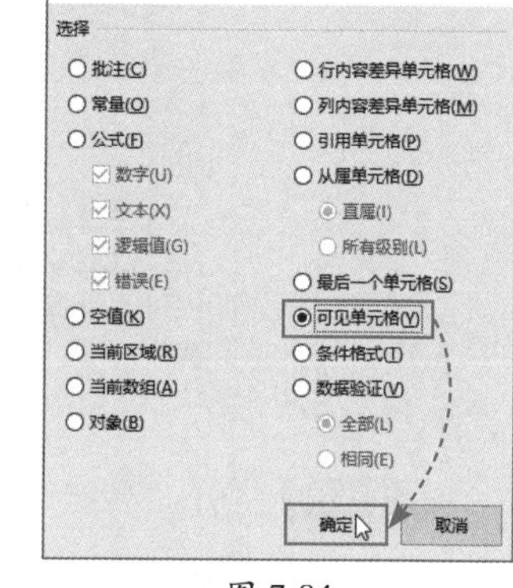

图 7-84

2. Q：数据无法进行排序，而且系统弹出如图 7-85 所示的对话框，是怎么回事？

A：这是因为工作表中存在合并单元格，需要先取消所有合并单元格才能进行正常排序。

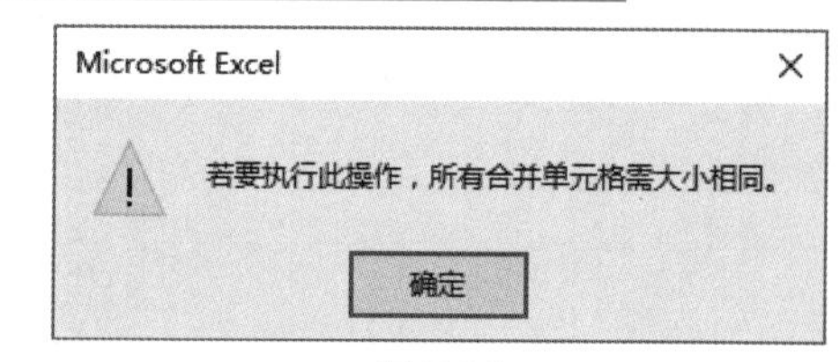

图 7-85

3. Q：如何删除单元格中的条件格式规则？

A：用户可选择将指定区域中的条件格式删除或将整张工作表中的所有条件格式删除。在“开始”选项卡中单击“条件格式”下拉按钮，在弹出的列表中选择“清除规则”选项，在其级联列表中选择需要的选项即可，如图7-86所示。

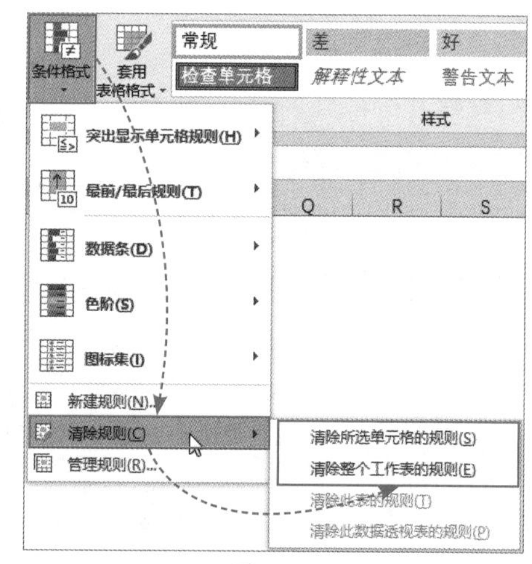

图 7-86

4. Q：如何清除分类汇总？

A：在“数据”选项卡中单击“分类汇总”按钮，打开“分类汇总”对话框，单击“全部删除”按钮，即可清除数据表的分类汇总。

第8章
公式与函数的应用

在Excel中使用公式和函数能够快速对复杂数据做出计算，灵活地运用公式和函数来处理工作，能够在很大程度上提高工作效率。本章将对Excel公式与函数的基础用法进行详细讲解。

8.1 Excel公式概述

Excel公式是一种对工作表中的数据进行计算的等式，也是一种数学运算式。Excel公式简化了手动计算的过程，下面介绍公式的基本形式、构成、输入方法等基础知识。

8.1.1 Excel公式的基本形式

Excel公式和普通数学公式稍有不同，数学公式的等号写在最后面，而Excel公式的等号写在最前面；数学公式不能实现自动计算，而Excel公式可以自动计算，如图8-1所示。

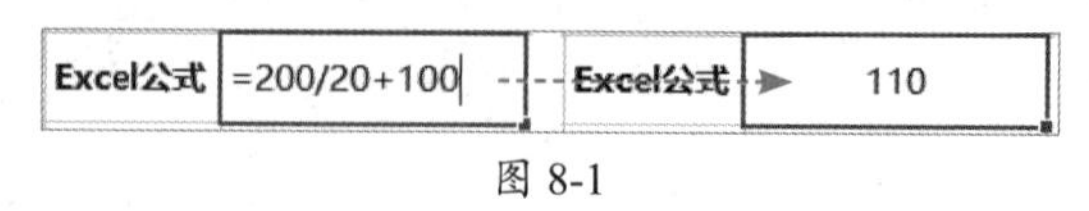

图 8-1

8.1.2 公式的构成

一个完整的公式通常是由等号、函数、括号、单元格引用、常量、运算符等构成。其中常量可以是数字、文本、也可以是其他字符，如果常量不是数字就要加上引号，如图8-2所示。

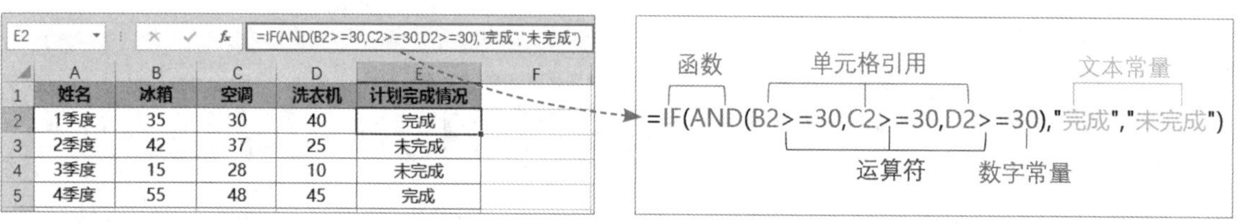

图 8-2

8.1.3 公式中的运算符

运算符对公式中的数据进行特定形式的运算，是公式中最重要的组成部分。Excel公式中的运算符一共有4种类型，分别是算数运算符、比较运算符、文本运算符及引用运算符，下面对各种运算符的作用进行详细说明。

1. 算数运算符

算数运算符可以完成基本的加、减、乘、除、百分比等数学运算，如表8-1所示。

表 8-1

算数运算符	名称	含义	示例
+	加号	进行加法运算	=A1+B1
−	减号	进行减法运算	=A1−B1
	负号	求相反数	=-10
*	乘号	进行乘法运算	=A1*10
/	除号	进行除法运算	=A1/2
%	百分号	将值缩小100倍	=80%
^	乘幂	进行乘方和开方运算	=2^3

2. 比较运算符

比较运算符用于比较两个值，结果是逻辑值TRUE（真）或FALSE（假），如表8-2所示。

表 8-2

比较运算符	名称	含义	示例
=	等号	判断左右两边的数据是否相等	A1=B1
>	大于号	判断左边的数据是否大于右边的数据	A1>B1
<	小于号	判断左边的数据是否小于右边的数据	A1<B1
>=	大于或等于号	判断左边的数据是否大于或等于右边的数据	A1>=B1
<=	小于或等于号	判断左边的数据是否小于或等于右边的数据	A1<=B1
<>	不等于	判断左右两边的数据是否相等	A1<>B1
^	乘幂	进行乘方运算	=2^3

3. 文本运算符

Excel中的文本运算符只有一个，即“&”，具体作用如表8-3所示。

表 8-3

文本运算符	名称	含义	示例
&	链接符号	将两个文本链接在一起形成一个连续的文本	A1&B1

4. 引用运算符

引用运算符的主要作用是在工作表中进行单元格或区域之间的引用，如表8-4所示。

表 8-4

引用运算符	名称	含义	示例
:	冒号	对两个引用之间，包括两个引用在内的所有单元格进行引用	A1:C5
（空格）	空格	对两个引用相交叉的区域进行引用	(B1:B5 A3:D3)
,	逗号	将多个引用合并为一个引用	(A1:C5,D3:E7)

8.1.4 输入公式

输入公式看似简单，但是要想快速准确地输入公式却有很大学问，下面对公式的输入技巧进行介绍。

选中需要输入公式的单元格，输入“=”，接着将光标移动到需要引用的单元格中，单击，该单元格地址即可自动输入到公式中，如图8-3所示。

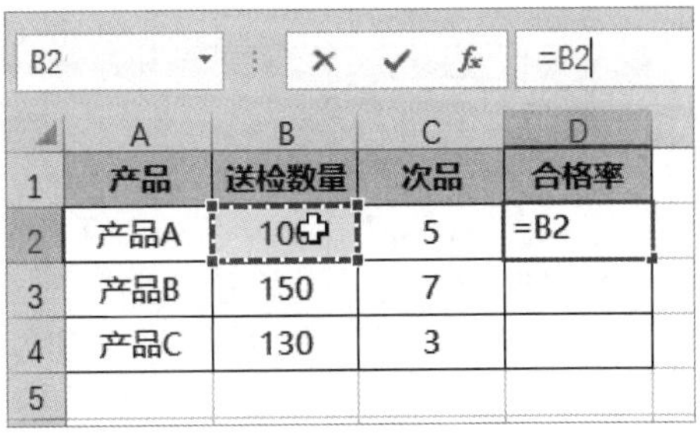

图 8-3

手动输入运算符号，继续向公式中引用其他单元格，如图8-4所示。

C2 =B2-C2

	A	B	C	D
1	产品	送检数量	次品	合格率
2	产品A	100	5	=B2-C2
3	产品B	150	7	
4	产品C	130	3	
5				

图 8-4

手动在“B2-C2”外侧输入括号，在括号右侧输入“/”，最后单击B2单元格，将B2单元格地址输入到公式中，如图8-5所示，公式输入完成后按Enter键，即可自动返回计算结果，如图8-6所示。

B2 =(B2-C2)/B2

	A	B	C	D
1	产品	送检数量	次品	合格率
2	产品A	100	5	=(B2-C2)/B2
3	产品B	150	7	
4	产品C	130	3	
5				

图 8-5

D3

	A	B	C	D
1	产品	送检数量	次品	合格率
2	产品A	100	5	95.00%
3	产品B	150	7	
4	产品C	130	3	
5				

图 8-6

注意事项 在这个案例中，公式返回的结果是一个百分比数值，这是由于提前为单元格设置了百分比格式。

8.1.5 复制与填充公式

当需要输入大量具有相同计算规律的公式时，可以先输入一个公式，然后使用复制或填充功能输入剩余公式。

1. 复制公式

选中需要复制的公式所在单元格，按Ctrl+C组合键复制公式，如图8-7所示。选中具有相同运算规律的单元格区域，按Ctrl+V组合键，公式随即被粘贴到所选单元格区域中的每一个单元格中，并自动返回计算结果，如图8-8所示。

E2 =C2*D2

	A	B	C	D	E	F
1	销售日期	产品名称	数量	单价	总额	
2	2020/10/1	公路自行车	18	263.00	4,734.00	
3	2020/10/2	山地自行车	15	225.00		
4	2020/10/3	四轮滑板	17	141.00		
5	2020/10/4	二轮滑板	5	251		
6	2020/10/5	轮滑鞋	6	191.00		
7	2020/10/6	公路自行车	7	197.00		
8	2020/10/7	山地自行车	19	123.00		
9	2020/10/8	四轮滑板	3	248.00		
10	2020/10/9	二轮滑板	2	221.00		
11	2020/10/10	轮滑鞋	5	298.00		
12						

图 8-7

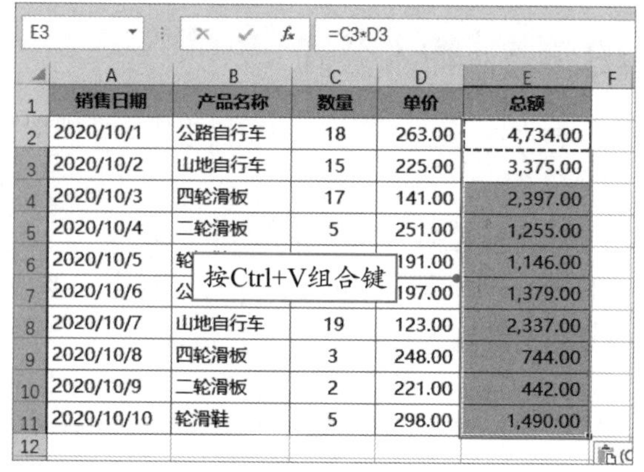

E3 =C3*D3

	A	B	C	D	E	F
1	销售日期	产品名称	数量	单价	总额	
2	2020/10/1	公路自行车	18	263.00	4,734.00	
3	2020/10/2	山地自行车	15	225.00	3,375.00	
4	2020/10/3	四轮滑板	17	141.00	2,397.00	
5	2020/10/4	二轮滑板	5	251.00	1,255.00	
6	2020/10/5	轮		191.00	1,146.00	
7	2020/10/6	公		197.00	1,379.00	
8	2020/10/7	山地自行车	19	123.00	2,337.00	
9	2020/10/8	四轮滑板	3	248.00	744.00	
10	2020/10/9	二轮滑板	2	221.00	442.00	
11	2020/10/10	轮滑鞋	5	298.00	1,490.00	
12						

图 8-8

2. 填充公式

选中需要填充的公式所在单元格，将光标放在单元格右下角，当光标变成黑色的十字形状时，按住左键并拖动光标，如图8-9所示。拖动到最后一个需要输入公式的单元格时松开鼠标，公式即可被填充到鼠标拖动过的单元格区域中，如图8-10所示。

E2 =C2*D2

	A	B	C	D	E	F
1	销售日期	产品名称	数量	单价	总额	
2	2020/10/1	公路自行车	18	263.00	4,734.00	
3	2020/10/2	山地自行车	15	225.00		
4	2020/10/3	四轮滑板	17	141.00		
5	2020/10/4	二轮滑板	5	251.00		
6	2020/10/5	轮滑鞋	6	191.00		
7	2020/10/6	公路自行车	7	197.00		
8	2020/10/7	山地自行车	19	123.00		
9	2020/10/8	四轮滑板	3	248.00		
10	2020/10/9	二轮滑板	2	221.00		
11	2020/10/10	轮滑鞋	5	298.00		
12						

向下拖动光标

图 8-9

E2 =C2*D2

	A	B	C	D	E	F
1	销售日期	产品名称	数量	单价	总额	
2	2020/10/1	公路自行车	18	263.00	4,734.00	
3	2020/10/2	山地自行车	15	225.00	3,375.00	
4	2020/10/3	四轮滑板	17	141.00	2,397.00	
5	2020/10/4	二轮滑板	5	251.00	1,255.00	
6	2020/10/5	轮滑鞋	6	191.00	1,146.00	
7	2020/10/6	公路自行车	7	197.00	1,379.00	
8	2020/10/7	山地自行车	19	123.00	2,337.00	
9	2020/10/8	四轮滑板	3	248.00	744.00	
10	2020/10/9	二轮滑板	2	221.00	442.00	
11	2020/10/10	轮滑鞋	5	298.00	1,490.00	
12						

图 8-10

8.1.6 单元格的引用形式

单元格引用是Excel公式中很常见的组成部分，单元格引用有三种形式，分别是相对引用、绝对引用及混合引用。

1. 相对引用

公式中的相对引用与单元格的位置是相对的。相对引用的单元格会随着公式的移动自动改变所引用的单元格地址。

下面进行举例说明，在D2单元格中输入公式“=B2*C2”，如图8-11所示。当公式被填充到D3单元格时，公式自动变成了“=B3*C3”，如图8-12所示。继续向下将公式填充到D4单元格时，公式自动变成了“=B4*C4”，如图8-13所示。

D2 =B2*C2

	A	B	C	D	E
1	商品	数量	单价	金额	
2	商品A	15	240	3600	
3	商品B	12	220		
4	商品C	22	190		
5	商品D	30	250		
6	商品E	23	190		
7	商品F	20	180		

图 8-11

D3 =B3*C3

	A	B	C	D	E
1	商品	数量	单价	金额	
2	商品A	15	240	3600	
3	商品B	12	220	2640	
4	商品C	22	190		
5	商品D	30	250		
6	商品E	23	190		
7	商品F	20	180		

图 8-12

D4 =B4*C4

	A	B	C	D	E
1	商品	数量	单价	金额	
2	商品A	15	240	3600	
3	商品B	12	220	2640	
4	商品C	22	190	4180	
5	商品D	30	250		
6	商品E	23	190		
7	商品F	20	180		

图 8-13

2. 绝对引用

绝对引用单元格总是在特定位置引用单元格，不管公式移动到什么位置，公式中的绝对引用单元格都不会变化。绝对引用最明显的标志是行列之前都有“$”符号，“$”符号就像一把锁牢牢锁定了行和列的位置，例如“$A$1”。

在下面这个计算提成的示例里，如果公式中对E2单元格使用相对引用，向下填充公式时将无法正常完成计算，如图8-14所示。若将E2单元格设置成绝对引用，则向下填充公式时公式始终保持对E2单元格的引用，如图8-15和图8-16所示。

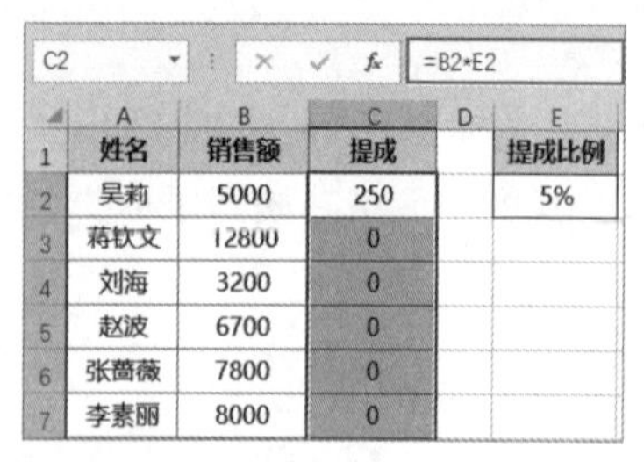

C2 =B2*E2

	A	B	C	D	E
1	姓名	销售额	提成		提成比例
2	吴莉	5000	250		5%
3	蒋钦文	12800	0		
4	刘海	3200	0		
5	赵波	6700	0		
6	张蔷薇	7800	0		
7	李素丽	8000	0		

图 8-14

C3 =B3*$E$2

	A	B	C	D	E
1	姓名	销售额	提成		提成比例
2	吴莉	5000	250		5%
3	蒋钦文	12800	640		
4	刘海	3200			
5	赵波	6700			
6	张蔷薇	7800			
7	李素丽	8000			

图 8-15

C4 =B4*$E$2

	A	B	C	D	E
1	姓名	销售额	提成		提成比例
2	吴莉	5000	250		5%
3	蒋钦文	12800	640		
4	刘海	3200	160		
5	赵波	6700			
6	张蔷薇	7800			
7	李素丽	8000			

图 8-16

3. 混合引用

混合引用具有“绝对列和相对行”“相对列和绝对行”两种形式，例如“$A1”和“A$1”。在公式位置发生变化时，只有相对引用的部分会变化，绝对引用的部分不变。

下面以计算折扣价为例，观察混合引用随公式位置变化的规律。

在D4单元格中输入公式“=$C4-$C4*B$1”，输入完成后按Enter键计算出结果，如图8-17所示。随后向下方填充公式，此时混合引用的单元格只有相对引用的部分发生了变化，绝对引用部分不变，如图8-18所示。

D4 =$C4-$C4*B$1

	A	B	C	D	E
1	折扣率	10%	20%		
2					
3	品牌	类型	标价	10%折扣价	20%折扣价
4	金龙鱼	调和油	99.00	89.1	
5	中粮	菜籽油	88.00		
6	福临门	大豆油	78.00		
7	多力	葵籽油	76.00		

图 8-17

D7 =$C7-$C7*B$1

	A	B	C	D	E
1	折扣率	10%	20%		
2					
3	品牌	类型	标价	10%折扣价	20%折扣价
4	金龙鱼	调和油	99.00	89.1	
5	中粮	菜籽油	88.00	79.2	
6	福临门	大豆油	78.00	70.2	
7	多力	葵籽油	76.00	68.4	

图 8-18

将D4单元格的公式复制到E4单元格中，如图8-19所示，随后向下填充公式，计算出所有商品20%折扣价，如图8-20所示。

E4 =$C4-$C4*C$1

	A	B	C	D	E
1	折扣率	10%	20%		
2					
3	品牌	类型	标价	10%折扣价	20%折扣价
4	金龙鱼	调和油	99.00	89.1	79.2
5	中粮	菜籽油	88.00	79.2	
6	福临门	大豆油	78.00	70.2	
7	多力	葵籽油	76.00	68.4	

图 8-19

E7 =$C7-$C7*C$1

	A	B	C	D	E
1	折扣率	10%	20%		
2					
3	品牌	类型	标价	10%折扣价	20%折扣价
4	金龙鱼	调和油	99.00	89.1	79.2
5	中粮	菜籽油	88.00	79.2	70.4
6	福临门	大豆油	78.00	70.2	62.4
7	多力	葵籽油	76.00	68.4	60.8

图 8-20

8.1.7 公式审核

当工作表中包含大量公式时，使用公式审核的各项功能可以帮助用户快速确定公式的引用或从属单元格，显示工作表中的所有公式，检查并修正有问题的公式等。

1. 追踪引用或从属单元格

选中F2单元格，打开“公式”选项卡，在“公式审核”组中单击“追踪引用单元格”按钮，工作表上方随即出现蓝色的箭头，标识出所选单元格中的值受哪些单元格的影响，如图8-21所示。

选中B3单元格，在“公式审核”组中单击“追踪从属单元格”按钮，被当前单元格影响的所有单元格随即被蓝色的箭头标识出来，如图8-22所示。

F2 =E2-(D2*B2)

	A	B	C	D	E	F	G
1	产品名称	销售数量	销售单价	产品进价	销售金额	销售利润	销售成本
2	泡泡枪	62	48.00	35.00	2976.00	806.00	2170.00
3	遥控车	23	199.00	150.00	4577.00	1127.00	3450.00
4	泡泡枪	53	48.00	35.00	2544.00	689.00	1855.00
5	泡泡枪	60	48.00	35.00	2880.00	780.00	2100.00
6	遥控车	53	199.00	150.00	10547.00	2597.00	7950.00

图 8-21

B3 23

	A	B	C	D	E	F	G
1	产品名称	销售数量	销售单价	产品进价	销售金额	销售利润	销售成本
2	泡泡枪	62	48.00	35.00	2976.00	806.00	2170.00
3	遥控车	23	199.00	150.00	4577.00	1127.00	3450.00
4	泡泡枪	53	48.00	35.00	2544.00	689.00	1855.00
5	泡泡枪	60	48.00	35.00	2880.00	780.00	2100.00
6	遥控车	53	199.00	150.00	10547.00	2597.00	7950.00

图 8-22

注意事项 若所选单元格中不包含公式，或单元格中的值没有参与任何公式的计算，那么在执行“追踪引用单元格”或“追踪从属单元格”命令时会弹出警告对话框。

2. 显示公式

打开“公式”选项卡，在“公式审核”组中单击“显示公式”按钮，工作表中所有公式即可显示出来，如图8-23所示。再次单击“显示公式”按钮可将公式重新以结果值显示。

C6 199

	A	B	C	D	E	F	G
1	产品名称	销售数量	销售单价	产品进价	销售金额	销售利润	销售成本
2	泡泡枪	62	48	35	=B2*C2	=E2-(D2*B2)	=PRODUCT(B2,D2)
3	遥控车	23	199	150	=B3*C3	=E3-(D3*B3)	=PRODUCT(B3,D3)
4	泡泡枪	53	48	35	=B4*C4	=E4-(D4*B4)	=PRODUCT(B4,D4)
5	泡泡枪	60	48	35	=B5*C5	=E5-(D5*B5)	=PRODUCT(B5,D5)
6	遥控车	53	199	150	=B6*C6	=E6-(D6*B6)	=PRODUCT(B6,D6)
7	乐高积木	89	350	280	=B7*C7	=E7-(D7*B7)	=PRODUCT(B7,D7)
8	乐高积木	88	350	280	=B8*C8	=E8-(D8*B8)	=PRODUCT(B8,D8)
9	泡泡枪	54	48	35	=B9*C9	=E9-(D9*B9)	=PRODUCT(B9,D9)
10	遥控车	80	199	150	=B10*C10	=E10-(D10*B10)	=PRODUCT(B10,D10)
11	泡泡枪	53	48	35	=B11*C11	=E11-(D11*B11)	=PRODUCT(B11,D11)
12	泡泡枪	60	48	35	=B12*C12	=E12-(D12*B12)	=PRODUCT(B12,D12)
13	遥控车	53	199	150	=B13*C13	=E13-(D13*B13)	=PRODUCT(B13,D13)

图 8-23

3. 检查错误公式

使用公式审核组中的“错误检查”功能查找有问题的公式，并及时进行修正。打开“公式”选项卡，在“公式审核”组中单击“错误检查”按钮，如图8-24所示。

系统随即弹出“错误检查”对话框，并在左侧显示查找到的错误公式及错误原因，用户可从对话框右侧选择处理方式，错误公式处理完成后单击“下一个”按钮，可继续检查工作表中其他有问题的公式，如图8-25所示。

C	D	E	F	G
销售单价	产品进价	销售金额	销售利润	销售成本
48.00	35.00	2976.00	806.00	2170.00
199.00	150.00	4577.00	1127.00	3450.00
48.00	35.00	2544.00	689.00	1855.00
48.00	35.00	2880.00	780.00	2100.00
199.00	150.00	10547.00	2597.00	7950.00
350.00	280.00	31150.00	5880.00	24920.00
350.00	280.00	30800.00	6160.00	24640.00
48.00	35.00	2592.00	702.00	1890.00

图 8-24

错误检查

单元格 F7 中出错

=E8-(D7*B7)

公式不一致

此单元格中的公式与电子表格中该区域中的公式不同。

从上部复制公式(A)　有关此错误的帮助　忽略错误　在编辑栏中编辑(F)

选项(O)...　上一个(P)　下一个(N)

图 8-25

动手练 计算员工提成和薪资

使用简单的公式也能根据目标业绩以及业绩完成数据统计出员工的奖金提成和薪资，如图8-26、图8-27所示，用户可根据提供的案例进行练习。

	A	B	C	D	E	F	G
1	员工姓名	基本薪资	目标业绩	完成业绩	完成率	完成奖金	薪资合计
2	刘占春	3500	500000	100000			
3	徐云金	5000	500000	400000			
4	党明彦	5000	500000	500000	D2/C2	E2*B2	B2+F2
5	余成安	3000	500000	300000			
6	姜丽梅	6000	500000	320000			
7	赵凯旋	3500	500000	700000			
8	于朝阳	4000	500000	430000			
9	单明宇	4000	500000	420000			

图 8-26

	A	B	C	D	E	F	G
1	员工姓名	基本薪资	目标业绩	完成业绩	完成率	完成奖金	薪资合计
2	刘占春	3500	500000	100000	20%	700	4200
3	徐云金	5000	500000	400000	80%	4000	9000
4	党明彦	5000	500000	500000	100%	5000	10000
5	余成安	3000	500000	300000	60%	1800	4800
6	姜丽梅	6000	500000	320000	64%	3840	9840
7	赵凯旋	3500	500000	700000	140%	4900	8400
8	于朝阳	4000	500000	430000	86%	3440	7440
9	单明宇	4000	500000	420000	84%	3360	7360

图 8-27

8.2 初识函数

函数是预先编写的公式，可以对一个或多个值进行运算，并返回一个或多个值。函数可以简化和缩短工作表中的公式，尤其在用公式执行很长或复杂的计算时。

8.2.1 函数的类型

Excel包含了大量的内置函数，共十几种类型，例如财务函数、逻辑函数、文本函数、日期和时间函数、查找与引用函数、数学与三角函数等。

在“公式”选项卡中的“函数库”组内可查看到这些函数类型。单击某个函数类型下拉按钮，在弹出的列表中可以看到该类型的所有函数。

当光标指向某个函数时，屏幕上方会出现该函数的语法格式及作用，如图8-28所示。用户可用此方法熟悉Excel中都有哪些函数，这些函数的大概功能是什么，以此来提高函数的学习效率。

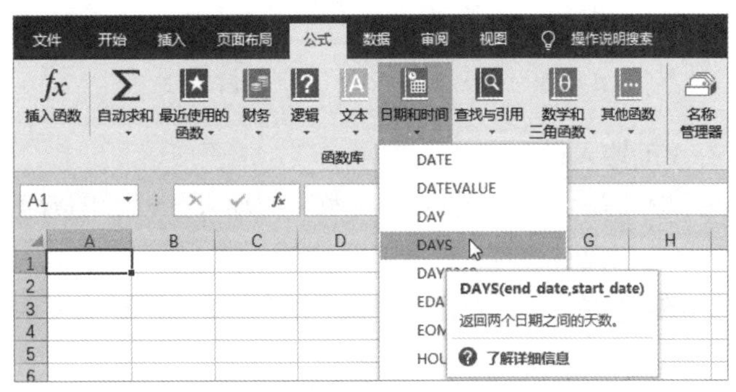

图 8-28

8.2.2 插入函数的方法

插入函数的方法不只一种，常用的方法有选项卡插入法、对话框插入法以及手动输入法，用户可根据需要选择合适的方法。

1. 通过选项卡插入函数

选中需要输入公式的单元格，打开“公式”选项卡，在“函数库”组中单击“日期和时间”下拉按钮，在弹出的列表中选择“WEEKDAY”选项，如图8-29所示。

弹出“函数参数”对话框，设置函数的参数，单击“确定”按钮，即可向所选单元格中插入相应的函数公式，并自动返回计算结果，如图8-30所示。

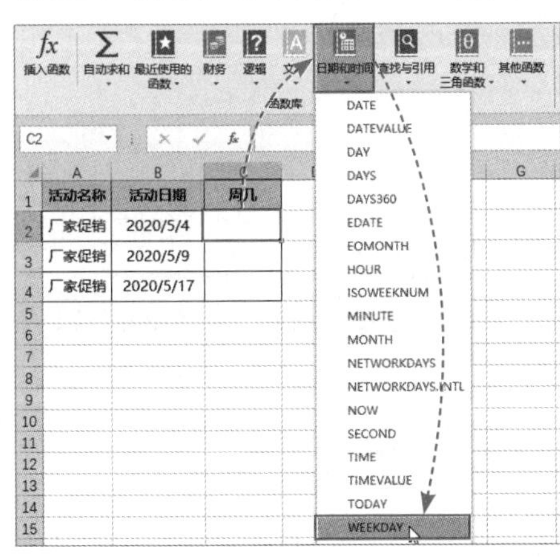

图 8-29

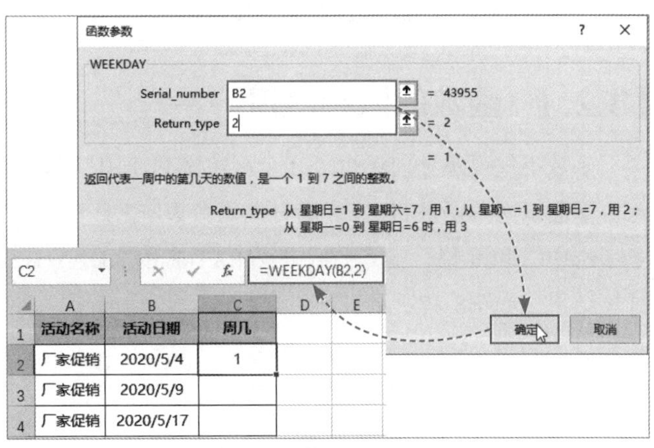

图 8-30

2. 通过“插入函数”对话框插入

选中需要插入函数的单元格，在“公式”选项卡中单击“插入函数”按钮，如图8-31所示。打开“插入函数”对话框，选择函数类型及需要使用的函数，单击“确定”按钮，如图8-32所示。弹出“函数参数”对话框，设置参数，单击“确定”按钮，如图8-33所示，即可插入相应函数公式，并自动计算出结果。

图 8-31

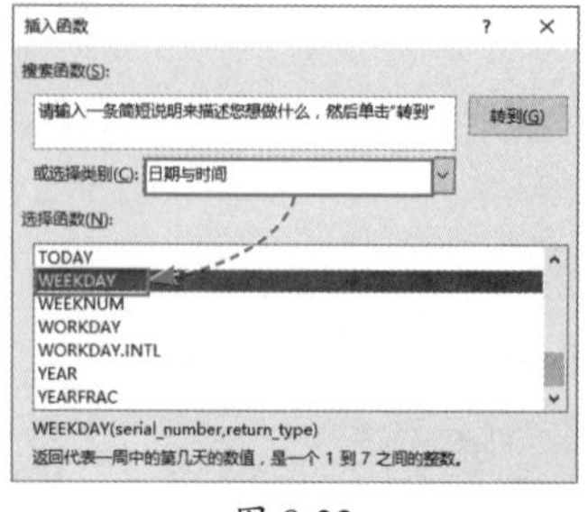

图 8-32

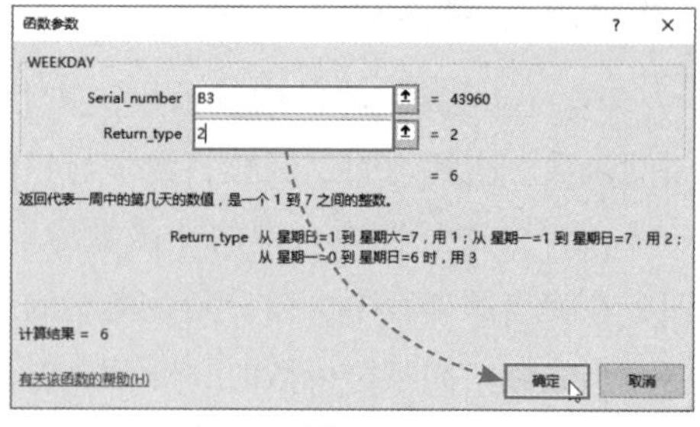

图 8-33

3. 手动输入函数

选中需要输入公式的单元格，先输入“=”，随后手动输入函数，当输入第一个字母后单元格下方会出现一个列表，显示以该字母开头的所有函数，用户可多输入几个字母以缩小列表中显示的函数范围，最后双击需要使用的函数，如图8-34所示，即可将该函数输入到公式中，函数后面自动添加左括号。

继续手动输入函数的参数及右括号，输入完成后按Enter键返回计算结果，如图8-35所示。

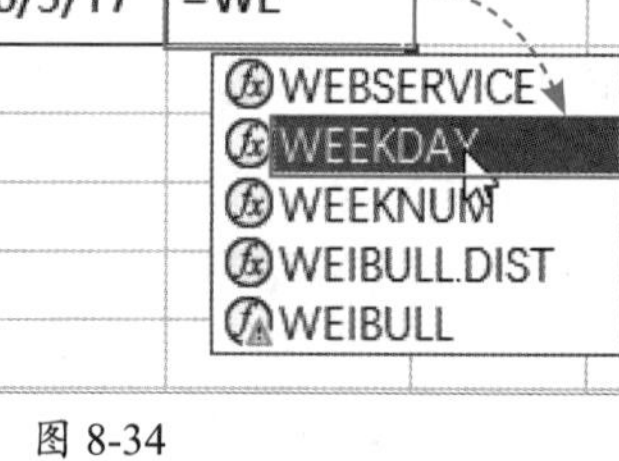

图 8-34

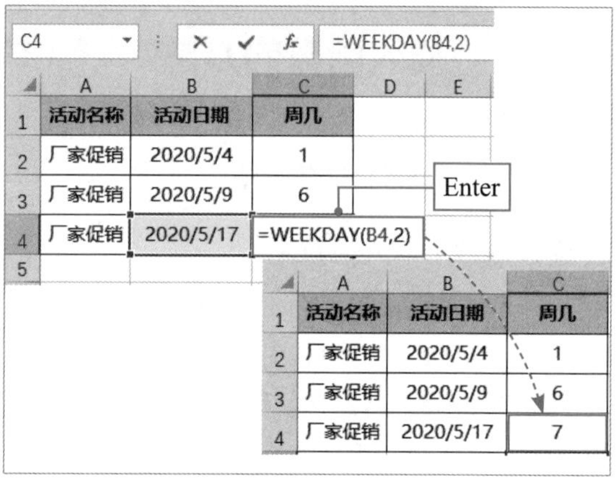

图 8-35

8.2.3 函数的嵌套使用

函数不仅可单独使用也可多个函数嵌套使用，即将某个函数作为另外一个函数的参数使用。下面以文本函数TEXT嵌套日期函数WEEKDAY计算中文大写星期几为例进行介绍。

选中C2单元格，输入公式“=TEXT(WEEKDAY(B2),"aaaa")”，如图8-36所示，按Enter键返回计算结果，如图8-37所示。

WEEKDAY　=TEXT(WEEKDAY(B2),"aaaa")

	A	B	C	D	E
1	活动名称	活动日期	星期		
2	厂家促销	2020/5/4	=TEXT(WEEKDAY(B2),"aaaa")		
3	厂家促销	2020/5/9			
4	厂家促销	2020/5/17			
5					

图 8-36

C3

	A	B	C	D	E
1	活动名称	活动日期	星期		
2	厂家促销	2020/5/4	星期一		
3	厂家促销	2020/5/9			
4	厂家促销	2020/5/17			
5					

图 8-37

动手练 自动统计车间产量

求和、求平均值、计数、求最大值和最小值等都是数据统计中经常执行的运算，Excel为此提供了自动计算功能，下面以统计车间产量为例进行动手练习。

Step 01 选中F2单元格，打开“公式”选项卡，在“函数库”组中单击“求和”按钮，所选单元格中随即自动输入求和公式，如图8-38所示。

Step 02 按Enter键返回计算结果，随后将公式向下填充，计算出其他日期所有车间的总产量，如图8-39所示。

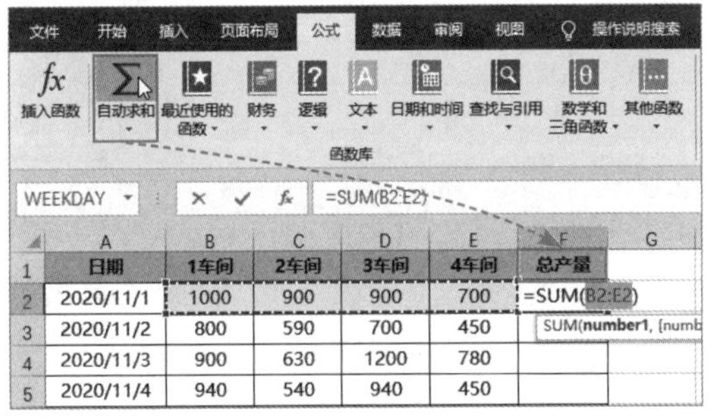

	A	B	C	D	E	F	G
1	日期	1车间	2车间	3车间	4车间	总产量	
2	2020/11/1	1000	900	900	700	=SUM(B2:E2)	
3	2020/11/2	800	590	700	450		
4	2020/11/3	900	630	1200	780		
5	2020/11/4	940	540	940	450		

图 8-38

	A	B	C	D	E	F
1	日期	1车间	2车间	3车间	4车间	总产量
2	2020/11/1	1000	900	900	700	3500
3	2020/11/2	800	590	700	450	2540
4	2020/11/3	900	630	1200	780	3510
5	2020/11/4	940	540	940	450	2870
6	2020/11/5	790	580	580	560	2510
7	2020/11/6	700	620	770	780	2870
8	2020/11/7	960	680	750	810	3200
9	2020/11/8	860	660	850	450	2820
10	2020/11/9	990	900	1000	620	3510

图 8-39

Step 03 选中F17单元格，在“公式”选项卡中单击“自动求和”下拉按钮，在弹出的列表中选择“最大值”选项，如图8-40所示。

Step 04 所选单元格中随即自动输入求最大值公式，按Enter键返回计算结果，如图8-41所示。

文件　开始　插入　页面布局　公式　数据　审阅　视图
插入函数　自动求和　最近使用的函数　财务　逻辑　文本　日期和时间　查找与引用　数学和三角函数
函数库
求和(S)
平均值(A)
计数(C)
最大值(M)
最小值(I)
其他函数(F)...
F17

	A	B	C	D	E	F
7	202		620	770	780	2870
8	202		680	750	810	3200
9	202		660	850	450	2820
10	2020/11/9	990	900	1000	620	3510
11	2020/11/10	1000	810	790	450	3050
12	2020/11/11	960	720	520	780	2980
13	2020/11/12	1000	670	650	120	2440
14	2020/11/13	830	720	850	960	3360
15	2020/11/14	960	510	940	630	3040
16	2020/11/15	950	1030	840	550	3370
17	最高产量					

图 8-40

F17　=MAX(F2:F16)

	A	B	C	D	E	F
1	日期	1车间	2车间	3车间	4车间	总产量
2	2020/11/1	1000	900	900	700	3500
3	2020/11/2	800	590	700	450	2540
4	2020/11/3	900	630	1200	780	3510
5	2020/11/4	940	540	940	450	2870
6	2020/11/5	790	580	580	560	2510
7	2020/11/6	700	620	770	780	2870
8	2020/11/7	960	680	750	810	3200
9	2020/11/8	860	660	850	450	2820
10	2020/11/9	990	900	1000	620	3510
11	2020/11/10	1000	810	790	450	3050
12	2020/11/11	960	720	520	780	2980
13	2020/11/12	1000	670	650	120	2440
14	2020/11/13	830	720	850	960	3360
15	2020/11/14	960	510	940	630	3040
16	2020/11/15	950	1030	840	550	3370
17	最高产量					3510

图 8-41

8.3 常用函数

Excel中的函数种类非常多，不同职业所使用的函数也会有所差别，下面介绍一些工作中使用率较高的函数。

8.3.1 条件判断函数IF的应用

IF函数根据逻辑式判断指定条件，如果条件成立，则返回真条件下的指定内容，如果条件式不成立，则返回假条件下的指定内容。

语法格式：=IF(logical_test,value_if_true,value_if_false)

语法释义：=IF(测试条件,条件成立时的返回值,条件不成立时的返回值)

参数说明：

logical_test表示任何能被计算为TRUE或FALSE的数值或表达式。

value_if_true是Logical_test为TRUE时的返回值，如忽略则返回TRUE，IF函数最多可嵌套7层。

value_if_false是当Logical_test为FALSE时的返回值，如果忽略则返回FALSE。

动手练 以文本形式返回评价结果

扫码看视频

下面使用IF函数根据给定的条件返回文本形式的判断结果。

Step 01 选中F2单元格，单击编辑栏右侧的“插入函数”按钮，如图8-42所示。

Step 02 弹出“插入函数”对话框，设置函数类型为“逻辑”，选择“IF”函数，单击“确定”按钮，如图8-43所示。

F2 | 插入函数

	A	B	C	D	E	F
1	供应商	品质得分	交货得分	服务得分	总评分	综合评价
2	元威	4.2	4.7	6.2	15.1	
3	深圳达实	4.4	5	4	13.4	
4	鹏远	4.2	5.4	5.2	14.8	
5	海博	4.7	4.4	4.2	13.3	
6	北京德胜	4.2	5.2	5.2	14.6	
7	德胜书坊	3.8	5.8	5.6	15.2	
8	江源	4.7	5.2	5.8	15.7	
9	上海可达	3.2	4.2	5.2	12.6	
10	深圳红狮	6.1	5.2	4.9	16.2	

图 8-42

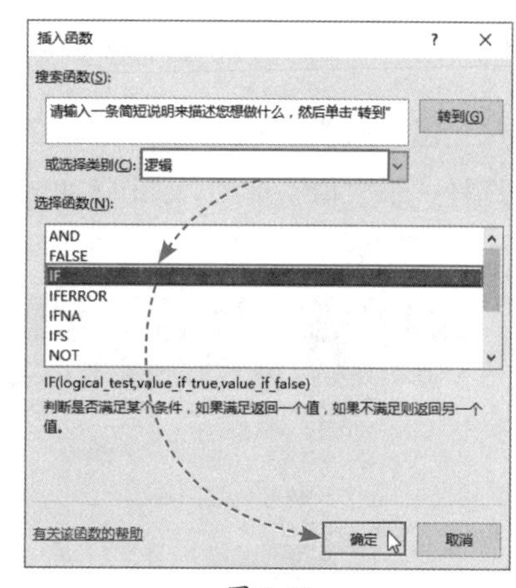

图 8-43

Step 03 系统随即弹出“函数参数”对话框，依次设置参数为“E2>=15”“良好”“一般”，设置完成后单击“确定”按钮，如图8-44所示。

Step 04 返回工作表，此时F2单元格中已经自动输入了公式并返回计算结果，将F2单元格中的公式向下填充，即可计算出其他供应商的综合评价，如图8-45所示。

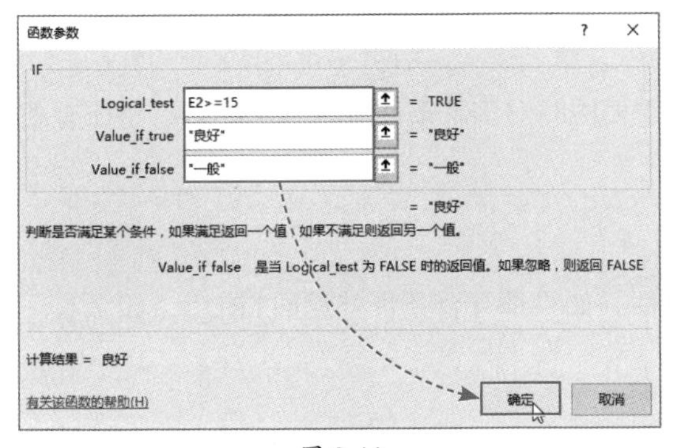

图 8-44

F2 =IF(E2>=15,"良好","一般")

	A	B	C	D	E	F
1	供应商	品质得分	交货得分	服务得分	总评分	综合评价
2	元威	4.2	4.7	6.2	15.1	良好
3	深圳达实	4.4	5	4	13.4	一般
4	鹏远	4.2	5.4	5.2	14.8	一般
5	海博	4.7	4.4	4.2	13.3	一般
6	北京德胜	4.2	5.2	5.2	14.6	一般
7	德胜书坊	3.8	5.8	5.6	15.2	良好
8	江源	4.7	5.2	5.8	15.7	良好
9	上海可达	3.2	4.2	5.2	12.6	一般
10	深圳红狮	6.1	5.2	4.9	16.2	良好

图 8-45

本例公式解析如图8-46所示。

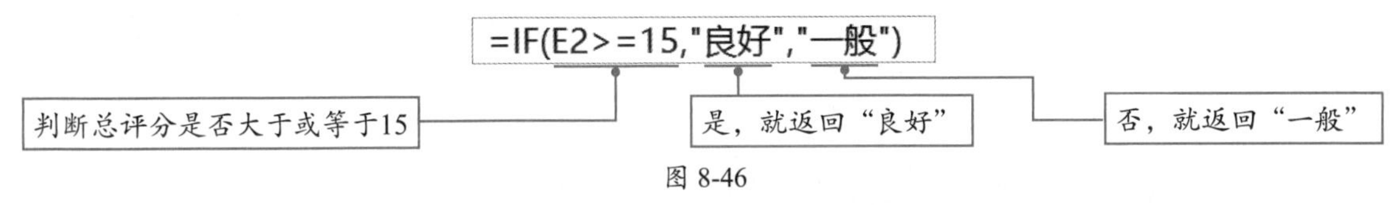

图 8-46

注意事项 在“函数参数”对话框中设置文本参数时系统会自动为其添加双引号。若是直接输入公式则需要手动为文本参数添加双引号，且双引号必须在英文状态下输入，否则公式会返回错误值。

动手练 IF函数循环嵌套实现多重判断

在此以等级评定为例进行介绍。

选中F2单元格，输入公式“=IF(E2>=16,"A",IF(E2>=14.5,"B",IF(E2>=13,"C","D")))”，输入完成后按Enter键返回判断结果，如图8-47所示，向下填充公式返回其他供应用商的等级评定结果，如图8-48所示。

F2 =IF(E2>=16,"A",IF(E2>=14.5,"B",IF(E2>=13,"C","D")))

	A	B	C	D	E	F	G
1	供应商	品质得分	交货得分	服务得分	总评分	等级评定	
2	元威	4.2	4.7	6.2	15.1	B	
3	深圳达实	4.4	5	4	13.4		
4	鹏远	4.2	5.4	5.2	14.8		
5	海博	4.7	4.4	4.2	13.3		
6	北京德胜	4.2	5.2	5.2	14.6		
7	德胜书坊	3.8	5.8	5.6	15.2		
8	江源	4.7	5.2	5.8	15.7		
9	上海可达	3.2	4.2	5.2	12.6		
10	深圳红狮	6.1	5.2	4.9	16.2		

图 8-47

F2 =IF(E2>=16,"A",IF(E2>=14.5,"B",IF(E2>=13,"C","D")))

	A	B	C	D	E	F	G
1	供应商	品质得分	交货得分	服务得分	总评分	等级评定	
2	元威	4.2	4.7	6.2	15.1	B	
3	深圳达实	4.4	5	4	13.4	C	
4	鹏远	4.2	5.4	5.2	14.8	B	
5	海博	4.7	4.4	4.2	13.3	C	
6	北京德胜	4.2	5.2	5.2	14.6	B	
7	德胜书坊	3.8	5.8	5.6	15.2	B	
8	江源	4.7	5.2	5.8	15.7	B	
9	上海可达	3.2	4.2	5.2	12.6	D	
10	深圳红狮	6.1	5.2	4.9	16.2	A	

图 8-48

本例公式解析如图8-49所示。

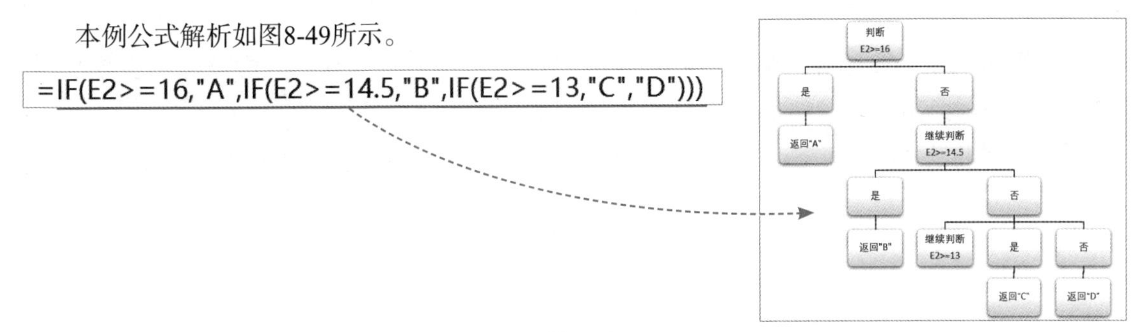

图 8-49

8.3.2 IF函数的好搭档

IF函数经常和AND以及OR函数嵌套使用，当IF需要同时对多个条件进行判断时可以将所有条件都交给这两个函数。

1. AND 函数

AND函数的作用是检查所有参数是否都符合条件，如果都符合条件就返回TRUE，如果有一个不符合条件就返回FALSE。

语法格式：=AND(logical1,logical2,···)

语法释义：AND(逻辑值1,逻辑值2,···)

参数说明：

logical1、logical2是1~255个结果为TRUE或FALSE的检测条件，检测值可以是逻辑值、数组或引用。

动手练 判断员工考核成绩是否达标

根据公司要求，员工的每项考核成绩均达到要求才能通过最终考核（各项成绩具体要求为，工作质量>70;工作效率>60;工作态度>80;专业技能>50）。

下面使用AND函数进行判断。

Step 01 选中F2单元格，输入公式“=AND(B2>70,C2>60,D2>80,E2>50)”，输入完成后按Entet键返回计算结果，如图8-50所示。

Step 02 将F2单元格中的公式向下填充，计算出其他员工的考核情况，如图8-51所示。

F2 =AND(B2>70,C2>60,D2>80,E2>50)

	A	B	C	D	E	F	G
1	姓名	工作质量	工作效率	工作态度	专业技能	考核情况	
2	李梅梅	94	64	94	87	TRUE	
3	晓云	79	88	92	77		
4	程丹	70	62	98	78		
5	路遥姚	96	68	75	81		
6	马小冉	86	66	85	86		
7	李亮	99	90	80	62		
8	赵强	89	81	79	45		

图 8-50

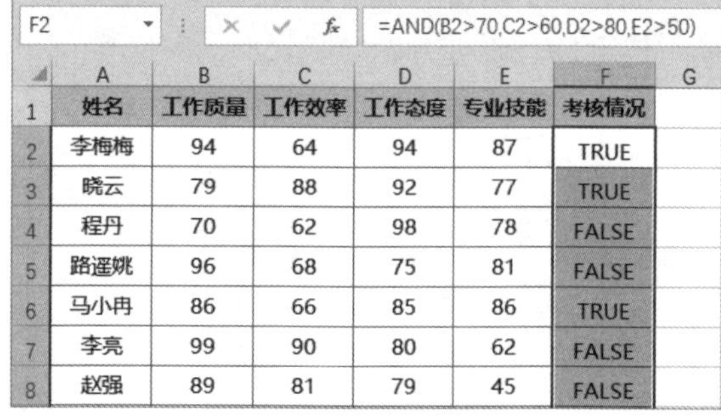

F2 =AND(B2>70,C2>60,D2>80,E2>50)

	A	B	C	D	E	F	G
1	姓名	工作质量	工作效率	工作态度	专业技能	考核情况	
2	李梅梅	94	64	94	87	TRUE	
3	晓云	79	88	92	77	TRUE	
4	程丹	70	62	98	78	FALSE	
5	路遥姚	96	68	75	81	FALSE	
6	马小冉	86	66	85	86	TRUE	
7	李亮	99	90	80	62	FALSE	
8	赵强	89	81	79	45	FALSE	

图 8-51

知识点拨

AND函数的判断结果只能是逻辑值TRUE或FALSE，要想让计算结果更直观可以和IF函数嵌套。

Step 03 选中F2单元格，修改公式为“=IF(AND(B2>70,C2>60,D2>80,E2>50),"通过","未通过")”，如图8-52所示。

Step 04 将公式向下填充，将其他考核结果也转换成直观的文本，如图8-53所示。

	A	B	C	D	E	F	G	H
1	姓名	工作质量	工作效率	工作态度	专业技能	考核情况		
2	李梅梅	94	=IF(AND(B2>70,C2>60,D2>80,E2>50),"通过","未通过")					
3	晓云	79	88	92	77	TRUE		
4	程丹	70	62	98	78	FALSE		
5	路遥姚	96	68	75	81	FALSE		
6	马小冉	86	66	85	86	TRUE		
7	李亮	99	90	80	62	FALSE		
8	赵强	89	81	79	45	FALSE		
9	肖薇	96	72	92	78	TRUE		
10	潘曼	65	67	65	12	FALSE		

图 8-52

	A	B	C	D	E	F	G
1	姓名	工作质量	工作效率	工作态度	专业技能	考核情况	
2	李梅梅	94	64	94	87	通过	
3	晓云	79	88	92	77	通过	
4	程丹	70	62	98	78	未通过	
5	路遥姚	96	68	75	81	未通过	
6	马小冉	86	66	85	86	通过	
7	李亮	99	90	80	62	未通过	
8	赵强	89	81	79	45	未通过	
9	肖薇	96	72	92	78	通过	
10	潘曼	65	67	65	12	未通过	

图 8-53

本例公式解析如图8-54所示。

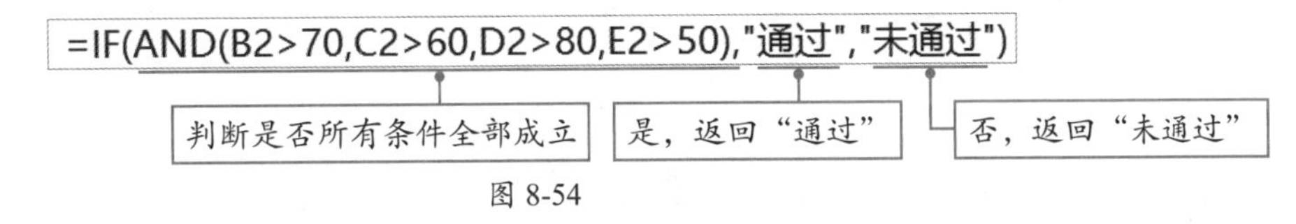

图 8-54

2. OR 函数

OR函数可以用来对多个逻辑条件进行判断，只要有1个逻辑条件满足时就返回TRUE。

语法格式：=OR(logical1,logical2,···)

语法释义：=OR(逻辑值1,逻辑值2,···)

参数说明：

logical1、logical2是1~255个结果为TRUE或FALSE的检测条件。

动手练 分析商品销售情况

下面在销售报表中使用OR函数进行销售分析。具体要求为，只要满足销售数量>=60或销售金额>=2000这两个条件中的任意一个，就判断为“销售不错”，只有当两个条件都不符合时才判断为“销量一般”。

Step 01 选中E2单元格输入公式“=OR(C2>=60,D2>=2000)”，如图8-55所示。

Step 02 将公式向下填充计算出其他商品的销售分析结果，此时公式返回的结果为逻辑值，如图8-56所示。

E2 =OR(C2>=60,D2>=2000)

	A	B	C	D	E
1	商品名称	单价	销售数量	销售金额	销售分析
2	雪饼	¥19.80	50	¥990.00	FALSE
3	威化饼	¥12.50	88	¥1,100.00	
4	洋葱圈	¥5.90	25	¥147.50	
5	棒棒糖	¥12.00	69	¥828.00	
6	梳打饼干	¥25.50	45	¥1,147.50	
7	薯片	¥5.60	36	¥201.60	
8	巧克力饼干	¥22.90	12	¥274.80	
9	山楂卷	¥9.90	45	¥445.50	

图 8-55

E2 =OR(C2>=60,D2>=2000)

	A	B	C	D	E
1	商品名称	单价	销售数量	销售金额	销售分析
2	雪饼	¥19.80	50	¥990.00	FALSE
3	威化饼	¥12.50	88	¥1,100.00	TRUE
4	洋葱圈	¥5.90	25	¥147.50	FALSE
5	棒棒糖	¥12.00	69	¥828.00	TRUE
6	梳打饼干	¥25.50	45	¥1,147.50	FALSE
7	薯片	¥5.60	36	¥201.60	FALSE
8	巧克力饼干	¥22.90	12	¥274.80	FALSE
9	山楂卷	¥9.90	45	¥445.50	FALSE

图 8-56

Step 03 OR函数和IF函数的嵌套方法与AND函数完全相同。将E2单元格中的公式修改成

“=IF(OR(C2>=60,D2>=2000),"销量不错","销量一般")”，按Enter键后公式即可返回文本结果，如图8-57所示。

Step 04 向下填充公式返回其他商品的直观销售分析结果，如图8-58所示。

E2 =IF(OR(C2>=60,D2>=2000),"销量不错","销量一般")

	A	B	C	D	E	F	G
1	商品名称	单价	销售数量	销售金额	销售分析		
2	雪饼	¥19.80	50	¥990.00	销量一般		
3	威化饼	¥12.50	88	¥1,100.00	TRUE		
4	洋葱圈	¥5.90	25	¥147.50	FALSE		
5	棒棒糖	¥12.00	69	¥828.00	TRUE		
6	梳打饼干	¥25.50	45	¥1,147.50	FALSE		
7	薯片	¥5.60	36	¥201.60	FALSE		
8	巧克力饼干	¥22.90	12	¥274.80	FALSE		
9	山楂卷	¥9.90	45	¥445.50	FALSE		
10	抹茶饼干	¥32.80	23	¥754.40	FALSE		
11	沙琪玛	¥16.80	9	¥151.20	FALSE		

图 8-57

E2 =IF(OR(C2>=60,D2>=2000),"销量不错","销量一般")

	A	B	C	D	E	F	G
1	商品名称	单价	销售数量	销售金额	销售分析		
2	雪饼	¥19.80	50	¥990.00	销量一般		
3	威化饼	¥12.50	88	¥1,100.00	销量不错		
4	洋葱圈	¥5.90	25	¥147.50	销量一般		
5	棒棒糖	¥12.00	69	¥828.00	销量不错		
6	梳打饼干	¥25.50	45	¥1,147.50	销量一般		
7	薯片	¥5.60	36	¥201.60	销量一般		
8	巧克力饼干	¥22.90	12	¥274.80	销量一般		
9	山楂卷	¥9.90	45	¥445.50	销量一般		
10	抹茶饼干	¥32.80	23	¥754.40	销量一般		
11	沙琪玛	¥16.80	9	¥151.20	销量一般		

图 8-58

8.3.3 VLOOKUP函数根据条件查找指定数据

VLOOKUP函数可以按照指定的查找值从工作表中查找相应的数据。

语法格式：=VLOOKUP(lookup_value,table_array,col_index_num,range_lookup)

语法释义：=VLOOKUP(要查找的值,要在其中查找数据的列表,返回值在第几列,查找方式)

参数说明：

lookup_value表示需要在数据表首列进行搜索的值，可以是数值、引用或字符串。

table_array表示要在其中查找数据的数据表，可以引用区域或名称，数据表的第一列中的数值可以是文本、数字或逻辑值。

col_index_num应返回其中匹配值的Table_array中的序列，表中首个值列的序号为1。

range_lookup为逻辑值，若要在第一列中查找大致匹配可使用TRUE或省略，若要查找精确匹配要使用FALSE。

动手练 使用VLOOKUP函数查找近似值

扫码看视频

下面的实例介绍以VLOOKUP函数近似匹配查找数据的方法。

选中D5单元格，输入公式“=VLOOKUP(C5,$G$5:$I$11,3,TRUE)”，按Enter键计算出结果，随后向下填充公式计算出所有员工的销售业绩提成率，如图8-59所示。

	A	B	C	D	E	F	G	H	I
1	查询表	姓名	提成额						
2									
3									
4	员工编号	员工姓名	总销售额	销售业绩提成率	提成额		销售金额区间		提成率
5	SHY001	肖邦国	2,500.00	=VLOOKUP(C5,$G$5:$I$11,3,TRUE)			0	4,000.00	3%
6	SHY002	王自立	8,000.00				4,001.00	6,000.00	5%
7	SHY003	赵刚	10,000.00				6,001.00	9,000.00	10%
							9,001.00	12,000.00	15%
							15,001.00	18,000.00	20%
							18,001.00	20,000.00	25%
							20,001.00		30%

员工编号	员工姓名	总销售额	销售业绩提成率	提成额
SHY001	肖邦国	2,500.00	3%	
SHY002	王自立	8,000.00	10%	
SHY003	赵刚	10,000.00	15%	
SHY004	王璐	15,000.00	15%	
SHY005	盛红梅	55,000.00	30%	
SHY006	李晓丹	62,000.00	30%	
SHY007	蒋海燕	40,000.00	30%	

图 8-59

本例公式解析如图8-60所示。

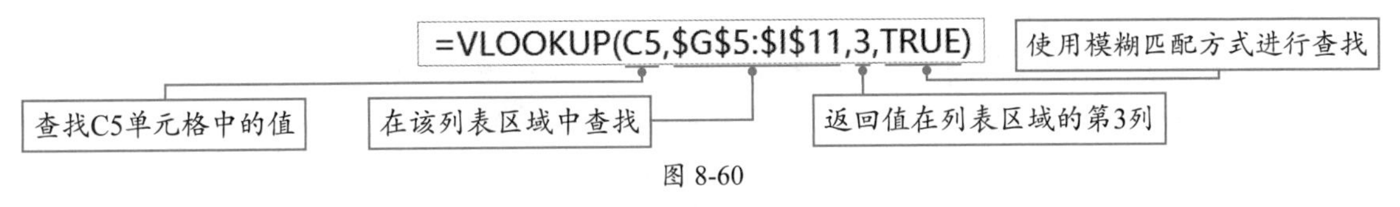

图 8-60

动手练 VLOOKUP函数精确查找指定内容

接下来使用VLOOKUP对数据进行精确匹配查找。

Step 01 用“销售额”乘以“销售业绩提成率”计算出所有员工的提成额，如图8-61所示。

Step 02 在B2单元格中输入要查询的姓名，选中C2单元格输入公式“=VLOOKUP(B2,B5:E11,4,FALSE)”，按Enter键即可返回该员工的提成金额，如图8-62所示。

E5 =C5*D5

	A	B	C	D	E
1	查询表	姓名	提成额		
2					
3					
4	员工编号	员工姓名	总销售额	销售业绩提成率	提成额
5	SHY001	肖邦国	2,500.00	3%	75.00
6	SHY002	王自立	8,000.00	10%	800.00
7	SHY003	赵刚	10,000.00	15%	1,500.00
8	SHY004	王璐	15,000.00	15%	2,250.00
9	SHY005	盛红梅	55,000.00	30%	16,500.00
10	SHY006	李晓丹	62,000.00	30%	18,600.00
11	SHY007	蒋海燕	40,000.00	30%	12,000.00

图 8-61

C2 =VLOOKUP(B2,B5:E11,4,FALSE)

	A	B	C	D	E
1	查询表	姓名	提成额		
2		赵刚	1,500.00		
3					
4	员工编号	员工姓名	总销售额	销售业绩提成率	提成额
5	SHY001	肖邦国	2,500.00	3%	75.00
6	SHY002	王自立	8,000.00	10%	800.00
7	SHY003	赵刚	10,000.00	15%	1,500.00
8	SHY004	王璐	15,000.00	15%	2,250.00
9	SHY005	盛红梅	55,000.00	30%	16,500.00
10	SHY006	李晓丹	62,000.00	30%	18,600.00
11	SHY007	蒋海燕	40,000.00	30%	12,000.00

图 8-62

8.3.4 SUMIF按条件对数据进行求和

SUMIF函数可以对指定范围中符合指定条件的值求和。

语法格式：=SUMIF(range,criteria,sum_range)

语法释义：=SUMIF(求和的数据所在区域,求和条件,求和的实际区域)

参数说明：

range表示根据条件进行计算的单元格的区域。

criteria用于确定对哪些单元格求和的条件，其形式可以为数字、表达式、单元格引用、文本或函数。

sum_range是可选参数，表示要求和的实际单元格，如果省略sum_range参数，Excel会对在Range参数中指定的单元格（即应用条件的单元格）求和。

动手练 只对指定商品的销量进行求和

下面以计算指定商品合计销量为例介绍SUMIF函数的实际应用。

Step 01 选中J2单元格，输入“=SUMIF(”，随后按Shift+F3组合键，打开“函数参数”对话框。在该对话框中依次设置参数为“$B$2:$B$34”“I2”“$G$2:$G$34”，设置完成后单击“确定”按钮，如图8-63所示。

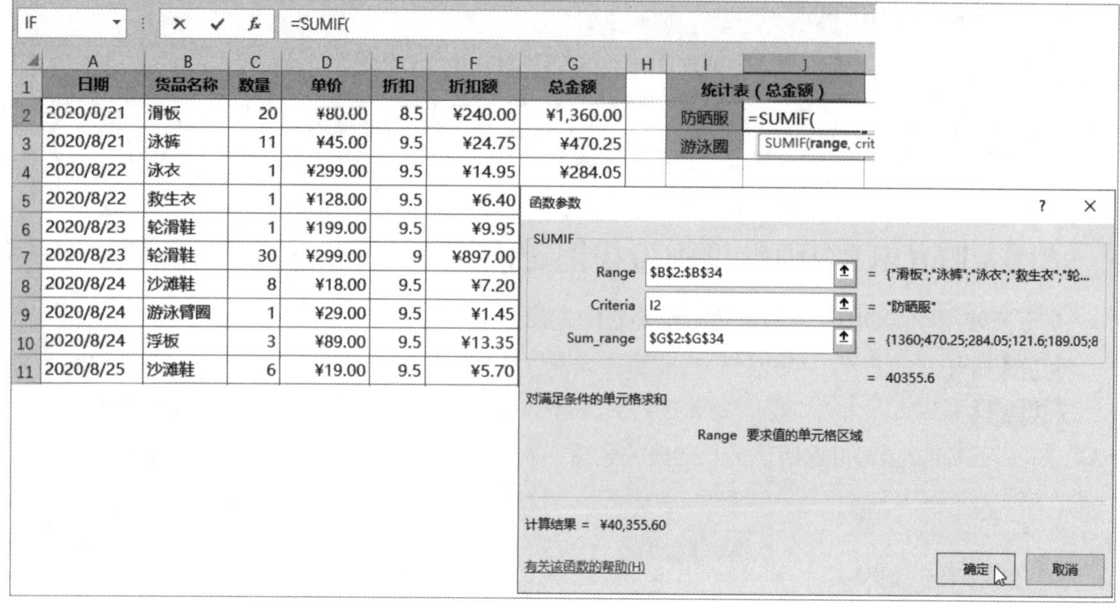

	A	B	C	D	E	F	G	H	I	J
1	日期	货品名称	数量	单价	折扣	折扣额	总金额		统计表（总金额）	
2	2020/8/21	滑板	20	¥80.00	8.5	¥240.00	¥1,360.00		防晒服	=SUMIF(
3	2020/8/21	泳裤	11	¥45.00	9.5	¥24.75	¥470.25		游泳圈	SUMIF(range, crit
4	2020/8/22	泳衣	1	¥299.00	9.5	¥14.95	¥284.05			
5	2020/8/22	救生衣	1	¥128.00	9.5	¥6.40				
6	2020/8/23	轮滑鞋	1	¥199.00	9.5	¥9.95				
7	2020/8/23	轮滑鞋	30	¥299.00	9	¥897.00				
8	2020/8/24	沙滩鞋	8	¥18.00	9.5	¥7.20				
9	2020/8/24	游泳臂圈	1	¥29.00	9.5	¥1.45				
10	2020/8/24	浮板	3	¥89.00	9.5	¥13.35				
11	2020/8/25	沙滩鞋	6	¥19.00	9.5	¥5.70				

图 8-63

Step 02 J2单元格中随即返回公式的计算结果，即所有“防晒服”的销售总金额，将公式向下填充即可计算出“游泳圈”的合计总金额，如图8-64所示。

J2 =SUMIF($B$2:$B$34,I2,$G$2:$G$34)

	A	B	C	D	E	F	G	H	I	J
1	日期	货品名称	数量	单价	折扣	折扣额	总金额		统计表（总金额）	
2	2020/8/21	滑板	20	¥80.00	8.5	¥240.00	¥1,360.00		防晒服	¥40,355.60
3	2020/8/21	泳裤	11	¥45.00	9.5	¥24.75	¥470.25		游泳圈	¥11,952.00
4	2020/8/22	泳衣	1	¥299.00	9.5	¥14.95	¥284.05			
5	2020/8/22	救生衣	1	¥128.00	9.5	¥6.40	¥121.60			
6	2020/8/23	轮滑鞋	1	¥199.00	9.5	¥9.95	¥189.05			
7	2020/8/23	轮滑鞋	30	¥299.00	9	¥897.00	¥8,073.00			
8	2020/8/24	沙滩鞋	8	¥18.00	9.5	¥7.20	¥136.80			

图 8-64

本例公式解析如图8-65所示。

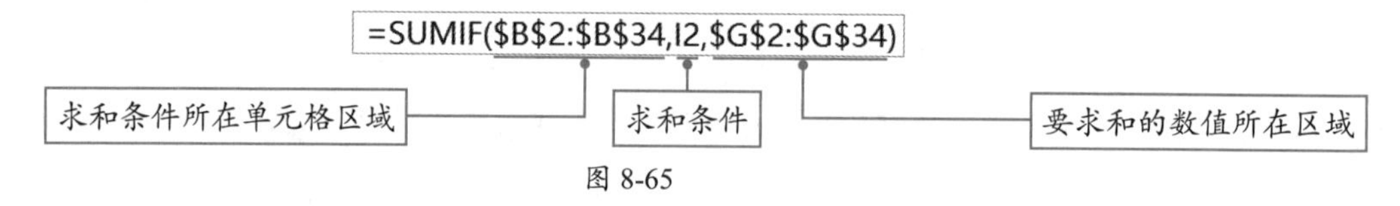

图 8-65

8.3.5 ROUND函数对数据进行四舍五入

ROUND函数可将数字四舍五入到指定的位数。

语法格式：=ROUND(number,num_digits)

语法释义：=ROUND(要进行四舍五入的数值,要保留的小数位数)

参数说明：

number表示要进行四舍五入的数字。

num_digits表示要进行四舍五入运算的位数。

扫码看视频

动手练 将平均销售额四舍五入到两位小数

下面在实际案例中使用ROUND函数将平均销售额四舍五入到2位小数。

Step 01 使用AVERAGE函数（用于计算数据的平均值）计算出1~3月份的平均销售额，此时每个返回值都包含较多的小数位数，如图8-66所示。

Step 02 为AVERAE函数嵌套ROUND函数，将返回值四舍五入到2位小数，修改后的公式为“=ROUND(AVERAGE(B2:D2),2)”，随后将该公式向下填充，将其他门店的平均销售额全部四舍五入到2位小数，如图8-67所示。

E2 =AVERAGE(B2:D2)

	A	B	C	D	E
1	门店	1月	2月	3月	平均销售额
2	A分店	5862	5643	9875	7126.6667
3	B分店	7795	8756	3985	6845.3333
4	C分店	4300	3255	5100	4218.3333
5	D分店	5501	5984	6666	6050.3333
6	E分店	9899	7568	5500	7655.6667
7	F分店	2365	3367	4554	3428.6667
8	G分店	3698	6985	2356	4346.3333
9	H分店	9856	5600	9875	8443.6667

图 8-66

E2 =ROUND(AVERAGE(B2:D2),2)

	A	B	C	D	E
1	门店	1月	2月	3月	平均销售额
2	A分店	5862	5643	9875	7126.67
3	B分店	7795	8756	3985	6845.33
4	C分店	4300	3255	5100	4218.33
5	D分店	5501	5984	6666	6050.33
6	E分店	9899	7568	5500	7655.67
7	F分店	2365	3367	4554	3428.67
8	G分店	3698	6985	2356	4346.33
9	H分店	9856	5600	9875	8443.67

图 8-67

本例公式解析如图8-68所示。

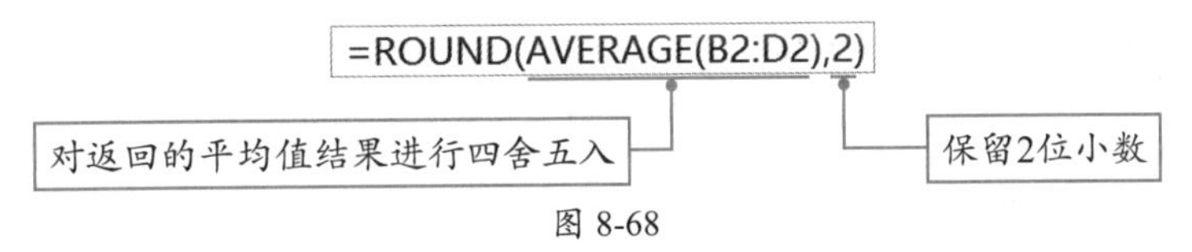

图 8-68

知识点拨

ROUND函数的第二个参数若设置成负数则可从整数部分向前四舍五入。例如公式“=ROUND(2066.72,-2)”，其返回结果是“2100”。

8.3.6 LEN函数轻松统计字符个数

LEN函数返回文本字符串中的字符个数。

语法格式：=LEN(text)

语法释义：=LEN(要计算其字符个数的字符串)

参数说明：

text表示要查找其长度的文本，空格也会作为字符进行计数。

动手练 统计指定单元格中的字符个数

下面使用LEN函数统计指定文本字符串中共包含多少个字符。

选中B2单元格，输入公式“=LEN(A2)”，如图8-69所示，按Enter键即可计算出指定字符串中包含的字符个数，如图8-70所示。

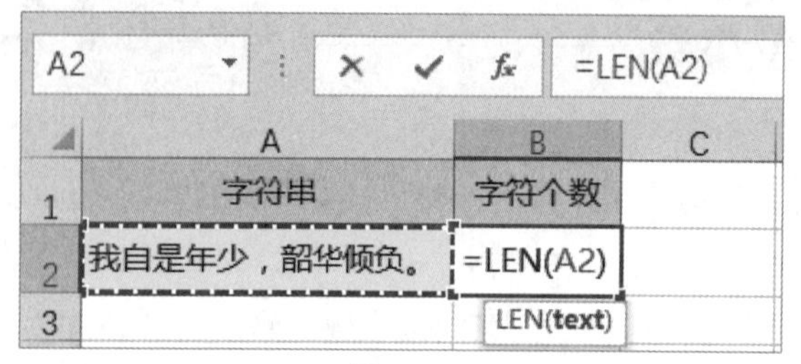

图 8-69

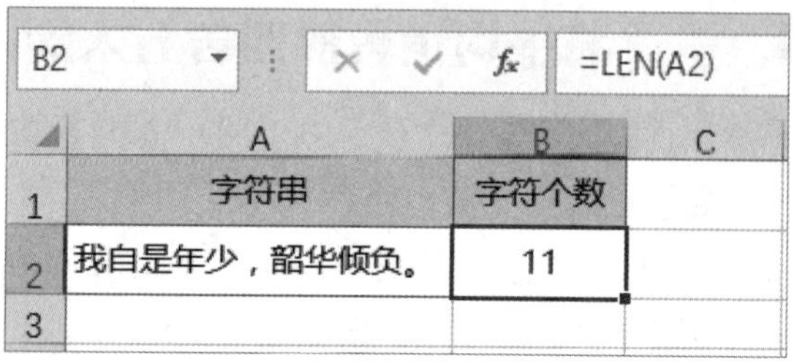

	A	B	C
1	字符串	字符个数	
2	我自是年少，韶华倾负。	11	
3			

图 8-70

8.3.7 FIND函数计算字符所处位置

FIND函数的作用是返回指定字符在字符串中第一次出现的位置。

语法格式：=FIND(find_text,within_text,start_num)

语法释义：=FIND(要查找的字符串,要在其中进行搜索的字符串,从第几个字符开始查找)

参数说明：

find_text表示要查找的字符。

within_text表示包含所要查找字符的字符串。

start_num是可选参数，用于指定开始进行查找的字符，如果省略则默认为1。

动手练 找出指定字符首次出现的位置

接下来利用FIND函数从诗句中查找“花”第一次出现的位置。

Step 01 选中B2单元格，输入公式“=FIND("花",A2)”，如图8-71所示。

Step 02 按Enter键，随后将公式向下填充即可计算出所有诗句中“花”的所处位置，如图8-72所示。

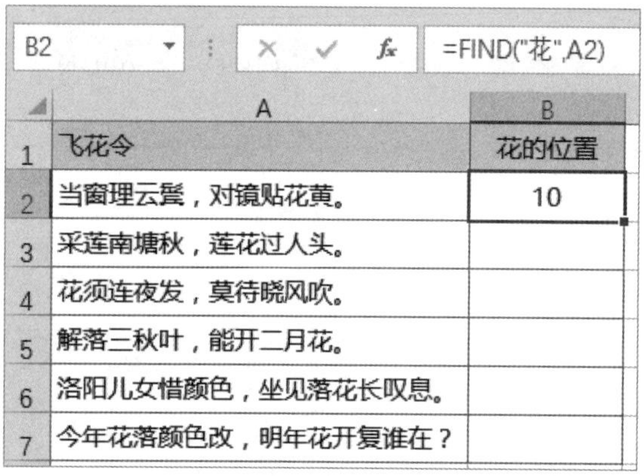

	A	B
1	飞花令	花的位置
2	当窗理云鬓，对镜贴花黄。	10
3	采莲南塘秋，莲花过人头。	
4	花须连夜发，莫待晓风吹。	
5	解落三秋叶，能开二月花。	
6	洛阳儿女惜颜色，坐见落花长叹息。	
7	今年花落颜色改，明年花开复谁在？	

图 8-71

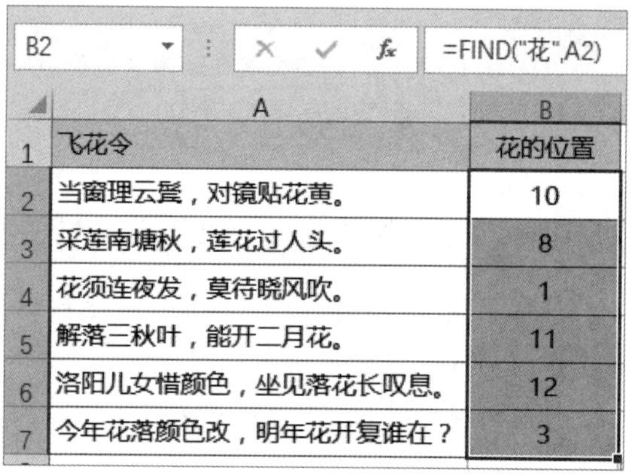

	A	B
1	飞花令	花的位置
2	当窗理云鬓，对镜贴花黄。	10
3	采莲南塘秋，莲花过人头。	8
4	花须连夜发，莫待晓风吹。	1
5	解落三秋叶，能开二月花。	11
6	洛阳儿女惜颜色，坐见落花长叹息。	12
7	今年花落颜色改，明年花开复谁在？	3

图 8-72

8.3.8 从指定位置截取字符串中的字符

Excel中包含很多字符截取函数，这些函数可从字符串的指定位置开始截取指定个数的字符。

1. LEFT 函数

LEFT函数可以从文本字符串的第一个字符开始返回指定个数的字符。

语法格式：=LEFT(text,num_chars)

语法释义：=LEFT(字符串,要提取的字符个数)

参数说明：

text表示要提取的字符的文本字符串。

num_chars表示要提取的字符的数量。

动手练 从课程安排中提取上课时间

下面使用LEFT函数从课程安排字符串中提取上课时间。由于在本案例中所有课程安排中的日期均为10个字符，所以只要从第一个字符开始提取10个字符即可完成操作。

Step 01 选中C2单元格，输入公式“=LEFT(B2,10)”，如图8-73所示。

IF | =LEFT(B2,10)

	A	B	C
1	序号	课程安排	上课日期
2	1	2020年11月1日由郭宁主讲素描基础	=LEFT(B2,10)
3	2	2020年11月2日由刘丽主讲素描基础	
4	3	2020年11月3日由赵元培主讲编程与开发	
5	4	2020年11月3日由蒋兰兰主讲编程与开发	
6	5	2020年11月4日由赵青主讲中级会计	
7	6	2020年11月4日由王凯主讲员工操作	
8	7	2020年11月4日由刘贤军主讲职场英语	
9	8	2020年11月4日由陈丽丹主讲职场英语	
10	9	2020年11月5日由徐凯主讲高级会计	
11	10	2020年11月5日由王霞主讲中级会计	

图 8-73

Step 02 按Enter键返回计算结果，将C2单元格中的公式向下填充，从其他课程安排中提取出上课时间，如图8-74所示。

C2 | =LEFT(B2,10)

	A	B	C
1	序号	课程安排	上课日期
2	1	2020年11月1日由郭宁主讲素描基础	2020年11月1日
3	2	2020年11月2日由刘丽主讲素描基础	2020年11月2日
4	3	2020年11月3日由赵元培主讲编程与开发	2020年11月3日
5	4	2020年11月3日由蒋兰兰主讲编程与开发	2020年11月3日
6	5	2020年11月4日由赵青主讲中级会计	2020年11月4日
7	6	2020年11月4日由王凯主讲员工操作	2020年11月4日
8	7	2020年11月4日由刘贤军主讲职场英语	2020年11月4日
9	8	2020年11月4日由陈丽丹主讲职场英语	2020年11月4日
10	9	2020年11月5日由徐凯主讲高级会计	2020年11月5日
11	10	2020年11月5日由王霞主讲中级会计	2020年11月5日

图 8-74

2. MID 函数

MID函数可以从文本字符串中的指定起始位置返回指定长度的字符。

语法格式：=MID(text,start_num,num_chars)

语法释义：=MID(要从中提取字符的字符串,开始提取的位置,要提取的字符个数)

参数说明：

text表示准备从中提取字符的文本字符串。

start_num表示准备提取的第一个字符的位置，text中第一个字符位置为1，以此类推。

num_chars表示要提取的字符串长度。

动手练 从课程安排中提取讲师姓名

下面使用MID函数嵌套FIND函数继续从课程安排字符串中提取讲师姓名。

选中D2单元格，输入公式"=MID(B2,(FIND("由",B2)+1),FIND("主",B2)-1-(FIND("由",B2)))"，输入完成后按Enter键，提取出第一条课程安排中的讲师，随后将公式向下填充提取出所有讲师姓名，如图8-75所示。

D2　=MID(B2,(FIND("由",B2)+1),FIND("主",B2)-1-(FIND("由",B2)))

	A	B	C	D	E
1	序号	课程安排	上课日期	讲师	课程
2	1	2020年11月1日由郭宁主讲素描基础	2020年11月1日	郭宁	
3	2	2020年11月2日由刘丽主讲素描基础	2020年11月2日	刘丽	
4	3	2020年11月3日由赵元培主讲编程与开发	2020年11月3日	赵元培	
5	4	2020年11月3日由蒋兰兰主讲编程与开发	2020年11月3日	蒋兰兰	
6	5	2020年11月4日由赵青主讲中级会计	2020年11月4日	赵青	
7	6	2020年11月4日由王凯主讲员工操作	2020年11月4日	王凯	
8	7	2020年11月4日由刘贤军主讲职场英语	2020年11月4日	刘贤军	
9	8	2020年11月4日由陈丽丹主讲职场英语	2020年11月4日	陈丽丹	
10	9	2020年11月5日由徐凯主讲高级会计	2020年11月5日	徐凯	
11	10	2020年11月5日由王霞主讲中级会计	2020年11月5日	王霞	

图 8-75

本例所使用的公式看起来比较复杂，但仔细分析会发现其实并不难理解，由于每个字符串内讲师的姓名长度不同，所以需要借助姓名前后的"由"和"主"这两个字来辅助，并自动判断要提取的字符个数，公式具体解析如图8-76所示。

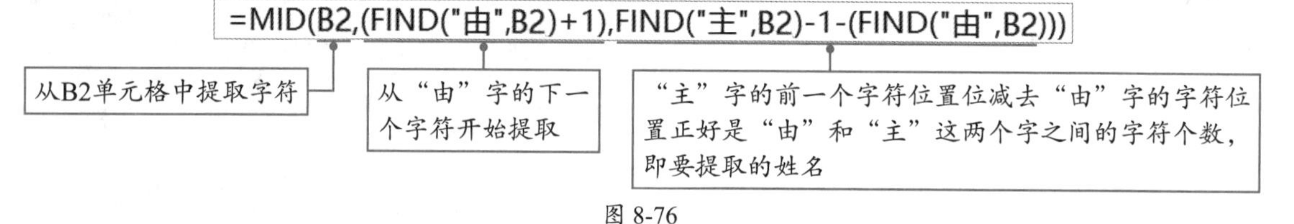

图 8-76

3. RIGHT 函数

RIGHT函数的可以从右端开始截取字符串中指定个数的字符。

语法格式：=RIGHT(text,num_chars)

语法释义：=RIGHT(要从中提取字符的字符串,要提取的字符个数)

参数说明：

text表示包含要提取字符的文本字符串。

num_chars表示希望RIGHT函数提取的字符数，该参数必须大于或等于0。如果num_chars大于文本长度，则公式返回所有文本，如果省略num_chars，则假定其值为1。

动手练 从课程安排中提取课程信息

下面使用RIGHT函数从课程安排字符串中提取课程信息。

在E2单元格中输入公式"=RIGHT(B2,LEN(B2)-FIND("讲",B2))"，随后将公式向下填充，即可从所有课程安排字符串中提取出具体的课程信息，如图8-77所示。

E2 =RIGHT(B2,LEN(B2)-FIND("讲",B2))

	A	B	C	D	E	F
1	序号	课程安排	上课日期	讲师	课程	
2	1	2020年11月1日由郭宁主讲素描基础	2020年11月1日	郭宁	素描基础	
3	2	2020年11月2日由刘丽主讲素描基础	2020年11月2日	刘丽	素描基础	
4	3	2020年11月3日由赵元培主讲编程与开发	2020年11月3日	赵元培	编程与开发	
5	4	2020年11月3日由蒋兰兰主讲编程与开发	2020年11月3日	蒋兰兰	编程与开发	
6	5	2020年11月4日由赵青主讲中级会计	2020年11月4日	赵青	中级会计	
7	6	2020年11月4日由王凯主讲员工操作	2020年11月4日	王凯	员工操作	
8	7	2020年11月4日由刘贤军主讲职场英语	2020年11月4日	刘贤军	职场英语	
9	8	2020年11月4日由陈丽丹主讲职场英语	2020年11月4日	陈丽丹	职场英语	
10	9	2020年11月5日由徐凯主讲高级会计	2020年11月5日	徐凯	高级会计	
11	10	2020年11月5日由王霞主讲中级会计	2020年11月5日	王霞	中级会计	
12						

图 8-77

由于每个字符串中的课程字符不同，当使用RIGHT函数从右向左提取字符时不能直接为其制定要提取的字符个数，这时可以利用每个课程前面固定出现的“讲”字辅助判断要提取的字符长度。在这个案例中，字符串中包含的字符总数减去从第一个字到“讲”字的字符个数，剩余的就是课程的字符数量，具体解析如图8-78所示。

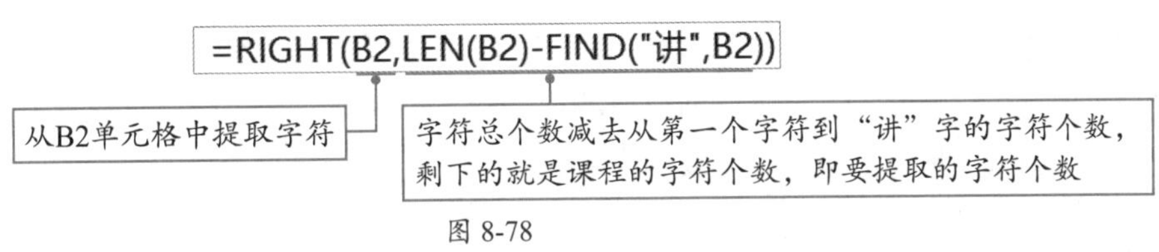

图 8-78

动手练 屏蔽公式返回的错误值

扫码看视频

当公式中的参数存在异常时通常会返回错误值，如图8-79所示，用户若觉得错误值影响美观可将错误值屏蔽。Excel中便有这样一个专门屏蔽错误值的函数IFERROR，下面介绍该函数。

语法格式：=IFERROR(value,value_if_error)

语法释义：=IFERROR(任何值,当第一个参数为错误值时的返回值)

用户可以动手为原始公式嵌套一层IFERROR函数，让其屏蔽错误结果。在这个嵌套公中，当“(B2-C2)/B2”的计算结果是错误值时，公式就会返回空值，否则就返回“(B2-C2)/B2”的计算结果，如图8-80所示。

D2 =(B2-C2)/B2

	A	B	C	D
1	产品	送检数量	次品	合格率
2	产品A	100	5	95.0%
3	产品B	150	2	98.7%
4	产品C	130	0	100.0%
5	产品D	/	/	#VALUE!
6	产品E	150	0	100.0%
7	产品F	0	0	#DIV/0!
8	产品G	110	3	97.3%
9	产品H	80	0	100.0%

图 8-79

D2 =IFERROR((B2-C2)/B2,"")

	A	B	C	D
1	产品	送检数量	次品	合格率
2	产品A	100	5	95.0%
3	产品B	150	2	98.7%
4	产品C	130	0	100.0%
5	产品D	/	/	
6	产品E	150	0	100.0%
7	产品F	0	0	
8	产品G	110	3	97.3%
9	产品H	80	0	100.0%

图 8-80

案例实战：制作工资查询表及工资条

在薪酬管理中经常会用到一些公式对薪资进行汇总、统计或查询等，本例用公式制作工资查询表及工资条。

Step 01 在“工作查询表”工作表中输入基础数据并设置好表格样式，如图8-81所示。

Step 02 在工资表中输入公式计算出“应发工资”“个税扣款”“应扣合计”以及实发工资，如图8-82所示。

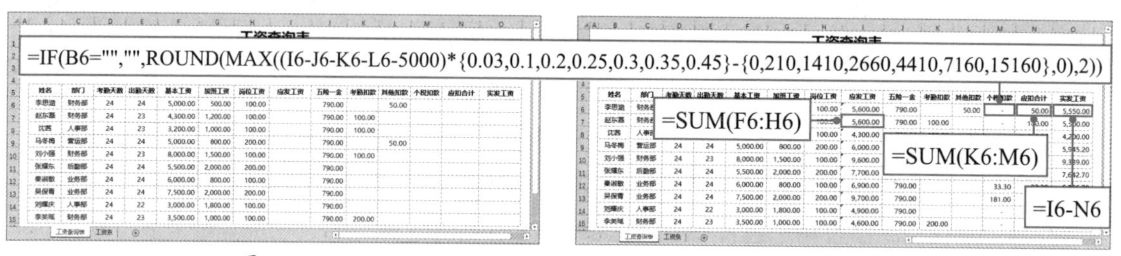

图 8-81

图 8-82

Step 03 选中B3单元格，打开“数据”选项卡，在“数据工具”组中单击“数据验证”按钮，打开“数据验证”对话框，设置验证条件为允许输入“序列”，序列来源设置为“=$B$6:$B$15”，设置完成后单击“确定”按钮，如图8-83所示。

Step 04 此时B3单元格右侧会出现一个下拉按钮，单击该按钮，在弹出的列表中显示所有员工姓名，选择需要查询的员工姓名即可将该姓名输入到单元格中，如图8-84所示。

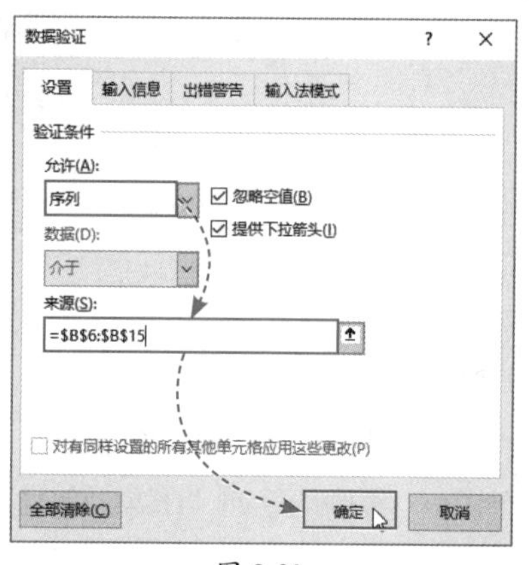

图 8-83

	B	C	D	E	F
2	姓名	部门	考勤天数	出勤天数	基本工资
3					
4					
5		部门	考勤天数	出勤天数	基本工资
6		财务部	24	24	5,000.00
7		财务部	24	23	4,300.00
8		人事部	24	23	3,200.00
9	马冬梅	营运部	24	24	5,000.00
10	刘小强	财务部	24	23	8,000.00
11	张耀东	后勤部	24	24	5,500.00
12	秦淑敏	业务部	24	24	6,000.00
13	吴保青	业务部	24	24	7,500.00

李思涵
赵东磊
沈茜
马冬梅
刘小强
张耀东
秦淑敏
吴保青

图 8-84

Step 05 选中C3单元格，输入公式“=VLOOKUP($B$3,$B$6:$O$15,COLUMN(B:B),0)”，随后将公式向右侧填充，即可查询出相应员工的工资情况，如图8-85所示。

C3 =VLOOKUP($B$3,$B$6:$O$15,COLUMN(B:B),0)

	B	C	D	E	F	G	H	I	J	K	L	M	N	O
2	姓名	部门	考勤天数	出勤天数	基本工资	加班工资	岗位工资	应发工资	五险一金	考勤扣款	其他扣款	个税扣款	应扣合计	实发工资
3	马冬梅	营运部	24	24	5000	800	200	6000	790	0	50	4.8	54.8	5945.2
4														
5	姓名	部门	考勤天数	出勤天数	基本工资	加班工资	岗位工资	应发工资	五险一金	考勤扣款	其他扣款	个税扣款	应扣合计	实发工资
6	李思涵	财务部	24	24	5,000.00	500.00	100.00	5,600.00	790.00		50.00	-	50.00	5,550.00
7	赵东磊	财务部	24	23	4,300.00	1,200.00	100.00	5,600.00	790.00	100.00		-	100.00	5,500.00
8	沈茜	人事部	24	23	3,200.00	1,000.00	100.00	4,300.00	790.00	100.00		-	100.00	4,200.00
9	马冬梅	营运部	24	24	5,000.00	800.00	200.00	6,000.00	790.00		50.00	4.80	54.80	5,945.20

图 8-85

Step 06 切换到“工资条”工作表，从“工资查询表”中复制表头，并设置好工资条的样式，如图8-86所示。

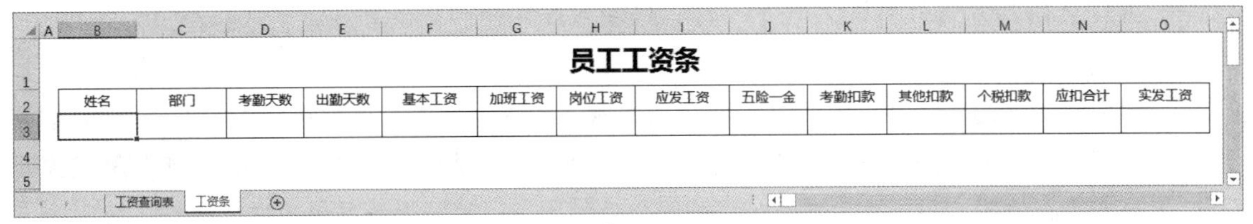

姓名	部门	考勤天数	出勤天数	基本工资	加班工资	岗位工资	应发工资	五险一金	考勤扣款	其他扣款	个税扣款	应扣合计	实发工资

图 8-86

Step 07 选中B3单元格，输入公式“=OFFSET(工资查询表!$B$6,ROW()/3-1,COLUMN()-2)”，随后将公式向右侧填充，从工资表中提取出第一个员工的工资条，如图8-87所示。

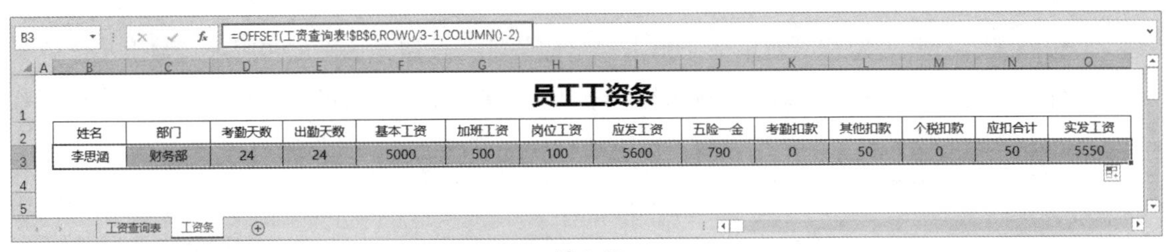

姓名	部门	考勤天数	出勤天数	基本工资	加班工资	岗位工资	应发工资	五险一金	考勤扣款	其他扣款	个税扣款	应扣合计	实发工资
李思涵	财务部	24	24	5000	500	100	5600	790	0	50	0	50	5550

图 8-87

Step 08 选中B2:O4单元格区域，将光标放在所选区域的右下角，当光标变成黑色十字形状时，按住左键并向下拖动光标，如图8-88所示。

姓名	部门	考勤天数	出勤天数	基本工资	加班工资	岗位工资	应发工资	五险一金	考勤扣款	其他扣款	个税扣款	应扣合计	实发工资
李思涵	财务部	24	24	5000	500	100	5600	790	0	50	0	50	5550

图 8-88

Step 09 松开鼠标后即自动生成所有员工的工资条，且每个工资条之间都存在一个空行，方便打印出来后进行裁剪，如图8-89所示。

员工工资条

姓名	部门	考勤天数	出勤天数	基本工资	加班工资	岗位工资	应发工资	五险一金	考勤扣款	其他扣款	个税扣款	应扣合计	实发工资
李思涵	财务部	24	24	5000	500	100	5600	790	0	50	0	50	5550
姓名	部门	考勤天数	出勤天数	基本工资	加班工资	岗位工资	应发工资	五险一金	考勤扣款	其他扣款	个税扣款	应扣合计	实发工资
赵东磊	财务部	24	23	4300	1200	100	5600	790	100	0	0	100	5500
姓名	部门	考勤天数	出勤天数	基本工资	加班工资	岗位工资	应发工资	五险一金	考勤扣款	其他扣款	个税扣款	应扣合计	实发工资
沈茜	人事部	24	23	3200	1000	100	4300	790	100	0	0	100	4200
姓名	部门	考勤天数	出勤天数	基本工资	加班工资	岗位工资	应发工资	五险一金	考勤扣款	其他扣款	个税扣款	应扣合计	实发工资
马冬梅	营运部	24	24	5000	800	200	6000	790	0	50	4.8	54.8	5945.2
姓名	部门	考勤天数	出勤天数	基本工资	加班工资	岗位工资	应发工资	五险一金	考勤扣款	其他扣款	个税扣款	应扣合计	实发工资
刘小强	财务部	24	23	8000	1500	100	9600	790	100	0	161	261	9339
姓名	部门	考勤天数	出勤天数	基本工资	加班工资	岗位工资	应发工资	五险一金	考勤扣款	其他扣款	个税扣款	应扣合计	实发工资
张耀东	后勤部	24	24	5500	2000	200	7700	790	0	0	57.3	57.3	7642.7

图 8-89

新手答疑

1. Q：为什么有的公式和普通公式不一样，是输入在大括号中的？

A：两端有大括号的公式称为数组公式，这些大括号并不是手动输入的，而是自动生成的。数组公式和普通公式在计算方式上有很大差别，输入了数组公式后按Ctrl+Enter组合键才能返回正确结果。同时也不能单独对一组数组公式中的某个公式进行修改，只能对整组数据公式进行修改，另外输入数组公式前要先选中用于存放结果值的单元格区域。

2. Q：如何批量删除工作表中的所有公式。

A：要想批量删除公式，首先要选中所有包含公式的单元格，然后直接执行删除操作即可，具体操作步骤如下。

按F5键，打开“定位”对话框，单击“定位条件”按钮，如图8-90所示。弹出“定位条件”对话框，选中“公式”单选按钮，单击“确定”按钮，如图8-91所示，工作表中所有包含公式的单元格全部选中，最后按Delete键即可将所有公式删除。

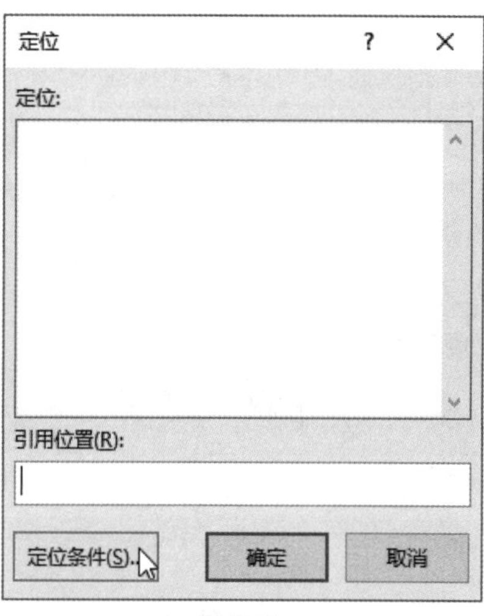

图 8-90

图 8-91

3. Q：如何隐藏表格中的公式，只显示结果值？

A：隐藏公式需要分三个步骤来完成。

第一步，使用“定位条件”功能选中表格中所有包含公式的单元格。

第二步，按Ctrl+1组合键，打开“设置单元格格式”对话框，在“保护”界面中同时勾选“锁定”和“隐藏”复选框，如图8-92所示。

第三步，打开“审阅”选项卡，在“保护”组中单击“保护工作表”按钮，弹出“保护工作表”对话框，不做任何设置，直接单击“确定”按钮即可隐藏公式，如图8-93所示。

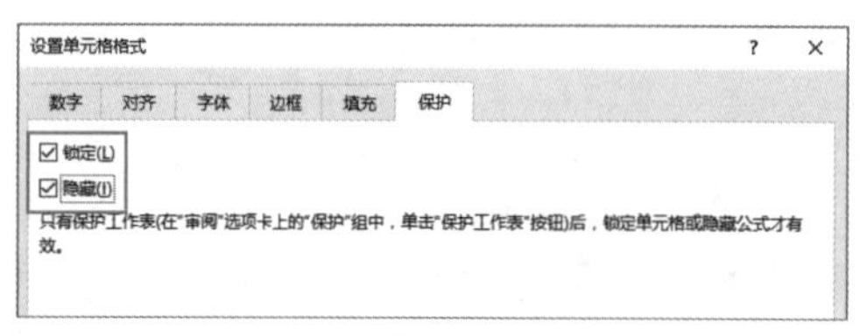

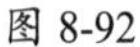

图 8-92

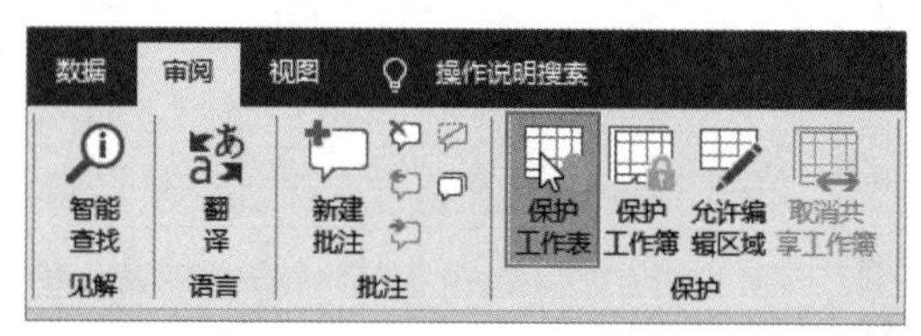

图 8-93

第9章 高级数据分析工具

在Excel中除了使用常规的数据分析手段对数据进行处理和分析外，还可以借助一些便捷的工具提高数据分析的效率和质量，例如使用图表直观展示数据，利用数据透视表动态分析数据等。

9.1 创建与编辑图表

图表是数据可视化的一种体现，可将数据统计结果以最直观的图形进行展示，有利于分析数据间的关系和趋势，下面对图表的创建与编辑技巧进行详细讲解。

9.1.1 插入图表

Excel中包含的图表种类有很多种，例如常用的柱形图、折线图、条形图、饼图、雷达图等，用户可以根据需求插入不同的图表类型，以便更充分地展示数据。

选中数据表中的任意一个单元格，打开“插入”选项卡，在“图表”组中包含很多图表类型，单击需要的图表类型按钮，在展开的列表中选择一款图表样式，如图9-1所示，工作表中即可插入一张相应样式的图表，如图9-2所示。

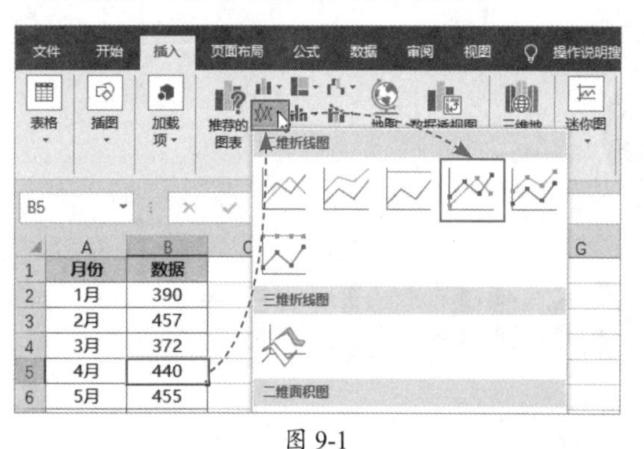

图 9-1

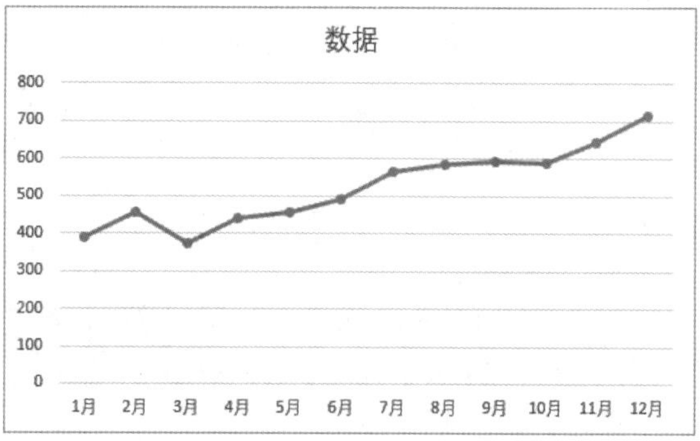

图 9-2

9.1.2 调整图表

插入图表后若对图表的大小不满意可重新调整图表大小，另外，用户还可以在当前工作表或当前工作簿的多张工作表之间移动图表。

1. 调整图表大小

选中图表，图表周围会出现8个圆形控制点，拖动任意一个边角上的控制点，可快速等比例放大或缩小图表。若拖动图表四条边线中间的控制点，在调整图表大小的同时也会改变图表的原始纵横比，如图9-3所示。

除了快速调整图表大小外，用户也可精确调整图表大小。在“图表工具-格式”选项卡中的“大小”组内可精确设置图表的高度和宽度，如图9-4所示。

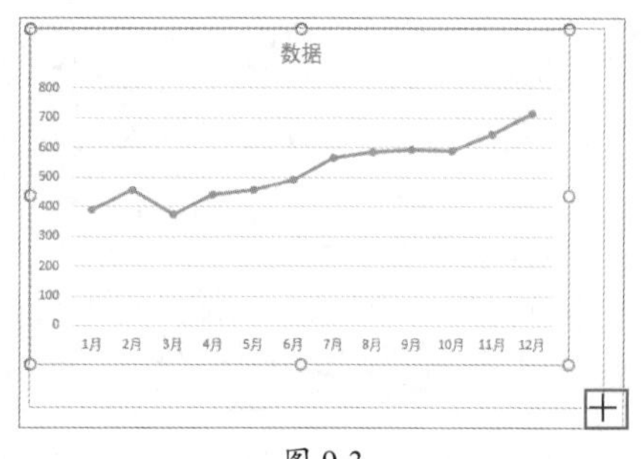

图 9-3

图 9-4

2. 移动图表

将光标移动到图表上方，按住左键不放并拖动光标可在当前工作表中移动图表，如图9-5所示。

若要将图表移动到当前工作簿的其他工作表中，可打开“图表工具—设计”选项卡，在“位置”组中单击“移动图表”按钮。在弹出的“移动图表”对话框中可选择将图表移动到新工作表中或工作簿的其他工作表中，如图9-6所示。

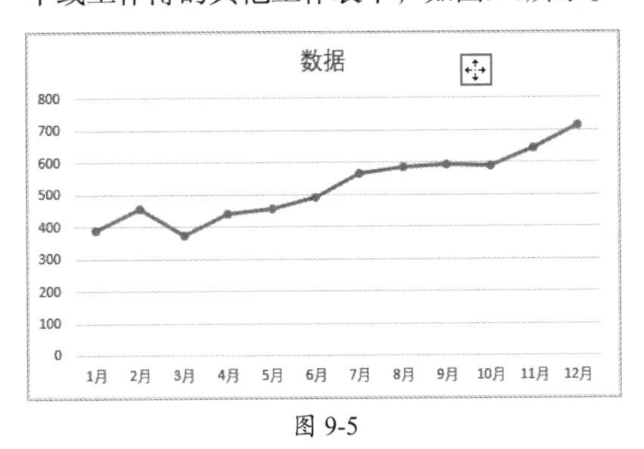

图 9-5

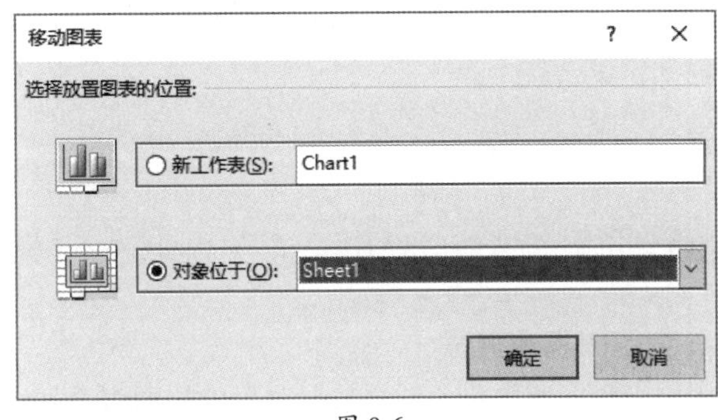

图 9-6

9.1.3 编辑图表

创建图表后，可以根据需要对图表进行编辑，例如添加或删除图表元素、更改图表标题、修改图表数据源等。

1. 添加或删除图表元素

选中图表后，图表右上角会出现三个小图标，单击最上方的“图表元素”图标，此时会展开一个列表，用户可通过该列表中的选项添加或删除相应的图表元素，勾选复选框可添加图表元素，取消勾选复选框为去除图表元素。单击选项右侧的小三角，还可选择元素的添加位置，如图9-7所示。

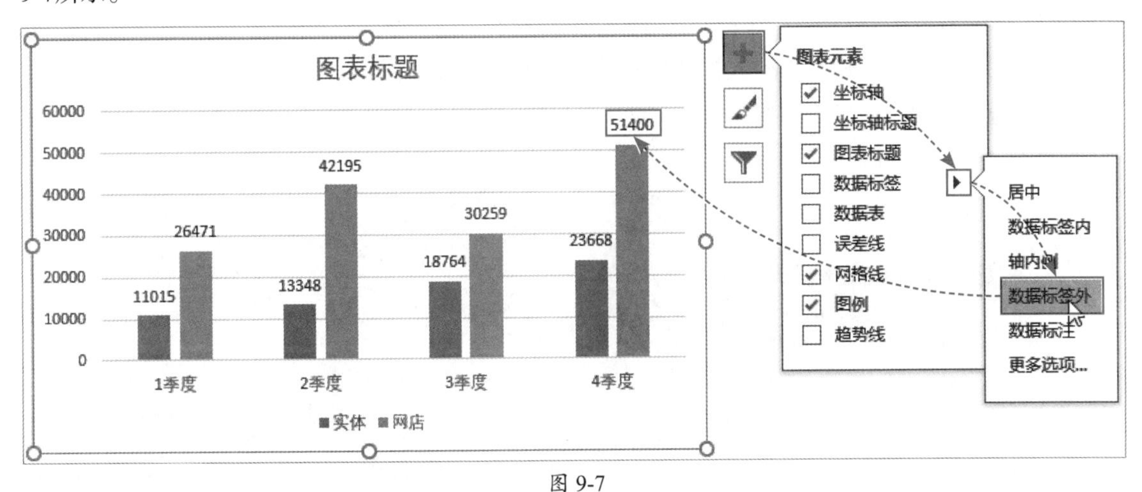

图 9-7

2. 更改图表标题

更改图表标题非常简单，选中标题，将光标定位在标题最后一个字之后，删除原标题，如图9-8所示，重新输入新的标题即可，如图9-9所示。

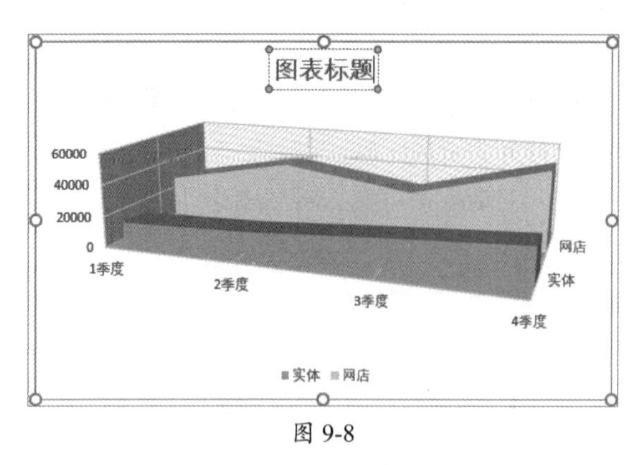

图 9-8

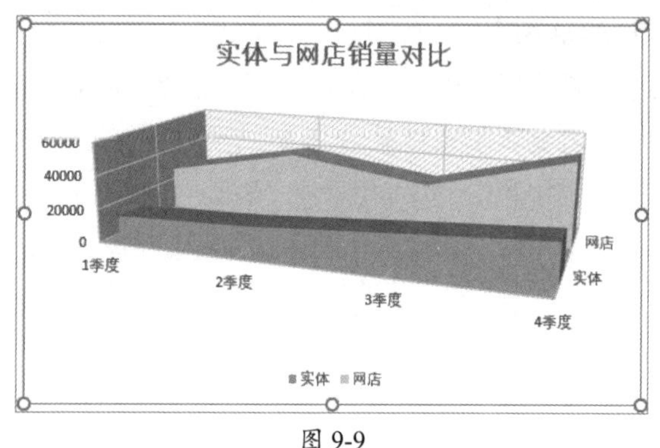

图 9-9

注意事项 若图表中不包含标题，需要先向图表中添加图表标题元素再进行更改。

3. 更改图表数据源

当数据源中包含汇总数据时生成的图表会如图9-10所示，这时可以更改图表数据源，将汇总数据从图表中去除，如图9-11所示。

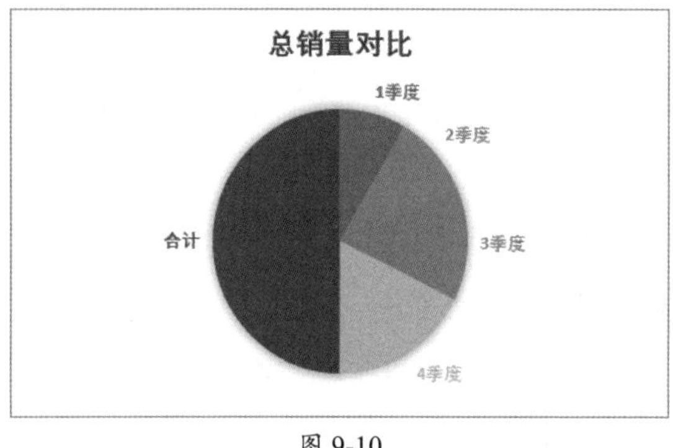

图 9-10

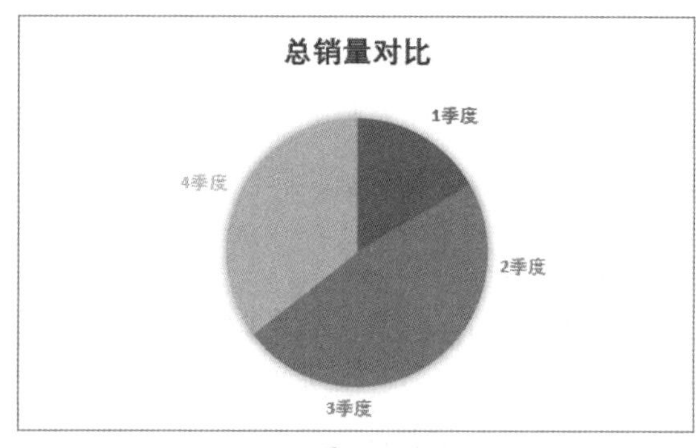

图 9-11

具体操作方法为，打开“图表工具-设计”选项卡，在“数据”组中单击“选择数据”按钮，如图9-12所示。打开“选择数据源”对话框，在“水平（分类）轴标签”列表中取消勾选“合计”复选框，单击“确定”按钮即可，如图9-13所示。

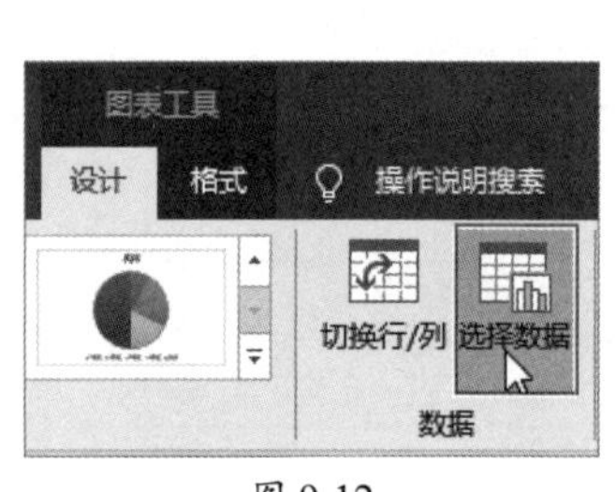

图 9-12

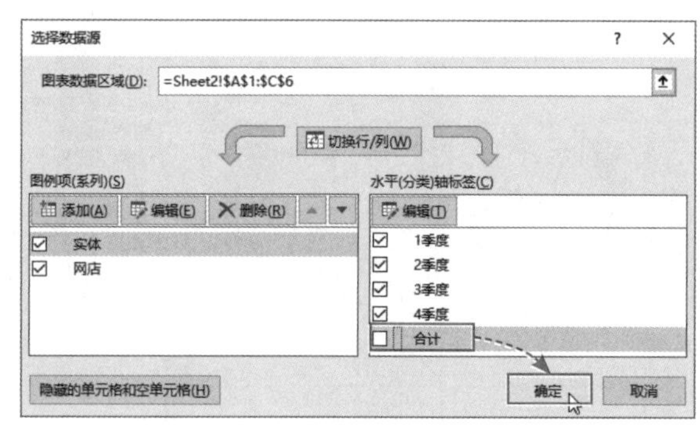

图 9-13

4. 切换行 / 列

切换行/列即交换图表坐标轴上的数据，让X轴与Y轴上的数据实现互换。选中图表，打开“图表工具-设计”选项卡，在“数据”组中单击“切换行/列”按钮，如图9-14所示，图表X轴与Y轴的数据立即自动互换，如图9-15所示。

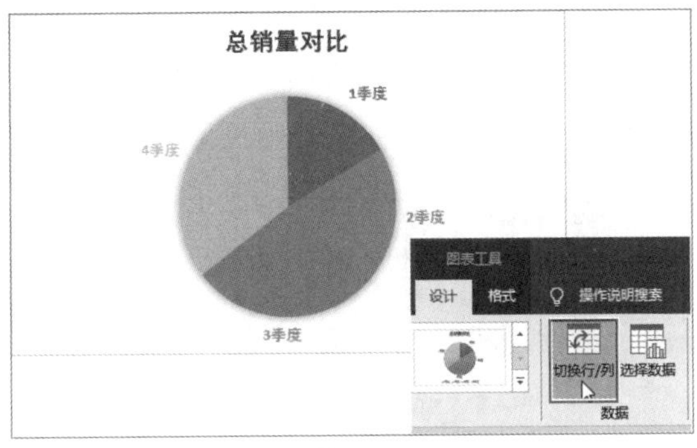

图 9-14

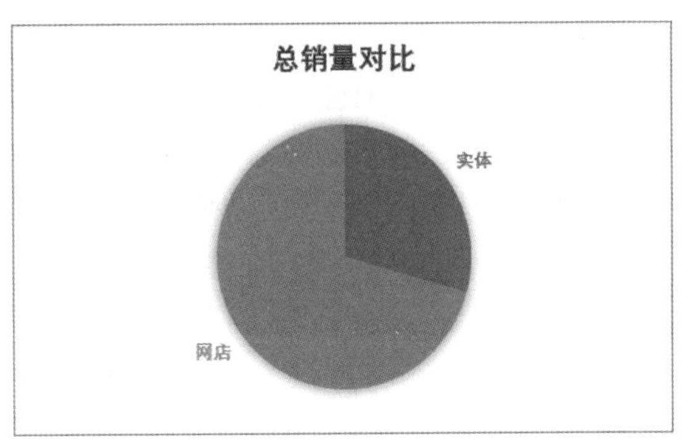

图 9-15

9.1.4 更改图表类型

创建图表后，若用户对图表样式不满意，可以更改图表类型，下面讲解更改图表类型的方法。

选中图表，打开“图表工具-设计”选项卡，单击“更改图表类型”按钮。打开“更改图表类型”对话框，在该对话框中重新选择图表的类型及样式，单击“确定”按钮即可更改图表类型，如图9-16所示。

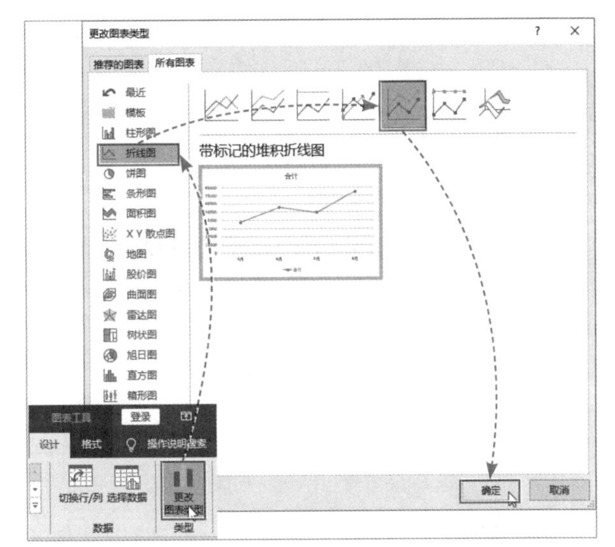

图 9-16

第9章 高级数据分析工具

动手练 创建组合图表

扫码看视频

创建组合图表并不一定要使用很复杂的数据源，即使只有一行或一列数据也能够创建出多个系列的组合图表，本次动手练将使用图9-17所示数据源中的“合计”数据创建柱形与折线的组合图表，如图9-18所示。

品牌	花生油	调和油	菜籽油	大豆油	橄榄油	葵花籽油	玉米油
金龙鱼	618	1027	966	709	355	1087	1149
中粮	700	1152	517	891	632	670	657
福临门	904	945	970	556	329	711	873
鲁花	1191	1188	537	618	428	1104	951
长寿花	525	[illegible]	[illegible]	[illegible]	[illegible]	[illegible]	483
多力	1165	1159	796	766	422	565	583
合计	**5103**	**6095**	**4509**	**4612**	**2698**	**5278**	**4696**

利用合计数据创建组合图表

图 9-17

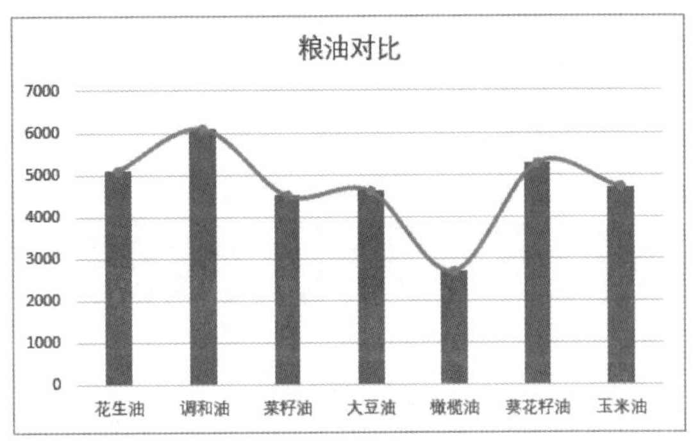

图 9-18

具体操作步骤如下。

Step 01 按住Ctrl键不放，选中B1:H1和B8:H8两个单元格区域，插入一个簇状柱形图，并修改图表标题，如图9-19所示。

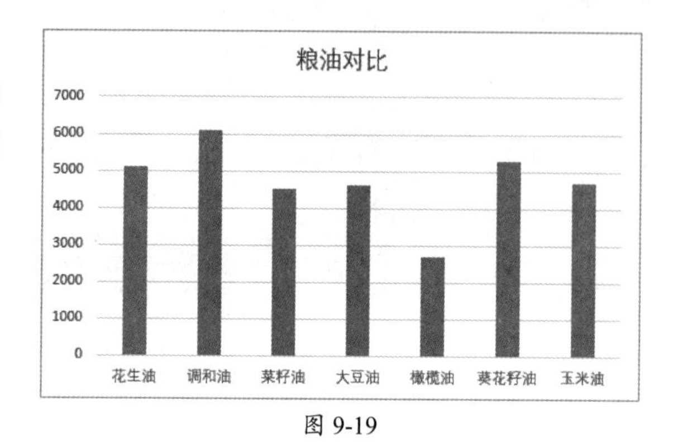

图 9-19

Step 02 选中图表，打开“图表工具-设计”选项卡，单击“选择数据”按钮，弹出“选择数据源”对话框，在“图例项”列表中单击“添加”按钮。打开“编辑数据系列”对话框，先输入系列名称，再将光标定位在“系列值”文本框中，删除文本框中的原有内容，直接在工作表中选择B8:H8单元格区域，将该区域的引用自动输入到“系列值”文本框中，最后单击“确定”按钮，如图9-20所示。

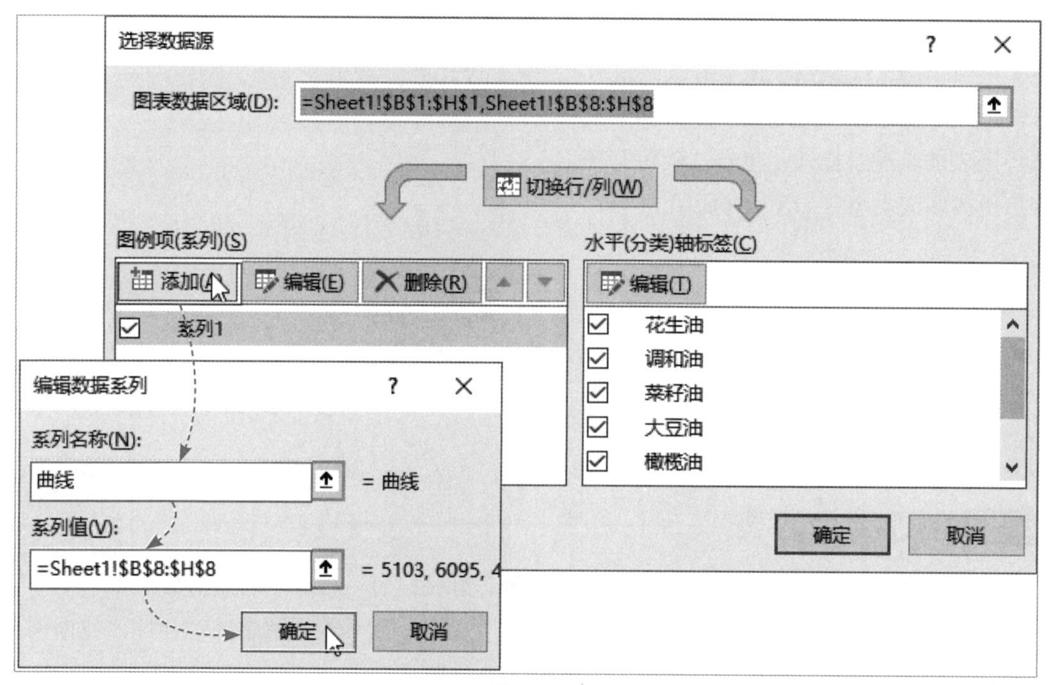

图 9-20

Step 03 此时图表中会增加一个柱形数据系列，如图9-21所示。

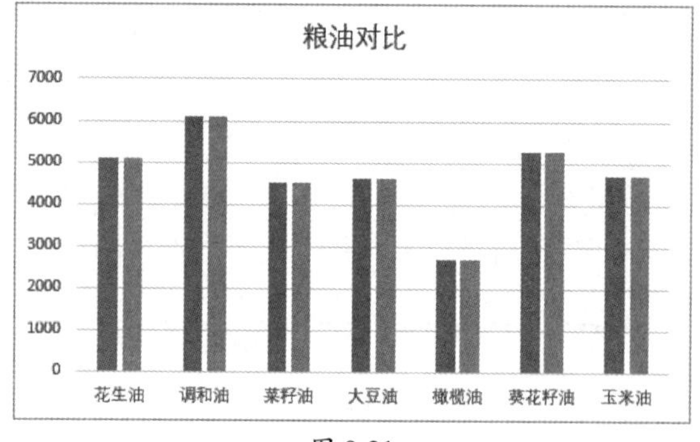

图 9-21

Step 04 保持图表为选中状态，在“图表工具-设计”选项卡中单击“更改图表类型”按钮，打开“更改图表类型”对话框，选择“组合图”选项，随后修改“曲线”系列的图表类型为“带数据标记的折线图”，如图9-22所示。

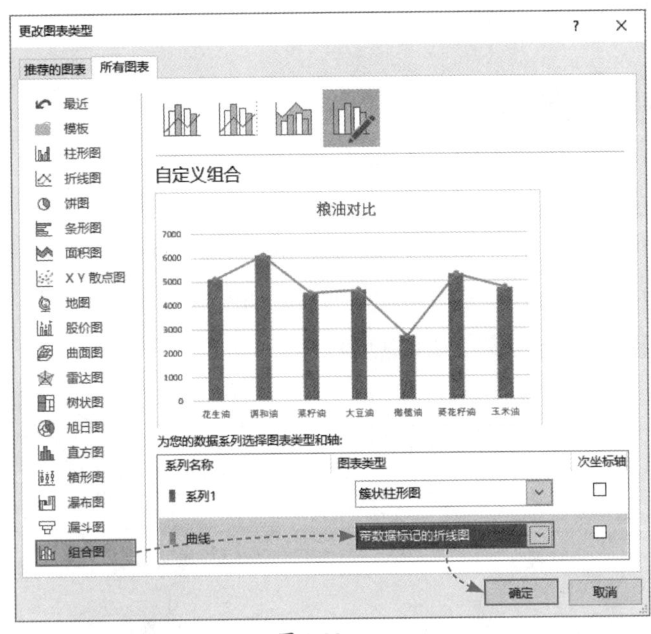

图 9-22

Step 05 右击图表中的折线，在弹出的快捷菜单中选择“设置数据系列格式”选项，如图9-23所示。

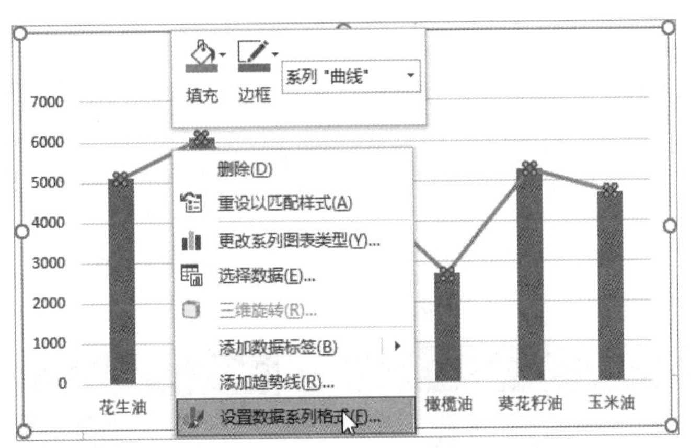

图 9-23

Step 06 打开“设置数据系列格式”窗格，在“填充与线条”界面的最下方勾选“平滑线”复选框，将折线转换成平滑的曲线即可，如图9-24所示。

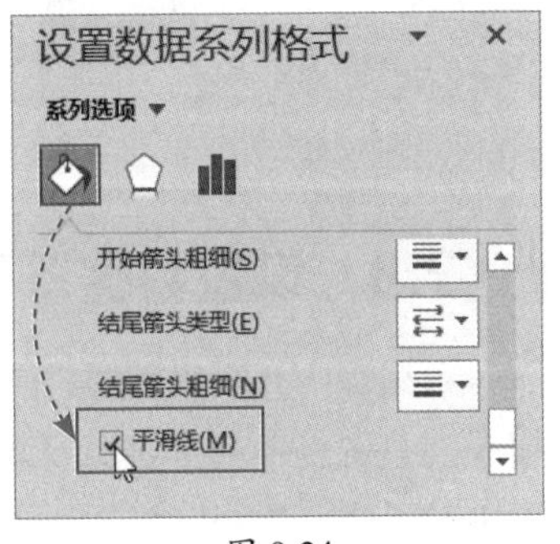

图 9-24

9.2 美化图表

完成图表的编辑后，还可以对图表进行适当美化，让图表看起来更加美观，美化图表的内容包括设置图表的布局、样式、颜色等。

9.2.1 设置图表布局

创建图表后可对图表进行重新布局，以便更好地展示数据。Excel提供的一键快速布局功能，可以大大提高图表布局的时间，下面介绍具体操作方法。

选中图表，打开“图表工具-设计”选项卡，单击“快速布局”下拉按钮，在弹出的列表中选择一款布局，如图9-25所示，图表即可应用该布局，如图9-26所示。

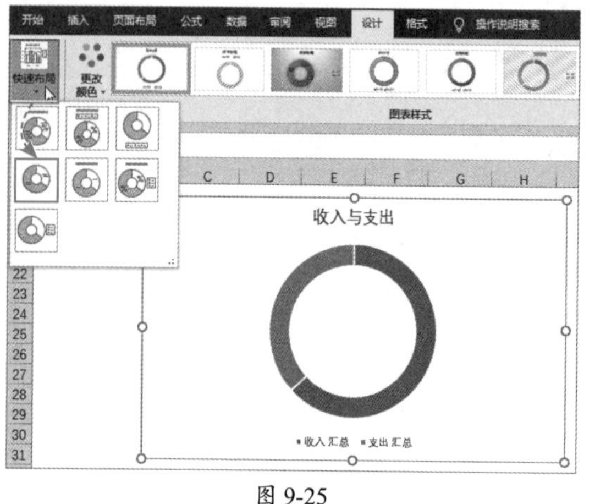

图 9-25

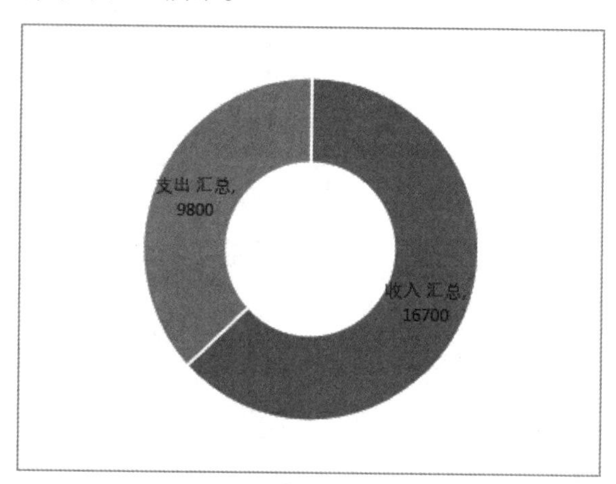

图 9-26

9.2.2 设置图表样式

Excel内置了很多图表样式，用户只需要做好选择便可轻松应用这些样式，让图表瞬间变得更美观。

选中图表后打开“图表工具-设计”选项卡，在“图表样式”组中即可选择需要的图表样式，如图9-27所示。

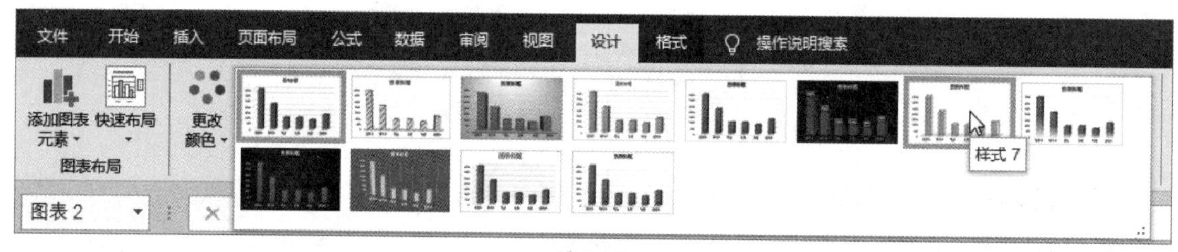

图 9-27

9.2.3 设置数据系列

数据源中有一组数据，图表中就会自动生成一个系列，有多组数据则自动生成多个系列，数据系列是图表中最重要的元素。数据系列的效果直接影响图表的整体美观，下面以簇状条形图为例进行介绍。

1. 调整系列宽度

选中图表后双击任意一个数据系列，如图9-28所示。打开“设置数据系列格式”窗格，在“系列选项”界面中拖动“间隙宽度”滑块，如图9-29所示，图表中的数据系列宽度随即发生相应调整，如图9-30所示。

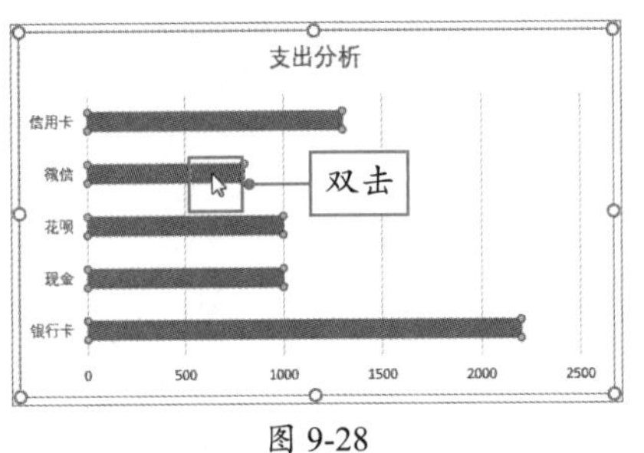

图 9-28

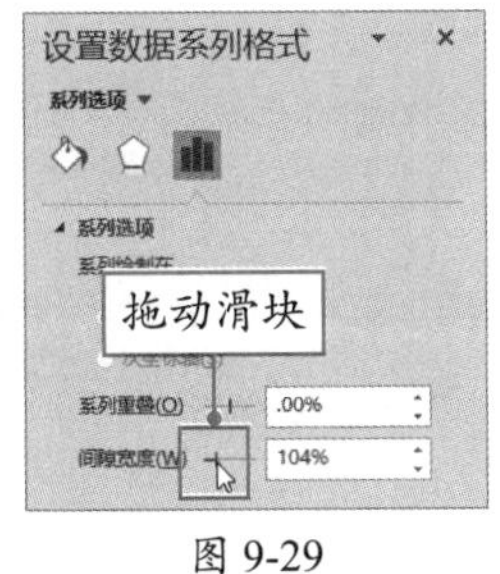

图 9-29

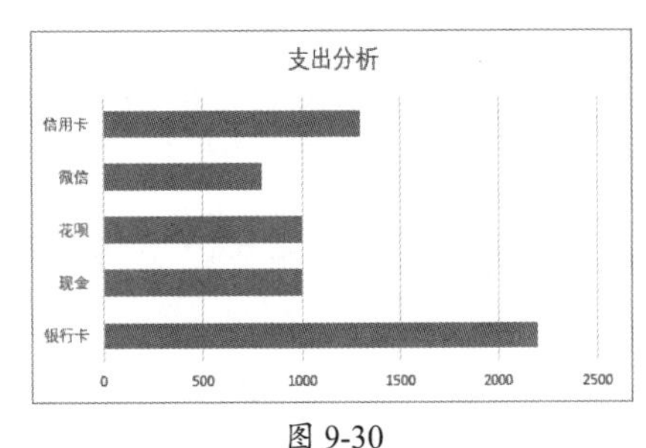

图 9-30

2. 修改系列填充效果

在“数据系列格式”窗格中，切换到“填充与线条”界面，在“填充”组内包含无填充、纯色填充、渐变填充、图片或纹理填充、图案填充等选项，用户可根据需要选择一种填充方式，然后设置具体参数或效果，如图9-31所示。

另外，用户也可选择“依数据点着色”选项，如图9-32所示，将图表中的数据系列设置成不同颜色，如图9-33所示。

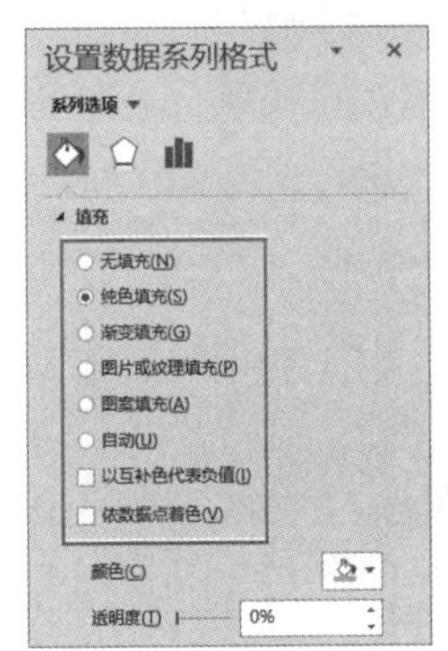

图 9-31

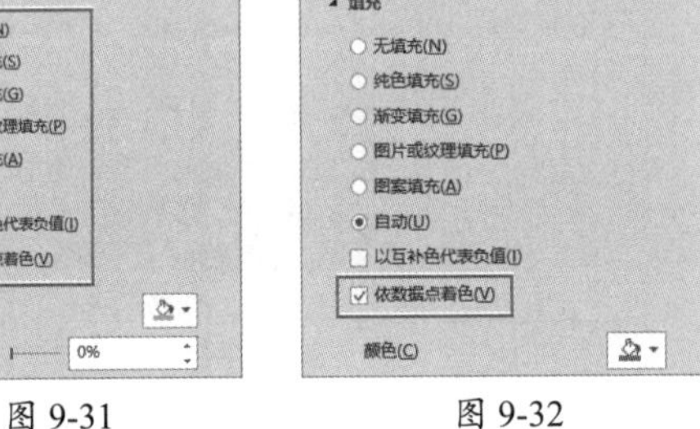

图 9-32

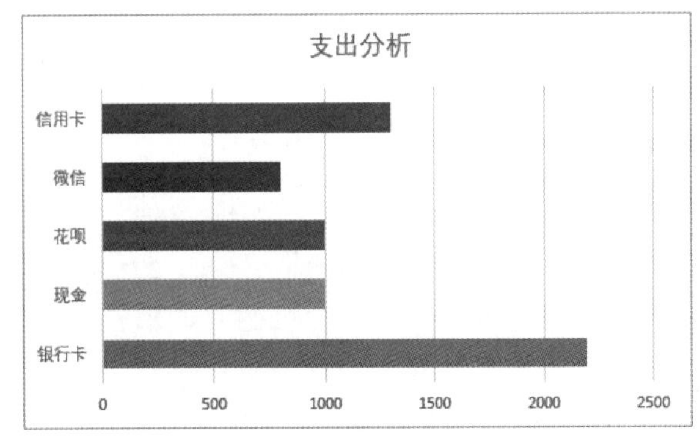

图 9-33

知识点拨

在“图表工具-设计”选项卡中，通过“更改颜色”下拉列表中提供的配色也可快速修改图表系列颜色。

9.2.4 设置图表背景

为图表添加背景能够瞬间提升图表的质感，让图表看起来更美观更有格调，下面介绍如何为图表添加不同效果的背景。

1. 设置纯色背景

双击图表区，打开“设置图表区格式”对话框，打开“填充与线条”界面，在“填充”组中选中“纯色填充”单选按钮，选择一款合适的填充颜色，如图9-34所示，图表随即被填充相应背景色，如图9-35所示。

设置图表区格式
图表选项
文本选项
填充
无填充(N)
纯色填充(S)
渐变填充(G)
图片或纹理填充(P)
图案填充(A)
自动(U)
颜色(C)

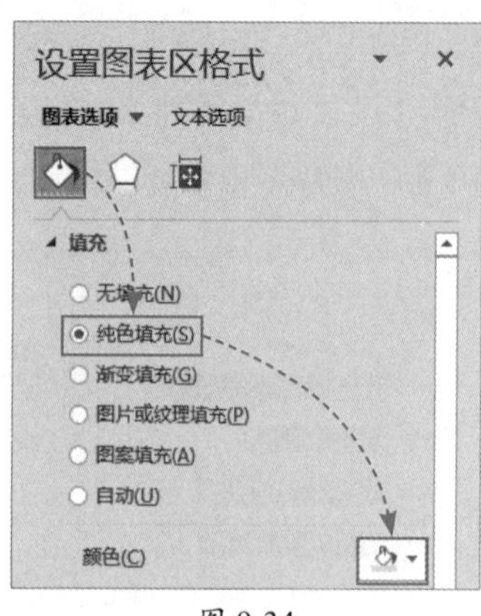

图 9-34

十月个人账户收支对比
支付宝
银行卡
信用卡
现金
微信
花呗
6500
-1000
-4800
-1000
8200
-1000

图 9-35

注意事项 设置图表背景时不宜使用饱和度过高的颜色，或与图表系列相同的颜色，以免影响图表效果。

2. 设置渐变背景

在“设置图表区格式”窗格中选中“渐变填充”单选按钮，设置渐变类型、方向以及渐变光圈，如图9-36所示，图表即可应用相应效果的渐变背景，如图9-37所示。

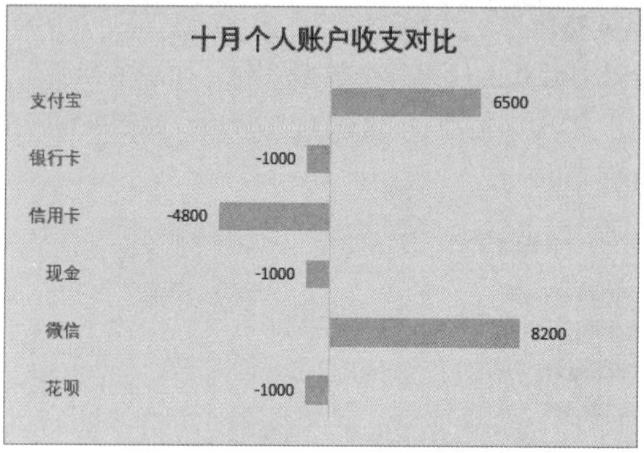

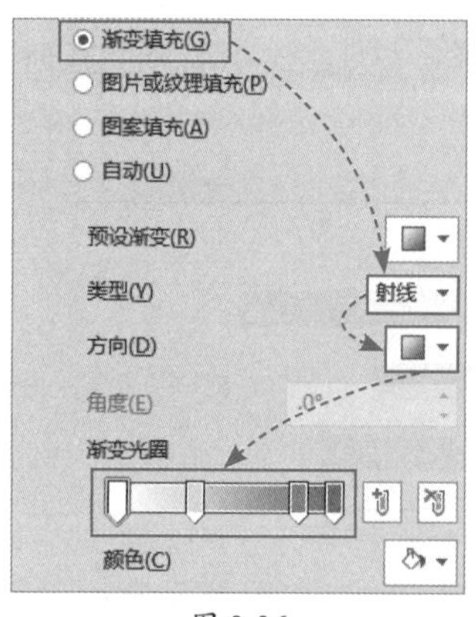

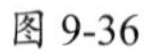

渐变填充(G)
图片或纹理填充(P)
图案填充(A)
自动(U)
预设渐变(R)
类型(Y)
射线
方向(D)
角度(E)
渐变光圈
颜色(C)

图 9-36

十月个人账户收支对比
支付宝
银行卡
信用卡
现金
微信
花呗
6500
-1000
-4800
-1000
8200
-1000

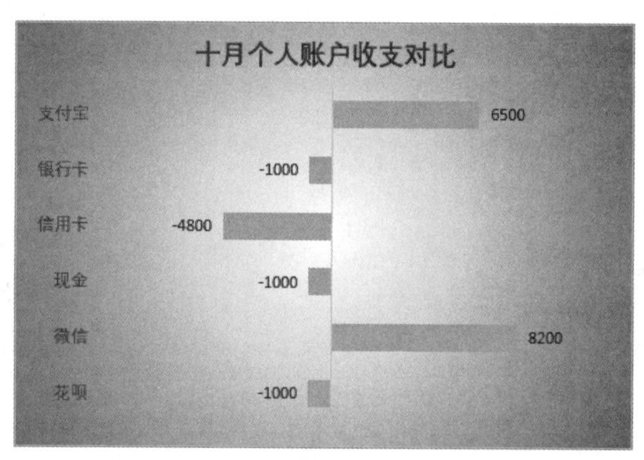

图 9-37

3. 设置图片背景

在“设置图表区格式”窗格中选中“图片或纹理填充”单选按钮，随后单击“插入”按钮，如图9-38所示，选择需要使用的图片，即可将该图片设置成图表背景。若图片色彩饱和度过高，或内容比较复杂，可以在“设置图表区格式”窗格中适当调节图片的透明度，如图9-39所示。

设置图表区格式
图表选项
文本选项
填充
无填充(N)
纯色填充(S)
渐变填充(G)
图片或纹理填充(P)
图案填充(A)
自动(U)
图片源
插入(R)...
剪贴板(C)
纹理(U)

图 9-38

十月个人账户收支对比
支付宝
银行卡
信用卡
现金
微信
花呗
6500
-1000
-4800
-1000
8200
-1000
透明度(T)
56%

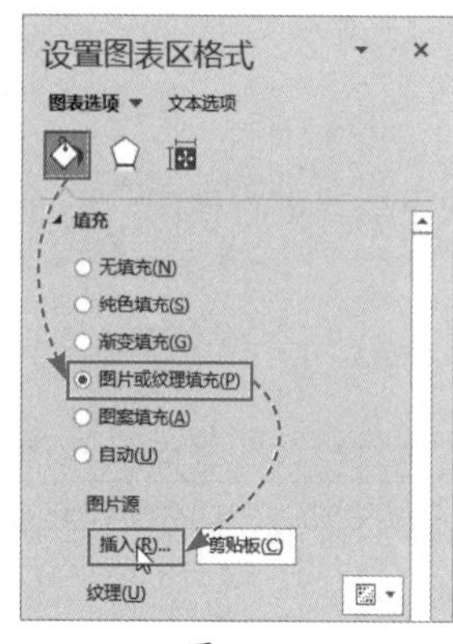

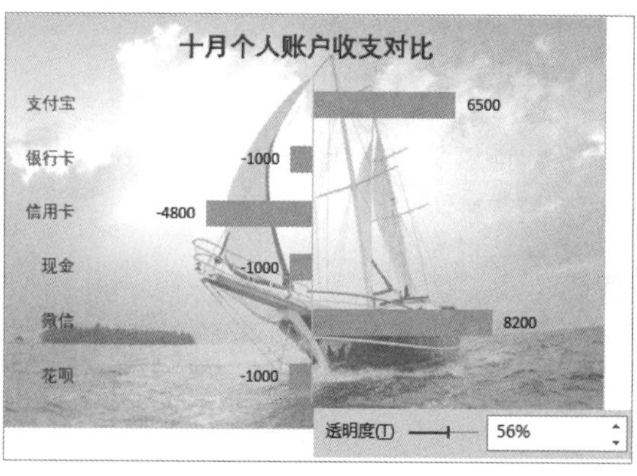

图 9-39

动手练 创建带中心辐射线的雷达图

默认情况下创建的雷达图是没有中心辐射线（雷达坐标轴）的，如图9-40所示。为了提升雷达图的表现力，可以手动为其添加中心辐射线，如图9-41所示。

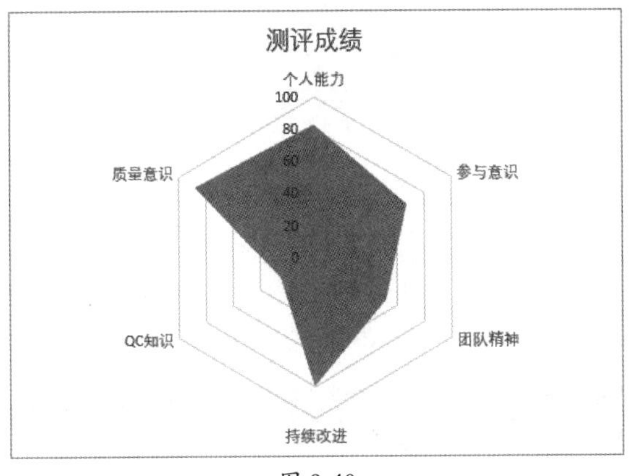

图 9-40

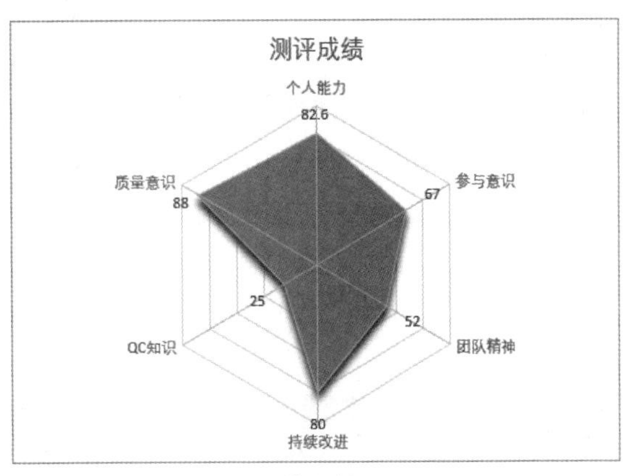

图 9-41

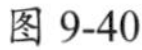

下面讲解操作的具体步骤。

Step 01 选中用于创建雷达图的数据源，打开“开始”选项卡，在“图表”组中选择插入“填充雷达图”选项，如图9-42所示。

Step 02 插入雷达图后右击坐标轴标签，在弹出的快捷菜单中选择“设置坐标轴格式”选项，如图9-43所示。

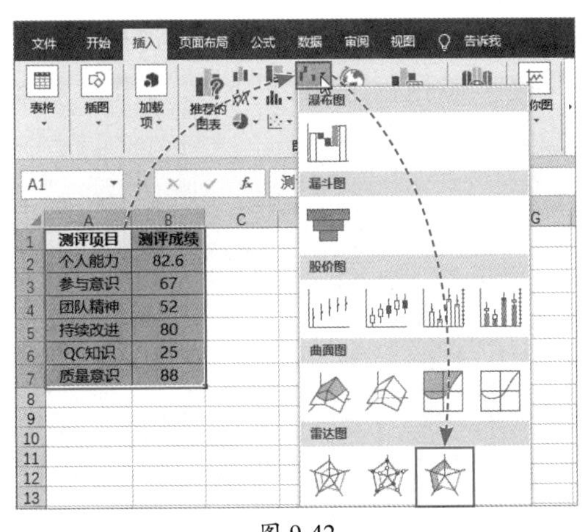

图 9-42

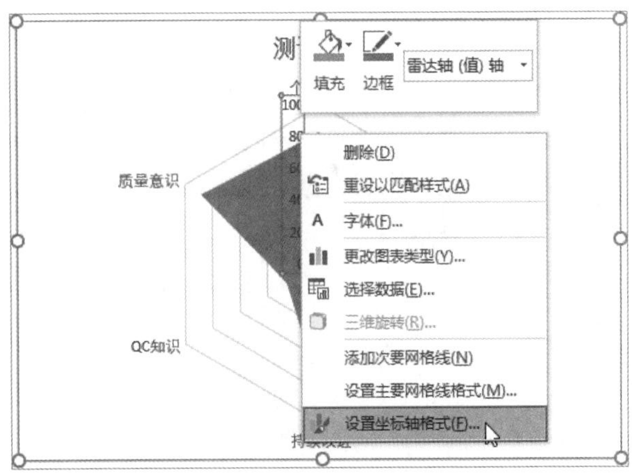

图 9-43

Step 03 打开“设置坐标轴格式”窗格，打开“填充与线条”界面，在“线条”组中选中“实线”单选按钮，设置线条颜色为灰色，为雷达图添加中心辐射线，如图9-44所示。

Step 04 切换到“坐标轴选项”界面，在“标签”组中单击“标签位置”下拉按钮，在弹出的列表中选择“无”选项，将坐标轴标签隐藏，如图9-45所示。

Step 05 不要关闭窗格，在图表中单击数据系列，切换到“设置数据系列格式”窗格，打开“效果”界面，参照图9-46所示，在“阴影”组中设置各项参数，为数据系列添加阴影效果。

Step 06 为雷达图添加数据标签，若有些标签的位置不理想，可以分两次单击，将其选中然后拖动到合适的位置即可。

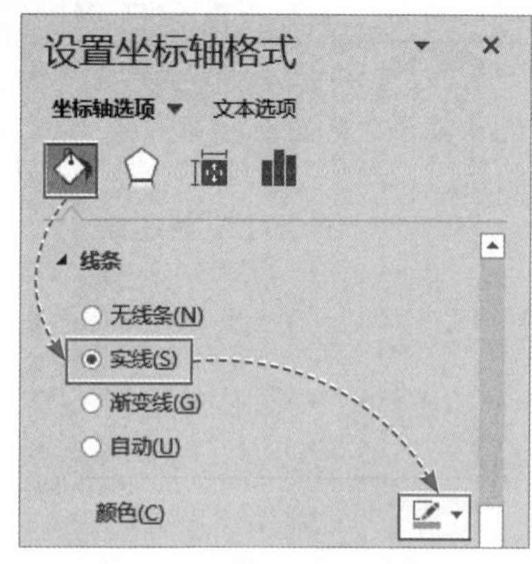

图 9-44

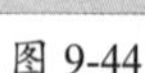

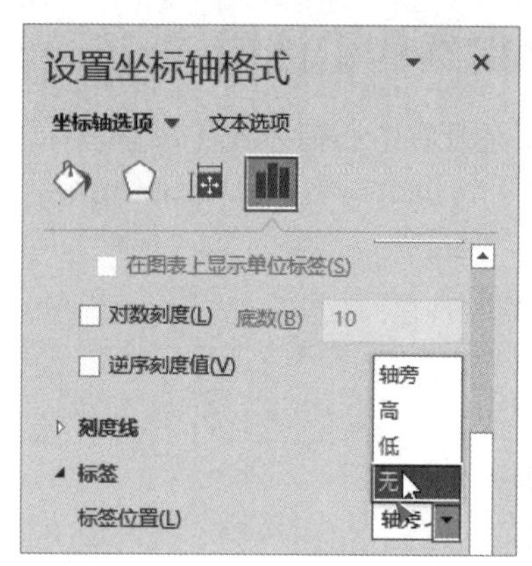

图 9-45

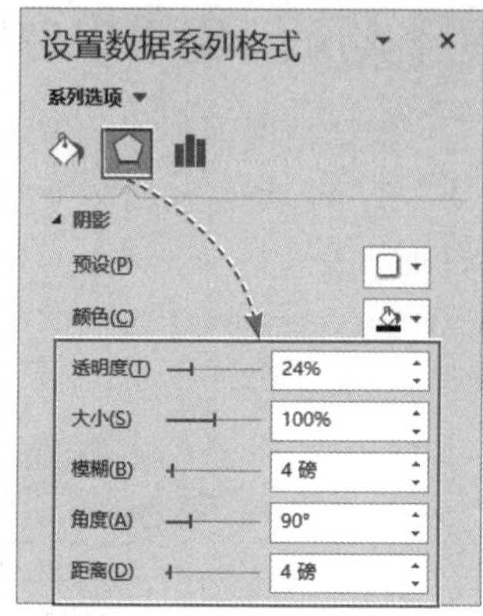

图 9-46

9.3 数据透视表的创建和应用

数据透视表是处理和分析数据的“神兵利器”，它能够自由改变页面布局，每一次改变版面布置时，数据透视表会立即按照新的布置重新计算，从而实现灵活地处理和分析数据的目的。

9.3.1 创建数据透视表

数据透视表的创建其实非常简单，整理好数据源后，便可以根据数据源进行创建，下面介绍具体操作方法。

选中数据源中的任意单元格，打开“插入”选项卡，在“表格”组中单击“数据透视表”按钮，系统随后弹出“创建数据透视表”对话框，单击“确定”按钮，如图9-47所示，工作簿中随即自动新建一张工作表并创建一张空白数据透视表，如图9-48所示。

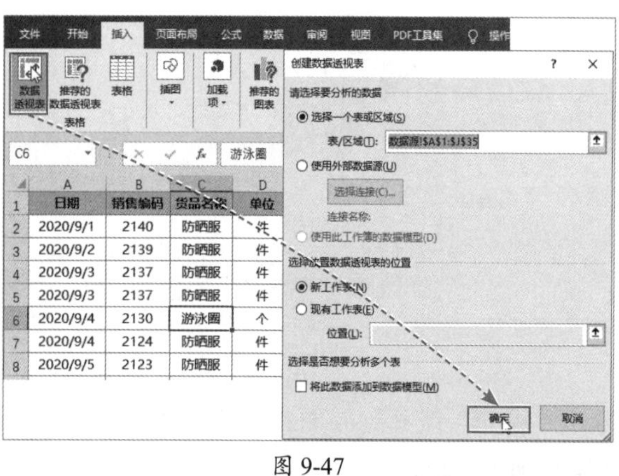

图 9-47

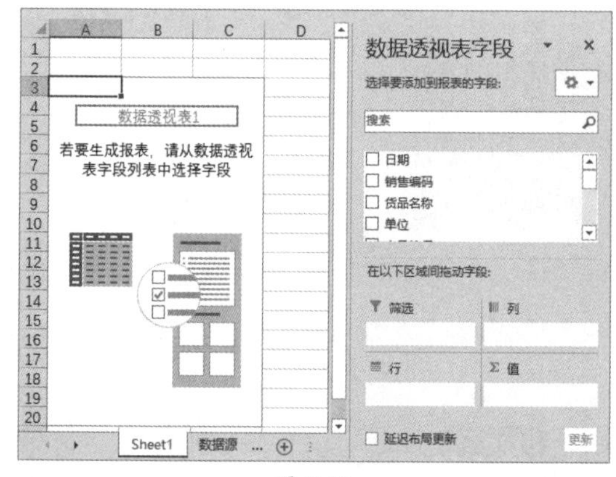

图 9-48

注意事项 整理数据透视表的数据源时应注意，数据源中不能有空白行或空白列，也不能有合并单元格。

9.3.2 为数据透视表添加字段

新建的数据透视表中不包含任何字段，用户要根据数据分析需求向数据透视表中添加字段，从而实现数据统计和分析，下面介绍添加字段的方法。

选中数据透视表中的任意一个单元格，显示出“数据透视表字段”窗格，数据源中的所有字段标题全部显示在该窗格中，勾选字段选项右侧的复选框便可将其添加到数据透视表中，如图9-49所示。

当直接勾选字段选项而无法将字段添加到想要的区域时，可以使用鼠标拖动的方法添加字段，操作方法如下。

在“数据透视表字段”窗格中选中字段，按住左键不放并向目标区域拖动，当目标区域中出现一条绿色的横线时松开鼠标，如图9-50所示，该字段即可在指定区域显示，如图9-51所示。

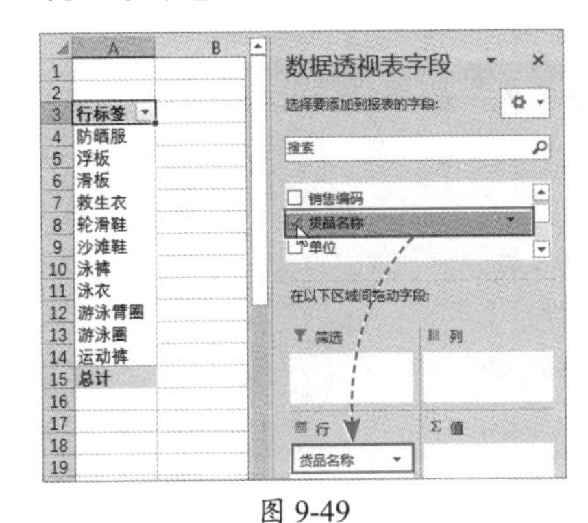

图 9-49

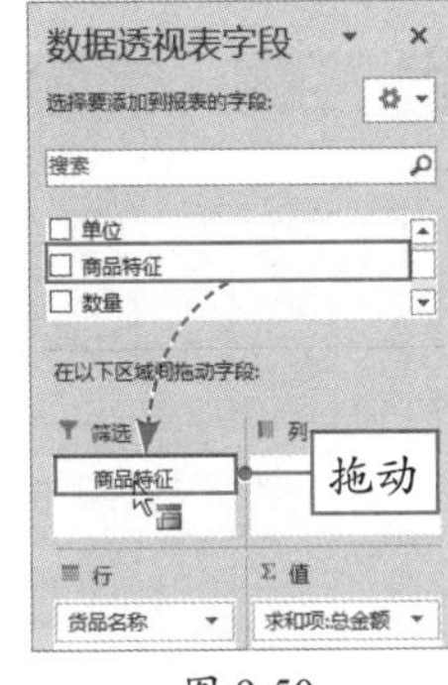

图 9-50

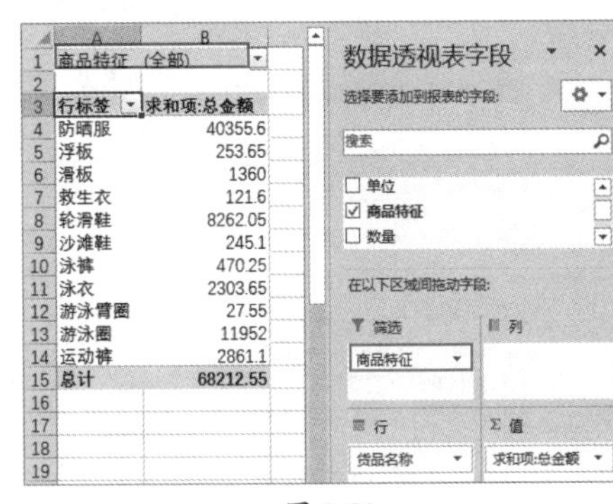

图 9-51

知识点拨

在“数据透视表字段”窗格中取消复选框的勾选可将字段从数据透视表中删除。

9.3.3 修改值字段汇总方式

数据透视表的值字段默认的汇总方式为“求和”，用户也可以根据需要修改值字段汇总方式，操作方法如下。

选中值字段中的任意一个单元格，右击，在弹出的快捷菜单中选择“值汇总依据”选项，在其级联菜单中选择“平均值”选项，如图9-52所示，当前值字段的汇总方式随即变成平均值汇总，如图9-53所示。

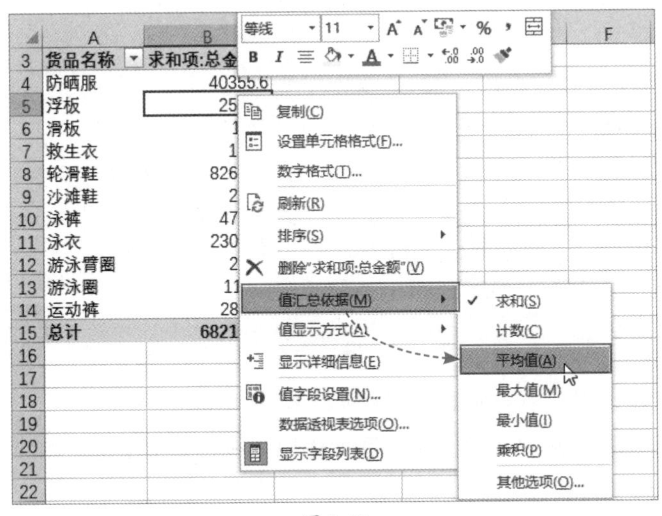

图 9-52

	A	B
3	货品名称	平均值项:总金额
4	防晒服	3362.966667
5	浮板	253.65
6	滑板	1360
7	救生衣	121.6
8	轮滑鞋	4131.025
9	沙滩鞋	122.55
10	泳裤	470.25
11	泳衣	1151.825
12	游泳臂圈	27.55
13	游泳圈	1195.2
14	运动裤	2861.1
15	总计	2006.251471

图 9-53

9.3.4 设置数据透视表布局

数据透视表默认的布局形式为“以压缩形式显示”，除此之外，数据透视表也能够“以大纲形式显示”或“以表格形式显示”。

选中数据透视表中的任意一个单元格，打开“数据透视表工具-设计”选项卡，在“布局”选项卡中单击“报表布局”下拉按钮，在弹出的列表中选择需要的布局形式，数据透视表即可以相应形式显示，如图9-54所示。另外，通过“分类”汇总下拉列表中的选项，还可隐藏分类汇总或设置分类汇总的显示位置，如图9-55所示。

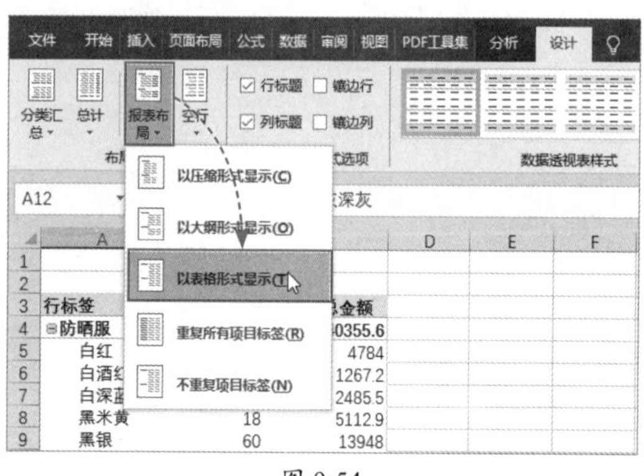

图 9-54

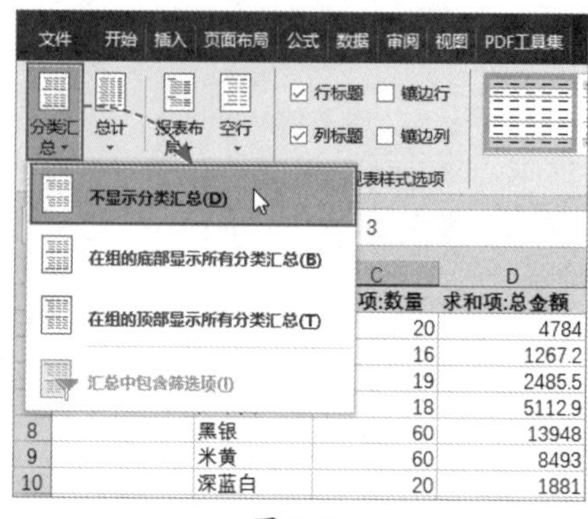

图 9-55

9.3.5 使用切片器筛选数据透视表

在数据透视表中筛选数据时可使用“切片器”工具，下面介绍切换器的插入及使用方法。

1. 插入切片器

选中数据透视表中任意单元格，打开“数据透视表工具-分析”选项卡，在“筛选”组中单击“插入切片器”按钮，如图9-56所示。弹出“插入切片器”对话框，该对话框中包含了数据透视表中的所有字段，勾选需要筛选的字段选项，单击“确定”按钮，如图9-57所示，工作表中随即被插入相应字段的切片器，如图9-58所示。

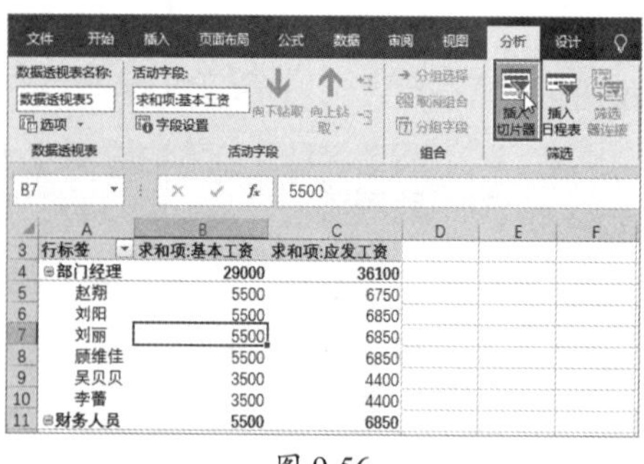
图 9-56

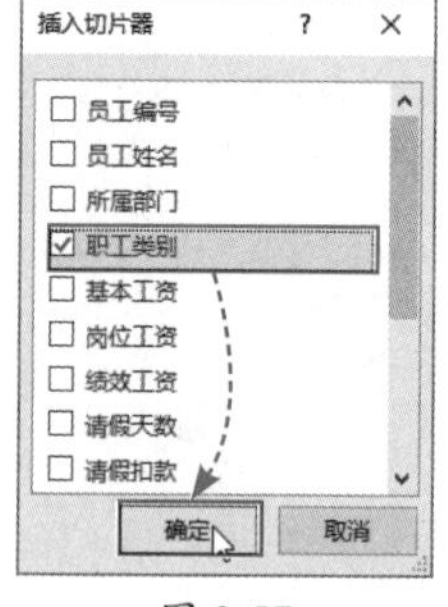

图 9-57

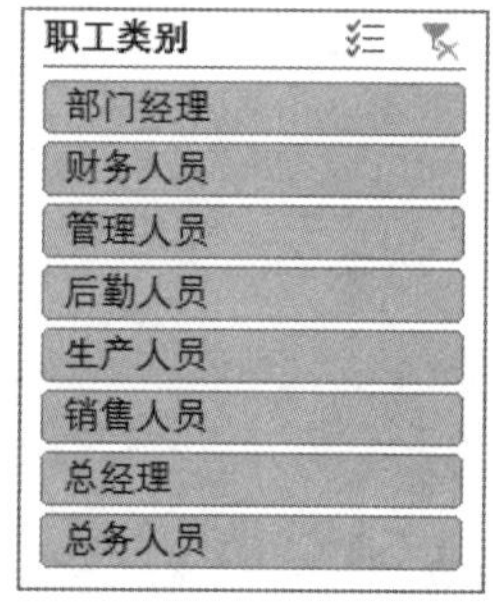

图 9-58

2. 使用切片器筛选

在切片器中单击需要筛选的项目，数据透视表中随即筛选出相应数据，如图9-59所示。

单击切片器顶部的“多选”按钮，可同时选中多个项目，对数据透视表执行多重筛选，如图9-60所示，再次单击“多选”按钮可退出多选模式。

单击切片器右上角的“清除筛选器”按钮，可清除切片器中的所有筛选，如图9-61所示。

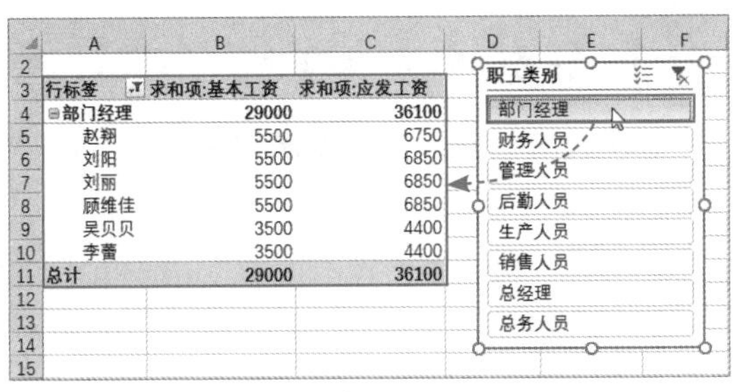

图 9-59

图 9-60

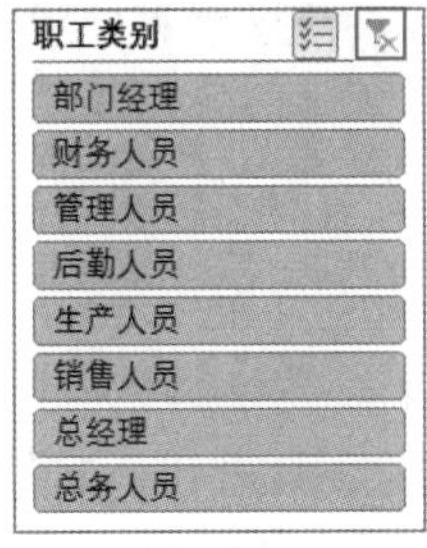

图 9-61

动手练 使用数据透视表分析产品库存

扫码看视频

数据透视表中也可以插入数据源中不存在的计算字段。本案例中，数据源中只有“现有库存”和“安全库存”两个字段，如图9-62所示。下面根据这两个字段在数据透视表中插入“补货数量”字段，计算出需增补的库存数量，如图9-63所示。

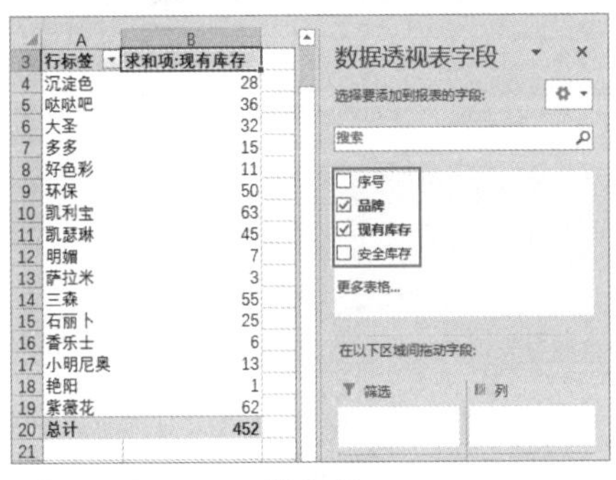

图 9-62

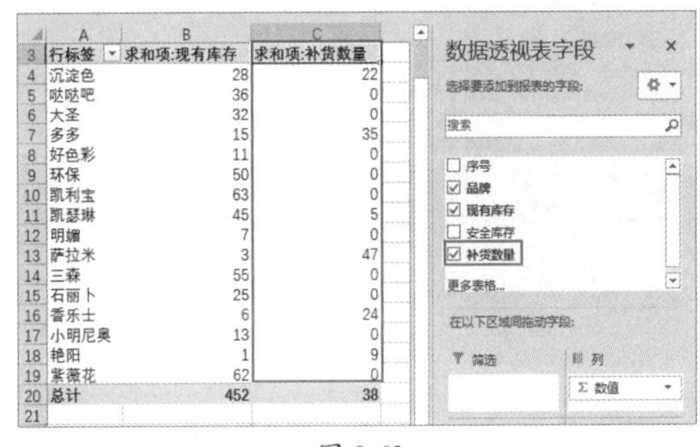

图 9-63

Step 01 打开“数据透视表工具-分析”选项卡，在“计算”组中单击“字段、项目和集”下拉按钮，在弹出的列表中选择“计算字段”选项，如图9-64所示。

Step 02 打开“插入计算字段”对话框，输入名称为“补货数量”，在公式文本框中输入公式“=IF(现有库存>=安全库存,0,(安全库存–现有库存))”，输入完成后单击“确定”按钮，即可插入“补货数量”字段，如图9-65所示。

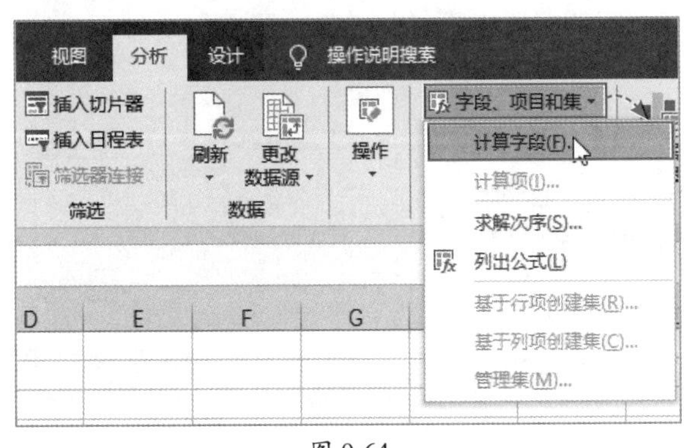

图 9-64

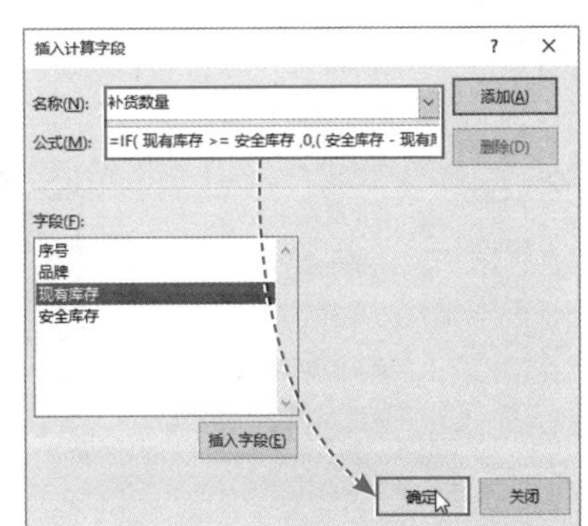

图 9-65

知识点拨

在“插入计算字段”对话框中输入公式时，公式中使用到的字段名称可直接从该对话框中的“字段”列表中插入。

案例实战：新冠肺炎疫情可视化图表

在各种领域中都可以使用图表分析数据趋势，对比数据差异，本案例使用面积图直观对比各国新冠肺炎疫情数据。

Step 01 选中需要创建图表的数据区域，打开“插入”选项卡，在“图表”组中单击“对话框启动器”按钮，如图9-66所示。

Step 02 弹出“插入图表”对话框，在“所有图表”界面中选择“面积图”，单击“确定”按钮，如图9-67所示。

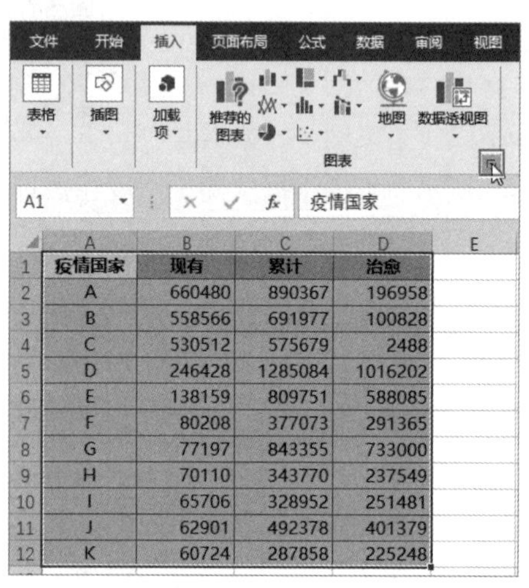

疫情国家	现有	累计	治愈
A	660480	890367	196958
B	558566	691977	100828
C	530512	575679	2488
D	246428	1285084	1016202
E	138159	809751	588085
F	80208	377073	291365
G	77197	843355	733000
H	70110	343770	237549
I	65706	328952	251481
J	62901	492378	401379
K	60724	287858	225248

图 9-66

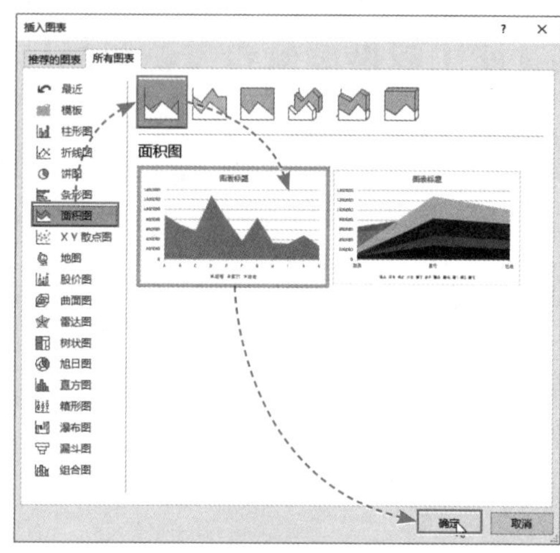

图 9-67

Step 03 工作表中随即插入一张面积图，选中纵坐标轴，右击，在弹出的快捷菜单中选择“设置坐标轴格式”选项，如图9-68所示。

Step 04 打开“设置坐标轴格式”窗格，打开“坐标轴选项”界面，单击“显示单位”下拉按钮，在弹出的列表中选择“百万”选项，如图9-69所示。

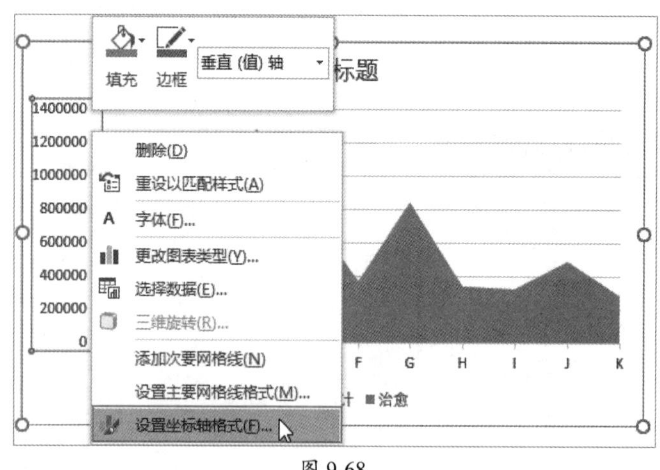

图 9-68

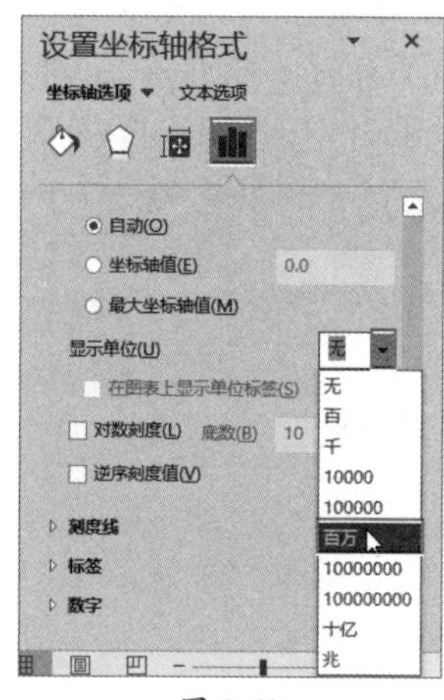

图 9-69

Step 05 不要关闭窗格，在图表中单击最上层的数据系列，切换到“设置数据系列格式”窗格，打开“填充与线条”界面，在“填充”组中选择“纯色填充”；设置颜色为“金色，个性色4，淡色40%”；设置透明度为“50%”，如图9-70所示。

Step 06 单击“系列选项”下拉按钮，在弹出的列表中选择“系列，现有”选项，如图9-71所示。

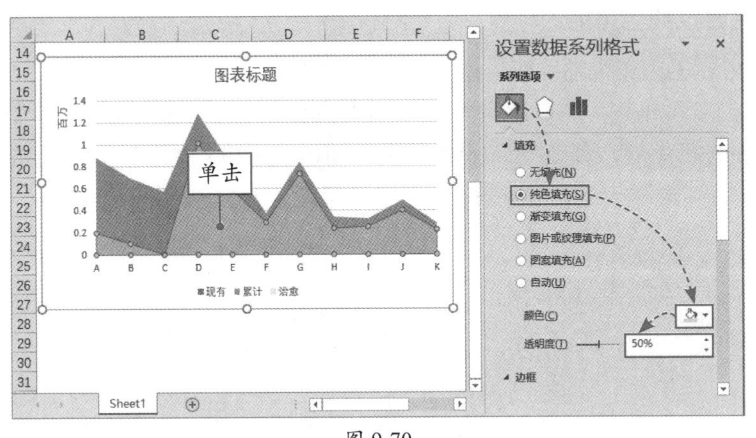

图 9-70

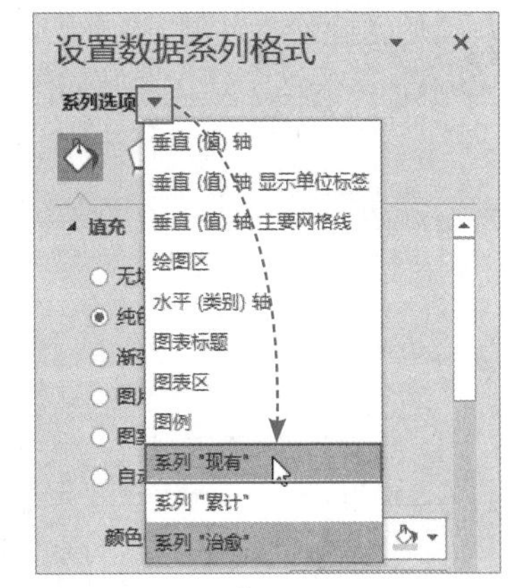

图 9-71

Step 07 设置填充方式为“纯色填充”；颜色为“红色”；透明度为“43%”，如图9-72所示。

Step 08 参照Step 06，选择“系列，累计”选项，设置填充方式为“纯色填充”；颜色为“蓝色，个性色5”；透明度为“44%”，如图9-73所示。

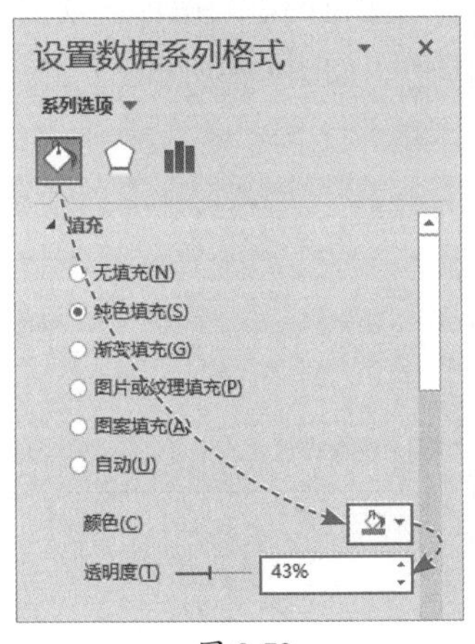

图 9-72

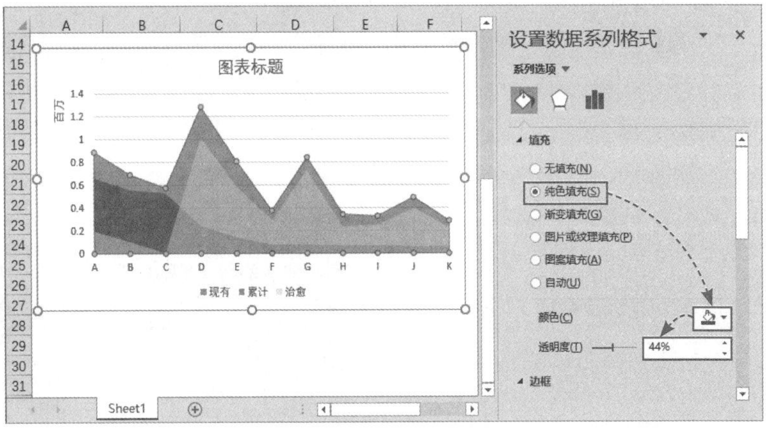

图 9-73

Step 09 单击图表右上角的“图表元素”图标，添加“主要垂直网格线”，如图9-74所示。

Step 10 输入图表标题为“各国现有/累计/治愈对比”，适当缩小标题字体，将标题拖动到图表左上角显示，至此完成新冠肺炎疫情可视化图表的制作，如图9-75所示。

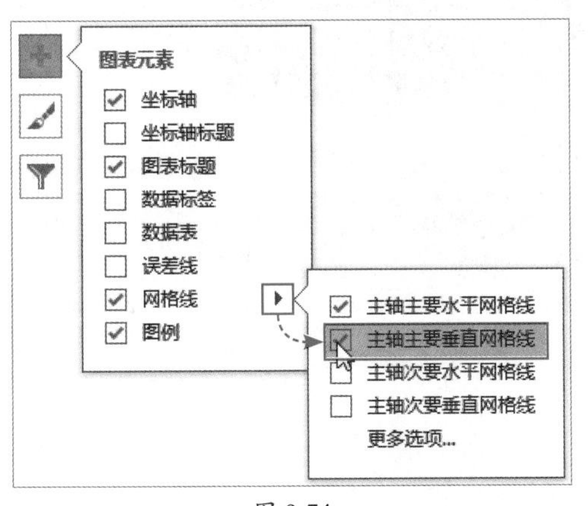

图 9-74

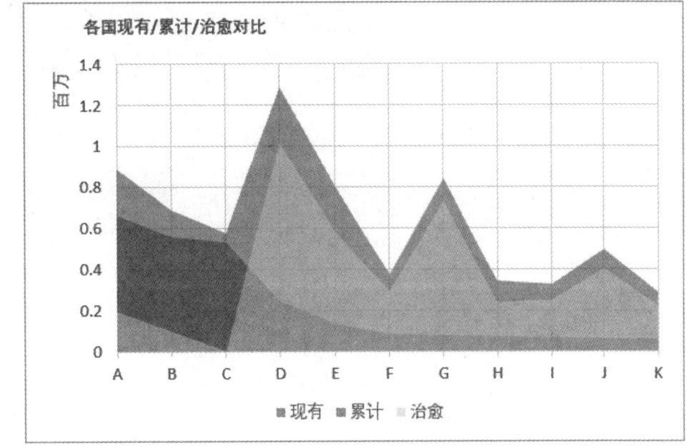

图 9-75

新手答疑

1. Q：柱形图中的柱形系列如何修改成三角形?

A： 其实这个操作非常简单，只需要两个步骤就能实现。

第一步，在工作表中绘制一个三角形，然后按Ctrl+C组合键复制这个三角形，如图9-76所示；第二步，选中图表中的柱形系列，直接按Ctrl+V组合键即可转换成功，如图9-77所示。

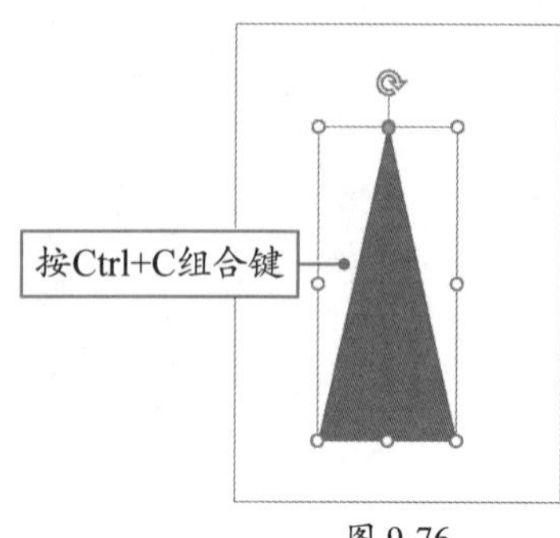

图 9-76

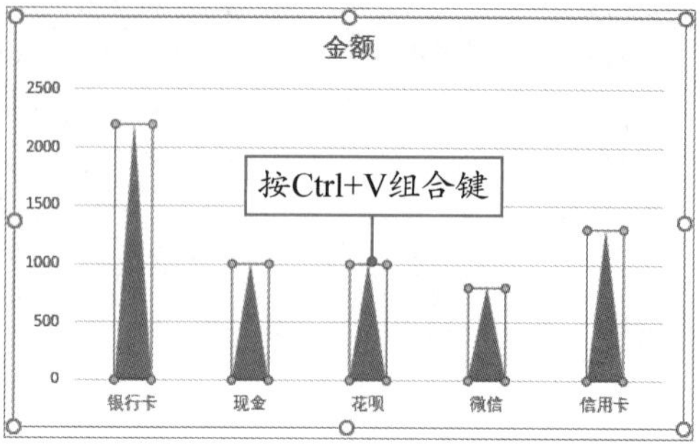

图 9-77

2. Q：如何单独修改某一个系列的颜色?

A： 先单击任意数据系列，把所有数据系列选中，然后再单击需要修改颜色的系列便可只选中这一个系列，右击该系列，在右键菜单中选择需要的填充颜色即可，如图9-78所示。

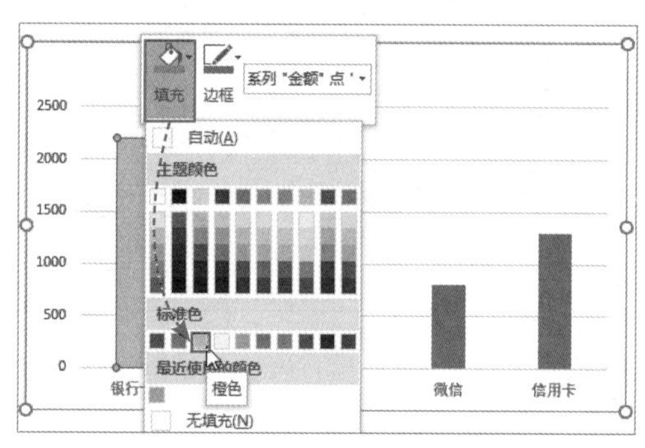

图 9-78

3. Q：数据源中的数据被修改后如何让数据透视表同步更新?

A： 在修改数据源后只要刷新数据透视表即可同步更新数据。按Alt+F5组合键，或在“数据透视表工具-分析”选项卡中单击“刷新”按钮，即可刷新数据透视表，如图9-79所示。

图 9-79

PPT篇

第10章 制作静态演示文稿

演示文稿俗称PPT，是微软Office组件之一。PPT分两种模式，一种为静态模式，另一种为动态模式。本章将向读者介绍静态PPT的制作方法，其中包括文字、图片、表格等元素的添加与使用。

10.1 演示文稿的基本操作

在学习演示文稿的操作前，先要掌握一些基本操作，例如演示文稿的新建与保存等操作，下面分别对其操作进行介绍。

10.1.1 演示文稿的创建

创建演示文稿的方法有很多种，最为常用的有两种，分别是创建空白演示文稿和创建主题演示文稿。

1. 创建空白演示文稿

双击演示文稿程序图标，随即进入“开始”界面，在左侧列表中选择“新建”选项，进入“新建”界面，选择“空白演示文稿”选项，即可创建一个新的空白演示文稿，如图10-1所示。

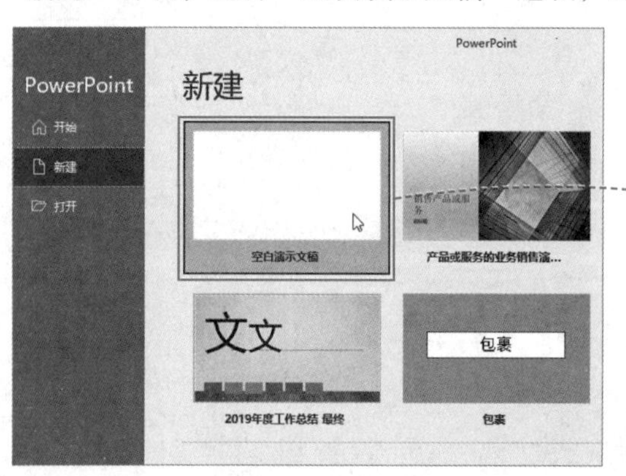

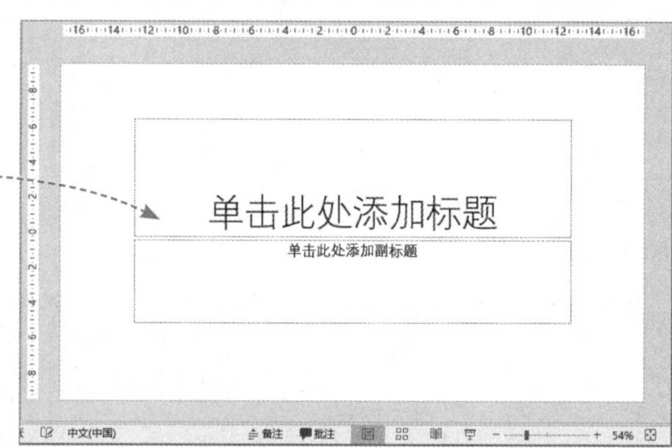

图 10-1

知识点拨

如果在制作过程中想要新建空白演示文稿，只需在“文件”选项卡中选择“新建”选项，进入新建界面，在此选择“空白演示文稿”选项，同样也可进行新建操作。

2. 创建主题演示文稿

用户除了创建空白演示文稿外，还可以创建内置主题演示文稿。在“新建”界面中，根据需要选择相应的主题模板，在打开的预览窗口中，单击“创建”按钮，即可创建一份相应主题的演示文稿，如图10-2所示。

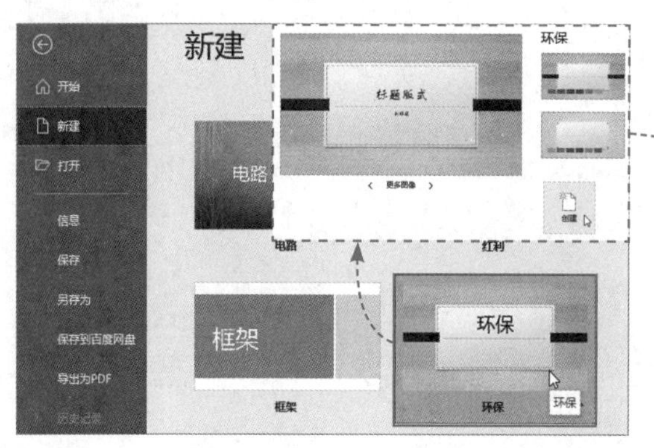

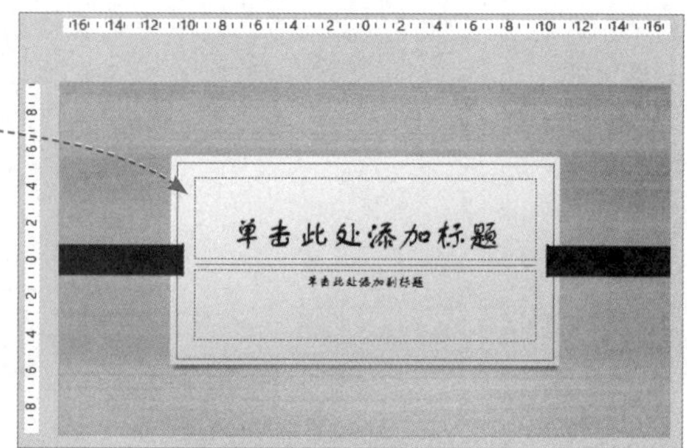

图 10-2

10.1.2 保存演示文稿

在制作的过程中，用户一定要记得随时保存。首次保存的方法很简单，只需按Ctrl+S组合键，打开“另存为”界面，选择“浏览”按钮，打开“另存为”对话框，在此设置文件名及保存路径，单击“保存”按钮即可完成保存操作，如图10-3所示。

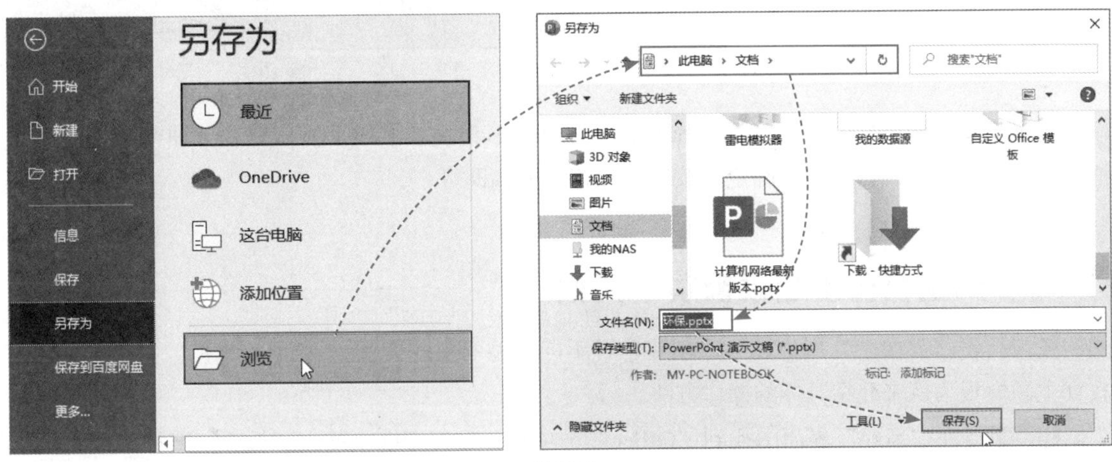

图 10-3

首次保存完成后，后面再按Ctrl+S组合键，系统会自动覆盖上一次保存的内容。若要将该演示文稿以新文件进行备份时，就需要进行另存为操作。

在“文件”选项卡中选择“另存为”选项，然后选择“浏览”选项，打开“另存为”对话框，设置好新的保存路径及文件名，单击“保存”按钮即可。

知识点拨

若要保存成其他文件格式，只需要在“另存为”对话框中设置“保存类型”即可。

10.1.3 保护演示文稿

若要演示文稿的内容不被他人篡改，可将该演示文稿进行加密保护操作。在“文件”选项卡中选择“信息”选项，在右侧界面中单击“保护演示文稿”下拉按钮，在弹出的列表中选择“用密码进行加密”选项，在“加密文档”对话框中输入密码，然后在“确认密码”对话框中再次输入密码，单击“确定”按钮即可完成加密操作，如图10-4所示。

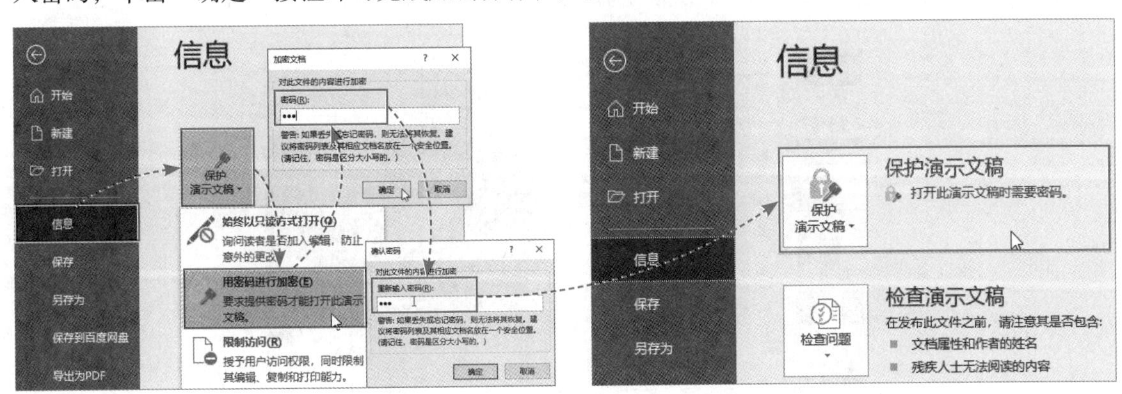

图 10-4

设置加密操作后，需要将文稿进行保存才可以实现保护操作。当下次打开该文稿时，需要输入密码才可以打开，如图10-5所示。

密码 ? ×
输入密码以打开文件
环保1.pptx
密码(P):
确定 取消

图 10-5

如果想要取消密码保护，先输入密码打开该文稿，然后按照以上操作打开“加密文档”对话框，删除设置的密码，单击“确定”按钮，保存该文稿即可。

动手练 创建教育主题模板演示文稿

扫码看视频

在“新建”界面中，用户还可以创建各种不同类型的主题模板，下面以创建教育主题模板为例来介绍具体的操作方法。

Step 01 在“新建”界面中找到“Office”选项组，在搜索框中输入“教育”字样，或直接单击下方关键字“教育”，如图10-6所示。

Step 02 系统随即会根据关键字筛选出与之相匹配的主题模板，在此选中一款模板，进入预览窗口，如图10-7所示。

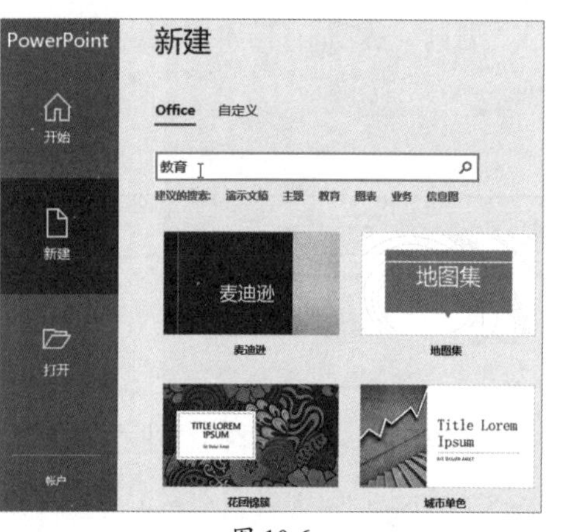

图 10-6

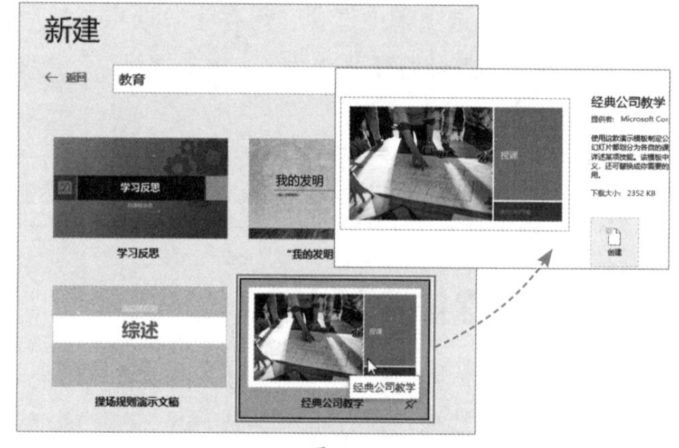

图 10-7

Step 03 单击“创建”按钮即可创建该主题模板的演示文稿，如图10-8所示。

图 10-8

10.2 幻灯片的基本操作

演示文稿由多张幻灯片组合而成，而每张幻灯片之间既相互独立，又相互关联。其中独立的是每张幻灯片中的内容大不相同，关联的是每张幻灯片的风格和颜色是统一的。在制作PPT时，几乎所有的操作都是在幻灯片中进行的，所以掌握幻灯片的基本操作很关键，下面对幻灯片的一些基本操作进行介绍。

10.2.1 插入和删除幻灯片

默认情况下，新建空白演示文稿后，系统只会显示一张幻灯片。如果想要添加新的幻灯片，最便捷的方法就是在左侧导航窗格中，选择一张幻灯片，按Enter键即可在其下方新建一张相同版式的幻灯片，如图10-9所示。

想要创建不同版式的幻灯片，只需在“开始”选项卡中单击“新建幻灯片”下拉按钮，在弹出的列表中选择一款新的版式即可，如图10-10所示。

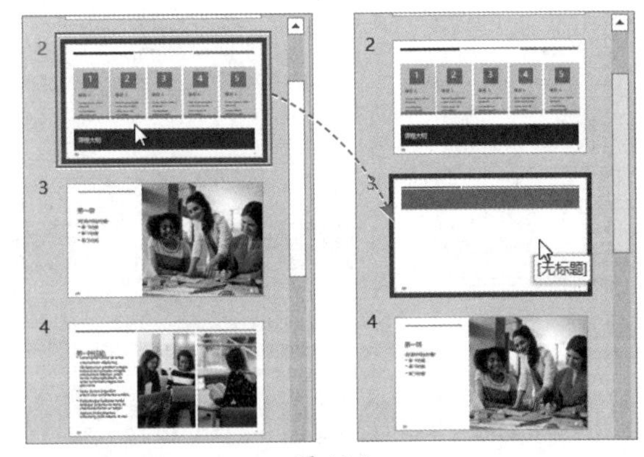

图 10-9

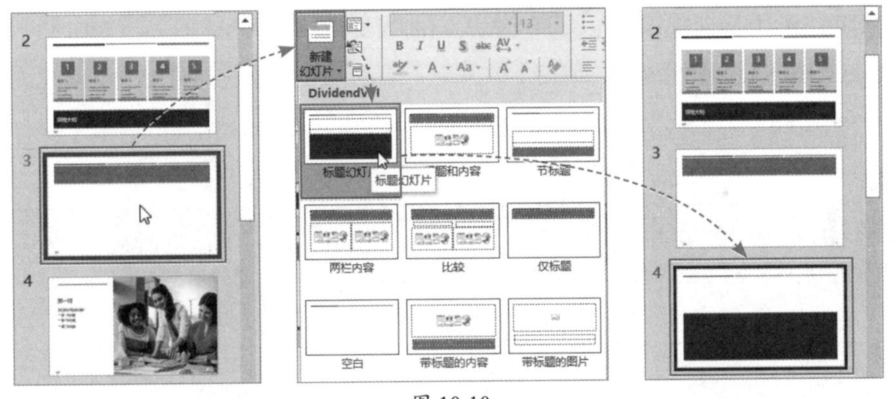

图 10-10

注意事项 想要对当前版式进行更换，是在“开始”选项卡的“幻灯片版式”列表中更换，如图10-11所示，而非“新建幻灯片”列表，这一点新手很容易弄错。

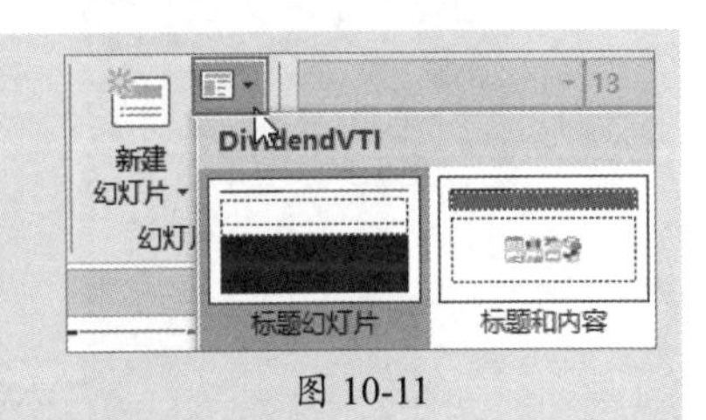

图 10-11

对于多余的幻灯片，用户可以将其删除。选中所需幻灯片，按Delete键删除即可。当然，用户也可以使用右键命令来删除，右击目标幻灯片，在弹出的快捷菜单中选择“删除幻灯片”选项也可以将其删除。

10.2.2 移动和复制幻灯片

在操作过程中，要对幻灯片的顺序进行调整，只需选中该幻灯片，按住左键不放并将其拖曳至其他位置处，松开鼠标即可，如图10-12所示。

当需要制作相似内容的幻灯片时，用户可通过先复制再修改的方法进行制作。选中所需幻灯片，按Ctrl+C组合键进行复制，然后指定好幻灯片的插入点，按Ctrl+V组合键粘贴即可，如图10-13所示。

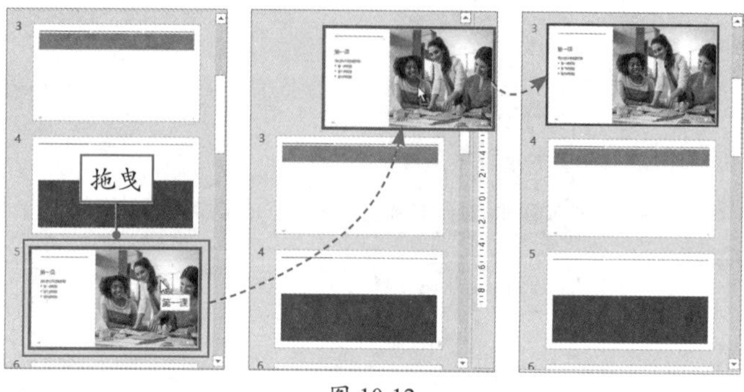

图 10-12

图 10-13

10.2.3 调整幻灯片的显示比例

用户在对幻灯片进行操作时，可以随时对其显示比例进行调整。例如需要处理局部区域时，按住Ctrl键不放并向上滚动鼠标滚轮，即可放大当前幻灯片，如图10-14所示。处理结束后，需要查看幻灯片整体效果时，同样按住Ctrl键不放并向下滚动鼠标滚轮，即可缩小幻灯片，如图10-15所示。

> **知识点拨**
>
> 如果想要将幻灯片调整为当前窗口大小，那么在状态栏中单击“按当前窗口调整幻灯片大小”按钮即可。除此之外，用户还可以在“视图”选项卡的“缩放”选项组中单击“适应窗口大小”按钮，可达到相同效果。

图 10-14

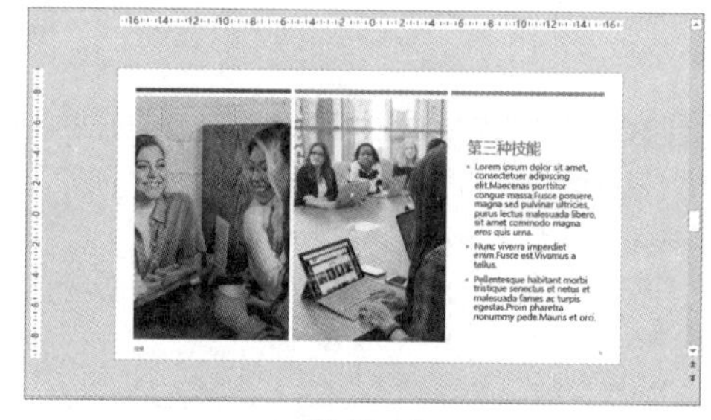

图 10-15

10.2.4 设置幻灯片视图模式

幻灯片的视图模式分为4种，分别为普通视图、幻灯片浏览视图、阅读视图以及幻灯片放映视图。其中普通视图是幻灯片默认视图，也是最重要的操作视图，基本上所有的操作都是在该视图中完成的，如图10-16所示。

图 10-16

幻灯片浏览视图是将所有幻灯片以缩略图的形式来展示，如图10-17所示，在该视图中用户可以对幻灯片进行新建、移动、复制、删除等基本操作。

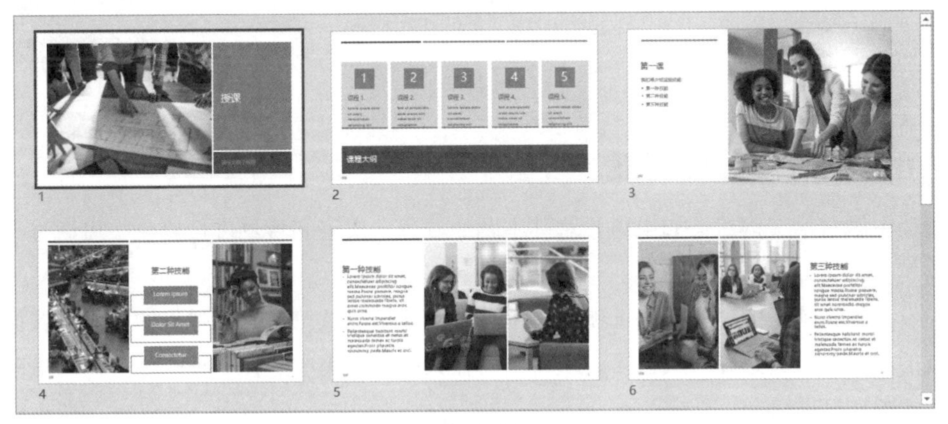

图 10-17

阅读视图与幻灯片放映视图大致相同，都以放映的状态来展示。唯一不同的是，阅读视图是以窗口模式来放映，如图10-18所示，而幻灯片放映视图是以全屏模式来放映，如图10-19所示，放映完成后，按Esc键可返回到上一次视图状态。

图 10-18

图 10-19

这4种视图模式，用户在状态栏中单击相应的图标按钮即可切换，如图10-20所示。

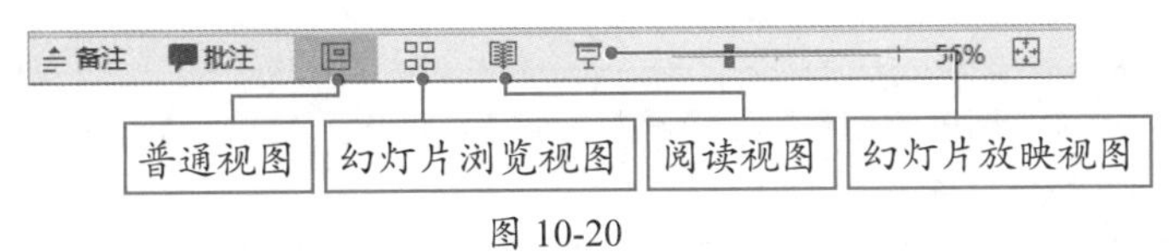

图 10-20

10.2.5 设置幻灯片尺寸

默认情况下，幻灯片页面大小为16：9（宽屏）显示。如果需要对该尺寸进行修改，可在“设计”选项卡中单击“幻灯片大小”下拉按钮，在弹出的列表中选择“标准4：3”尺寸，或者选择“自定义幻灯片大小”选项，在“幻灯片大小”对话框中对尺寸进行详细设置，如图10-21所示。

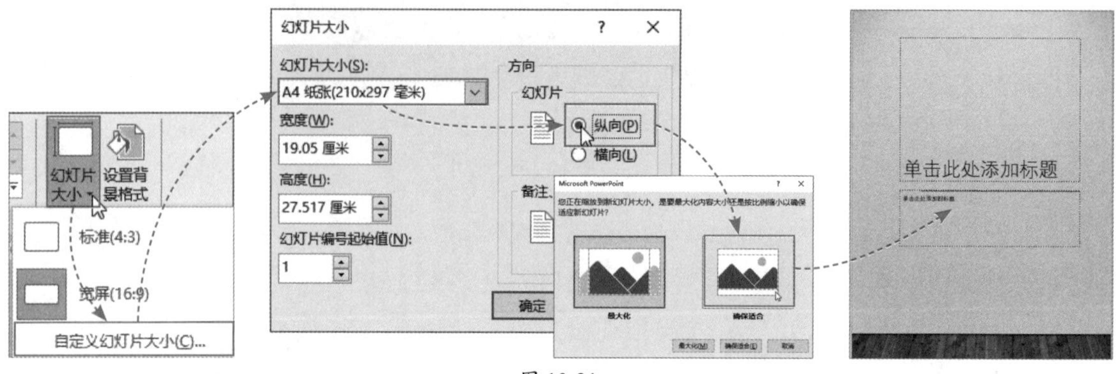

图 10-21

10.2.6 更改幻灯片主题

在创建主题演示文稿后，如果想要对其主题的颜色、文字和背景进行修改，可通过“变体”功能来操作。

在“设计”选项卡的“变体”选项组中单击“其他”下拉按钮，在弹出的列表中根据需要选择要更改的项目，例如选择“颜色”选项，然后在其级联菜单中选择一种颜色，即可更改当前主题颜色，如图10-22所示。

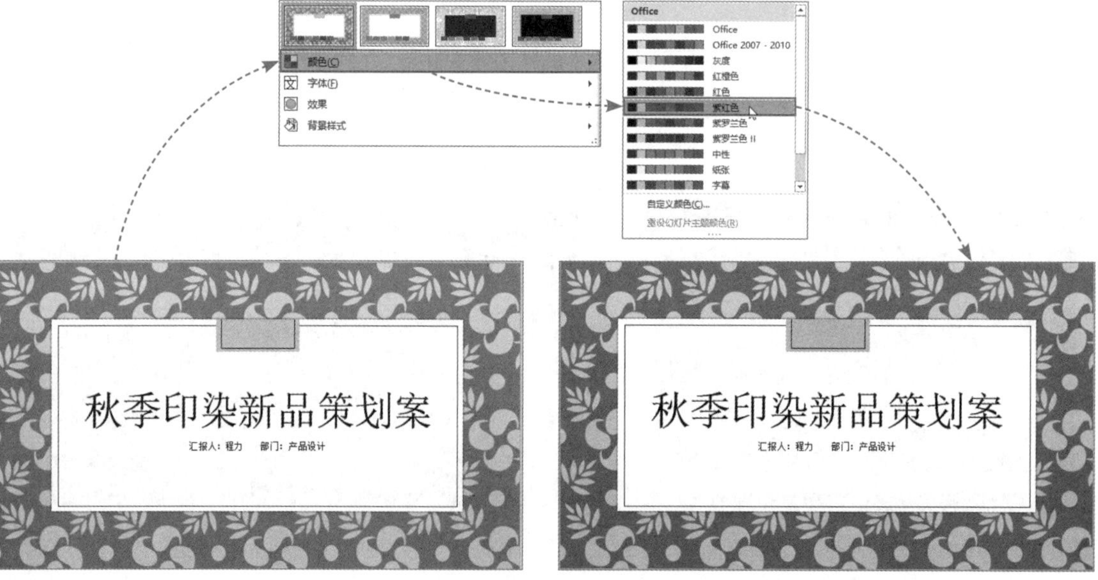

图 10-22

知识点拨

在“变体”选项组中，用户可以直接套用预设好的变体方案来更改当前主题。新手由于没有相关的制作经验，所以建议直接套用预设方案。

如果用户对内置的主题色不满意，可以在其列表中选择“自定义颜色”选项，在打开的“新建主题颜色”对话框中，对主题色进行自定义设置操作，如图10-23所示。

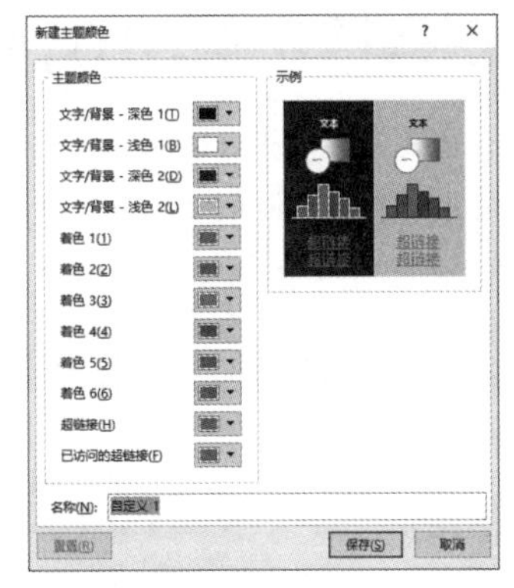

图 10-23

在“变体”列表中，选择“字体”选项，并在其级联菜单中选择满意的字体，可对主题文本的字体进行更换，如图10-24所示。

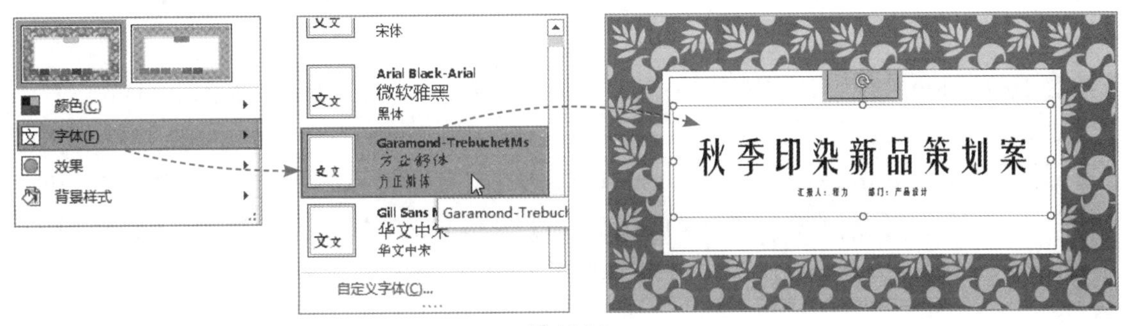

图 10-24

注意事项 新建主题演示文稿后，如果手动更改了文本字体，那么再使用“变体”功能更改其字体是无法实现的，必须是内置的主题字体才可以更改。

在“变体”列表中选择背景样式，并在其级联菜单中选择“设置背景格式”选项，打开相应的设置窗格。在此可根据需要对背景进行更改。例如将背景更改成纯色、渐变色、更换背景图片、添加图案纹理填充等，如图10-25所示。

需要注意的是，无论进行哪一项更改，都需要在“隐藏背景图形”被勾选的状态下进行设置，否则用户所做的更改都是在现有背景中进行改变，图10-26是未隐藏背景的效果，图10-27是隐藏背景的效果。

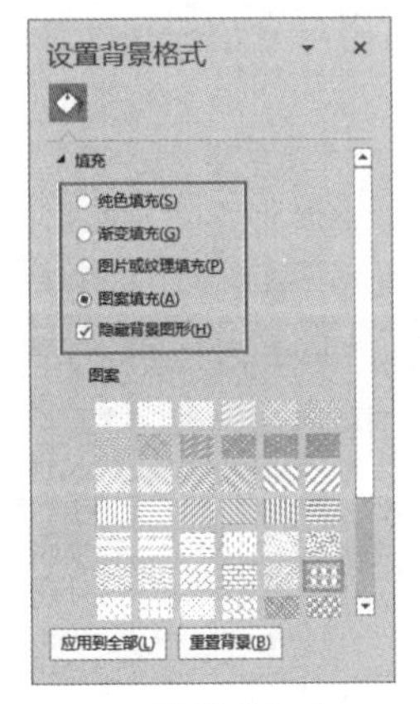

图 10-25

图 10-26

图 10-27

动手练 更换幻灯片的背景

扫码看视频

以上介绍的是通过“变体”功能来对主题背景进行设置操作。那如果用户没有使用主题演示文稿，而是使用网上下载的PPT模板，或是自己设计的幻灯片，那该如何设置其背景呢？下面介绍具体操作步骤，效果如图10-28所示。

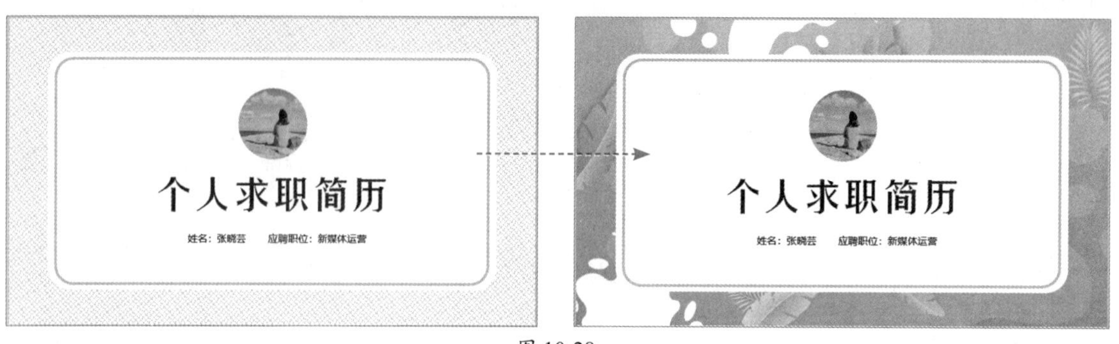

图 10-28

Step 01 打开本书配套的素材文件，在“设计”选项卡中单击“设置背景格式”按钮，打开相应的设置窗格。

Step 02 单击“图片或纹理填充”单选按钮，并在“图片源”选项组中单击“插入”按钮，打开“插入图片”窗口，选择“来自文件”选项，打开相应的对话框，在此选择所需背景图片，单击“插入”按钮，即可完成背景图的替换操作，如图10-29所示。

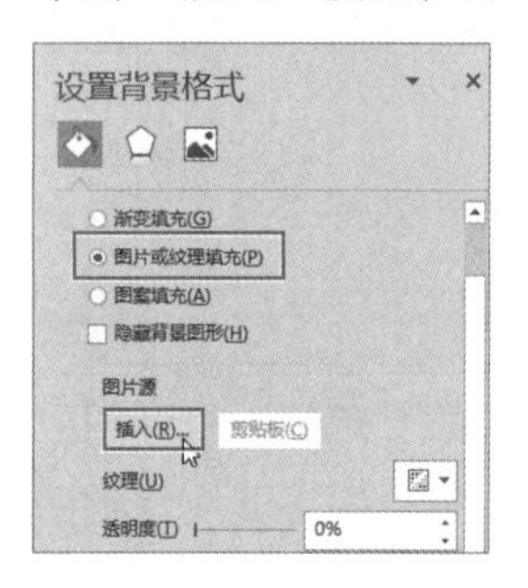

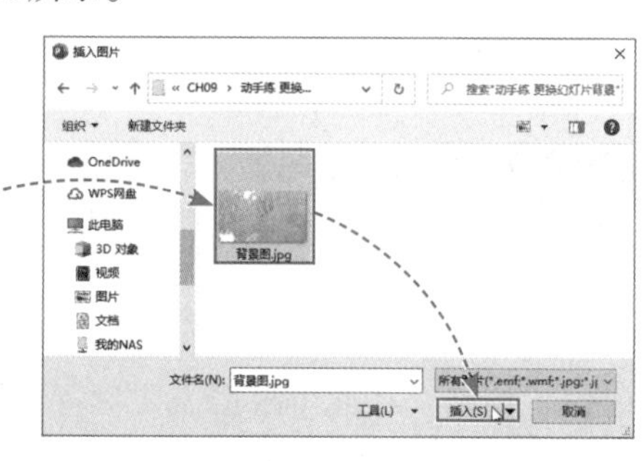

图 10-29

10.3 文字元素的应用

幻灯片中的文字元素不可缺少，文字运用得好，可以为PPT增彩，本节向用户介绍文字功能的应用操作。

10.3.1 文本的输入与美化

在幻灯片中只有通过一个载体才能输入文本内容，该载体可以是文本框、文本占位符、表格、图形等。默认情况下，创建新的演示文稿后，页面会显示“单击此处添加标题”虚线方框，该方框则为文本占位符，单击占位符即可输入文本内容，如图10-30所示。

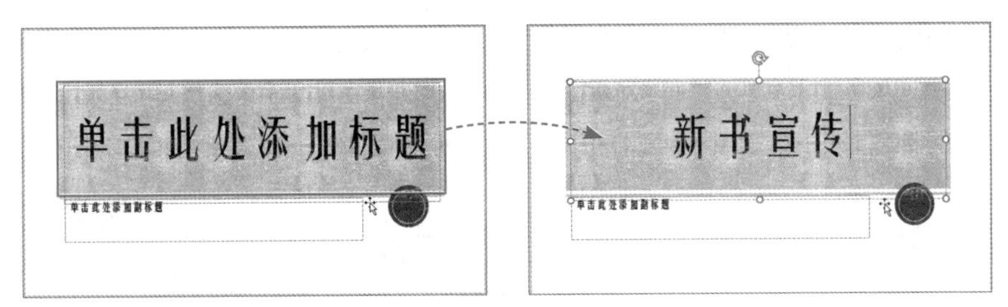

图 10-30

除此之外，用户还可以使用文本框来输入文本。在“插入”选项卡的“文本”选项组中单击“文本框”下拉按钮，在弹出的列表中根据需要选择“横排文本框”或“竖排文本框”选项，然后使用鼠标拖曳的方法绘制出文本框，输入文字内容即可，如图10-31所示。

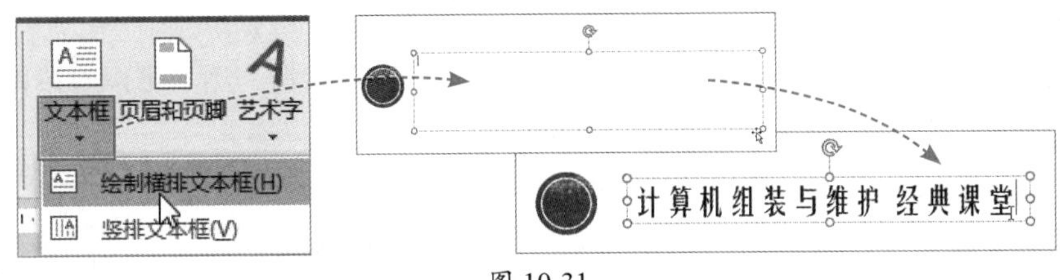

图 10-31

一般来说，文字输入后，需要对文字进行设置。例如设置文字的字体、字号、颜色等，用户可以通过“开始”选项卡的“字体”选项组进行设置，如图10-32所示。

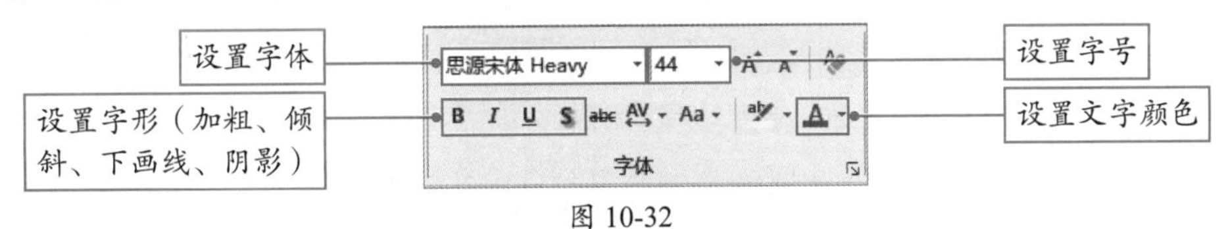

图 10-32

以上这些设置选项是最为常用的。当然，用户还可以对文字设置一些其他格式，例如字符间距、首字母大小写切换、文字突出显示等。单击“字体”选项组右侧小箭头按钮，可打开“字体”对话框，在此可以对文字格式进行详细设置，如图10-33所示。

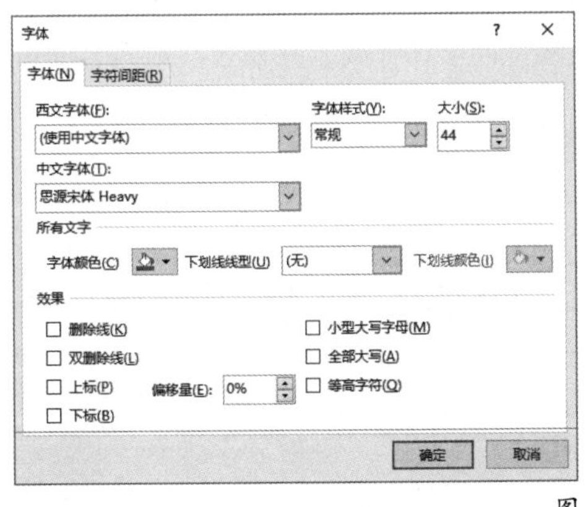

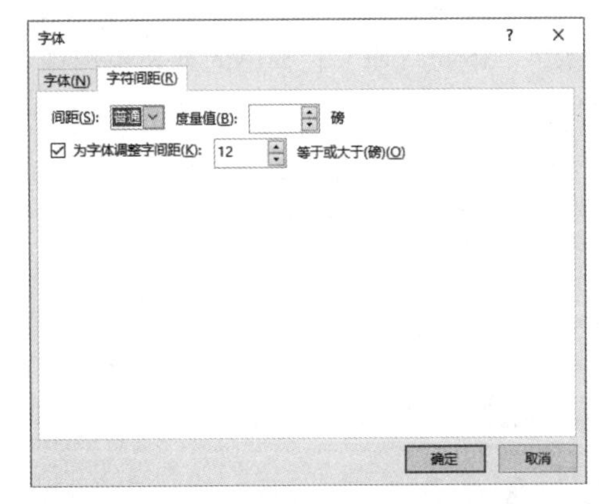

图 10-33

知识点拨

字体格式设置完成后，如果效果不满意，用户可在“字体”选项组中单击“清除所有格式”按钮，清除当前字体所有格式，恢复成默认的字体状态。

成段文本即为段落，文本格式需要设置，那么段落格式也不例外，例如设置段落行间距、设置段落对齐方式、为段落添加项目符号及编号等。这些设置用户都可在“段落”选项组中进行操作，如图10-34所示。

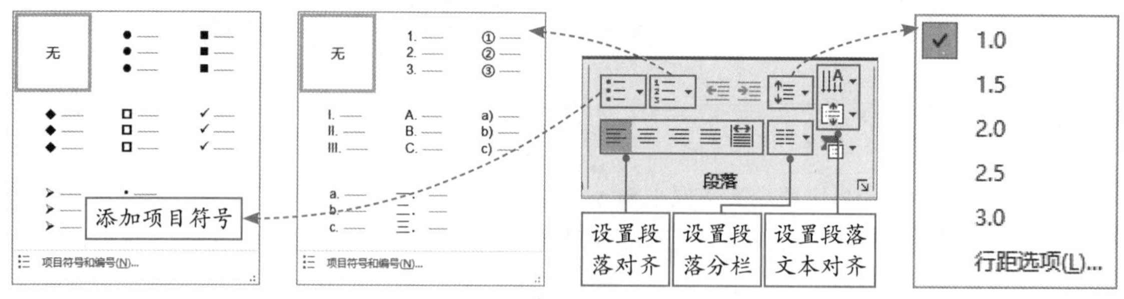

图 10-34

单击“段落”选项组右侧小箭头按钮，可打开“段落”对话框，用户可以对段落格式进行具体设置，例如“段前”“段后”“文本缩进”等，如图10-35所示。

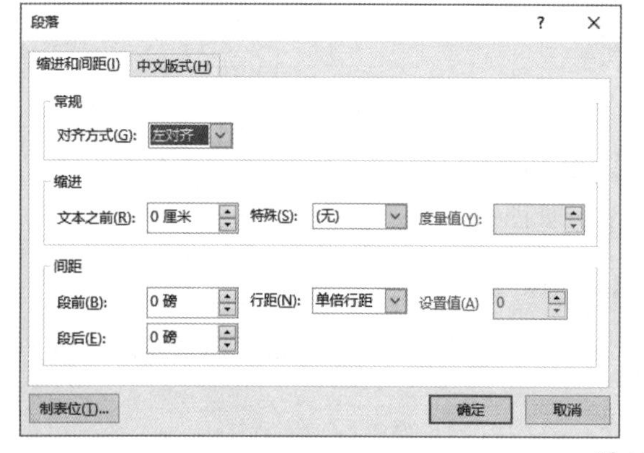

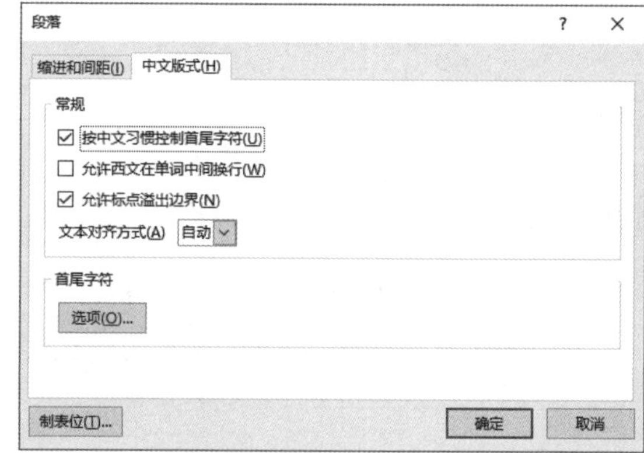

图 10-35

10.3.2 艺术字功能的应用

利用艺术字功能可快速插入带有格式的文本内容。在“插入”选项卡的“文本”选项组中单击“艺术字”下拉按钮，在弹出的列表中选择一款满意的字体样式，并输入文本内容即可，如图10-36所示。

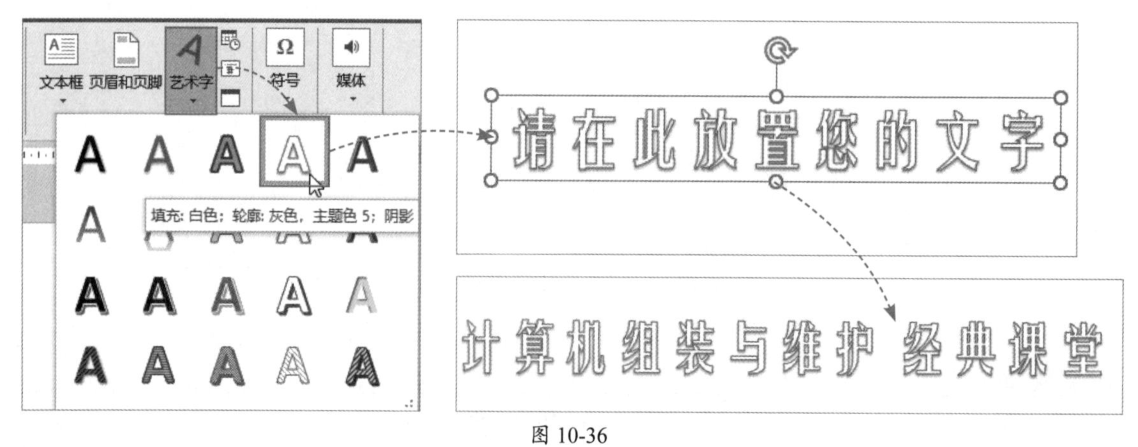

图 10-36

如果对内置的艺术字样式不满意，可以对其样式进行二次设置。选中艺术字，在“绘图工具-格式”选项卡的“艺术字样式”选项组中，分别通过“文本填充”“文本轮廓”和“文本效果”这三个设置选项进行操作，如图10-37所示。

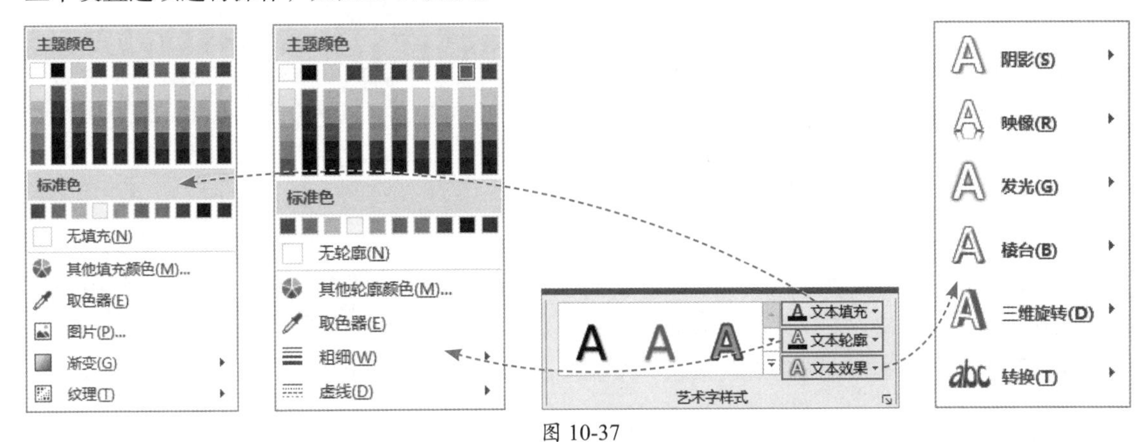

图 10-37

动手练 制作变形文字效果

扫码看视频

在“艺术字样式”选项组中，利用“文本效果”的“转换”命令可以制作出各种不同的变形文字效果，如图10-38所示。

图 10-38

上图的文字效果是利用“转换”功能中的“左远右近”选项制作而成的，下面介绍具体的操作方法。

Step 01 打开本书配套的素材文件。插入横排文本框，并输入文字内容，设置文字大小和颜色。选中“超级狂欢”文本内容，在“绘图工具-格式”选项卡的“艺术字样式”选项组中，将“文本填充”设置为白色，将“文本轮廓”设置为蓝色，如图10-39所示。

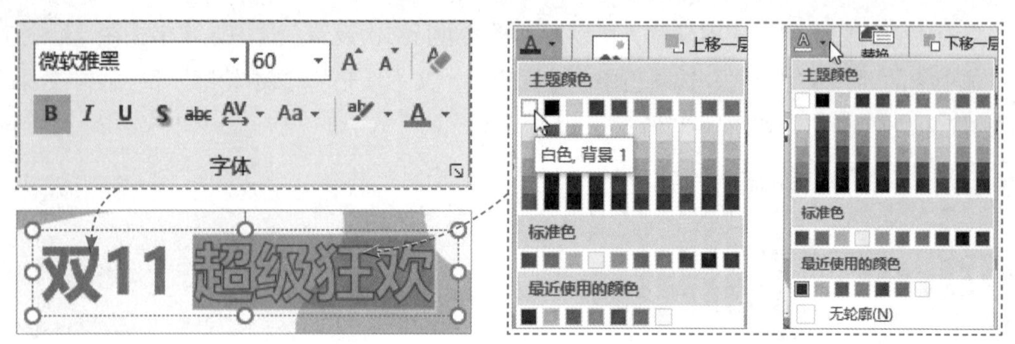

图 10-39

Step 02 选中该文本框，单击“艺术字样式”选项组的“文本效果”下拉按钮，在弹出的列表中选择“转换”选项，并在其级联菜单中选择“淡出，左远右近”选项，如图10-40所示。

Step 03 选中文本框上方的旋转按钮，按住左键不放并拖动光标至合适位置，即可旋转该文本框，如图10-41所示。

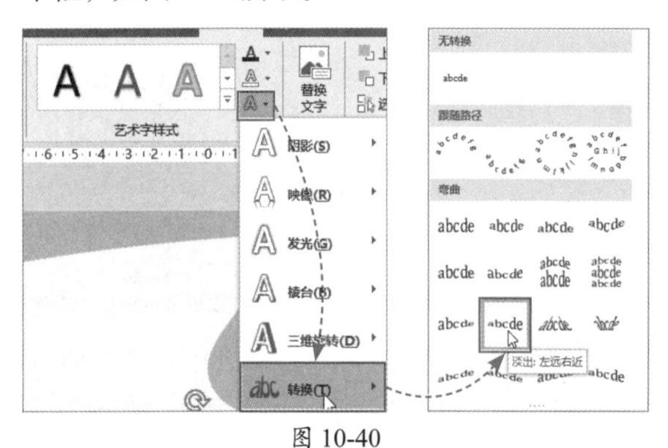

图 10-40

图 10-41

Step 04 将光标移至文本框右下角控制点处，按住左键不放并拖动该控制点至合适位置，适当放大该文本框。单击文本框左侧边框上的橙色控制点，可调整变形程度，让其效果更为明显，如图10-42所示。

Step 05 输入其他文本内容，并设置字体格式，调整文本框的位置，如图10-43所示。

图 10-42

图 10-43

Step 06 选中这两个文本框，同样在“文字效果”下拉列表中选择“淡出，左远右近”选项，即可完成字体变形效果。

注意事项 当文字设置变形后，用户只能够对文本的字体进行更改，其字号无法更改。

10.4 图片图形元素的应用

幻灯片中除了要有文字内容外，还需要有图片或图形等元素进行点缀，这样的页面效果才完美，下面向用户介绍图片、图形元素在幻灯片中的应用操作。

10.4.1 图片的插入与编辑

想要在幻灯片中添加图片，方法有很多种，最便捷的就是直接将图片拖至页面中，如图10-44所示。

图 10-44

图片插入后，默认是显示在页面正中位置。这时，选中图片周围任意一个控制点，按住左键不放并按住Shift键，将控制点拖曳至合适位置，松开鼠标，即可对图片进行等比放大或缩小操作，如图10-45所示。

图 10-45

如果按住Ctrl键进行缩放，图片会以自身中心点为缩放基点，将图片进行等比缩放操作，如图10-46所示。

图 10-46

选中插入的图片，在“图片工具-格式”选项卡的“大小”选项组中，单击“裁剪”按钮，可对图片进行裁剪操作，如图10-47所示。

图 10-47

知识点拨

在“裁剪”下拉列表中，用户可以通过选择“裁剪为形状”选项，将图片裁剪为各种形状，也可以通过选择“纵横比”选项，将图片按照指定的比例进行裁剪。

如果对图片的效果不满意，用户可通过“图片工具-格式”选项卡中的相关命令，调整图片的亮度、对比度、图片的色调以及图片外观样式来修饰图片效果，如图10-48所示。

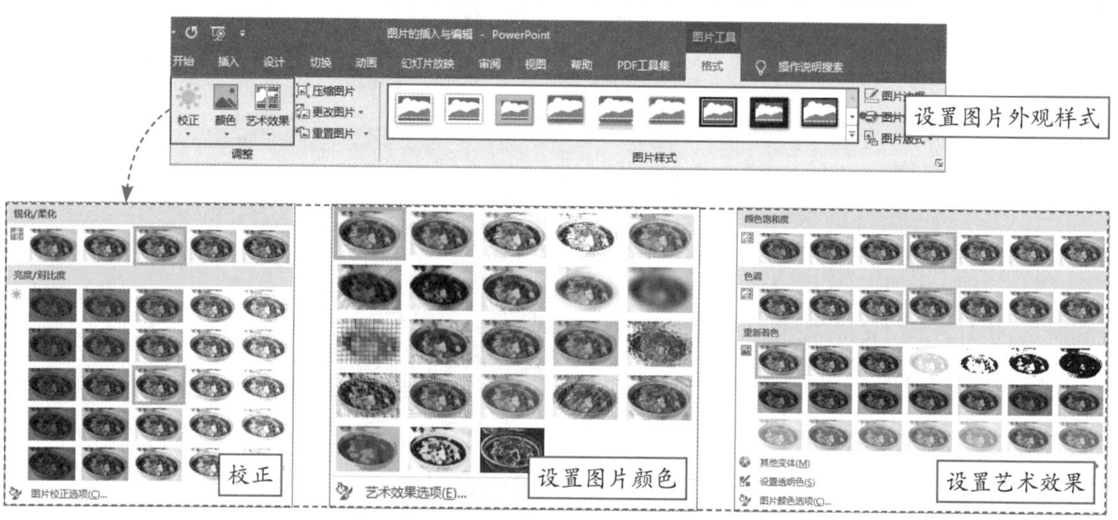

图 10-48

在PowerPoint 2016之后的版本中，用户可以使用“删除背景”功能来对图片进行简单抠图。这里需要说明一点，选择的图片背景不要太复杂，最好是单色，否则抠出的效果会不理想。

选中图片，在“图片工具-格式”选项卡中单击“删除背景”按钮，随即会打开“背景消除”选项卡，此时系统会突出显示要删除的背景区域，如图10-49所示。在“背景消除”选项卡中，单击“标记要保留的区域”或“标记要删除的区域”两个按钮来对图片进行详细调整，以保证要保留的对象完整无缺，如图10-50所示。调整完成后单击“保留更改”按钮，即可完成背景消除操作，如图10-51所示。

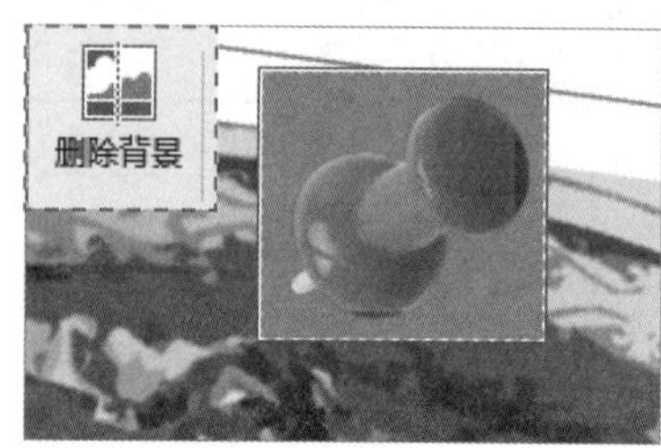

图 10-49

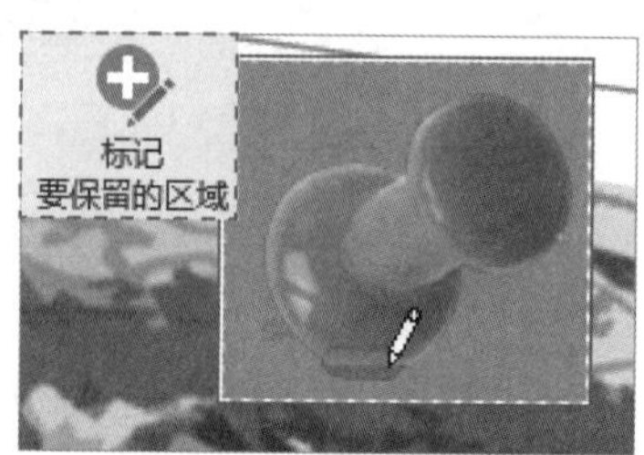

图 10-50

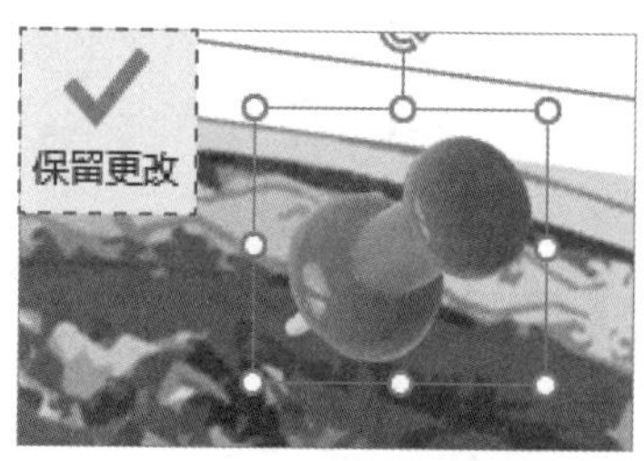

图 10-51

10.4.2 图形的插入与编辑

对于一些单调的页面来说，利用图形来修饰页面是最佳方法。图形的添加不仅丰富了页面内容，也能很好地突出重点信息，使页面变得生动有趣，下面向用户介绍图形工具的应用操作。

在“插入”选项卡中单击“形状”下拉按钮，在弹出的形状列表中用户可选择需要的形状，然后使用鼠标拖曳的方法，在页面中绘制该图形，如图10-52所示。

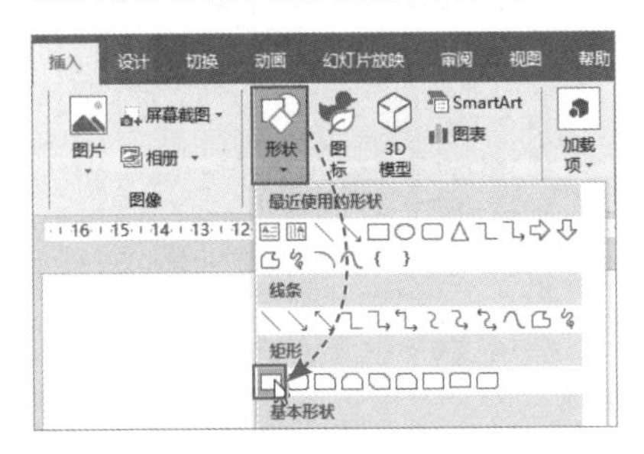

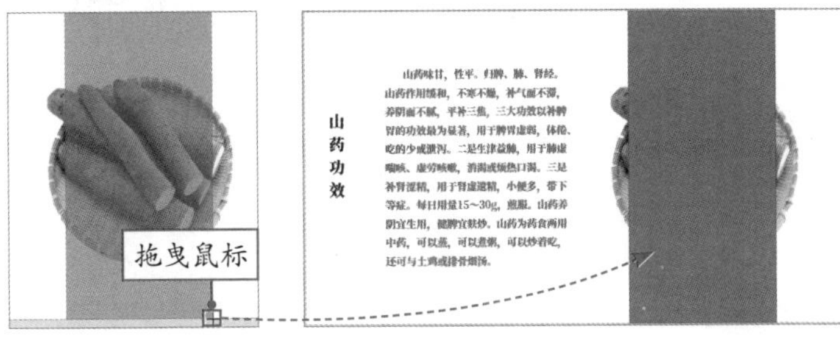

图 10-52

无论插入哪种图形，其颜色和边框都默认为蓝色，如果想要更换颜色，只需选中该图形，在“绘图工具-格式”选项卡的“形状样式”选项组中单击“形状填充”下拉按钮，在弹出的列表中选择新颜色即可，如图10-53所示。

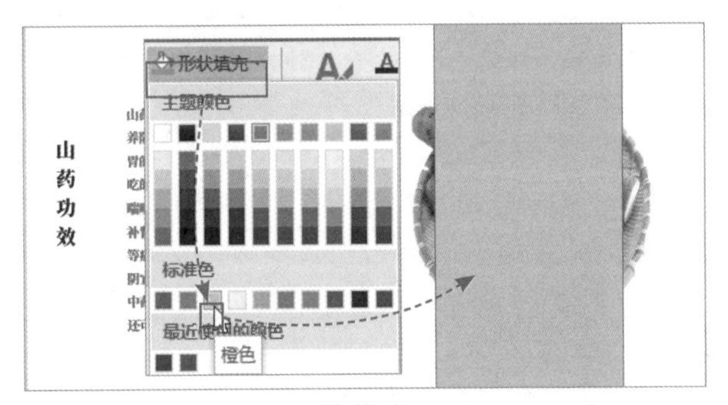

图 10-53

单击“形状轮廓”下拉按钮，在弹出的列表中可选择轮廓线颜色、轮廓线的粗细和类型，如图10-54所示。

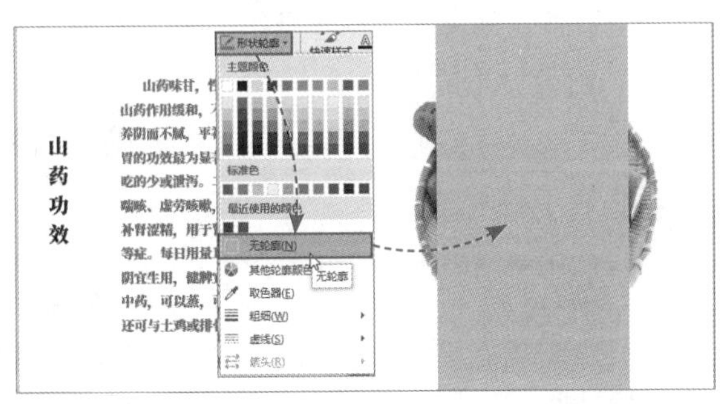

图 10-54

单击“形状效果”下拉按钮，在弹出的列表中可以为图形添加阴影、发光、映像、三维旋转效果等。右击图形，在弹出的快捷菜单中选择“置于顶部”或“置于底部”选项，可调整图形间的叠放次序，如图10-55所示。在“绘图工具-格式”选项卡的“插入形状”选项组中单击“更改形状”下拉按钮，在弹出的列表中选择新图形，可对当前图形进行更换，如图10-56所示。

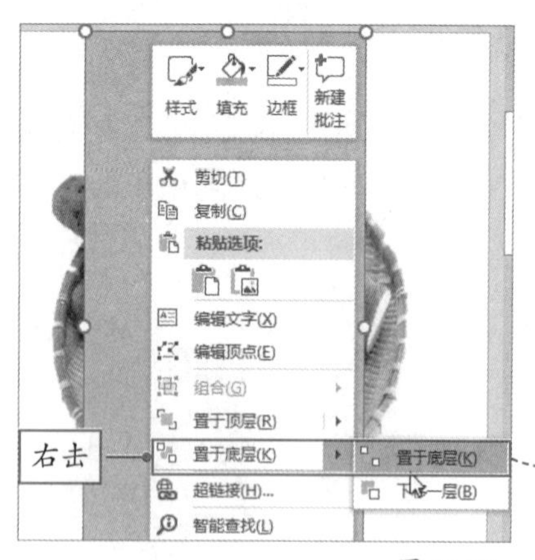

图 10-55

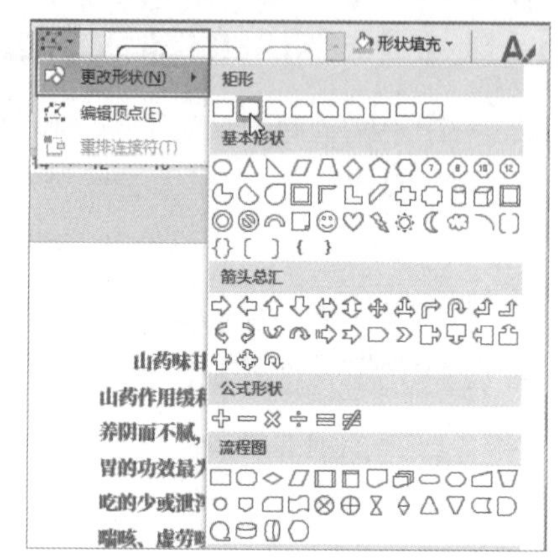

图 10-56

知识点拨

在"更改形状"下拉列表中选择"编辑顶点"选项，此时被选中的图形周围会显示出编辑顶点，单击该顶点，并拖动其编辑手柄，可对当前图形的轮廓进行调整，如图10-57所示。

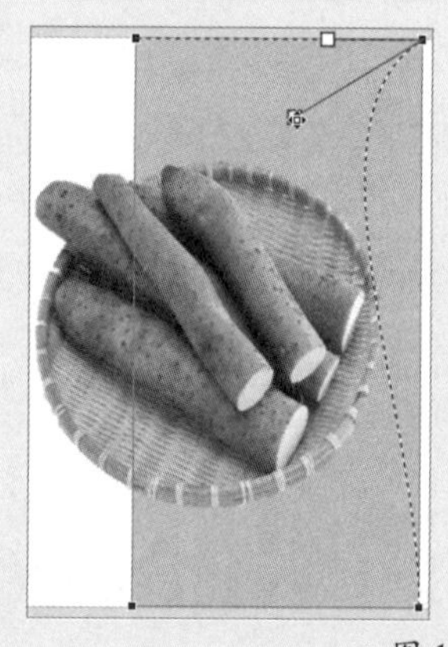

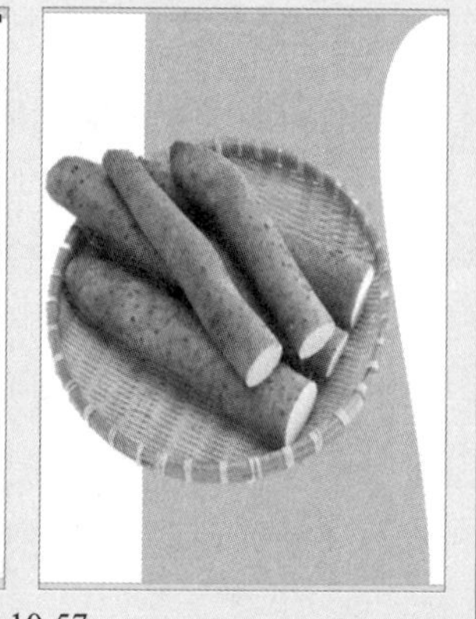

图 10-57

10.4.3 SmartArt图形的插入与编辑

要想在幻灯片中插入一些常用的流程图、逻辑关系图等，可使用SmartArt功能来操作。在"插入"选项卡的"插图"选项组中单击"SmartArt"按钮，打开"选择SmartArt图形"对话框，从中选择一款类型，单击"确定"按钮即可完成创建操作，如图10-58所示。

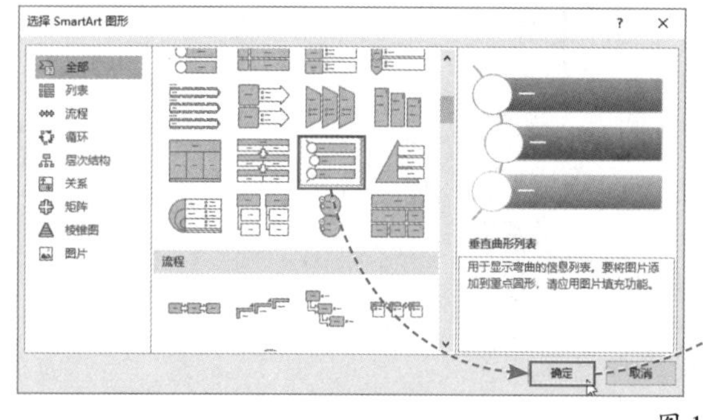

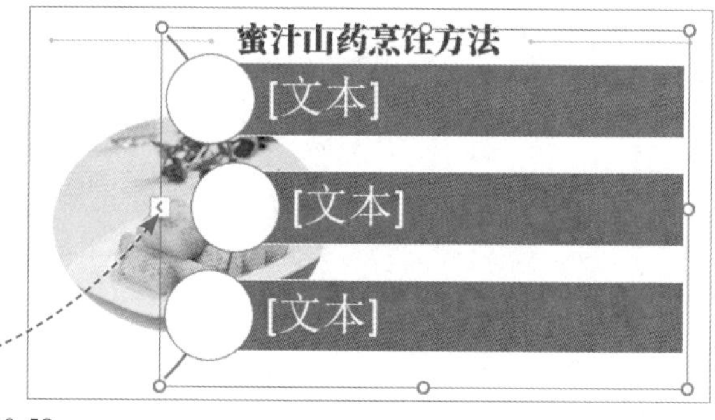

图 10-58

在图形中选择"[文本]"字样，即可输入文本内容。在"SmartArt工具-设计"选项卡中单击"添加形状"下拉按钮，在弹出的列表中选择图形添加的位置，即可添加图形，右击图形，在弹出的快捷菜单中选择"编辑文字"选项，可在添加图形中输入文字内容，如图10-59所示。

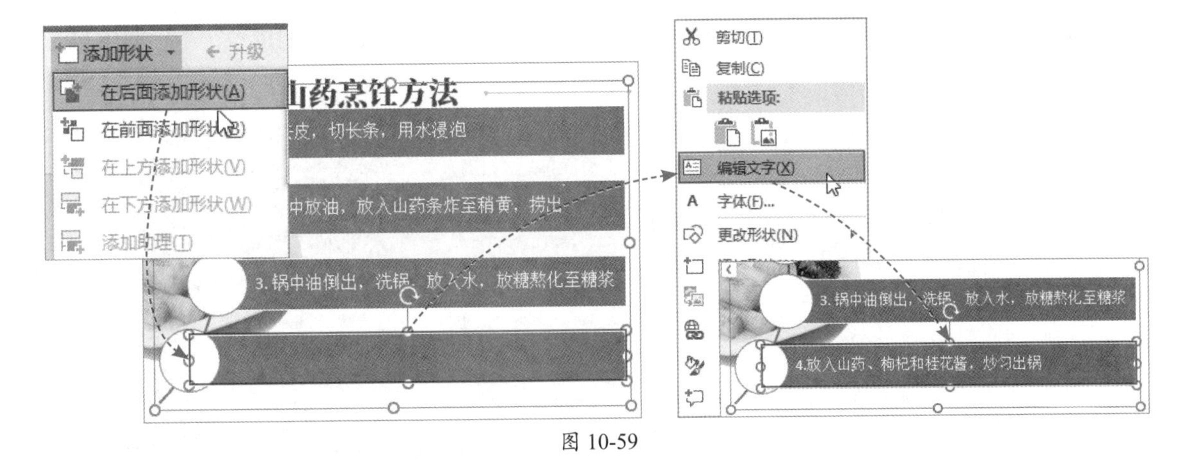

图 10-59

使用鼠标拖曳的方法可以调整SmartArt图形的大小。选中该图形，在“SmartArt工具-设计”选项卡的“SmartArt样式”选项组中可以设置其样式，例如更改颜色、更改图形效果等，如图10-60所示。

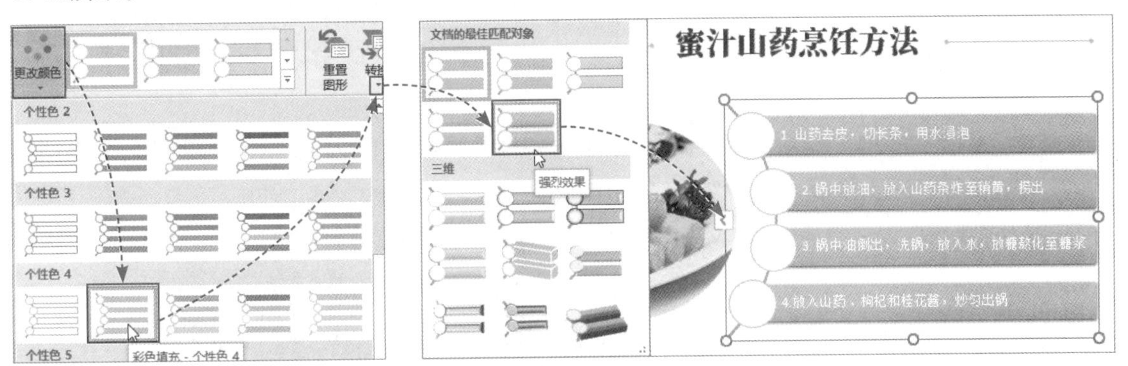

图 10-60

动手练 制作创意文字效果

扫码看视频

下面利用“合并形状”功能来制作镂空文字的效果，如图10-61所示。

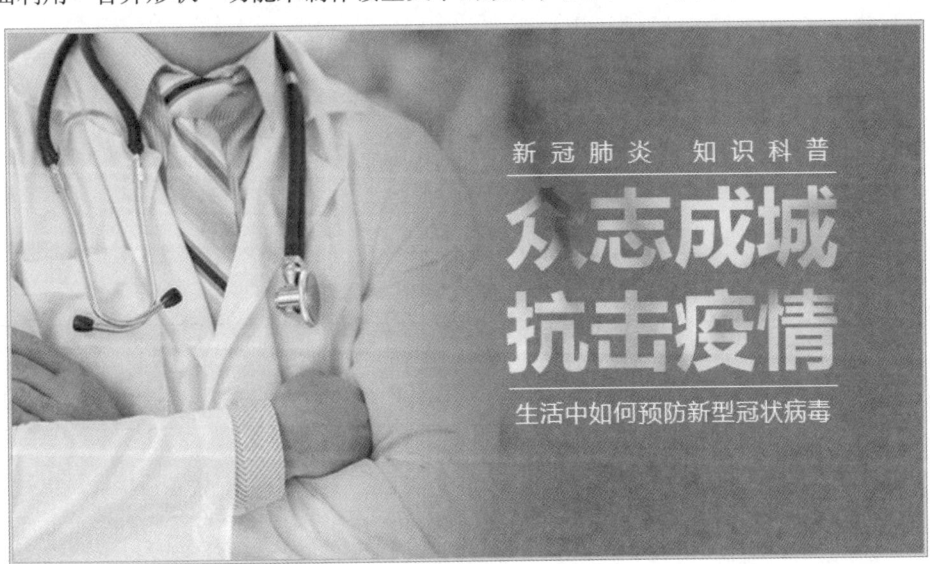

图 10-61

Step 01 打开本书配套的素材文件，先选中绿色渐变图形，然后按Ctrl键选择文本标题内容，如图10-62所示。

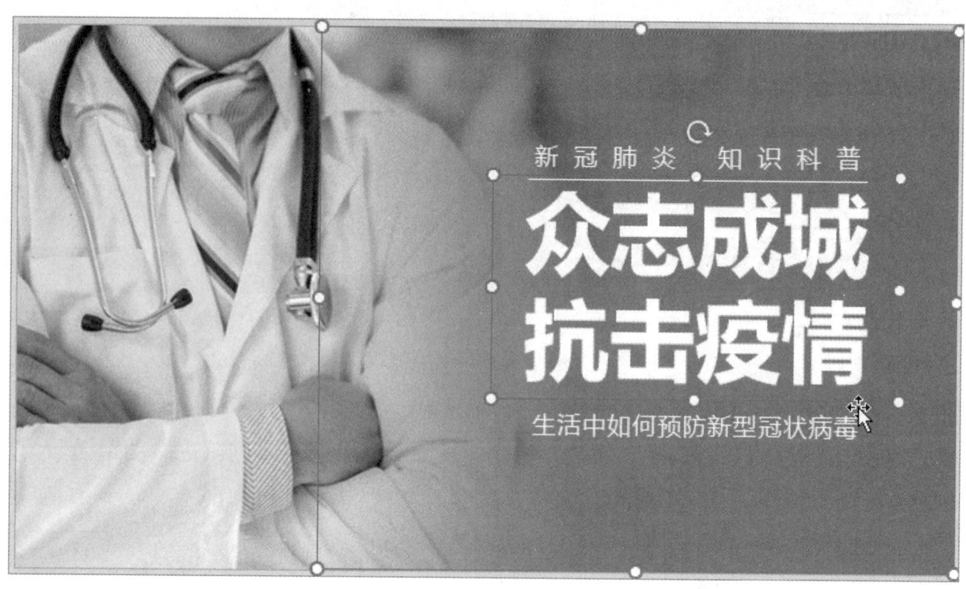

图 10-62

Step 02 在“绘图工具-格式”选项卡中单击“合并形状”下拉按钮，在弹出的列表中选择“剪除”选项，即可完成创意标题的制作，如图10-63所示。

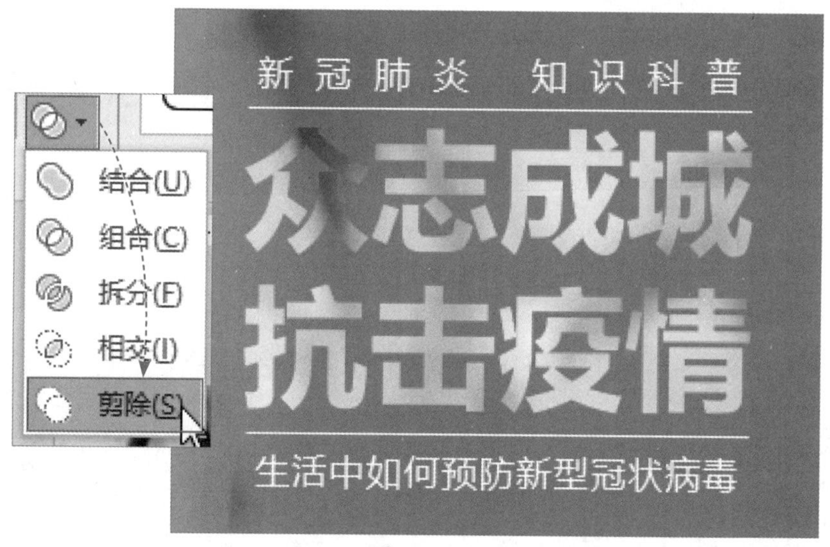

图 10-63

知识点拨

合并形状是图形编辑的高级功能，其是将多个图形经过“联合”“组合”“拆分”“相交”和“剪除”操作，形成一个新图形，利用此功能能够做出很多创意的图形和文字效果。

10.5 表格图表元素的应用

在幻灯片中经常会用到表格或图表来展示一些重要的数据信息，使观众能够快速理清各数据间的关系，下面向用户介绍表格和图表的基础操作。

10.5.1 表格的创建与美化

在幻灯片中想要插入表格，只需在“插入”选项卡的“表格”选项组中单击“表格”下拉按钮，在弹出的列表中滑动鼠标，选取所需的行和列的方格数，例如创建4行4列的表格，那么就选择纵向4格、横向4格即可完成创建，如图10-64所示。

开始
插入
设计
切换
表格
图片
屏幕截图
相册
4x4 表格
插入表格(I)...
绘制表格(D)
Excel 电子表格(X)
培训课程学时表

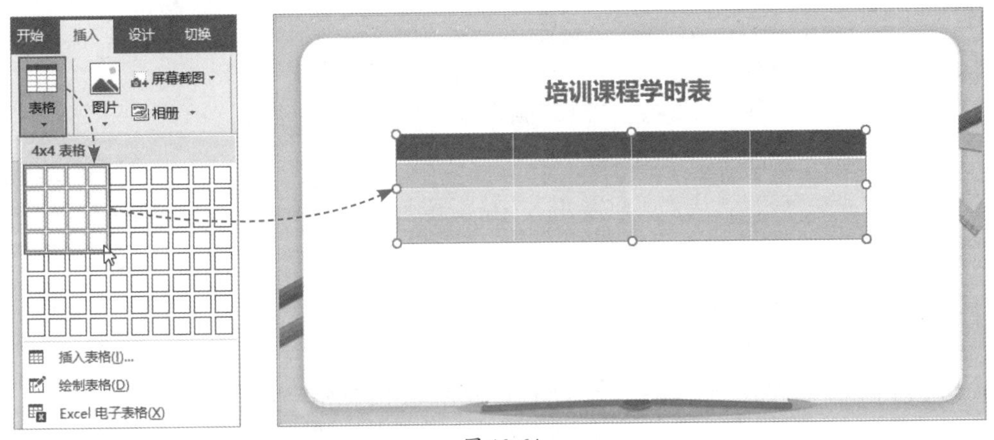

图 10-64

以上方法很方便，鼠标轻轻滑动就可以创建表格。但该方法比较局限，其最多能创建10行8列的表格，如所需的表格行数大于10行或列数大于8列，就需使用对话框来操作。在“表格”列表中选择“插入表格”选项，在同名对话框中输入表格的行数和列数，单击“确定”按钮即可，如图10-65所示。

插入表格
?
列数(C): 15
行数(R): 8
确定
取消

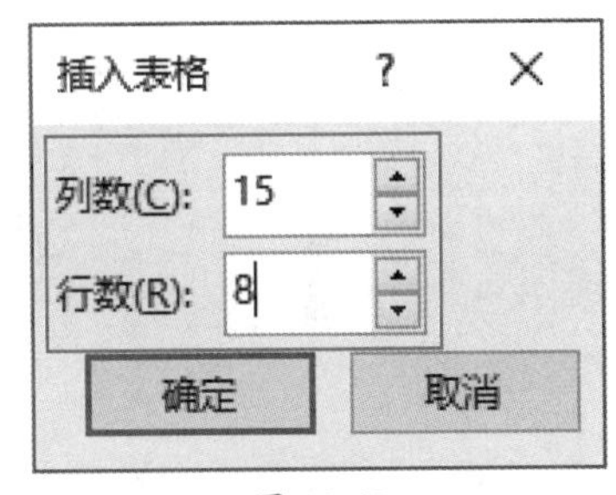

图 10-65

表格创建好后，用户可在表格中输入文字内容。选中表格任意对角点，拖动该角点至合适位置，可调整表格的整体行高与列宽，如图10-66所示。

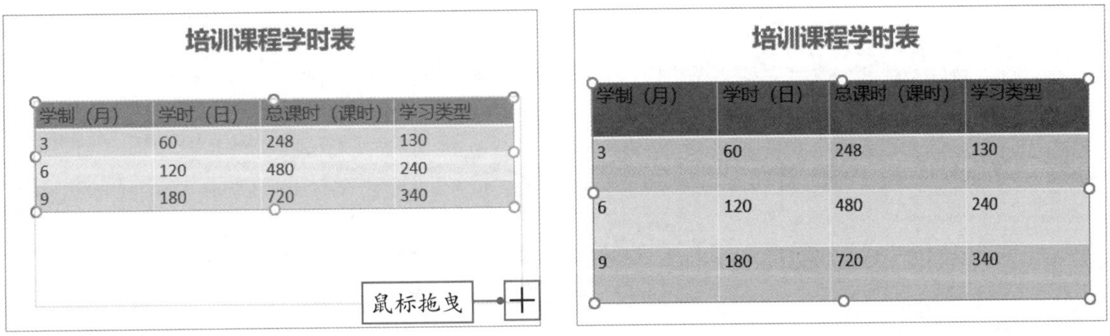

培训课程学时表
学制（月） 学时（日） 总课时（课时） 学习类型
3 60 248 130
6 120 480 240
9 180 720 340
鼠标拖曳
培训课程学时表
学制（月） 学时（日） 总课时（课时） 学习类型
3 60 248 130
6 120 480 240
9 180 720 340

图 10-66

默认情况下其文字是左对齐，为了使表格美观，用户可将其对齐方式设置为水平居中和垂直居中。其方法为，全选表格，在“表格工具-布局”选项卡的“对齐方式”选项组中单击“水平居中”和“垂直居中”按钮即可，如图10-67所示。

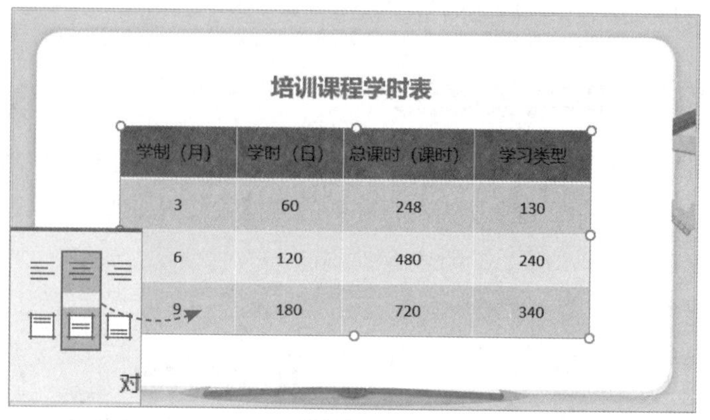

图 10-67

如果想要在表格中添加行或列，只需在“表格工具-布局”选项卡的“行和列”选项组中，根据需要选择所需插入的位置即可，如图10-68所示。

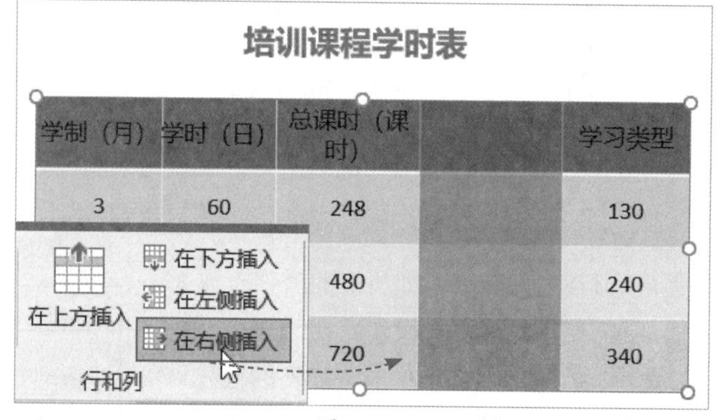

图 10-68

表格创建好后，如果对表格默认的样式不满意，可对其进行更换。在“表格工具-设计”选项卡的“表格样式”选项组中，选择满意的样式即可，如图10-69所示。

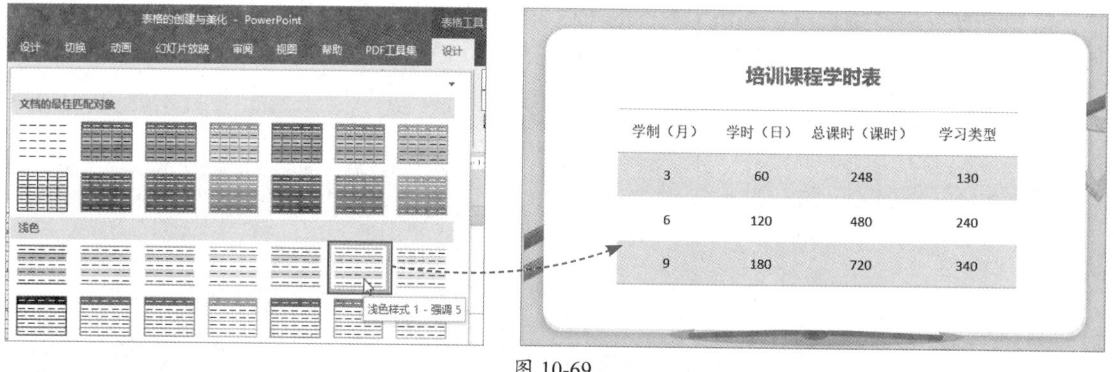

图 10-69

注意事项 以上方法是直接套用预设的表格样式，用户也可根据需求自定义表格样式，如设置表格边框颜色、边框粗细、底纹颜色等。这里建议新手尽可能选择系统预设好的表格样式，简单、快捷，效果也不差。

10.5.2 图表的创建与美化

插入图表的方法很简单，在“插入”选项卡的“插图”选项组中单击“图表”按钮，在打开的“插入图表”对话框中，选择要插入的图表类型，单击“确定”按钮，如图10-70所示。

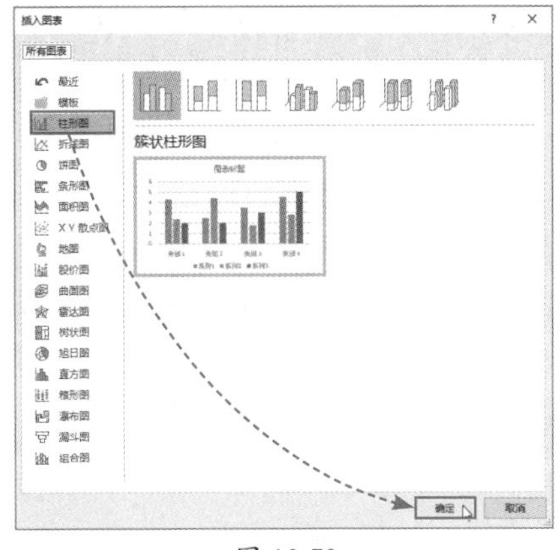

图 10-70

随后打开Excel编辑窗口，在此输入数据（调整数据录入范围），输入完成后关闭窗口即可完成图表的创建操作，如图10-71所示。

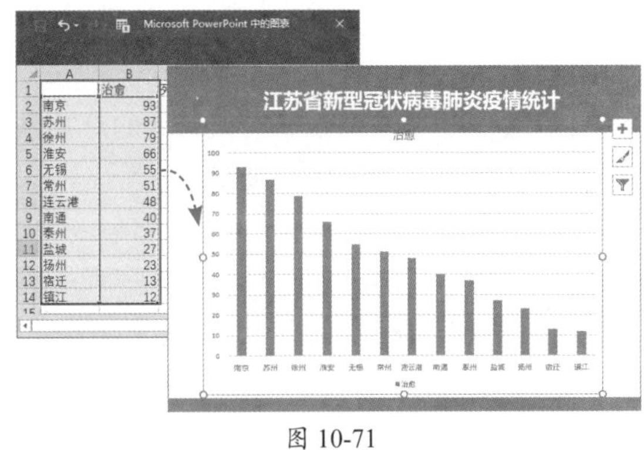

图 10-71

将图表保持选中状态，单击右侧“+”按钮，打开图表元素列表，在此用户可以根据需要添加或取消图表元素，例如纵横坐标的显示、图表标题、数据标签、图例项等，如图10-72所示。

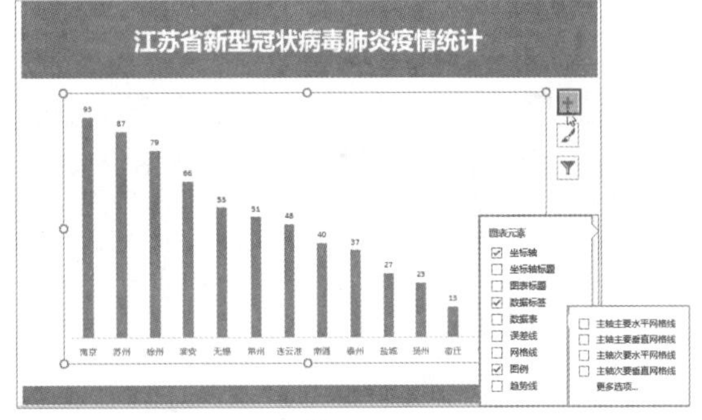

图 10-72

选中图表各文本，可设置其字体和大小。在“图表工具-设计”选项卡的“图表样式”选项组中选择一款预设的样式，可快速美化该图表，如图10-73所示。

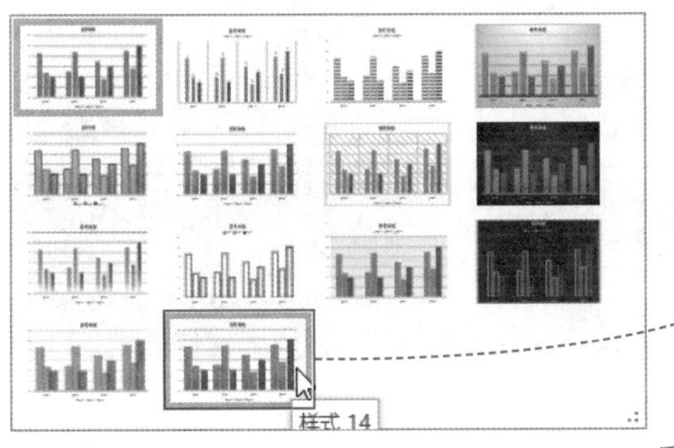

图 10-73

案例实战：制作节约粮食宣传手册封面

通过本章内容的学习相信读者对演示文稿的基本创建操作有了一定了解，为了巩固并加深所学知识，下面制作一张节约粮食的宣传封面页，具体操作步骤如下。

Step 01 新建空白演示文稿，删除幻灯片中的占位符。在“设计”选项卡中单击“设置背景格式”按钮，打开相应的设置窗格，单击“图片或纹理填充”单选按钮，并单击“插入”按钮，在打开的对话框中，选择背景图片，如图10-74所示。

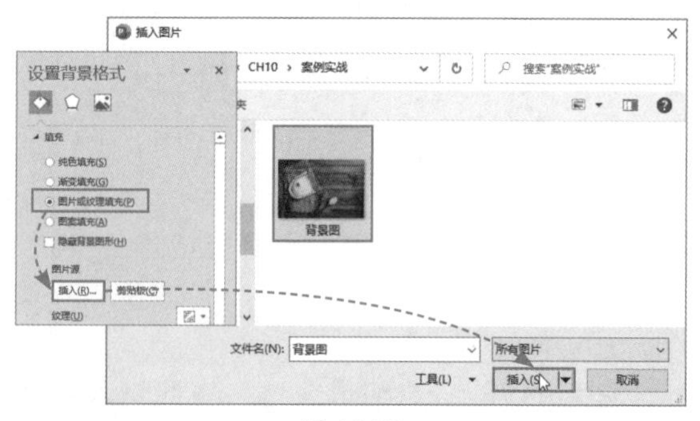

图 10-74

Step 02 单击“插入”按钮，为幻灯片添加背景图片，效果如图10-75所示。

图 10-75

Step 03 在“形状”列表中选择矩形，并使用鼠标拖曳的方法绘制矩形，如图10-76所示。

图 10-76

Step 04 在“绘图工具-格式”选项卡的“形状样式”选项组中，将“形状填充”设置为“无”，将“形状轮廓”的颜色设置为“黄色”，将其“粗细”设置为“3”磅，如图10-77所示。

图 10-77

Step 05 再次绘制一个矩形，并将其放置页面右侧，将矩形的颜色设置为“白色”，将其轮廓设置为“无轮廓”，如图10-78所示。

图 10-78

Step 06 右击白色矩形，在弹出的快捷菜单中选择“置于底层”选项，如图10-79所示。

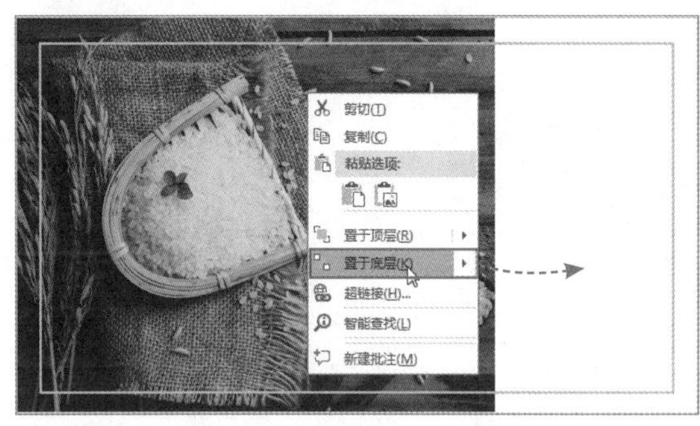

图 10-79

Step 07 插入文本框，输入文字内容，然后设置文字格式，并摆放在图形合适的位置，如图10-80所示。

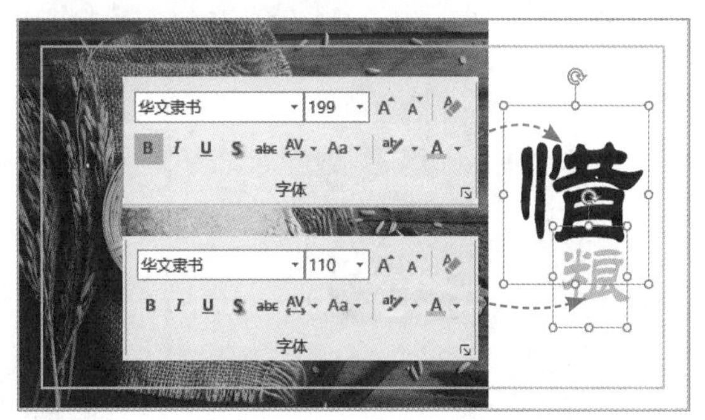

图 10-80

Step 08 绘制一个小矩形，并将其颜色设置为“红色”，将其轮廓设置为“无轮廓”，如图10-81所示。

图 10-81

Step 09 选中该矩形，在“绘图工具-格式”选项卡中单击“编辑形状”下拉按钮，在弹出的列表中选择“编辑顶点”选项，此时矩形四周会显示4个编辑点，如图10-82所示。

Step 10 右击任意一个编辑点，在弹出的快捷菜单中选择“平滑顶点”选项，将当前顶点设为平滑顶点，如图10-83所示。

图 10-82

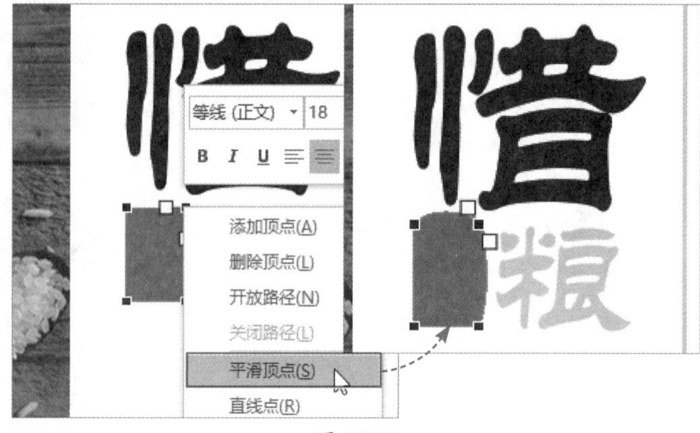

图 10-83

Step 11 按照同样的方法，将矩形其他三个顶点都设为“平滑顶点”，并调整好矩形的形状，单击页面空白处，完成编辑操作，结果如图10-84所示。

Step 12 插入竖排文本框，并输入文本内容，设置文字格式，如图10-85所示。

图 10-84

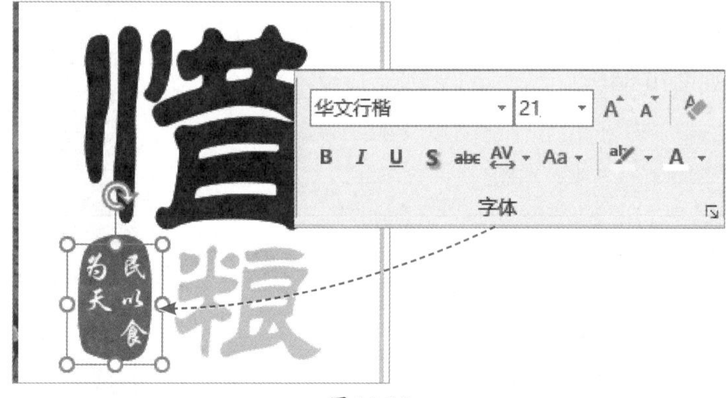

图 10-85

Step 13 将文字和矩形进行组合，完成图章图形的绘制，如图10-86所示。

Step 14 插入横排文本框，并输入文字内容，调整文字格式，将其放置标题上方合适位置，如图10-87所示。

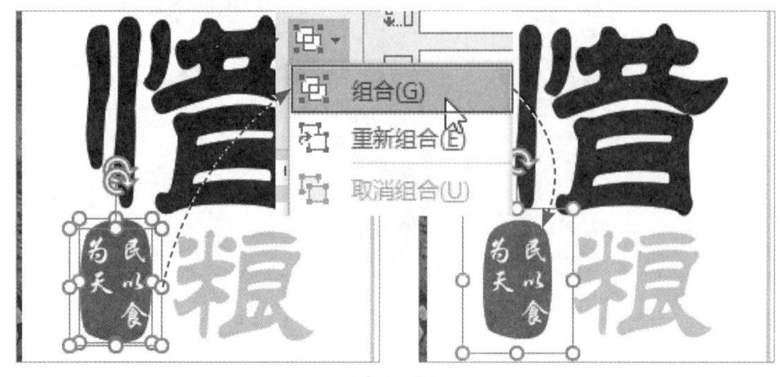

图 10-86

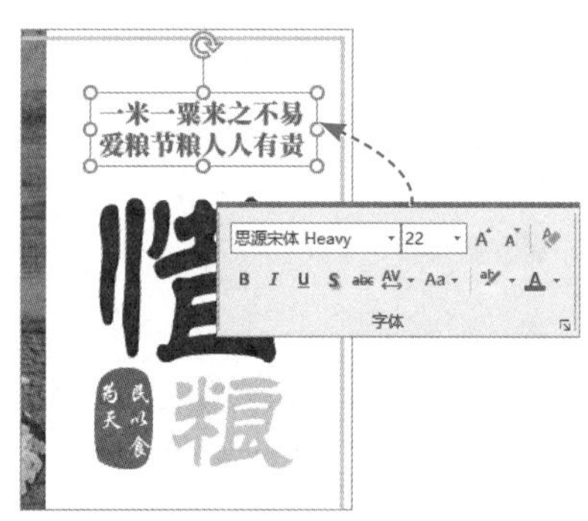

图 10-87

Step 15 复制文本框至标题下方，更改文字内容，如图10-88所示。

Step 16 先选中白色矩形，然后按Ctrl键再选择“惜”文本框，如图10-89所示。

Step 17 在“绘图工具-格式”选项卡中单击“合并形状”下拉按钮，在弹出的列表中选择“剪除”选项，将“惜”字从矩形中剪掉，如图10-90所示。

图 10-88

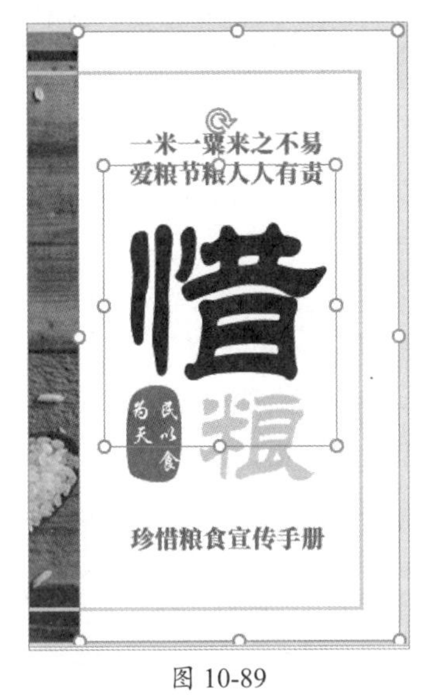

图 10-89

图 10-90

至此，节约粮食宣传手册封面页制作完毕，最终效果如图10-91所示。

图 10-91

新手答疑

1. Q：如何将文稿设置为只读模式？

A：在“文件”选项卡中选择“另存为”选项，打开“另存为”对话框，单击右下角“工具”下拉按钮，在弹出的列表中选择“常规选项”选项，打开同名对话框，仅在“修改权限密码”文本框中输入密码，单击“确定”按钮，再次确认密码即可，如图10-92所示。当下次打开该文稿时，系统会打开提示对话框，单击“只读”按钮随即进入只读模式，如图10-93所示。该模式可以浏览文稿，但不可以对其进行更改。

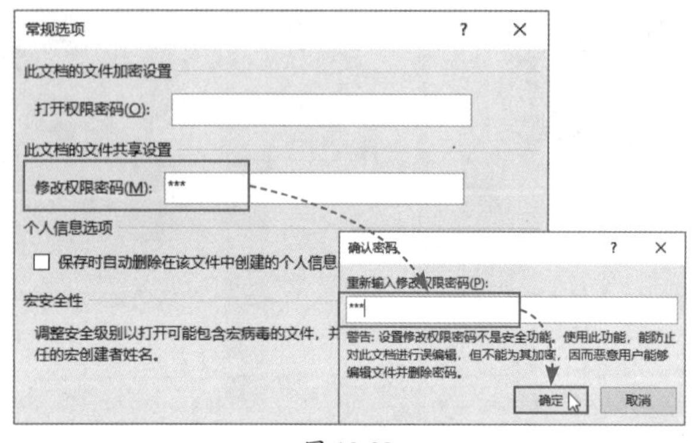

图 10-92

图 10-93

2. Q：在幻灯片中，如何输入公式？

A：在“插入”选项卡中单击“公式”下拉按钮，在弹出的列表中，用户可以选择公式模板，也可以选择“墨迹公式”选项，在“数学输入控件”设置窗口中，手动写入所需的公式内容，单击“插入”按钮即可，如图10-94所示。写入公式时，需注意书写尽量工整，否则系统无法识别。

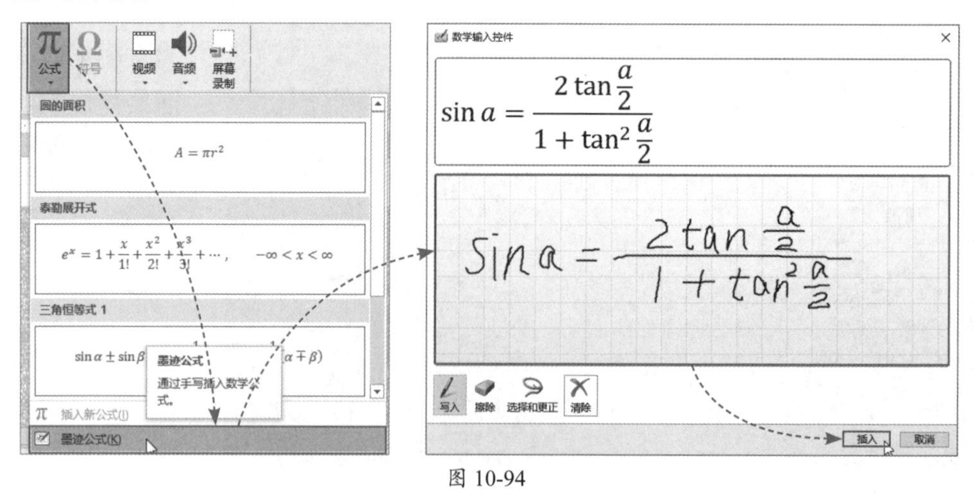

图 10-94

3. Q：在幻灯片中创建的表格，能否进行数据运算呢？

A：在PPT中插入的表格无法直接进行运算，毕竟PPT主要是用来展示数据信息的，其运算功能相对薄弱。用户要想进行数据分析，最好在Excel中进行操作，然后再复制到幻灯片中。如果需要对某数据进行更改或运算，只需双击复制的Excel表格，在打开的Excel编辑窗口中进行具体操作即可。

第11章 制作动态演示文稿

放映幻灯片时，演示文稿中的对象是静止不动的，为了吸引观众的注意力，可以为其添加动态效果。本章将对超链接的创建和设置、动画效果的添加和设置、页面切换效果的设置、音频和视频文件的添加等进行详细介绍。

11.1 超链接的创建和设置

创建超链接可以快速跳转到指定幻灯片、访问网页或者其他文件，用户也可以添加动作按钮，以便更灵活地控制幻灯片的放映。

11.1.1 链接到指定幻灯片

如果用户想要链接到指定幻灯片，可选择对象，打开“插入”选项卡，单击“链接”选项组的“链接”按钮，打开“插入超链接”对话框，在“链接到”选项中选择“本文档中的位置”选项，在“请选择文档中的位置”列表框中选择需要链接到的幻灯片，这里选择“幻灯片10”，单击“确定”按钮，即可将所选对象链接到指定的幻灯片10，如图11-1所示。

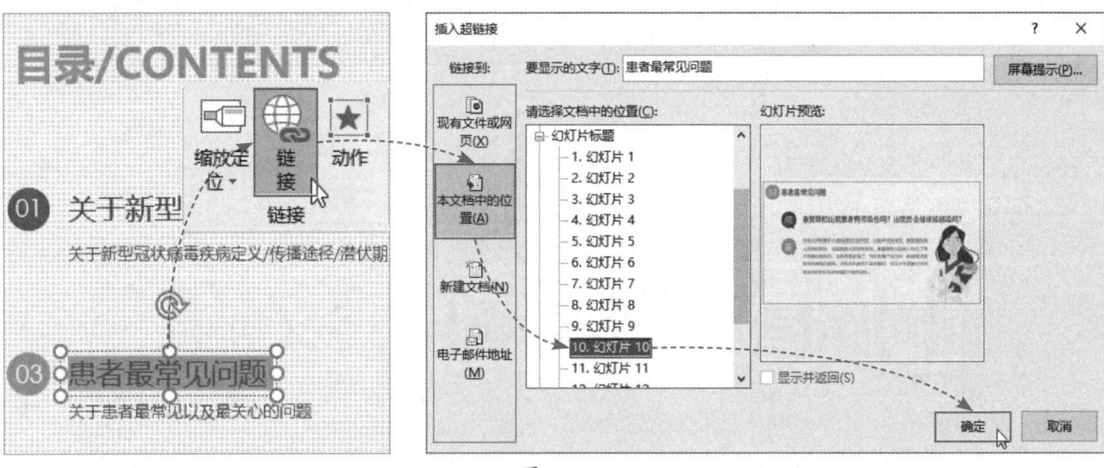

图 11-1

11.1.2 链接到其他文件

除了设置链接到页面内容外，还可以将对象链接到计算机中的文件，例如Word文档、Excel表格等。选择对象，打开“插入超链接”对话框，在“链接到”选项中选择“现有文件或网页”选项，并在右侧单击“浏览文件”按钮，打开“链接到文件”对话框，选择需要的文件类型，单击“确定”按钮即可，如图11-2所示。

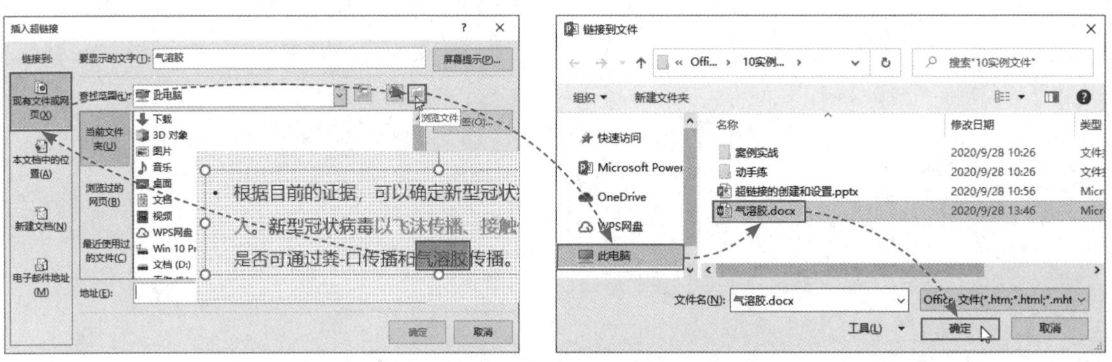

图 11-2

11.1.3　链接到网页

用户还可将该对象链接到网页。选择对象，打开“插入超链接”对话框，在“链接到”选项中选择“现有文件或网页”选项，然后在“地址”文本框中输入网页地址，单击“确定”按钮即可，如图11-3所示。放映幻灯片时直接单击添加超链接的对象，即可跳转到相关网页，如图11-4所示。

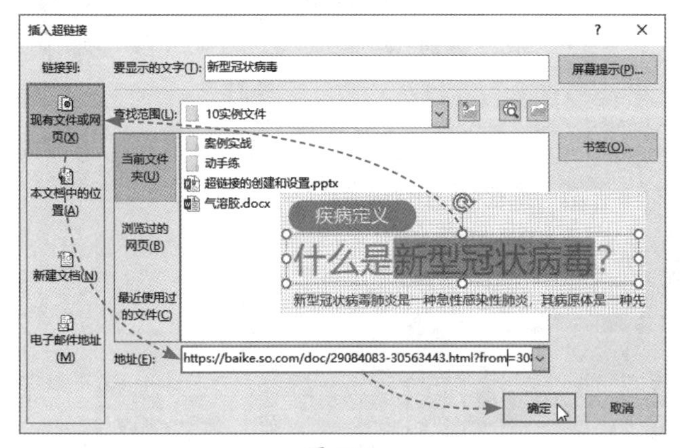

图 11-3

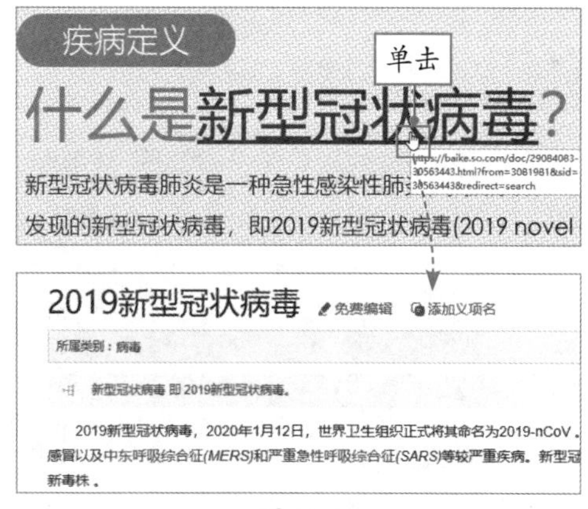

图 11-4

知识点拨

选择添加了超链接的对象，右击，从弹出的快捷菜单中选择“编辑链接”命令，在打开的“编辑超链接”对话框中可以编辑超链接。选择“打开链接”命令，可以打开链接到的对象，选择“删除链接”命令，可以将超链接删除，如图11–5所示。

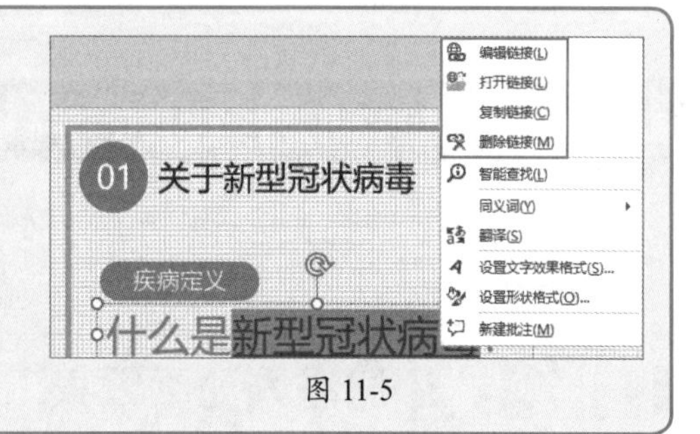

图 11-5

11.1.4　添加动作按钮

在幻灯片中添加动作按钮，通过单击该按钮，可以快速返回首页或上一页。选择幻灯片，在“插入”选项卡中单击“形状”下拉按钮，在弹出的列表中选择“动作按钮：转到主页”选项，然后在幻灯片页面绘制动作按钮，随即弹出一个“操作设置”对话框，在“单击鼠标”选项卡中设置单击时的动作和播放声音，单击“确定”按钮即可，如图11-6所示。放映幻灯片时，单击该动作按钮，即可跳转到第一张幻灯片。

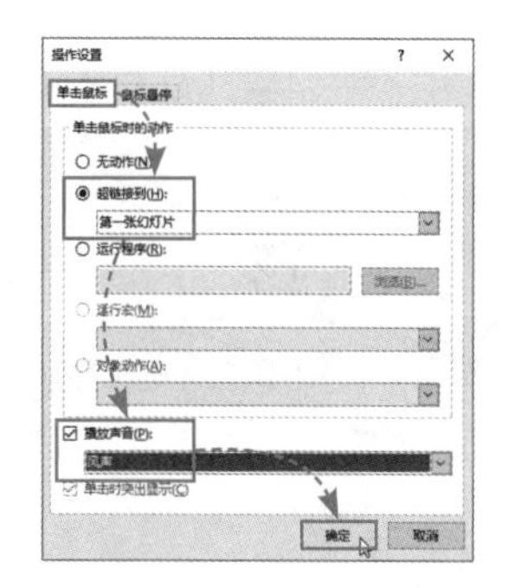

图 11-6

动手练 美化动作按钮

扫码看视频

在幻灯片页面添加动作按钮后，用户可以根据需要对动作按钮进行美化设置，使其看起来更加协调、美观，如图11-7所示。

图 11-7

选择动作按钮，打开“绘图工具-格式”选项卡，单击“形状样式”选项组的“其他”下拉按钮，在弹出的列表中选择合适的样式，如图11-8所示，即可快速美化动作按钮。

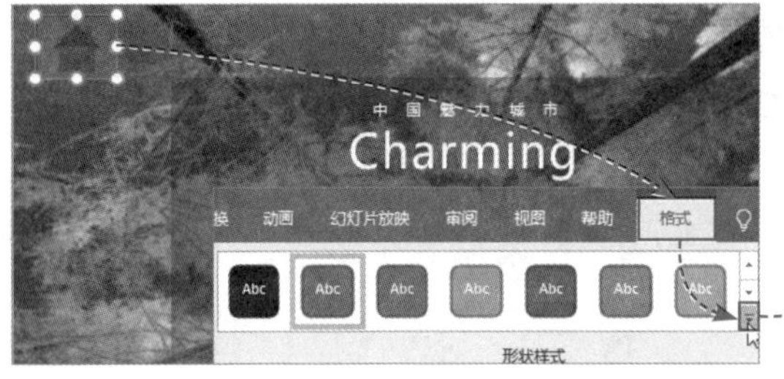

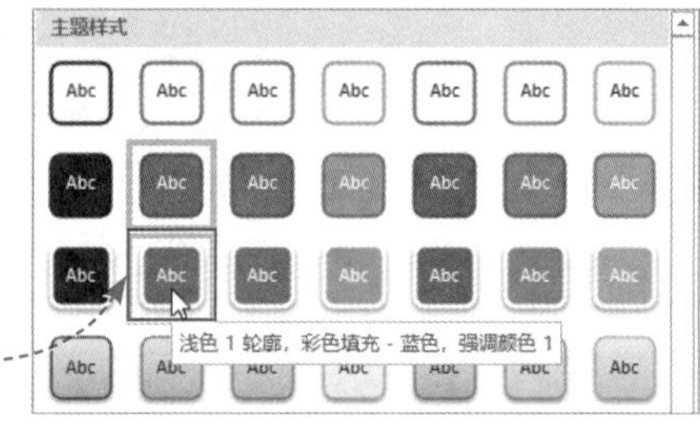

图 11-8

11.2 动画效果的添加和设置

在演示文稿中提供了进入动画、退出动画、强调动画、路径动画4种基本动画类型，用户可以根据需要为幻灯片中的对象添加动画效果。

11.2.1 添加进入动画效果

进入动画包含出现、淡入、飞入、浮入、劈裂、擦除、形状等多种动画效果。用户只需要选择幻灯片中的对象，在“动画”选项卡中单击“动画”选项组的“其他”下拉按钮，在弹出的列表中选择需要的动画效果，这里选择“进入”选项下的“擦除”动画效果，即可为所选对象添加“擦除”动画，单击“预览”按钮，可以预览设置的进入动画效果，如图11-9所示。

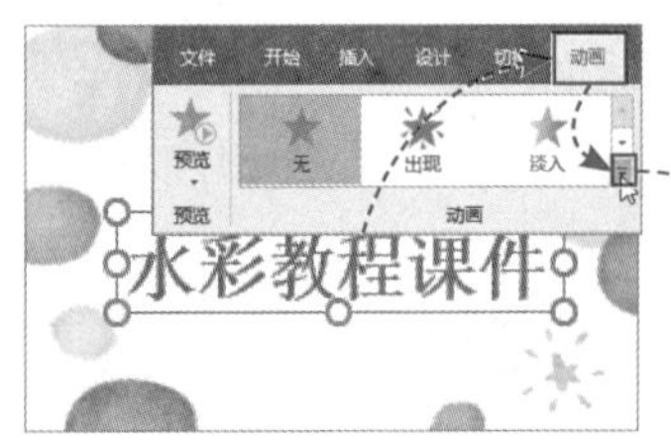

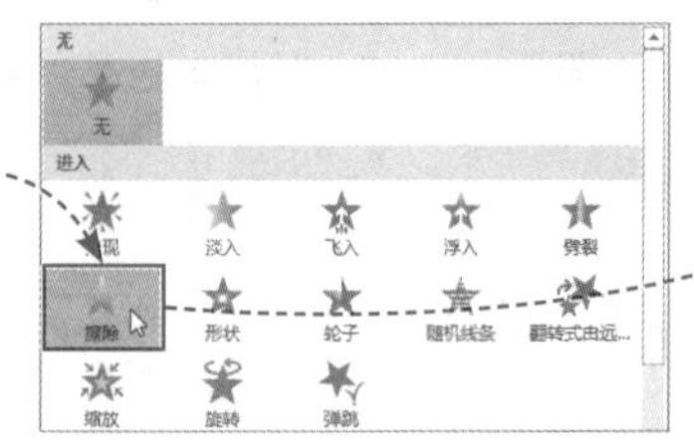

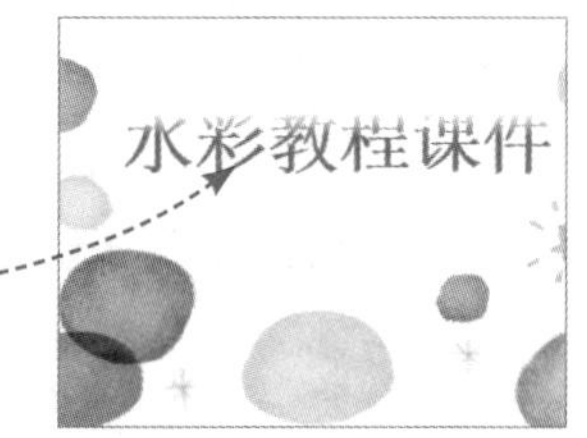

图 11-9

知识点拨

为对象添加动画效果后，在“计时”选项组中可以设置动画的开始方式、持续时间和延迟时间，如图11-10所示。

图 11-10

11.2.2 添加强调动画效果

强调动画可以突出对象，让对象重点显示。选择对象，打开“动画”选项卡，单击“动画”选项组的“其他”下拉按钮，在弹出的列表中选择合适的强调动画，这里选择“跷跷板”动画效果，即可为所选对象添加强调动画，如图11-11所示。

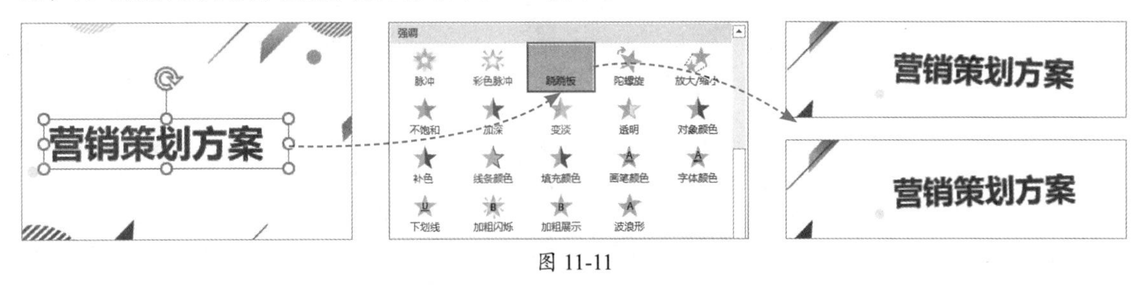

图 11-11

此外，在“动画”列表中选择“更多强调效果”选项，会弹出“更改强调效果”对话框，在该对话框中，可以选择更多的强调动画效果，例如基本、细微、温和、华丽等，如图11-12所示。

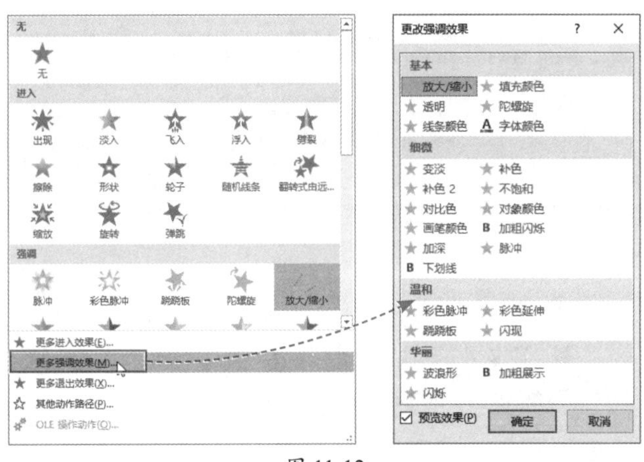

图 11-12

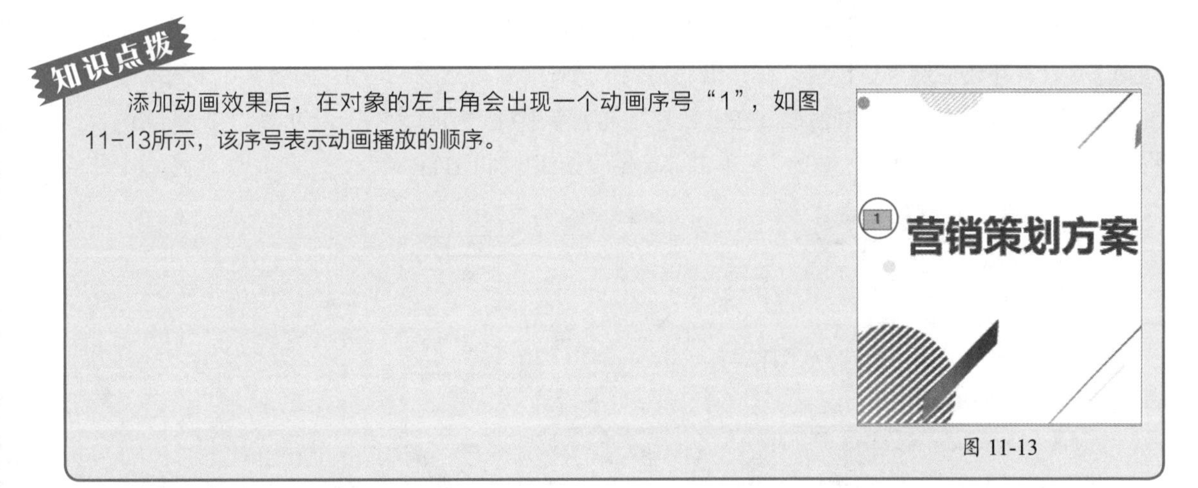

知识点拨

添加动画效果后，在对象的左上角会出现一个动画序号“1”，如图11-13所示，该序号表示动画播放的顺序。

图 11-13

动手练 制作组合动画

当用户需要为对象添加多个动画效果时，例如为文字添加“飞入”和“字体颜色”动画效果，则可以制作组合动画，如图11-14所示。

图 11-14

Step 01 选择文本，在“动画”选项卡中为其添加“飞入”动画效果，然后单击“效果选项”下拉按钮，在弹出的列表中选择“自顶部”选项，如图11-15所示。

Step 02 在“高级动画”选项组中单击“添加动画”下拉按钮，在弹出的列表中选择“字体颜色”动画效果，如图11-16所示。

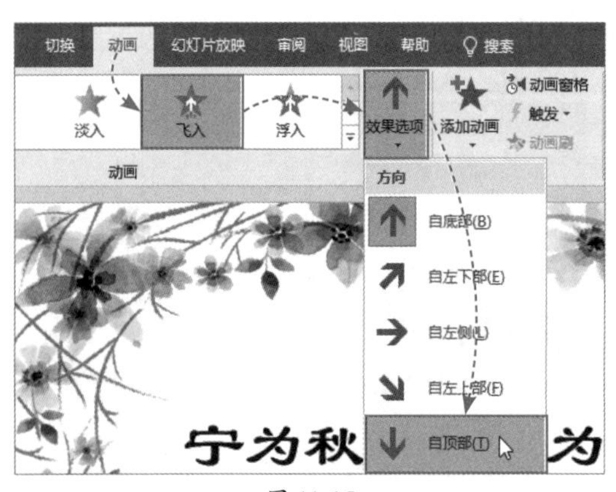

图 11-15

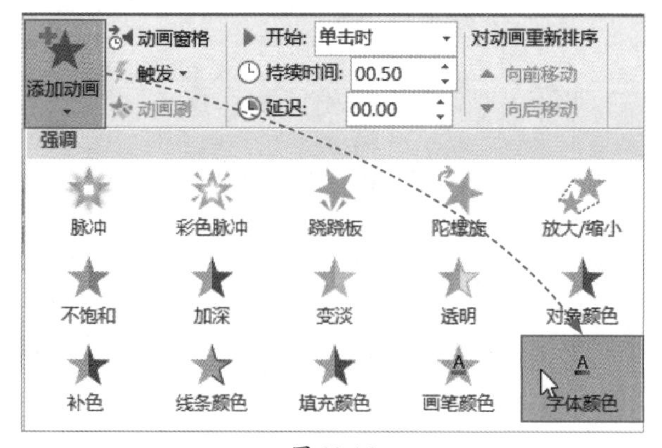

图 11-16

Step 03 在“高级动画”选项组中单击“动画窗格”按钮，打开“动画窗格”，选择“飞入”动画选项，并单击右侧下拉按钮，在弹出的列表中选择“效果选项”选项，如图11-17所示。

Step 04 打开“飞入”对话框，在“效果”选项卡中将“动画文本”设置为“按字母顺序”，将“字母之间延迟”设置为“20%”，单击“确定”按钮，如图11-18所示。

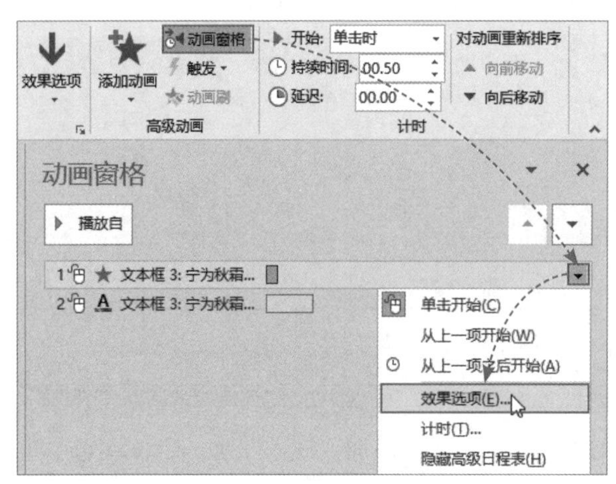

图 11-17

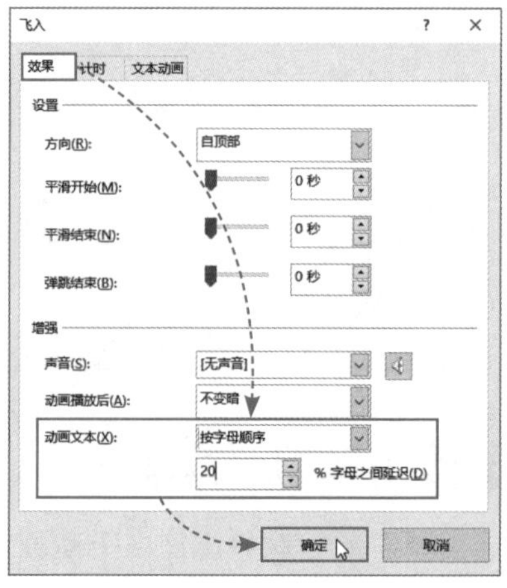

图 11-18

Step 05 在“动画窗格”中选择“字体颜色”动画选项，并单击右侧下拉按钮，在弹出的列表中选择“效果选项”选项，打开“字体颜色”对话框，在“效果”选项卡中设置“字体颜色”和“样式”，并将“字母之间延迟秒数”设置为“0.1”。打开“计时”选项卡，将“开始”设置为“上一动画之后”，单击“确定”按钮即可，如图11-19所示。

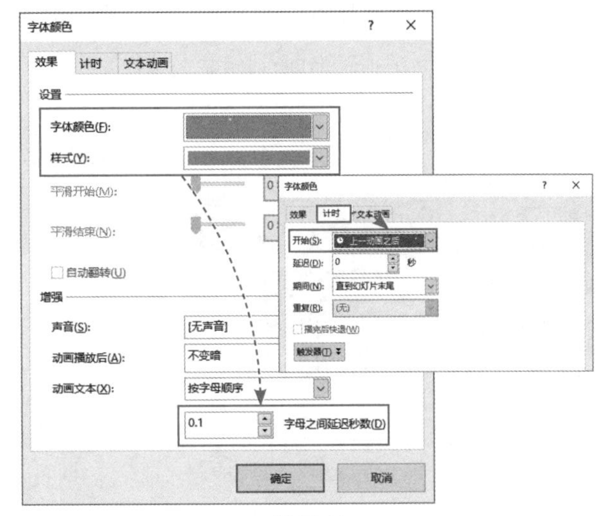

图 11-19

11.2.3 添加退出动画效果

退出动画包含消失、飞出、浮出、劈裂、擦除等动画效果。选择对象，在“动画”选项卡中单击“动画”选项组的“其他”下拉按钮，在弹出的列表中选择合适的动画效果，这里选择“轮子”动画效果，即可为所选对象添加退出动画，如图11-20所示。

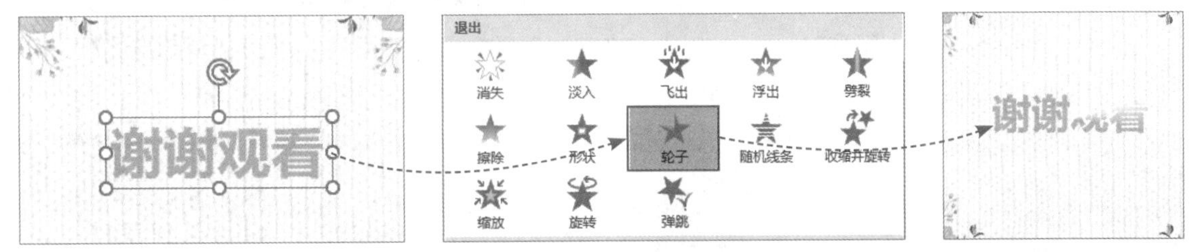

图 11-20

此外，添加“轮子”动画效果后，在“动画”选项组中单击“效果选项”下拉按钮，在弹出的列表中可以选择设置动画的效果选项，如图11-21所示。

注意事项 退出动画一般不能单独使用，需要和其他动画组合使用。

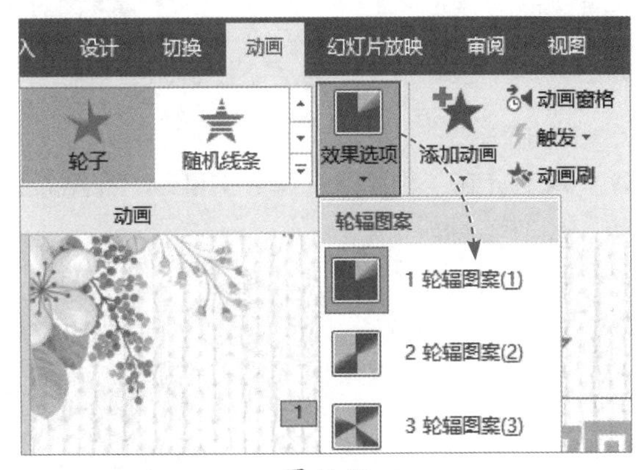

图 11-21

11.2.4 设置路径动画

为对象设置路径动画，可以使对象按照设定好的路径进行运动，例如，为“飞机”设置路径动画。

选择“飞机”图片，在“动画”选项卡中单击“动画”选项组的“其他”下拉按钮，在弹出的列表中根据需要选择“动作路径”下的选项，这里选择“直线”选项，即可为“飞机”图片添加“直线”路径动画，如图11-22所示。

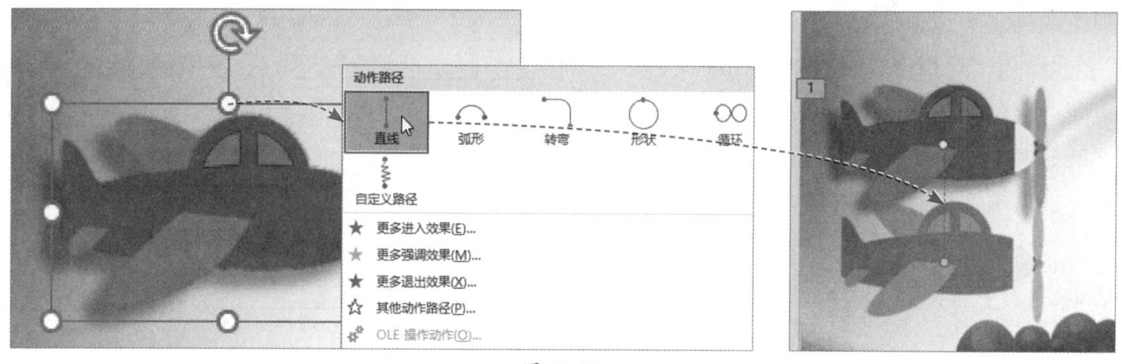

图 11-22

用户将光标移至路径动画的结束位置，即圆圈上方，按住左键不放并拖动光标，可以调整路径的方向，如图11-23所示。

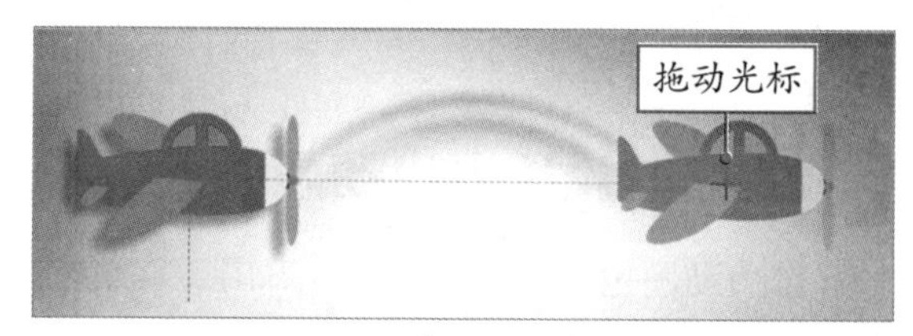

图 11-23

此外，如果用户想要自己绘制一个动作路径，则可以选择“动作路径”选项下的“自定义路径”选项，当光标变为十字形时，按住左键不放并拖动光标，为“小鸟”图片绘制动作路径，如图11-24所示，绘制好后按Esc键退出绘制。

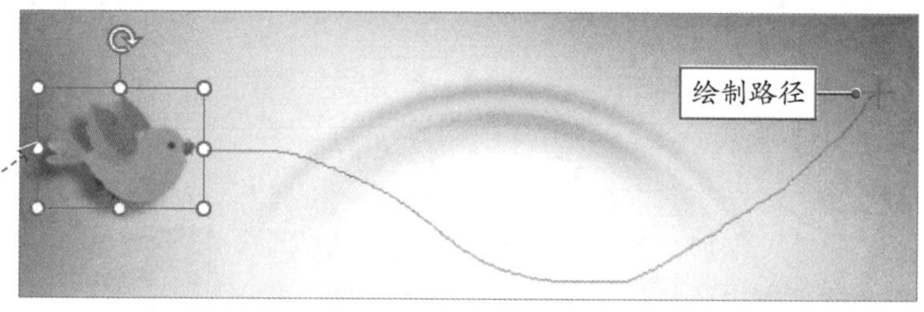

图 11-24

最后，在“动画”选项卡中单击“预览”按钮，可以预览为“小鸟”图片绘制的路径动画效果，如图11-25所示。

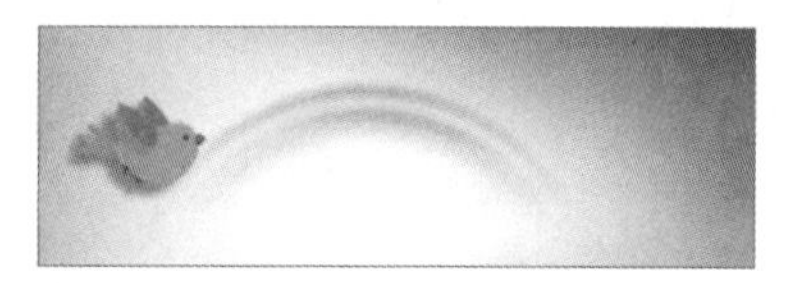

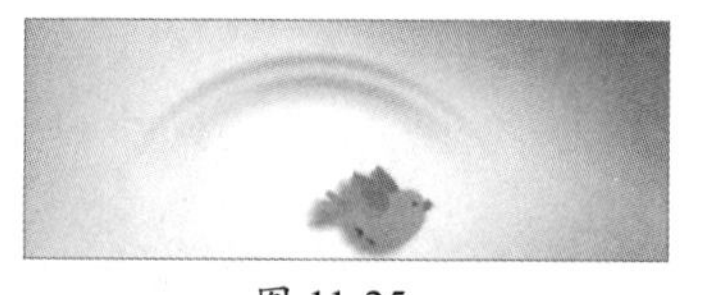

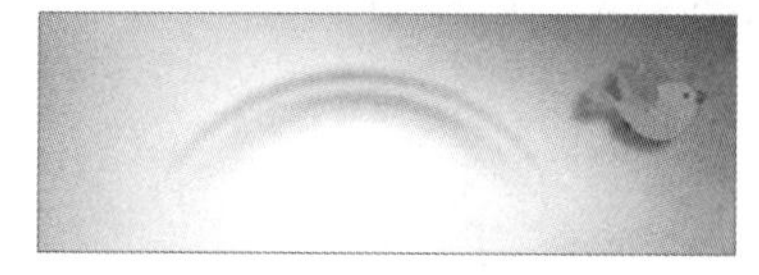

图 11-25

知识点拨

如果用户想要删除添加的动画效果，则打开“动画窗格”，选择动画选项，直接按Delete键，即可删除动画效果，如图11-26所示。

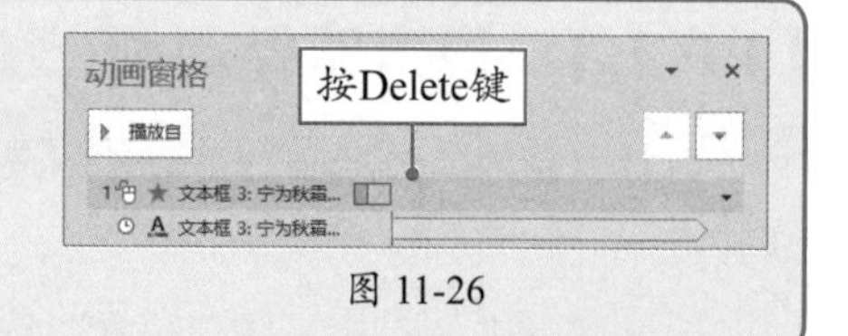

图 11-26

动手练 制作触发动画

触发动画是指在单击某个特定对象后才会触发的动画。如果用户想要实现单击某个文字出现相关图片，则可以制作触发动画，如图11-27所示。

图 11-27

Step 01 选择“虎鲸”文本框，在“绘图工具-格式”选项卡中单击“选择窗格”按钮，打开“选择”窗格，将“文本框5”的名称更改为“虎鲸”，如图11-28所示。

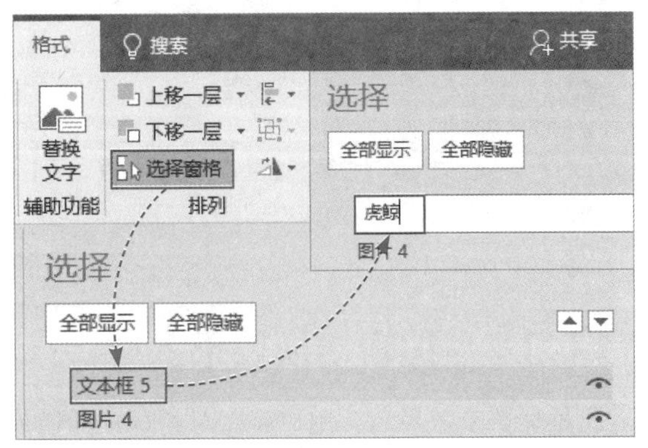

图 11-28

Step 02 选择图片，为其添加“浮入”进入动画，接着在“高级动画”选项组中单击“触发”下拉按钮，在弹出的列表中选择“通过单击”选项，并从其级联菜单中选择“虎鲸”选项，如图11-29所示。

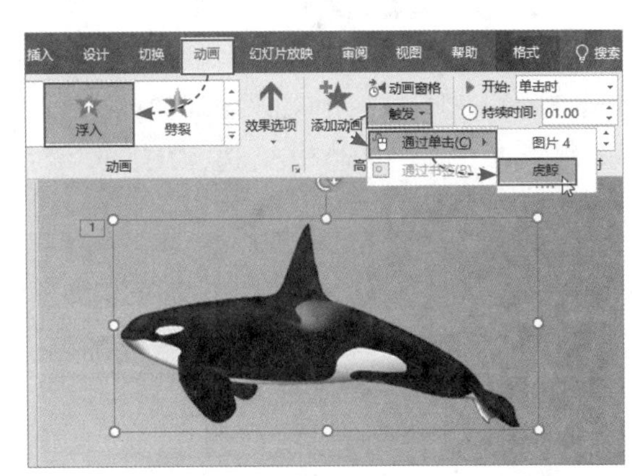

图 11-29

Step 03 放映幻灯片，单击“虎鲸”文本，即可出现相关图片。

11.3 设置页面切换效果

PPT演示文稿中内置了几种切换效果，包括细微型、华丽型和动态内容。为幻灯片页面设置切换效果，可以使整个幻灯片页面动起来，让观众眼前一亮。

11.3.1 添加切换效果

为幻灯片添加切换效果，只需要选择幻灯片，在“切换”选项卡中单击“切换到此幻灯片”选项组的“其他”下拉按钮，在弹出的列表中选择合适的切换效果即可，这里选择“日式折纸”切换效果，如图11-30所示。

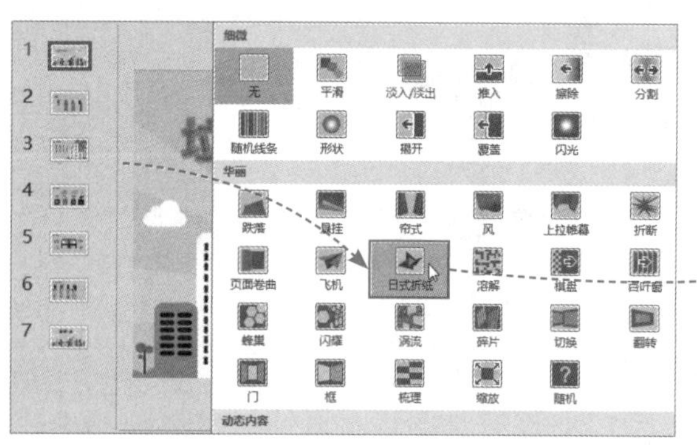

图 11-30

11.3.2 编辑切换效果

添加切换效果后，用户可以对幻灯片的切换声音、速度及换片方式等进行编辑。

1. 设置切换声音和速度

为幻灯片添加“日式折纸”切换效果后，在“计时”选项组中单击“声音”下拉按钮，在弹出的列表中选择合适的声音效果即可，如图11-31所示。如果列表中提供的声音不能够满足用户需求，则可以选择“其他声音”选项，打开“添加音频”对话框，选择合适的音频，单击“确定”按钮即可，如图11-32所示。

注意事项 在“添加音频”对话框中，用户只能选择“wav”格式的音频文件。

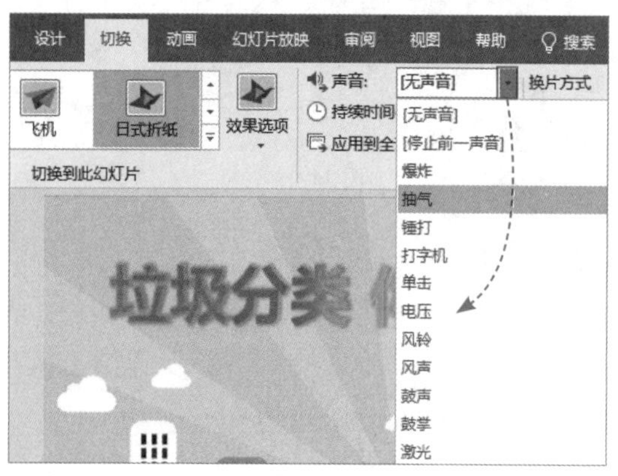

图 11-31

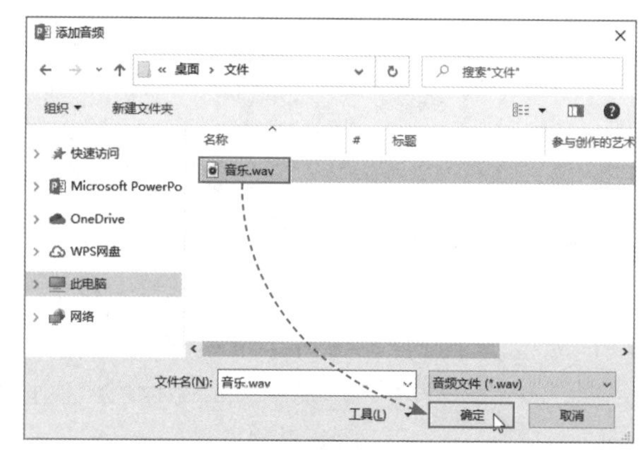

图 11-32

此外，在“计时”选项组中通过“持续时间”右侧的数值框，可以设置幻灯片切换效果的持续时间，如图11-33所示。“持续时间”越长，切换速度越慢，“持续时间”越短，切换速度越快。

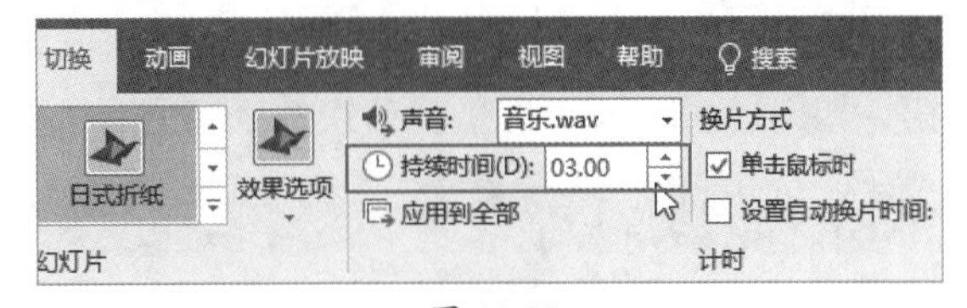

图 11-33

2. 设置换片方式

在“计时”选项组中勾选“单击鼠标时”复选框，单击即可放映下一张幻灯片。勾选“设置自动换片时间”复选框，并在右侧数值框中设置间隔时间，可以设置让每一张幻灯片以特定秒数为间隔自动放映，如图11-34所示。

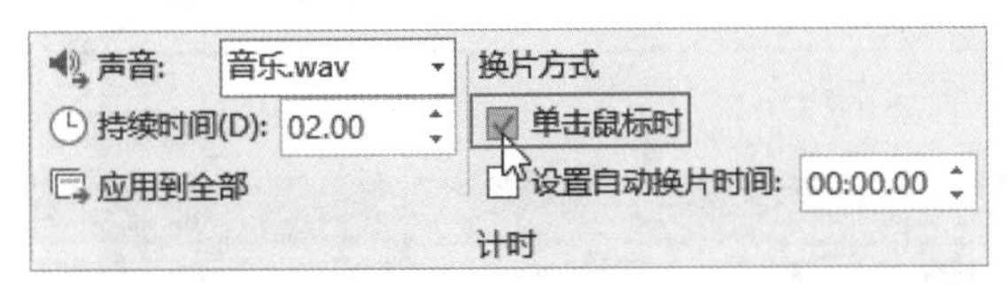

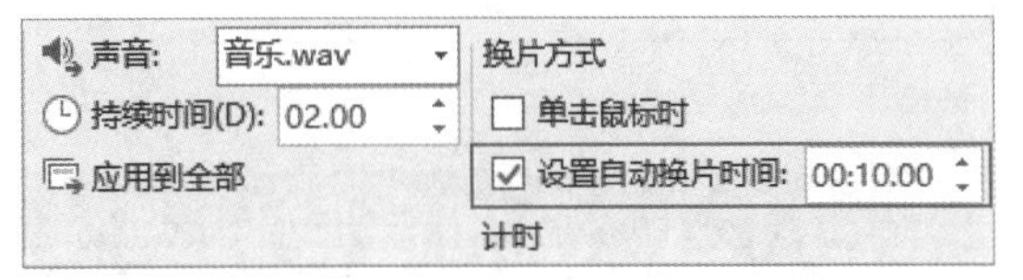

图 11-34

动手练 为全部幻灯片应用指定切换效果

扫码看视频

制作好演示文稿后，用户需要为幻灯片添加合适的切换效果，并将切换效果和计时设置应用至全部幻灯片中，这里为幻灯片添加“页面卷曲”切换效果，如图11-35所示。

图 11-35

Step 01 选择幻灯片，打开“切换”选项卡，单击“切换到此幻灯片”选项组的“其他”下拉按钮，在弹出的列表中选择“页面卷曲”切换效果，如图11-36所示。

Step 02 在“切换到此幻灯片”选项组中单击“效果选项”下拉按钮，在弹出的列表中选择“双右”选项，如图11-37所示。

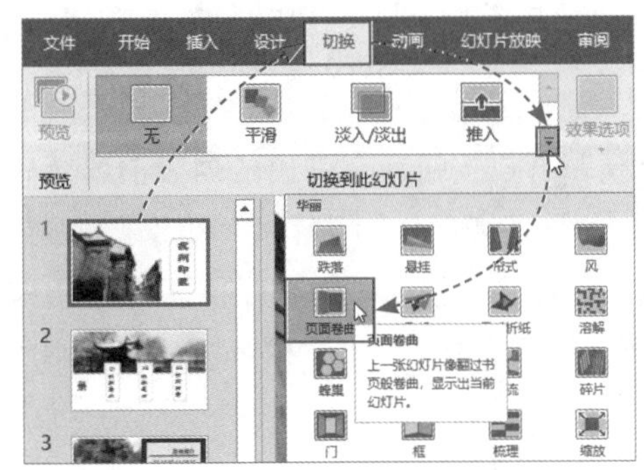

图 11-36

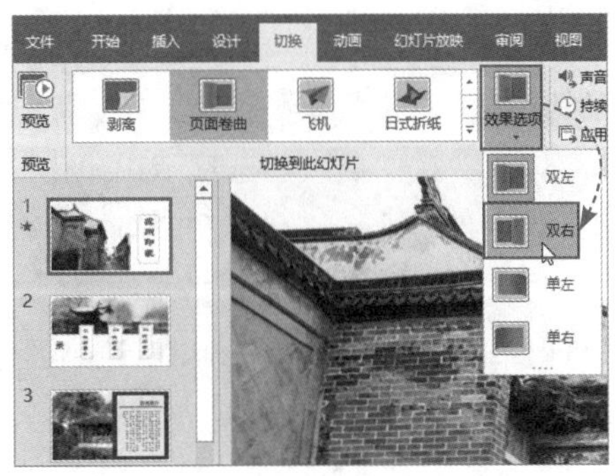

图 11-37

Step 03 在“计时”选项组中设置切换声音、持续时间和换片方式，单击“应用到全部”按钮，如图11-38所示，即可将切换效果应用至全部幻灯片。

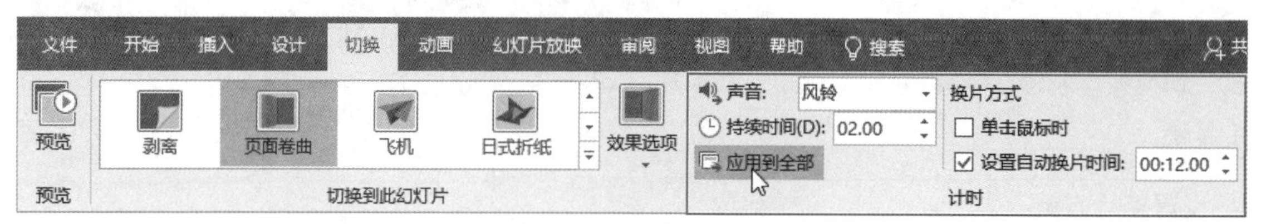

图 11-38

知识点拨

如果用户想要删除添加的幻灯片切换效果，则可以在“其他”列表中选择“无”选项即可。

11.4 添加音频和视频文件

除了为幻灯片添加动画效果来吸引观众的注意外，用户也可以在幻灯片中插入音频和视频文件，并对其进行相关编辑。

11.4.1 插入音频文件

在幻灯片中用户可以插入计算机中的音频文件或使用麦克风自己录制音频。

1. 插入 PC 上的音频

选择幻灯片，打开“插入”选项卡，单击“媒体”选项组的“音频”下拉按钮，在弹出的列表中选择“PC上的音频”选项，如图11-39所示。打开“插入音频”对话框，从中选择合适的音频文件，单击“插入”按钮，如图11-40所示，即可将音频插入到所选幻灯片中。

图 11-39

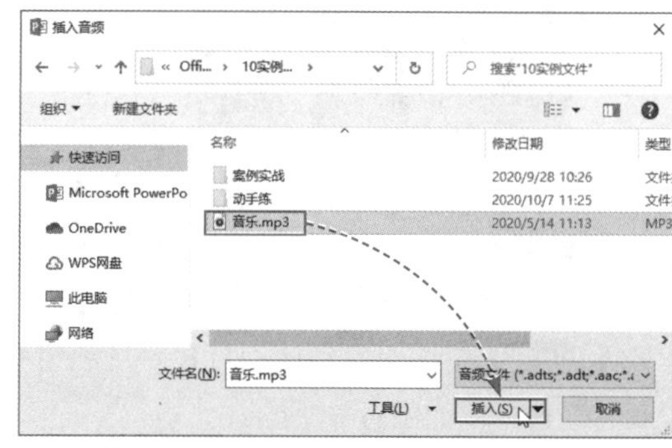

图 11-40

2. 插入录制音频

选择幻灯片，在“插入”选项卡中单击“音频”下拉按钮，在弹出的列表中选择“录制音频”选项，打开“录制声音”对话框，在“名称”文本框中输入音频名称，单击录制按钮，可以开始录制音频，如图11-41所示。录制完成后，单击“停止”按钮，即可停止录制，如图11-42所示。随后可以单击“播放”按钮，试听录制的音频，最后单击“确定”按钮，如图11-43所示，即可在幻灯片中插入录制的音频。

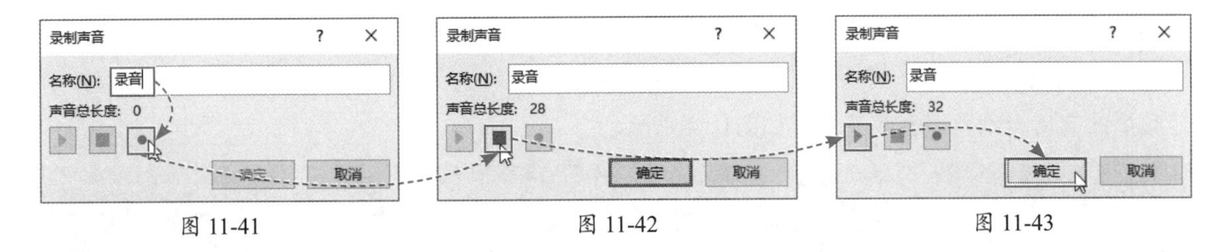

图 11-41　　图 11-42　　图 11-43

注意事项 录制音频时，用户需要确保计算机连接麦克风，否则无法进行录制。

11.4.2 编辑音频文件

在幻灯片中插入音频后，用户可以根据需要对音频进行编辑，例如播放音频、剪裁音频、设置音频选项等。

1. 播放音频

在幻灯片中选择音频图标，在下方的工具栏中单击“播放/暂停”按钮，即可播放音频，或者打开“音频工具-播放”选项卡，单击“播放”按钮即可，如图11-44所示。

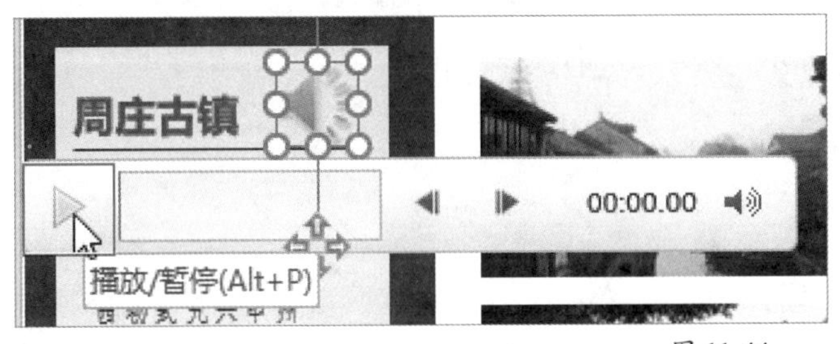

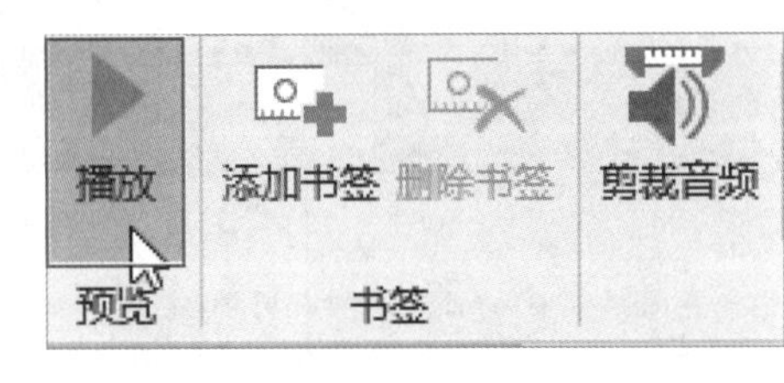

图 11-44

2. 剪裁音频

选择音频图标，在“音频工具-播放”选项卡中单击“剪裁音频”按钮，打开“剪裁音频”对话框，通过拖动“开始时间”和“结束时间”的滑块，对音频进行剪裁，其中两个滑块之间的音频将被保留，其余的将被剪裁掉。设置好“开始时间”和“结束时间”后，单击“确定”按钮，如图11-45所示，即可将音频剪裁成指定时间长度。

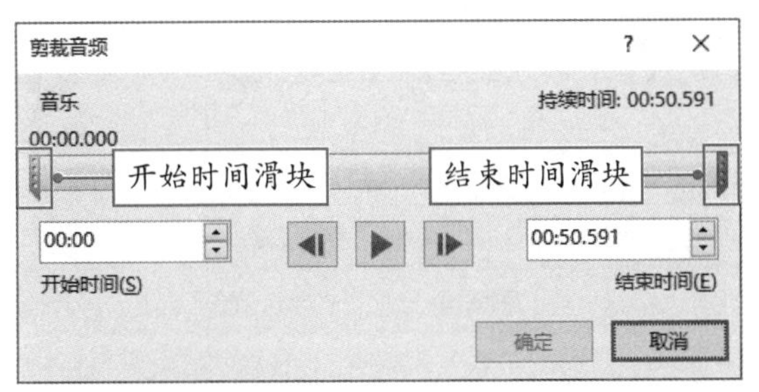

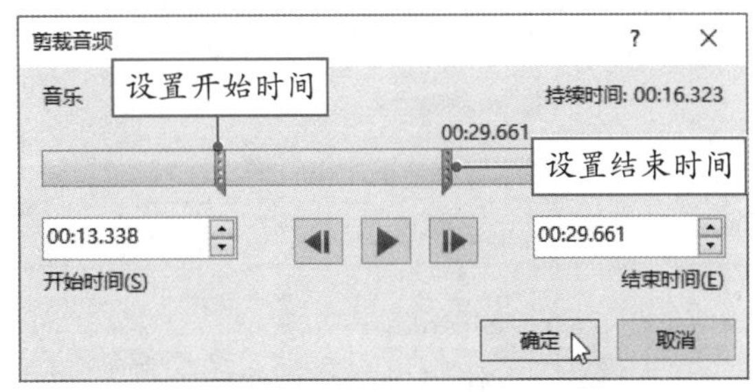

图 11-45

3. 设置音频选项

选择音频图标，打开“音频工具-播放”选项卡，在“音频选项”选项组中单击“音量”下拉按钮，在弹出的列表中可以将音量调整为“高”“中等”“低”“静音”。单击“开始”下拉按钮，在弹出的列表中可以将音频设置为自动播放或单击播放；勾选“跨幻灯片播放”复选框，则可以跨幻灯片播放音频；勾选“循环播放，直到停止”复选框，则重复播放音频，直到停止；勾选“放映时隐藏”复选框，则播放幻灯片时隐藏音频图标；勾选“播放完毕返回开头”复选框，则音频播放完后自动返回音频开头，如图11-46所示。

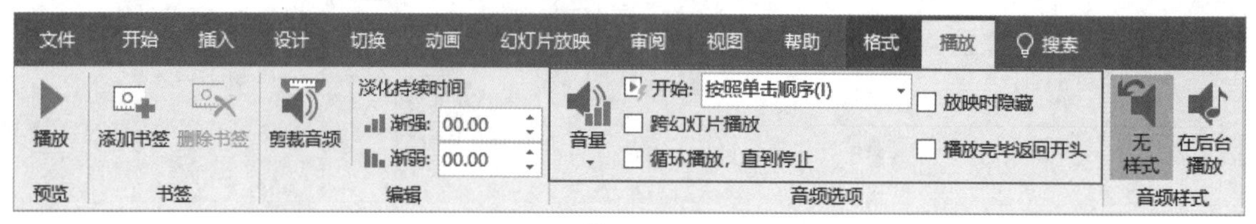

图 11-46

11.4.3 插入视频文件

插入视频文件和插入音频文件的方法相似，用户可以根据需要插入联机视频或PC上的视频。

1. 插入联机视频

选择幻灯片，打开“插入”选项卡，单击“媒体”选项组中的“视频”下拉按钮，在弹出的列表中选择“联机视频”选项，打开“插入视频”窗格，在搜索框中输入搜索词，如图11-47所示，单击“搜索”按钮，即可搜索出相关视频，选择需要的视频，单击“插入”按钮即可。

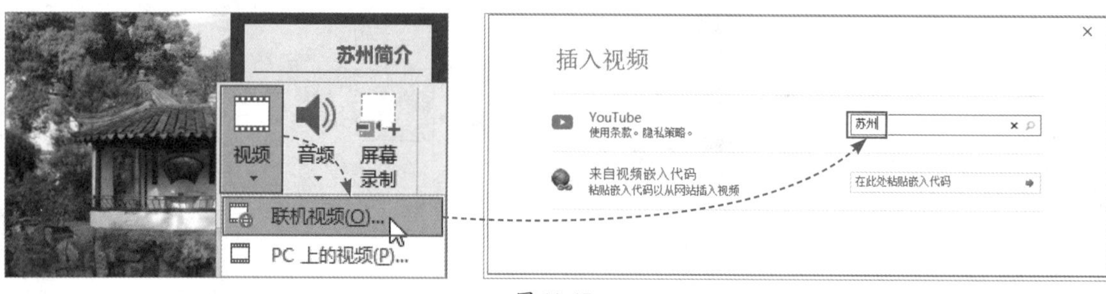

图 11-47

2. 插入 PC 上的视频

选择幻灯片，在“插入”选项卡中单击“视频”下拉按钮，在弹出的列表中选择“PC上的视频”选项，打开“插入视频文件”对话框，然后根据需要，选择合适的视频文件，单击“插入”按钮即可，如图11-48所示。

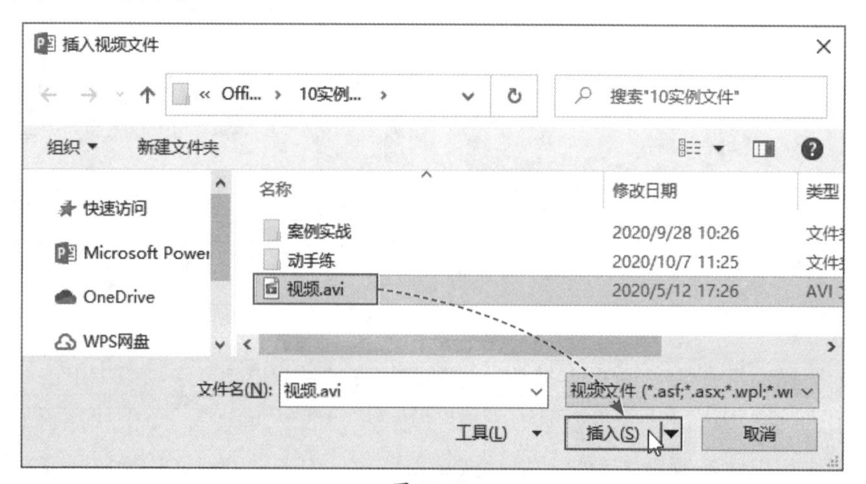

图 11-48

11.4.4 编辑视频文件

在幻灯片中插入视频后，用户可以对视频进行相关编辑，例如剪裁视频、设置海报框架、设置视频样式等。

1. 剪裁视频

选择视频，打开“视频工具-播放”选项卡，单击“剪裁视频”按钮，打开“剪裁视频”对话框，从中拖动滑块设置视频的“开始时间”和“结束时间”，或者在下方的数值框中微调“开始时间”和“结束时间”，设置好后单击“确定”按钮，如图11-49所示，即可对视频进行剪裁。

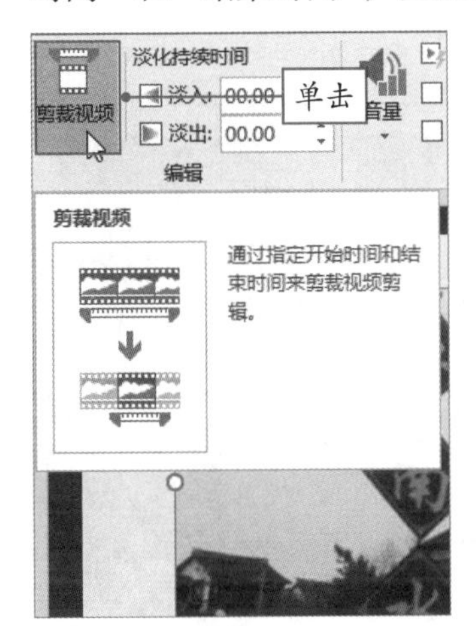

图 11-49

2. 设置海报框架

选择视频，打开“视频工具-格式”选项卡，单击“调整”选项组中的“海报框架”下拉按钮，在弹出的列表中选择“文件中的图像”选项，如图11-50所示。打开“插入图片”窗格，单击“来自文件”选项，弹出“插入图片”对话框，从中选择合适的图片，单击“插入”按钮即可，如图11-51所示。

图 11-50

图 11-51

3. 设置视频样式

选择视频，打开“视频工具-格式”选项卡，单击“视频样式”选项组中的“其他”下拉按钮，在弹出的列表中选择合适的样式，这里选择“圆形对角，白色”选项，即可快速设置视频的样式，如图11-52所示。

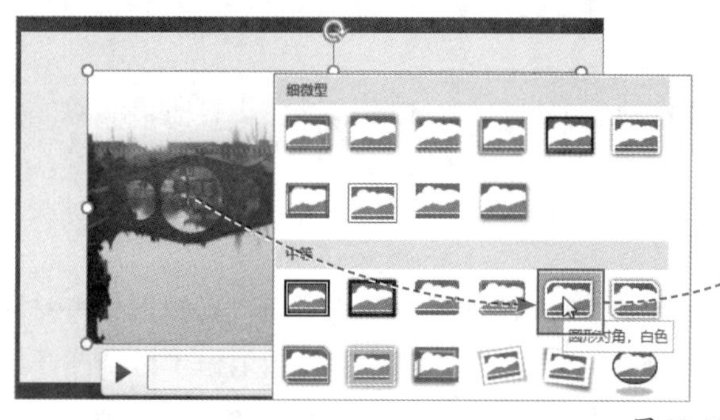

图 11-52

知识点拨

选择视频，在“视频工具-播放”选项卡中，可以设置视频的播放音量、开始方式、播放方式等，如图11-53所示。

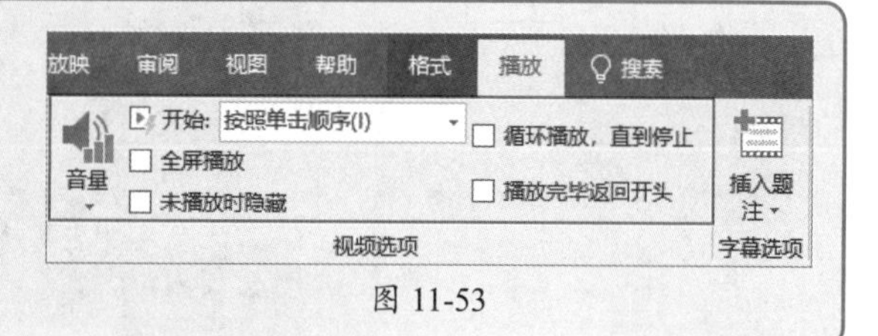

图 11-53

动手练 调整视频颜色

扫码看视频

为了使视频看起来更具有风格效果，用户可以对视频进行重新着色，这里将视频的颜色调整为蓝色，如图11-54所示。

图 11-54

选择视频，打开“视频工具-格式”选项卡，单击“调整”选项组中的“颜色”下拉按钮，在弹出的列表中选择“蓝色，个性色1 浅色”选项即可，如图11-55所示。

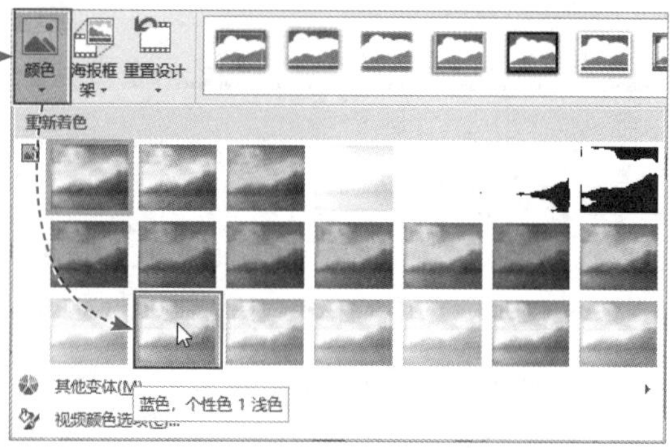

图 11-55

案例实战：为野生动物保护演示文稿添加动画

生物多样性是人类一切社会活动的物质基础，没有生物，人类就无法生存，所以保护野生动物是每个人义不容辞的责任，下面介绍如何为野生动物保护演示文稿添加动画，如图11-56所示。

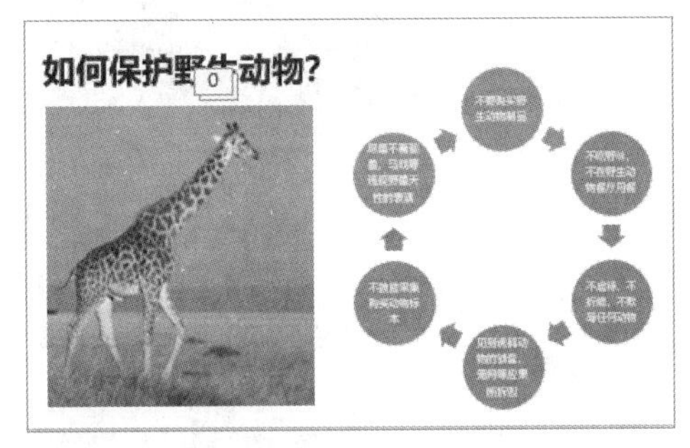

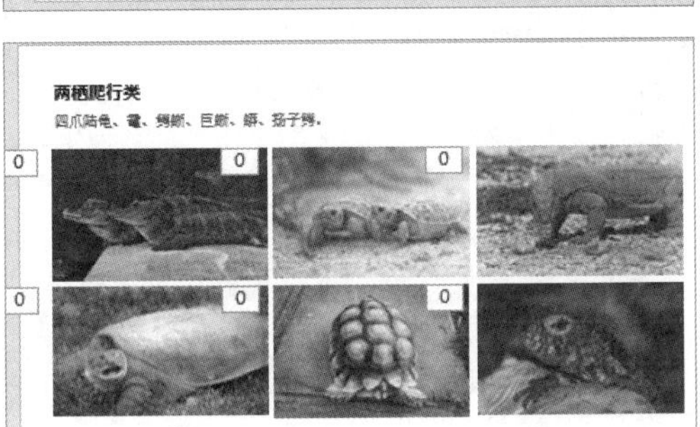

图 11-56

Step 01 选择第一张幻灯片中的“拒绝猎杀”和“保护野生动物”标题文本框，打开“动画”选项卡，为其添加“飞入”动画效果，如图11-57所示。

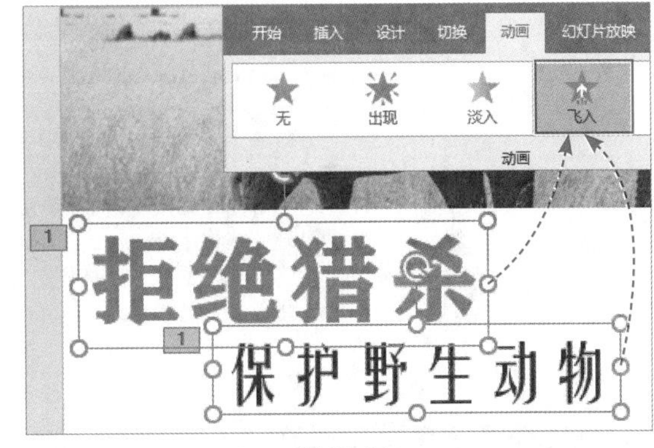

图 11-57

Step 02 在“动画”选项组中单击“效果选项”下拉按钮，在弹出的列表中选“自左侧”选项，如图11-58所示。选择“拒绝猎杀”文本框，在“计时”选项组中将“开始”设置为“与上一动画同时”，然后选择“保护野生动物”文本框，将“开始”设置为“上一动画之后”。

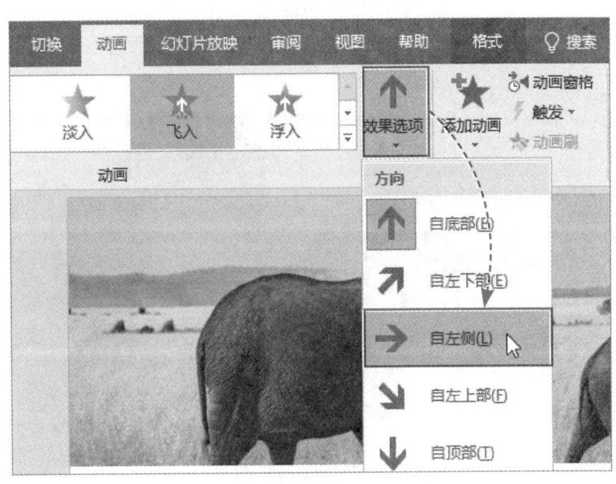

图 11-58

Step 03 选择两个矩形，为其添加“出现”动画效果。在“高级动画”选项组中单击“添加动画”下拉按钮，在弹出的列表中选择“脉冲”动画效果，如图11-59所示。

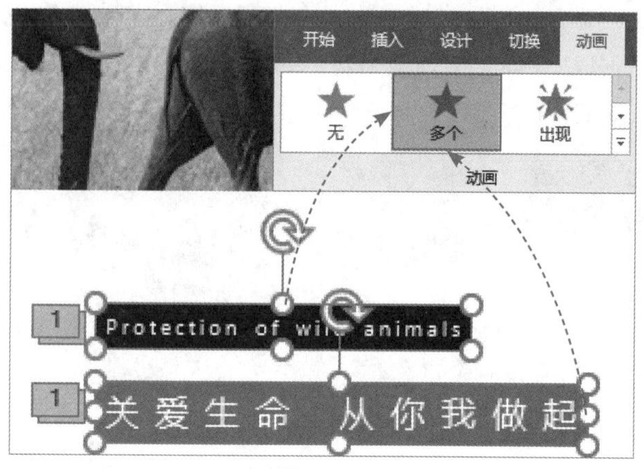

图 11-59

Step 04 在“高级动画”选项组中单击“动画窗格”按钮，打开“动画窗格”，选择“矩形8”出现动画选项，将“开始”设置为“上一动画之后”，然后选择“矩形8”脉冲动画选项，将“开始”设置为“与上一动画同时”，如图11-60所示。

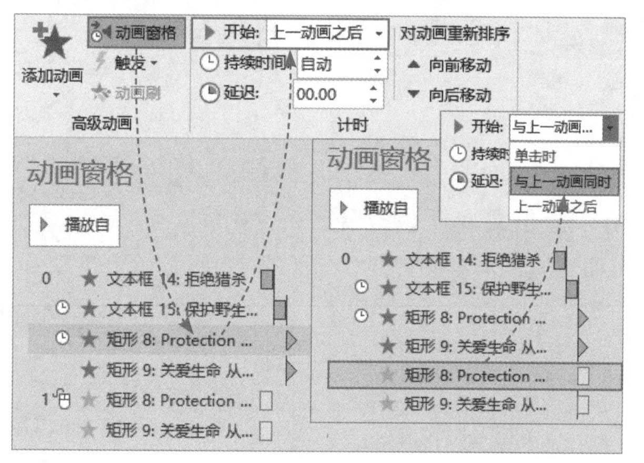

图 11-60

Step 05 选择第三张幻灯片中的两张图片，在“动画”选项卡中为其添加“缩放”动画效果，如图11-61所示。

图 11-61

Step 06 在“动画”选项组中单击“效果选项”下拉按钮，在弹出的列表中选择“幻灯片中心”选项，如图11-62所示。

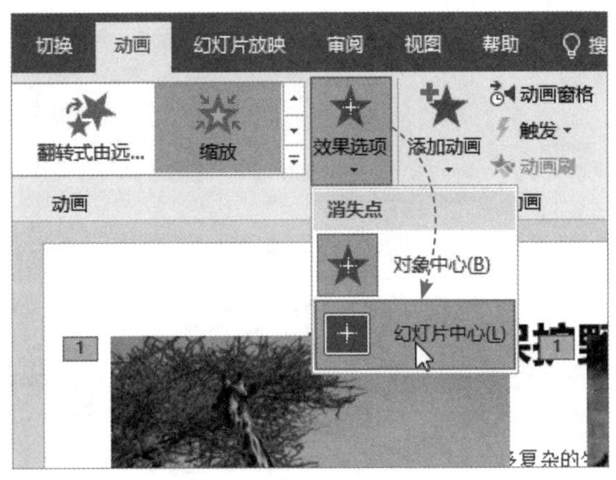

图 11-62

Step 07 在“高级动画”选项组中单击“添加动画”下拉按钮，在弹出的列表中选择“退出”动画选项下的“缩放”动画效果，如图11-63所示。单击“效果选项”下拉按钮，在弹出的列表中选择“幻灯片中心”选项。

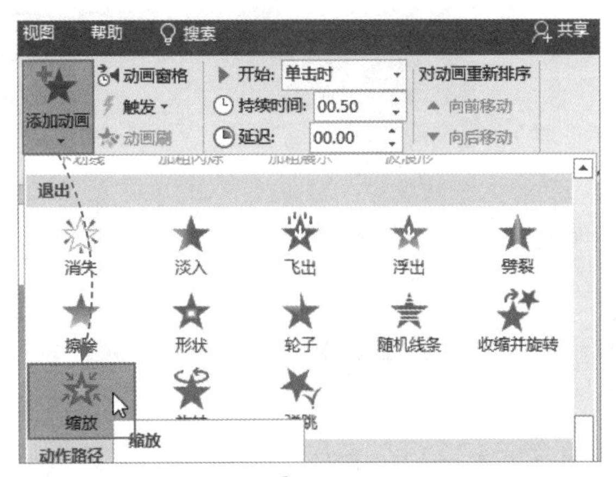

图 11-63

Step 08 打开动画窗格，选择“图片21”进入动画选项，将“开始”设置为“与上一动画同时”，选择“图片21”退出动画选项，将“开始”设置为“上一动画之后”，将“延迟”设置为“3秒”，选择“图片22”退出动画选项，将“延迟”设置为“3秒”，如图11-64所示。

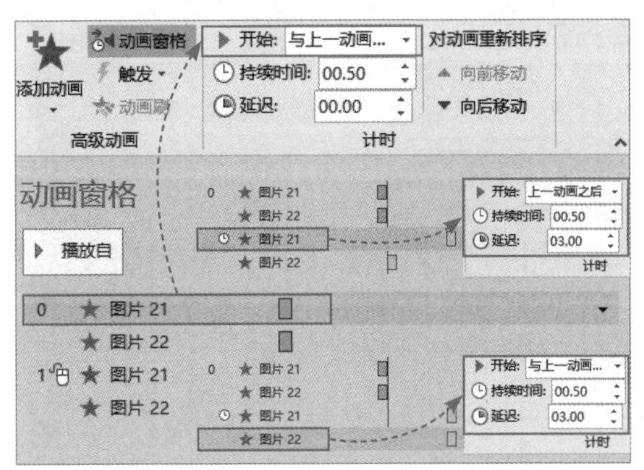

图 11-64

Step 09 选择标题文本框，为其添加“飞入”动画效果，单击“效果选项”下拉按钮，在弹出的列表中选择“自顶部”选项，并将“开始”设置为“上一动画之后”，如图11-65所示。

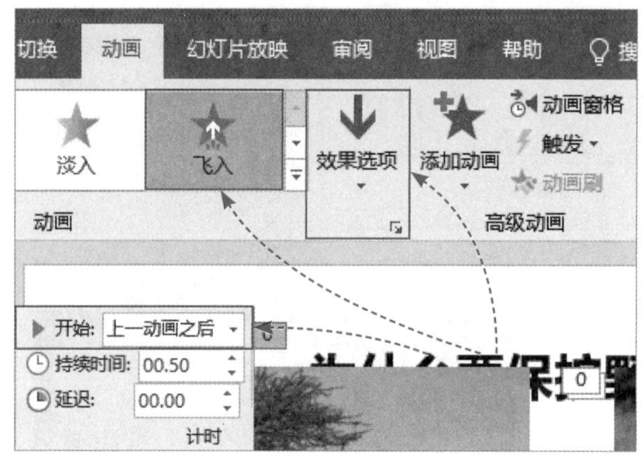

图 11-65

Step 10 选择正文内容，同样为其添加“飞入”动画效果，单击“效果选项”下拉按钮，在弹出的列表中选择“自底部”选项，并将“开始”设置为“上一动画之后”，如图11-66所示。

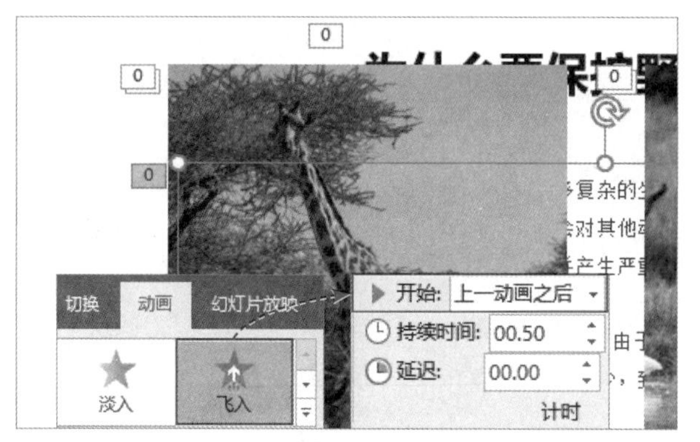

图 11-66

Step 11 选择第4张幻灯片中的SmartArt图形，打开“动画”选项卡，为其添加“出现”动画效果，单击“效果选项”下拉按钮，在弹出的列表中选择“逐个”选项。在“计时”选项组中将“开始”设置为“上一动画之后”，将“持续时间”设置为“1秒”，如图11-67所示。

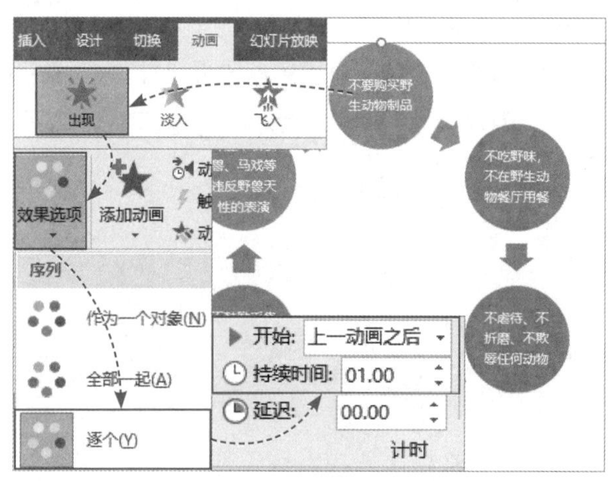

图 11-67

Step 12 选择第6张幻灯片，然后选择图片，为其添加“脉冲”动画效果，并将“开始”设置为“上一动画之后”，然后双击“动画刷”按钮，选择其他图片，将“脉冲”动画效果复制到其他图片上，如图11-68所示。

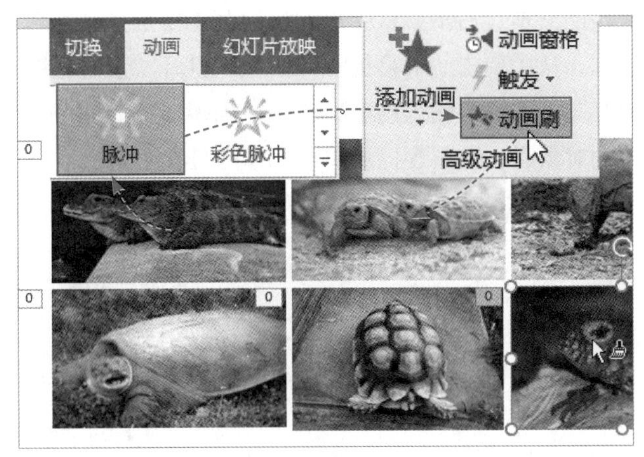

图 11-68

Step 13 选择第8张幻灯片中的“善待动物”和“和谐共生”文本框，为其添加“飞入”动画效果，如图11-69所示。

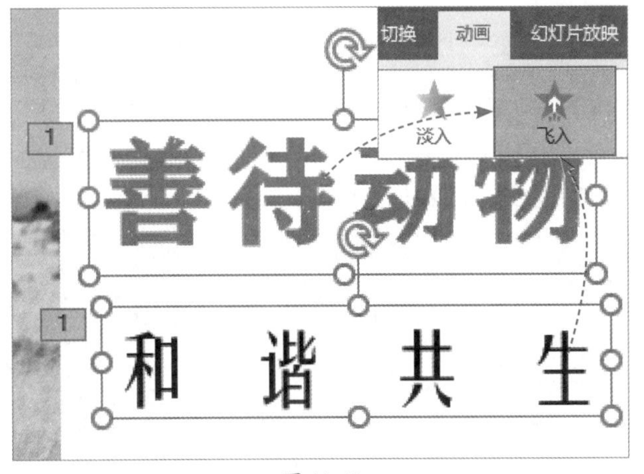

图 11-69

Step 14 选择“善待动物”文本框，单击“效果选项”下拉按钮，在弹出的列表中选择“自顶部”选项，将“开始”设置为“与上一动画同时”。选择“和谐共生”文本框，单击“效果选项”下拉按钮，在弹出的列表中选择“自底部”选项，将“开始”设置为“与上一动画同时”，如图11-70所示。

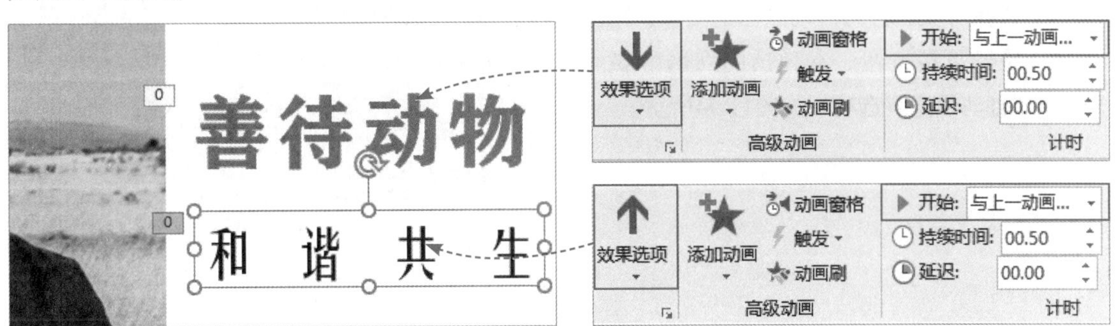

图 11-70

新手答疑

1. Q：如何为超链接设置屏幕提示？

A：选择添加了超链接的文本，右击，从弹出的快捷菜单中选择“编辑链接”命令，打开“编辑超链接”对话框，从中单击“屏幕提示”按钮，打开“设置超链接屏幕提示”对话框，在“屏幕提示文字”文本框中输入内容，单击“确定”按钮即可，放映幻灯片时，将光标指向添加超链接的对象时，会出现提示文字，如图11-71所示。

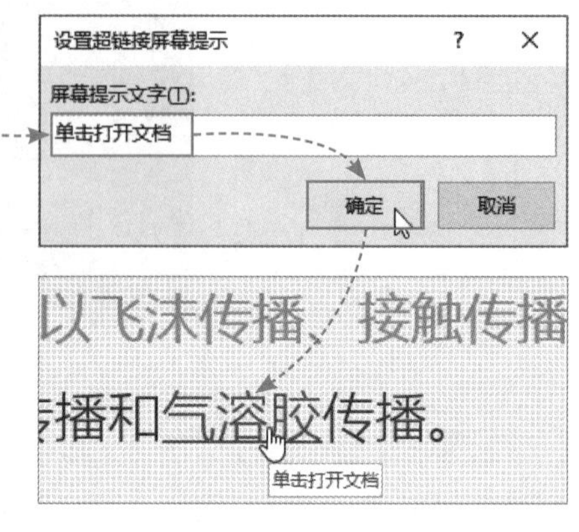

图 11-71

2. Q：如何调整动画播放顺序？

A：打开“动画窗格”，选择动画选项，在上方单击“▲”按钮可以向上移动动画选项，单击“▼”按钮可以向下移动动画选项，如图11-72所示，或者选择动画选项后，按住鼠标左键不放并拖动光标，向上或向下移动，如图11-73所示。

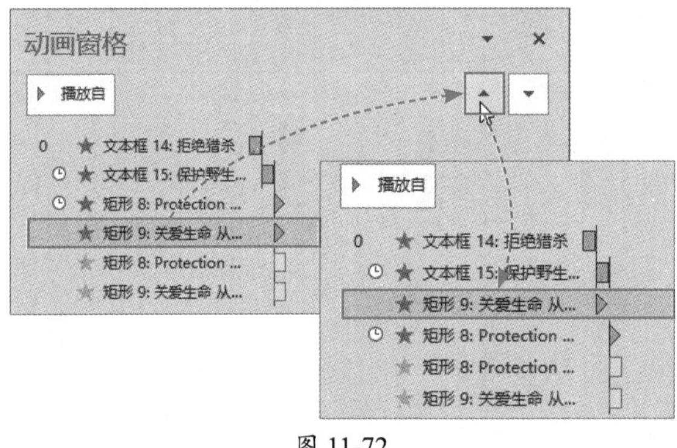

图 11-72

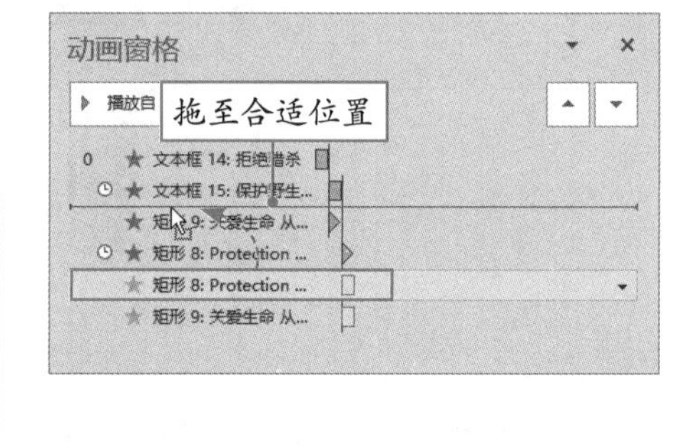

图 11-73

3. Q：如何取消自动预览动画？

A：选择对象，打开“动画”选项卡，单击“预览”下拉按钮，在弹出的列表中取消勾选“自动预览”选项，如图11-74所示。

图 11-74

第12章 演示文稿的放映与输出

制作演示文稿的最终目的是在合适场合进行放映，但在放映之前，用户需要根据实际情况对演示文稿的放映进行一些必要的调试，放映完成后用户还可将演示文稿以指定方式进行输出。本章将对幻灯片的放映与输出进行详细介绍。

12.1 放映幻灯片

放映幻灯片之前，用户可以选择放映方式是自动放映还是手动放映等，下面对一些常用的放映方式进行介绍。

12.1.1 设置放映方式

在“设置放映方式”对话框中，用户可以对放映类型、放映选项、放映范围、换片方式等进行设置。

1. 设置放映类型

打开“幻灯片放映”选项卡，单击“设置”选项组的“设置幻灯片放映”按钮，打开“设置放映方式”对话框，在“放映类型”选项中主要包括演讲者放映（全屏幕）、观众自行浏览（窗口）和在展台浏览（全屏幕）3种放映类型，用户根据需要选择合适的放映类型即可，如图12-1所示。

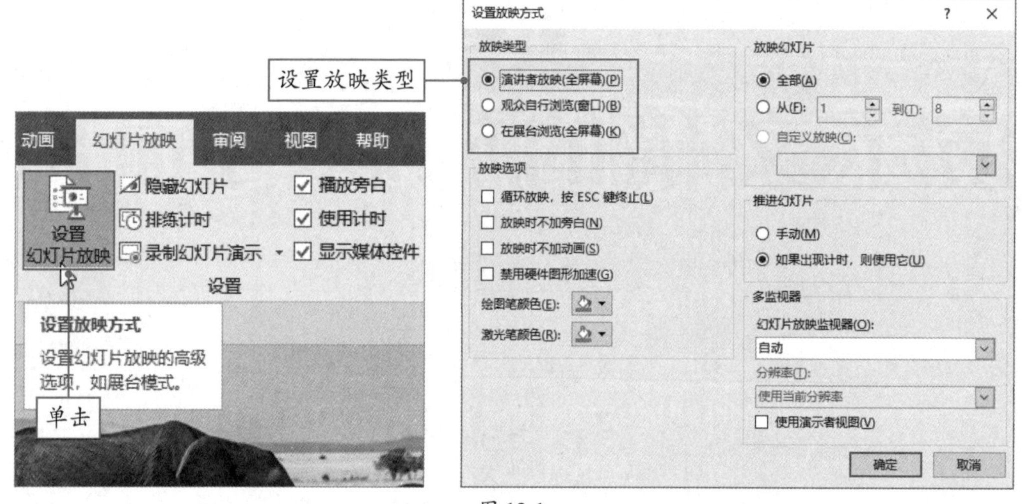

图 12-1

● 演讲者放映（全屏幕）。以全屏幕方式放映演示文稿，演讲者对演示文稿有着完全的控制权，可以采用不同放映方式也可以暂停或录制旁白。

● 观众自行浏览（窗口）。以窗口形式运行演示文稿，只允许观众对演示文稿进行简单的控制，包括切换幻灯片、上下滚动等。

● 在展台浏览（全屏幕）。不需要专人控制即可自动放映演示文稿，不能通过单击手动放映幻灯片，但可以通过动作按钮、超链接进行切换。

2. 设置放映选项

在“设置放映方式”对话框中的“放映选项”区域，用户可以设置“循环放映，按Esc键终止”“放映时不加旁白”“放映时不加动画”“禁用硬件图形加速”“绘图笔颜色”和“激光笔颜色”，如图12-2所示。

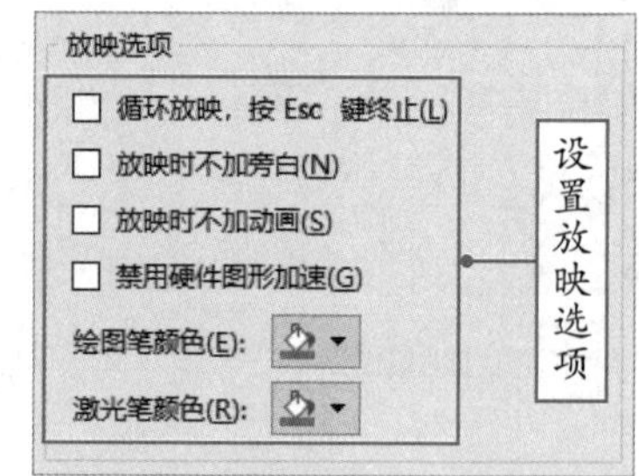

图 12-2

3. 设置放映范围

在“设置放映方式”对话框中的“放映幻灯片”区域，选中“全部”单选按钮，可以将演示文稿内未隐藏的所有幻灯片放映出来。选中“从…到…”单选按钮，并在右侧数值框中输入数字，可以放映用户定义范围内的幻灯片，如图12-3所示。

4. 设置换片方式

在“设置放映方式”对话框中的“推进幻灯片”区域，选中“手动”单选按钮，在放映过程中需要用户手动切换幻灯片。选中“如果出现计时，则使用它”单选按钮，可以按照排练时间自动播放幻灯片，如图12-4所示。

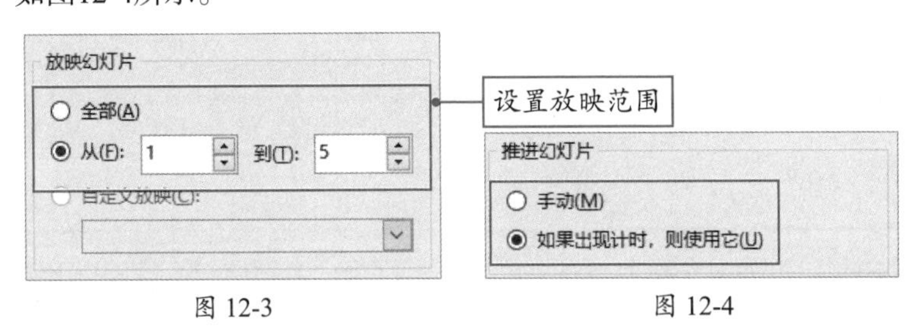

图 12-3　　图 12-4

12.1.2　设置自定义放映

当不需要放映所有幻灯片时，用户可以设置自定义放映，将指定的幻灯片放映出来，例如放映第1、4、6张幻灯片。在“幻灯片放映”选项卡中单击“自定义幻灯片放映”下拉按钮，在弹出的列表中选择“自定义放映”选项，如图12-5所示，打开“自定义放映”对话框，单击“新建”按钮，如图12-6所示。

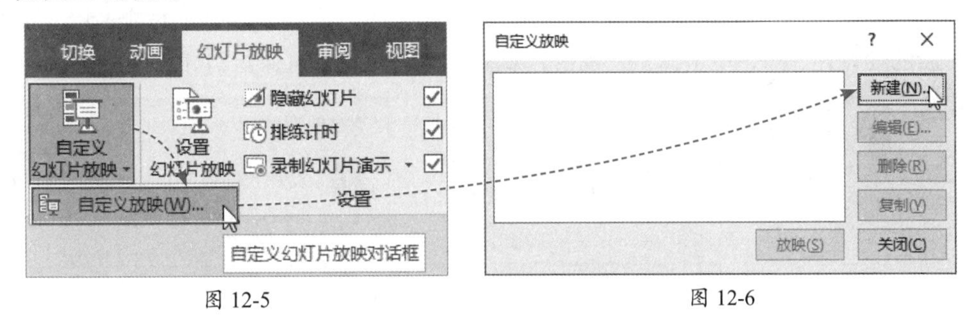

图 12-5　　图 12-6

打开“定义自定义放映”对话框，在“幻灯片放映名称”文本框中输入名称，然后在“在演示文稿中的幻灯片”列表框中勾选需要放映的幻灯片，这里勾选“幻灯片1”“幻灯片4”和“幻灯片6”，单击“添加”按钮，将其添加到“在自定义放映中的幻灯片”列表框中，单击“确定”按钮，如图12-7所示。

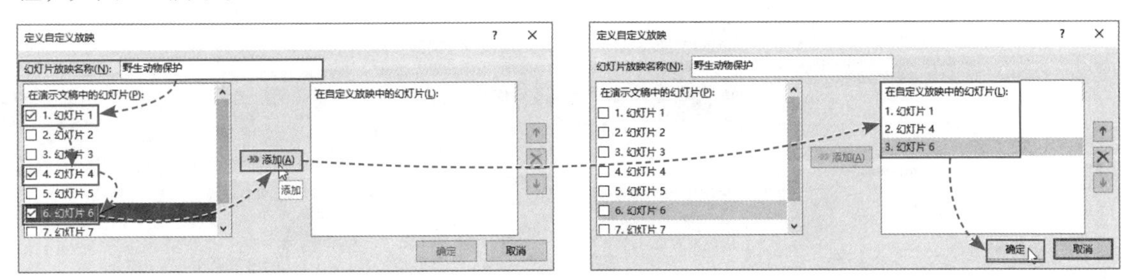

图 12-7

返回到“自定义放映”对话框，在“自定义放映”列表框中显示设置的幻灯片放映名称，单击“放映”按钮，如图12-8所示，即可放映第1、4、6张幻灯片。

单击“关闭”按钮，在“幻灯片放映”选项卡中单击“自定义幻灯片放映”下拉按钮，在弹出的列表中选择自定义放映名称，如图12-9所示，即可放映指定幻灯片。

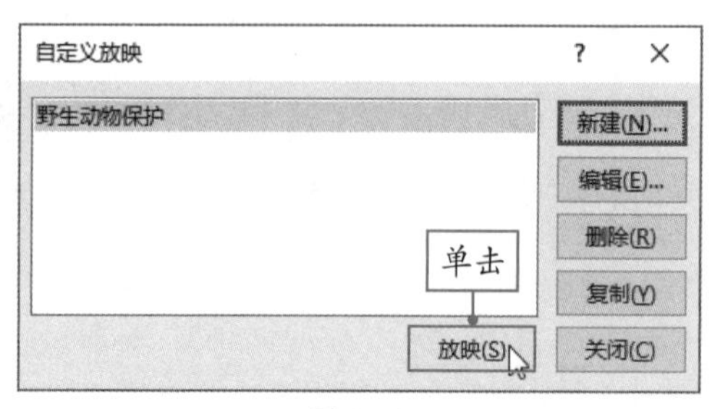

图 12-8

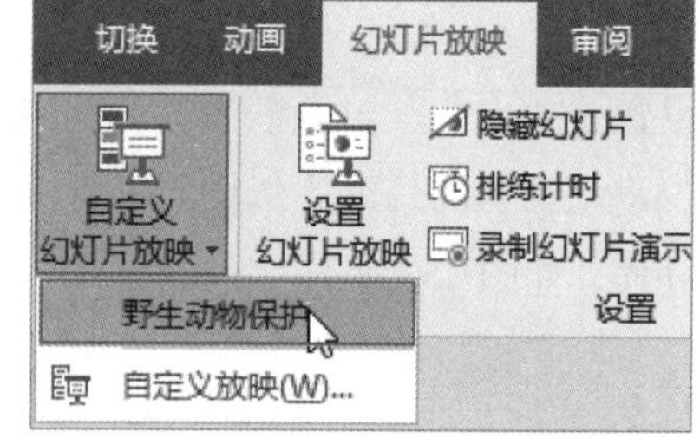

图 12-9

知识点拨

当用户想要删除设置的自定义放映时，需要打开“自定义放映”对话框，在“自定义放映”列表框中选择幻灯片放映名称，然后单击“删除”按钮即可。

12.1.3 设置排练计时

为了控制演讲节奏，可以为演示文稿设置排练计时，记录每张幻灯片放映所使用的时间。打开“幻灯片放映”选项卡，单击“排练计时”按钮，自动进入放映状态，左上角会显示“录制”工具栏，中间时间代表当前幻灯片页面放映所需时间，右边时间代表放映所有幻灯片累计所需时间。根据实际需要，设置每张幻灯片停留时间，放映结束时，单击会出现提示对话框，询问用户是否保留新的幻灯片计时，单击“是”按钮，如图12-10所示，即可保留幻灯片排练时间。

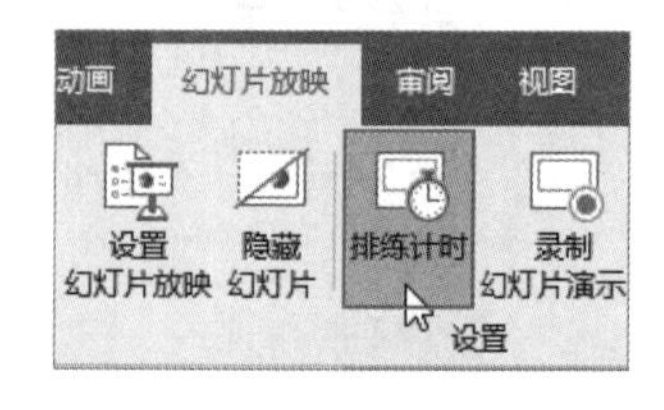

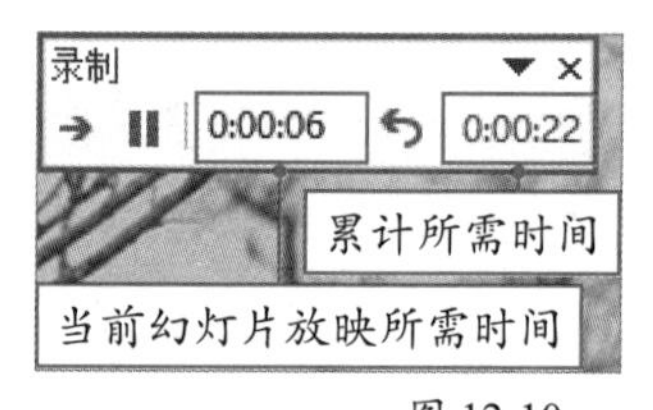

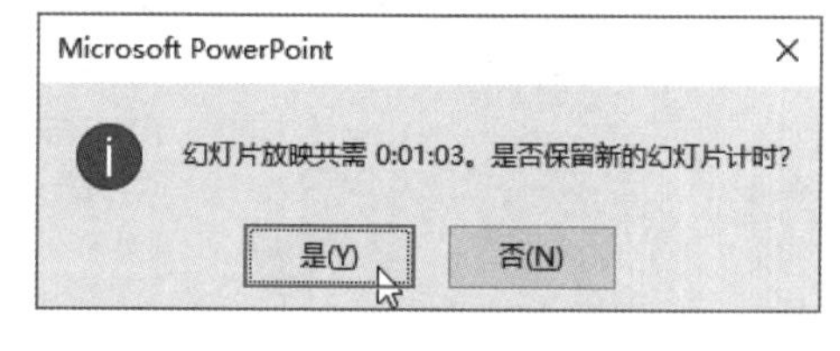

图 12-10

用户在“视图”选项卡中单击“幻灯片浏览”按钮，可以看到每张幻灯片的放映所需时间，如图12-11所示。

图 12-11

12.1.4 录制幻灯片演示

通过录制幻灯片，也可以控制幻灯片的放映节奏。在“幻灯片放映”选项卡中单击“录制幻灯片演示”下拉按钮，在弹出的列表中可以根据需要选择“从当前幻灯片开始录制”或“从头开始录制”，这里选择“从头开始录制”选项，即可进入录制状态，幻灯片四周显示工具栏，用户可以根据需要进行录制、停止、重播、备注、清除、设置、画笔、旁白等设置操作，如图12-12所示，录制完成后，单击退出录制。用户单击“从头开始”按钮，可以放映录制的幻灯片。

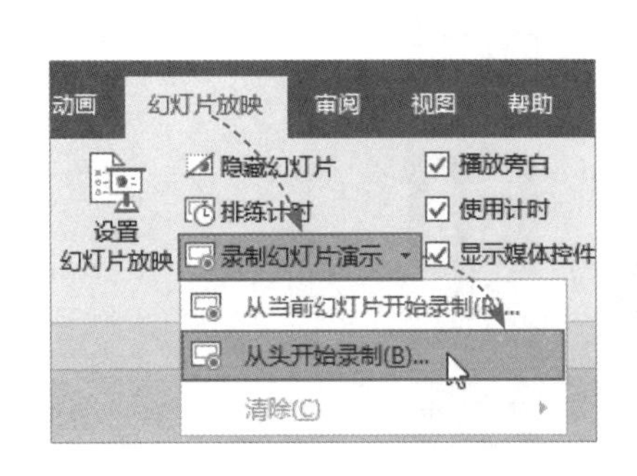

图 12-12

12.1.5 标记重点内容

放映幻灯片时，如果需要对重点内容进行标记，则可以使用“笔”或“荧光笔”功能进行标记。按F5键放映幻灯片，右击，从弹出的快捷菜单中选择“指针选项”命令，并从其级联菜单中选择“笔”或“荧光笔”命令，这里选择“荧光笔”，然后按住左键不放并拖动光标，对内容进行标记，标记完成后按Esc键退出，放映结束后会弹出一个对话框，询问用户是否保留墨迹注释，单击“保留”按钮，则保留墨迹注释，单击“放弃”按钮，则清除墨迹注释，如图12-13所示。

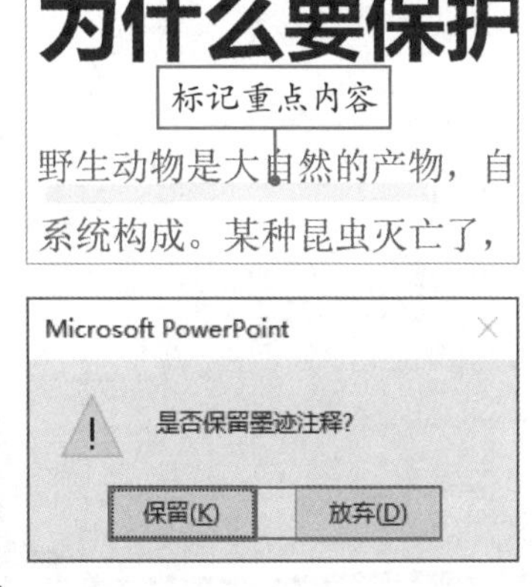

图 12-13

> **知识点拨**
>
> 如果用户只希望突出显示某个地方，则可以采用激光笔突出显示，只需按住Ctrl键并单击，即可显示激光笔。

动手练 放映幻灯片时隐藏鼠标指针

放映幻灯片时，光标会显示在幻灯片页面上，如图12-14所示，如果用户想要永远隐藏光标，则可以设置“指针选项”。

图 12-14

知识点拨

在“幻灯片放映”选项卡中，单击“从头开始”按钮，可以从第一张幻灯片开始放映，单击“从当前幻灯片开始”按钮，可以从指定位置开始放映幻灯片。

按F5键放映幻灯片，在幻灯片页面上右击，从弹出的快捷菜单中选择“指针选项”选项，并从其级联菜单中选择“箭头选项”选项，然后选“永远隐藏”选项即可，如图12-15所示。

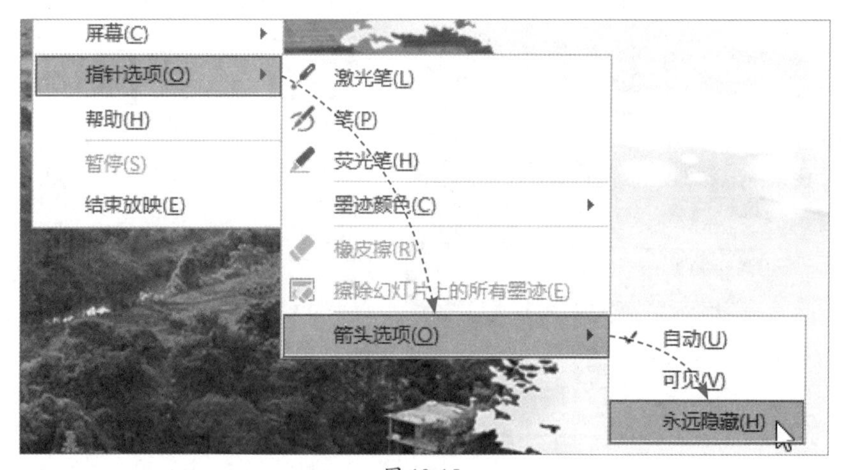

图 12-15

12.2 输出幻灯片

为了方便传输给他人浏览或保存，用户可将幻灯片输出为指定格式，例如输出成图片、输出为PDF文件，以及打包演示文稿等。

12.2.1 打包演示文稿

演示文稿制作完成后，如果想在没有安装PowerPoint软件的计算机上阅读，则可以将演示文稿及链接的各种媒体文件进行打包。

打开演示文稿，单击“文件”按钮，选择“导出”选项，在“导出”界面中选择“将演示文稿打包成CD”选项，并在右侧单击“打包成CD”按钮，打开“打包成CD”对话框，从中单击“添加”按钮，如图12-16所示。

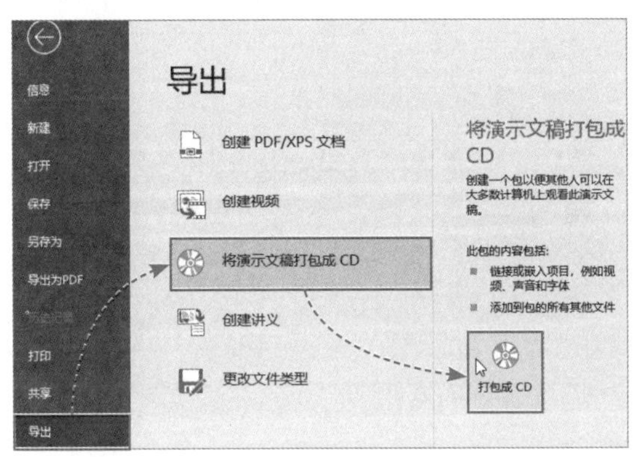

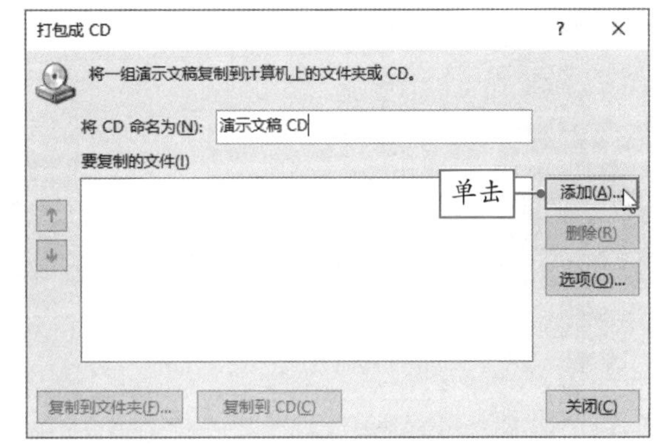

图 12-16

打开“添加文件”对话框，从中选择需要打包的演示文稿，然后单击“添加”按钮，返回到“打包成CD”对话框，单击下方的“复制到文件夹”按钮，如图12-17所示。

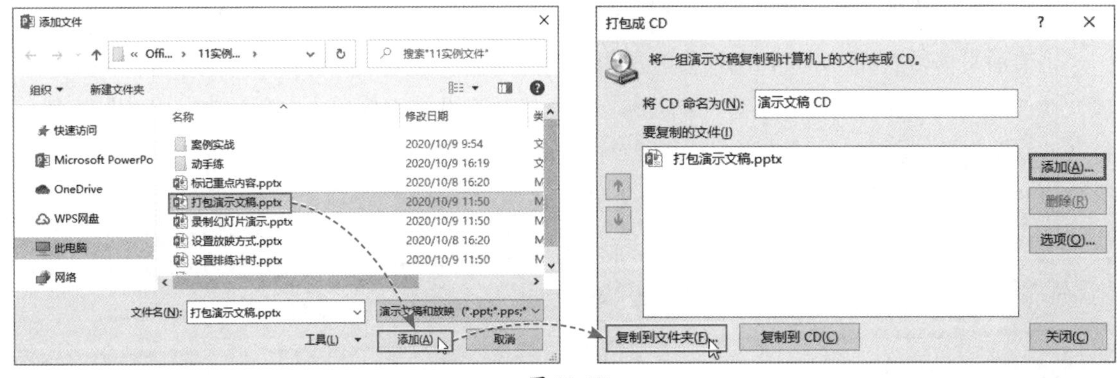

图 12-17

打开“复制到文件夹”对话框，从中设置“文件夹名称”和“位置”选项，设置好后单击“确定”按钮，弹出一个提示对话框，直接单击“是”按钮，如图12-18所示，系统开始复制文件，复制完成后，即可完成演示文稿的打包。

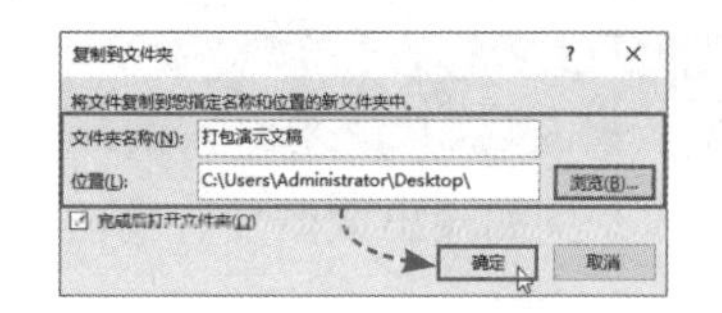

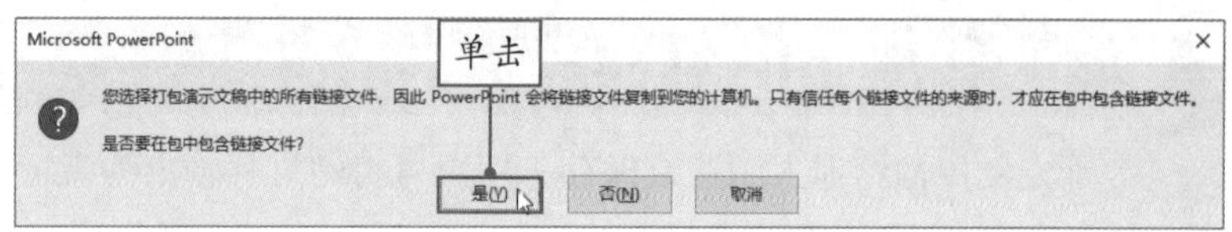

图 12-18

12.2.2 将幻灯片输出成图片

如果用户需要将幻灯片输出成图片，则可以在“另存为”对话框中进行设置。单击“文件”按钮，选择“另存为”选项，在“另存为”界面中单击“浏览”按钮，打开“另存为”对话框，选择保存位置后，单击“保存类型”下拉按钮，在弹出的列表中选择“JPEG文件交换格式”选项，单击“保存”按钮，弹出一个对话框，用户可以根据需要选择导出所有幻灯片或仅当前幻灯片，如图12-19所示。

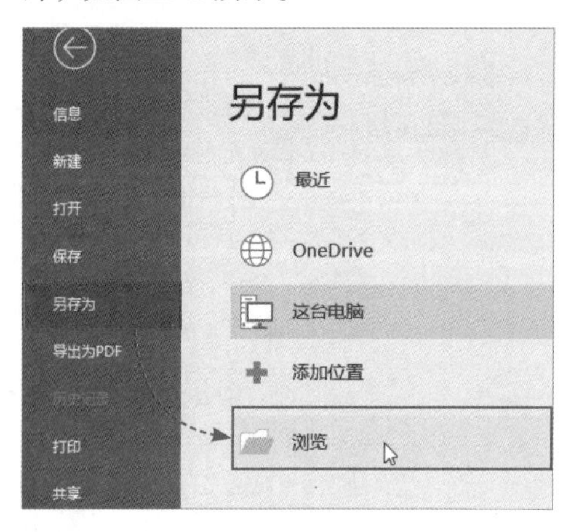

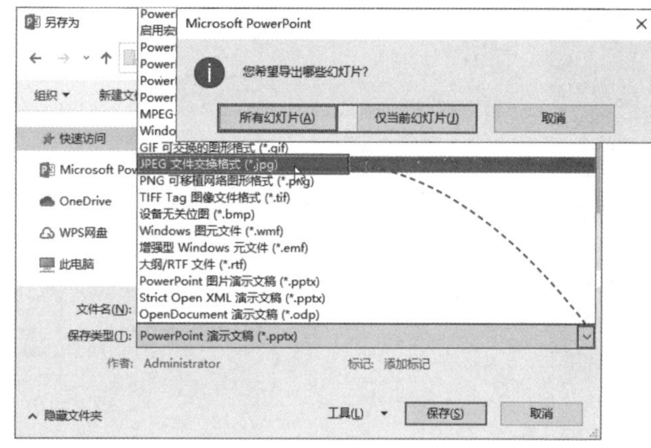

图 12-19

12.2.3 将演示文稿转换成PDF文件

将演示文稿转换成PDF文件的操作方法很简单，只需要单击“文件”按钮，选择“导出”选项，在“导出”界面中选择“创建PDF/XPS文档”选项，并在右侧单击“创建PDF/XPS”按钮，打开“发布为PDF或XPS”对话框，选择保存位置后单击“发布”按钮即可，如图12-20所示。

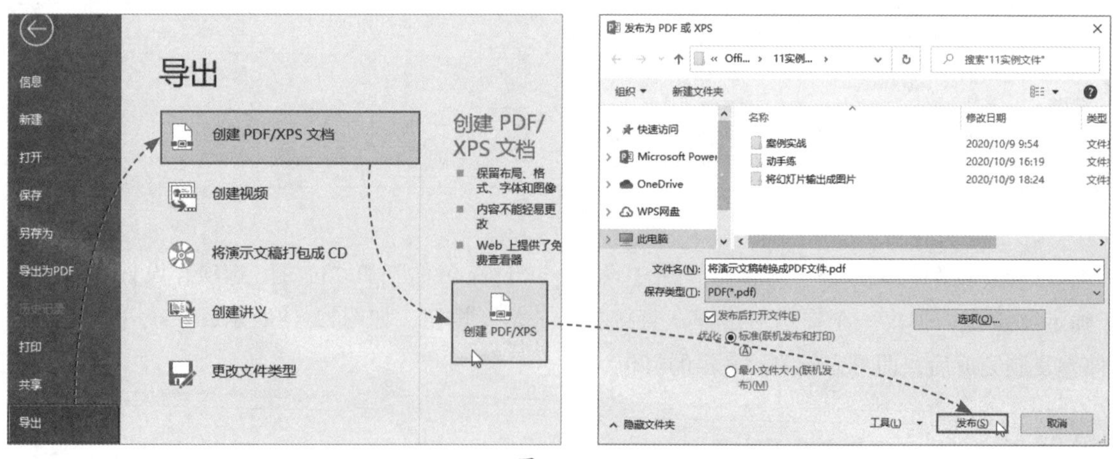

图 12-20

扫码看视频

动手练 将旅行相册演示文稿输出成视频

在某些场合，用户需要将演示文稿输出成视频，以视频的形式进行播放，如图12-21所示，使演讲更加生动、活跃。

图 12-21

打开演示文稿，单击“文件”按钮，选择“导出”选项，在“导出”界面选择“创建视频”选项，然后在右侧设置“放映每张幻灯片的秒数”，单击“创建视频”按钮，打开“另存为”对话框，设置保存位置和文件名，单击“保存”按钮，如图12-22所示，稍等片刻即可将演示文稿输出为视频格式。

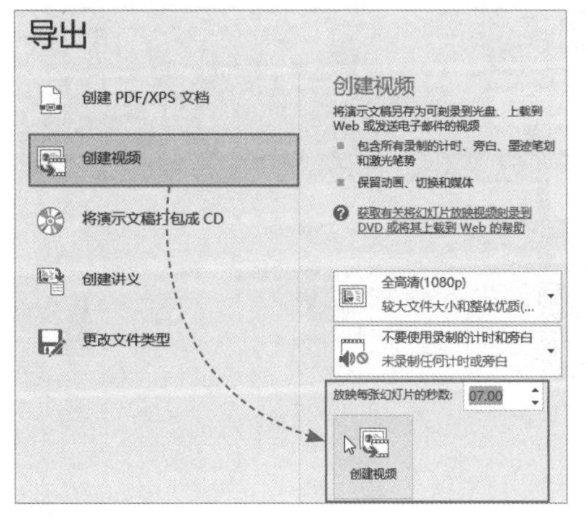

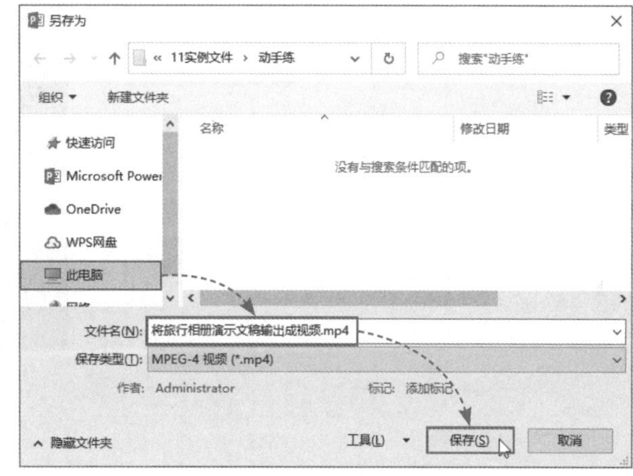

图 12-22

案例实战：放映教学课件演示文稿

在教学过程中，老师通常使用课件来辅助演讲，这样不仅可以集中学生注意力，还可以提高教学效率，下面介绍如何放映教学课件演示文稿，如图12-23所示。

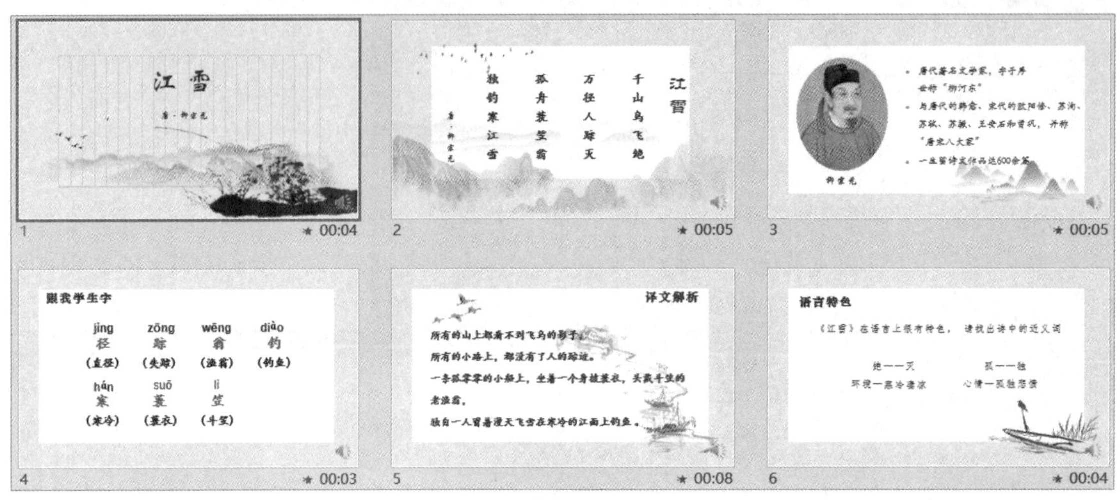

图 12-23

Step 01 打开演示文稿，在“幻灯片放映”选项卡中单击“录制幻灯片演示”下拉按钮，在弹出的列表中选择“从头开始录制”选项，如图12-24所示。

图 12-24

Step 02 在录制窗口中单击“录制”按钮，开始录制，如图12-25所示。

图 12-25

Step 03 根据需要设置幻灯片的放映时间，单击“前进到下一动画或幻灯片”按钮，继续下一张幻灯片的录制。录制完成后单击退出录制，然后在“幻灯片放映”选项卡中单击“从头开始”按钮，如图12-26所示，放映录制的幻灯片。

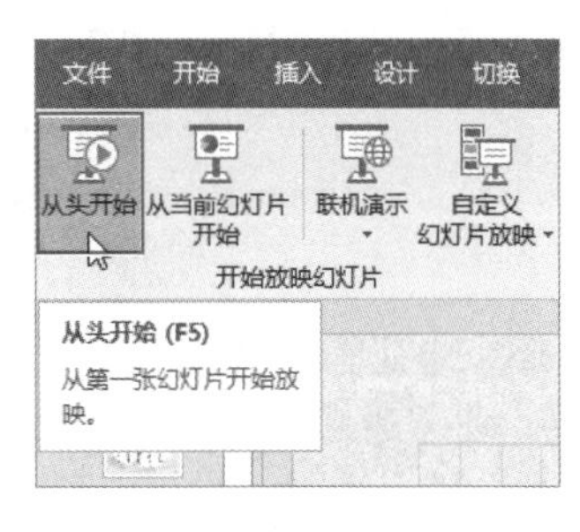

图 12-26

Step 04 单击“文件”按钮，选择“打印”选项，在“打印”界面中设置打印份数、打印机、打印范围、打印版式和打印颜色，最后单击“打印”按钮，如图12-27所示，将幻灯片打印出来。

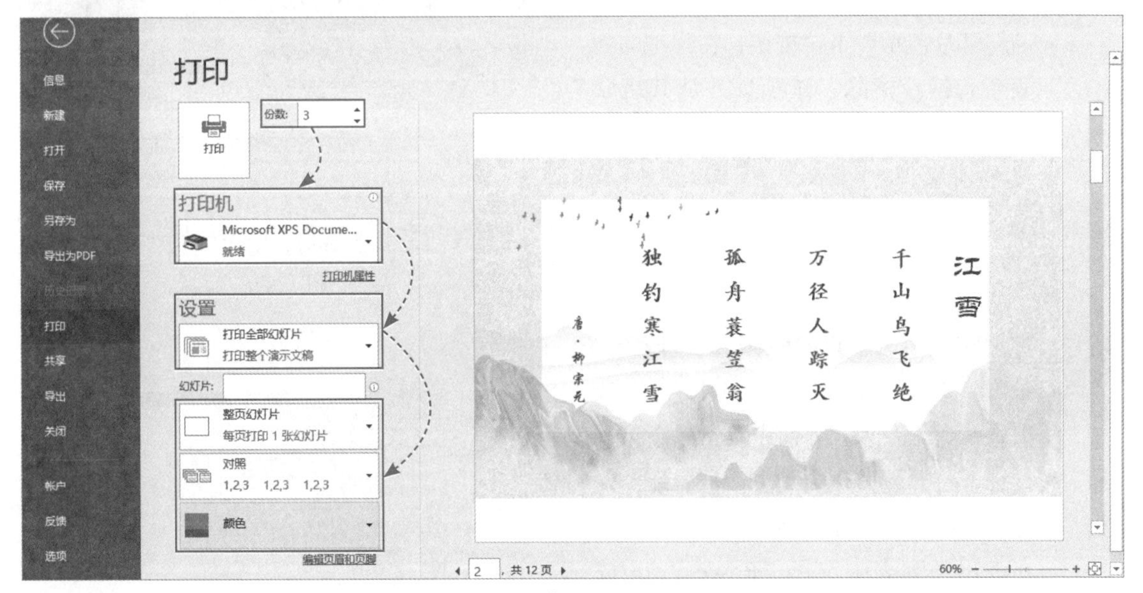

图 12-27

知识点拨

在“打印”界面中单击“编辑页眉和页脚”选项，在打开的“页眉和页脚”对话框中可以设置幻灯片显示“日期和时间”“幻灯片编号”“页脚”等内容。

新手答疑

1. Q：如何隐藏幻灯片？

A：选择需要隐藏的幻灯片，右击，从弹出的快捷菜单中选择“隐藏幻灯片”选项，如图12-28所示，即可隐藏所选幻灯片。如果用户需要将幻灯片显示出来，则可以在“幻灯片放映”选项卡中单击“隐藏幻灯片”按钮，如图12-29所示，即可将隐藏的幻灯片显示出来。

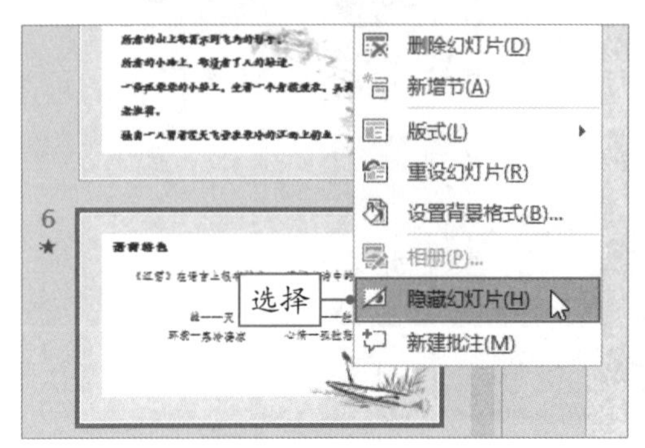

图 12-28

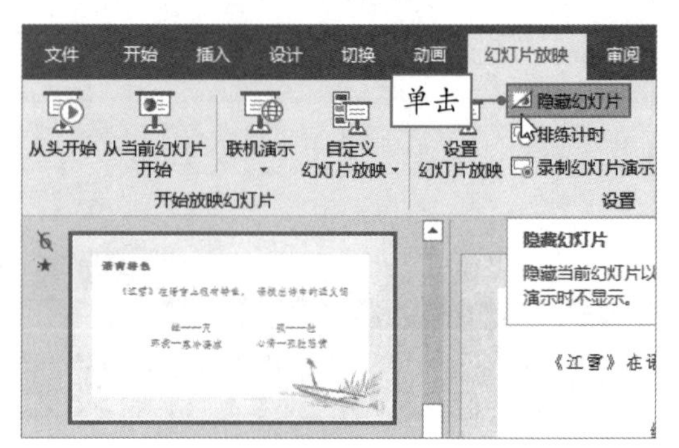

图 12-29

2. Q：如何清除幻灯片中的录制计时？

A：在“幻灯片放映”选项卡中，单击“录制幻灯片演示”下拉按钮，在弹出的列表中选择“清除”选项，并从其级联菜单中根据需要进行选择即可，如图12-30所示。

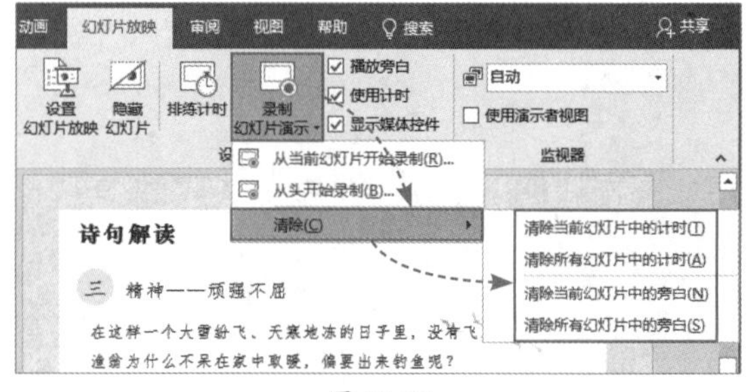

图 12-30

3. Q：如何将演示文稿以放映模式打开？

A：单击“文件”按钮，选择“另存为”选项，在“另存为”界面中单击“浏览”按钮，打开“另存为”对话框，选择保存位置后单击“保存类型”下拉按钮，在弹出的列表中选择“PowerPoint放映”选项，单击“保存”按钮即可，如图12-31所示。

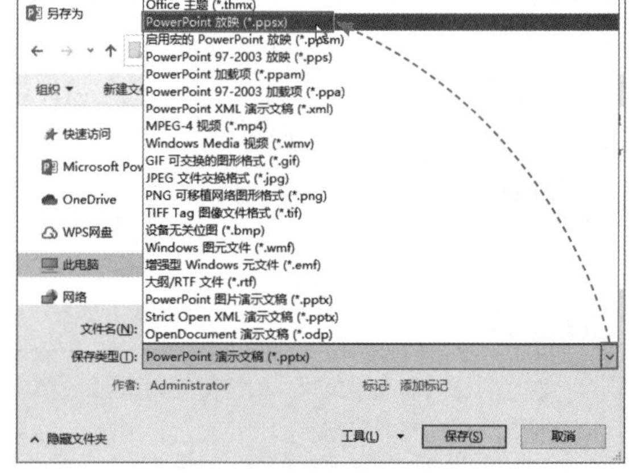

图 12-31